·重金属污染防治丛书·

放射性核素污染与防治

王祥科　于淑君　王祥学
王殳凹　竹文坤　罗　峰　等 编著

科 学 出 版 社

北 京

内 容 简 介

核能的快速发展和核电的利用产生了大量放射性废物，有效地将环境中放射性核素进行分离和富集，对于环境治理、维护生态稳定和公共安全是一项具有挑战性且具有深远意义的工程。纳米材料具有良好的可调控性，通过功能化可以改变其物理化学特性，纳米尺度所具有的表面效应、小尺寸效应和宏观量子隧道效应更有助于放射性核素污染的修复。近年来，各种纳米材料如金属有机框架（MOFs）材料、共价有机框架（COFs）材料、二维过渡金属碳化物/氮化物（MXene）材料、纳米零价铁（nZVI）基材料、碳基纳米材料、生物质材料等在放射性废水污染防护治理中的有效应用，被广泛探究。本书重点介绍放射性核素的污染及上述纳米材料在污染防护与治理领域的应用。封底二维码附有全书彩图，读者可扫描观看。

本书可供高等院校放射化学、核化学专业师生阅读，也可供从事纳米材料构筑与功能化、放射性核素处理处置的科研人员参考。

图书在版编目（CIP）数据

放射性核素污染与防治/王祥科等编著. —北京：科学出版社，2024.6
（重金属污染防治丛书）
ISBN 978-7-03-078569-5

Ⅰ.① 放…　Ⅱ.① 王…　Ⅲ.① 放射性污染–污染防治　Ⅳ.① X591

中国国家版本馆 CIP 数据核字（2024）第 101988 号

责任编辑：徐雁秋　刘　畅/责任校对：高　嵘
责任印制：彭　超/封面设计：苏　波

科学出版社 出版
北京东黄城根北街 16 号
邮政编码：100717
http://www.sciencep.com
湖北恒泰印务有限公司印刷
科学出版社发行　各地新华书店经销
＊

开本：787×1092　1/16
2024 年 6 月第 一 版　　印张：18 3/4
2024 年 6 月第一次印刷　　字数：442 000
定价：229.00 元
（如有印装质量问题，我社负责调换）

《放射性核素污染与防治》编委会

主　编：王祥科

副主编：于淑君　　王祥学　　王殳凹　竹文坤　罗　峰

编　委：（以姓氏汉语拼音为序）

"重金属污染防治丛书"序

  重金属污染具有长期性、累积性、潜伏性和不可逆性等特点，严重威胁生态环境和群众健康，治理难度大、成本高。长期以来，重金属污染防治是我国环保领域的重要任务之一。2009 年，国务院办公厅转发了环境保护部等部门《关于加强重金属污染防治工作的指导意见》，标志着重金属污染防治上升成为国家层面推动的重要环保工作。2011 年，《重金属污染综合防治"十二五"规划》发布实施，有力推动了重金属的污染防治工作。2013 年以来，习近平总书记多次就重金属污染防治做出重要批示。2022 年，《关于进一步加强重金属污染防控的意见》提出要进一步从重点重金属污染物、重点行业、重点区域三个层面开展重金属污染防控。

  近年来，我国科技工作者在重金属防治领域取得了一系列理论、技术和工程化成果，社会、环境和经济效益显著，为我国重金属污染防治工作起到了重要的科技支撑作用。但同时应该看到，重金属环境污染风险隐患依然突出，重金属污染防治仍任重道远。未来特征污染物防治工作将转入深水区。一方面，环境法规和标准日益严苛，重金属污染面临深度治理难题。另一方面，处理对象转向更为新型、更为复杂、更难处理的复合型污染物。重金属污染防治学科基础与科学认知能力尚待系统深化，重金属与人体健康风险关系研究刚刚起步，标准规范与管理决策仍需有力的科学支撑。我国重金属污染防治的科技支撑能力亟需加强。

  为推动我国重金属污染防治及相关领域的发展，组建了"重金属污染防治丛书"编委会，各分册主编来自中南大学、广州大学、浙江工业大学、中国地质大学（北京）、北京师范大学、山东大学、昆明理工大学、南京大学、东华理工大学、华中农业大学、华北电力大学、同济大学、武汉科技大学等高校和生态环境部华南环境科学研究所（生态环境部生态环境应急研究所）、中国科学院地球化学研究所、中国科学院生态环境研究中心、广东省科学院生态环境与土壤研究所、中国科学院过程工程研究所等科研院所，都是重金属污染防治相关领域的领军人才和知名学者。

  丛书分为八个版块，主要包括前沿进展、多介质协同基础理论、水/土/气/固多介质中重金属污染防治技术及应用、毒理健康及放射性核素污染防治等。各分册介绍了相关主题下的重金属污染防治原理、方法、应用及工程化案例，介绍了一系列理论性强、创新性强、关注度高的科技成果。丛书内容系统全面、案例丰富、图文并茂，反映了当前重金属污染防治的最新科研成果和技术水平，有助于相关领域读者了解基本知识及最新进展，对科学研究、技术应用和管理决策均具有重要指导意义。丛书亦可作为高校和科研院所研究生的教材及参考书。

丛书是重金属污染防治领域的集大成之作，各分册及章节由不同作者撰写，在体例和陈述方式上不尽一致但各有千秋。丛书中引用了大量的文献资料，并列入了参考文献，部分做了取舍、补充或变动，对于没有说明之处，敬请作者或原资料引用者谅解，在此表示衷心的感谢。丛书中疏漏之处在所难免，敬请读者批评指正。

柴立元

中国工程院院士

前　言

随着全球核能利用的发展，核技术的广泛应用及退役核设施的不断增加，由人为因素造成放射性核素迁移、泄漏，从而进入环境中形成放射性污染的概率显著增加。相比于常规环境污染物，放射性核素污染更具特殊性，因为放射性核素通常浓度低、污染面积大，同时大多数放射性核素具有很强的化学毒性和放射毒性，在环境介质中通过迁移、扩散和转移等过程进入生态圈，将给土壤、水资源及生态环境带来长期危害。因此，开展放射性核素污染的治理研究至关重要。此外，放射性核素造成的环境污染也是制约核能利用与健康发展的关键因素，开发高效实用的放射性污染治理新技术及新材料，对维护生态环境、消除公众担忧、应对核突发事件及满足国家长期安全战略需求，均具有深远的应用价值和社会意义。

纳米材料由于具有尺寸效应、表面效应、量子效应等特征效应，其光、电、磁、热及化学等性质与宏观本体有显著差异，在新材料制备和应用领域已展现出良好的前景。在放射性污染治理领域，将纳米材料作为固相吸附剂进行环境修复优势巨大，这是因为相比于常规方法（如机械搬运法、化学修复法及生物修复法等），纳米材料具有比表面积大、反应活性位点丰富、吸附容量高及可设计性强等特性，可有效提高放射性核素的去除效率，缩短治理周期及控制治理成本。目前国内外科研工作者已合成出大量纳米结构材料用于放射性核素吸附与分离基础研究，其中比较有代表性的材料包括碳纳米材料、生物质材料、纳米零价铁等。此外，近年来新发现的几种纳米结构材料（MOFs、COFs和 MXene）在放射性核素吸附分离领域也显示出潜在的应用价值。

本书共 7 章。第 1 章概述放射性核素的物理化学性质，常用的污染修复技术包括化学沉淀技术、生物修复技术、光催化技术、吸附技术、电化学技术、膜分离技术和离子交换技术，新型环境纳米材料（nZVI、MOFs、COFs、MXene 和碳基纳米材料）的性质和应用。第 2 章详细介绍水稳定性 MOFs 材料（包括 UiO、MILs、ZIFs 系列材料）的合成方法及在放射性核素去除中的应用，并概述其在实际应用中需要注意的问题。第 3 章详细介绍 COFs 材料的合成方法，COFs 的反应类型、结构及性质，以及 COFs 对放射性核素的吸附特别是对铀、碘的吸附应用。第 4 章详细介绍 MXene 的结构、性质和制备方法，以及其对放射性核素离子特别是对铀和锝等的去除行为和相互作用机理。第 5 章详细介绍 nZVI 及其复合材料的合成与性质，影响 nZVI 基纳米材料对有毒和放射性金属离子去除的主要因素，去除机理主要包括吸附、还原与氧化等。第 6 章详细介绍碳基纳米材料（包括活性炭、石墨烯、碳纳米管和碳纳米纤维）的理化性质及其对放射性核素的去除应用、作用机理和迁移转化行为。第 7 章详细介绍生物质基吸附材料（包括微生物材料、生物质废弃物、天然生物高分子材料和生物质炭）的结构与性能，以及其对放射性核素的作用机理、去除行为和影响因素。

本书第 1 章由王祥学、于淑君、唐昊、庞宏伟、张迪、王佳琦、张姝、王祥科编写；第 2 章由陈龙、陈黎熙、申南南、陈兰花、王殳凹编写；第 3 章由钟丽珍、冯雪凤、罗峰编写；第 4 章由王琳、马恩钊、韦翠莲、石伟群编写；第 5 章由文涛、王祥学、于淑君、陈中山、王祥科编写；第 6 章由刘舒雅、谭小丽、王祥学、于淑君、王祥科编写；第 7 章由竹文坤、周建、段涛、何嵘、雷佳、陈涛编写。

最后，感谢华北电力大学中央高校教育教学改革专项、西南科技大学博士基金和江西省"十四五"高峰特色学科东华理工大学化学学科对本书出版给予的支持！

由于作者水平有限，加之时间紧迫，书中难免存在不妥之处，敬请各位专家同仁、读者提出宝贵意见，以便今后进一步修订，使之日臻完善。

王祥科

2023 年 11 月于北京

目　　录

第1章 绪 论

1.1 概 述

世界工业化的进程和经济水平快速提高，对能源的需求与日俱增。现有的化石能源属于不可再生能源，无法重复利用，也无法在短时间内再生，因此全球现有的能源储备已经逐渐满足不了人类未来的使用需求。近几十年来核能的开发利用解决了化石能源短缺的问题，但同时带来了放射性核素的污染问题（Zhu et al.，2000）。自 20 世纪以来，大气核武器试验、核矿资源的开采及核电站的排放和核泄漏导致放射性核素不可避免地进入周围的环境中（Yan et al.，2021；Zhou et al.，2020）。放射性核素不会降解，且一般具有较长的半衰期，因此可以在土壤和水中长期沉积，并且还会通过食物链和饮用水进入人体内，这不仅对地球环境造成重大破坏，也严重危害人类的身体健康（Martínez et al.，2018）。例如，放射性核素污染可导致癌症、严重肾病和基因突变等，严重的甚至导致人类死亡（Liu et al.，2018）。放射性核素污染已经成为人们广泛关注的问题，寻找可以治理放射性核素污染的方法刻不容缓。

1.1.1 放射性核素概述

常见放射性核素主要包括镧系元素、锕系元素和放射性同位素。镧系元素包括从镧（La）到镥（Lu）的 15 种元素，属于稀土元素，它们的原子性质非常相似，可以大致分为两组：轻镧系元素（从镧到铕）和重镧系元素（从钆到镥），由于低流动性，镧系元素会在水和土壤中积累（González et al.，2015）。镧系元素在环境中大多以化合物的形式存在，例如，铈（Ce）是一种活性金属，在环境中易被氧化，有两种常见的氧化态，分别为 Ce(III) 和 Ce(IV)（Allahkarami et al.，2019）。在稀土金属中，铈是含量最丰富的元素，被广泛用于制备微量添加剂功能材料、汽油催化剂及陶瓷和冶金领域，一旦进入人体，通常会在人的肝、肺和肾等器官中积累，难以从体内通过新陈代谢清除（Hao et al.，2019）。在诸多镧系元素中，铕（Eu）的研究十分必要，不仅是因为其应用广泛，还因为其在镧系元素中的独特地位，可以代表大部分的三价镧系元素（Wang et al.，2020b；Wu et al.，2019a）。Yang 等（2018）研究了磷酸盐和羧酸功能化的二硫化钼（MoS_2）对 Eu(III) 的吸附去除，发现该材料对 Eu(III) 具有优异的去除能力（171.2 mg/g），这是由于功能化后的 MoS_2 上具有大量的磷酸盐、羧基和硫基团，极大地促进了 Eu(III) 的去除。

在锕系元素中，轻锕系元素（原子序数为 90～94）由于半衰期长、辐射毒性大和在自然环境中的多种氧化态，进而引起严重的环境问题。在一般环境条件下，轻锕系元素大多以三价到六价的氧化态存在。例如，镎（Np）通常以 Np(IV) 或 Np(V) 形式存在，铀（U）主要以 U(IV) 或 U(VI) 形式存在，钚（Pu）的主要形式有 Pu(III)、Pu(IV)、Pu(V) 和

Pu(VI)（Xie et al.，2018）。铀［^{238}U(VI)和 ^{235}U(VI)］作为核工业中最为重要的放射性核素，在军事和民用工业中被广泛使用，其污染问题也尤为严重，引起了许多国家的注意（Foster et al.，2019；Pang et al.，2019）。铀通常以六价形式存在，即铀酰离子，铀酰阳离子容易与地下水中的碳酸盐复合，导致其具有高水溶性和流动性，这无疑增加了环境治理的难度（Chen et al.，2020b）。相比于铀，钍（Th）在地球上的含量更多，且与 ^{238}U 相比，使用 ^{232}Th 会产生更少的长寿命次锕系元素，可以更长时间地满足世界能源需求，因此钍已成为核能发展的潜在材料。此外，钍在自然环境中可以观察到的唯一的氧化态是 Th(IV)，且 Th(IV)常作为其他四价锕系元素的代表来进行研究（Li et al.，2019d）。镤（Pa）是重要的长寿命锕系元素之一，在许多领域中发挥着重要作用（Mastren et al.，2018）。同时，^{231}Pa 也是钍核反应堆的副产品之一，成为基于钍乏核燃料长期放射性毒性的一个贡献者（Malmbeck et al.，2021）。

除镧系元素和锕系元素外，一些元素如碘（I）、锶（Sr）和铯（Cs）等的放射性同位素也具有放射性毒性，同样引起广泛关注（Hamed et al.，2017）。在各种放射性同位素中，放射性碘被广泛用于甲状腺疾病的治疗，因此，医疗机构产生的大量的放射性碘废物，被认为是对人类最明显的威胁之一（Mushtaq et al.，2017）。而且放射性碘（包括 ^{129}I 和 ^{131}I）已经被确定为核事故现场产生的核污染物的主要成分，如切尔诺贝利核事故和日本的福岛核电站泄漏事故就发现了大量的放射性碘，对当地环境造成严重危害（Waddington et al.，2017）。与其他放射性核素相比，放射性铯具有较大的扩散系数，进入水环境时，由于其水合半径很小，很容易溶解在水中，难以去除，且容易被生物吸收（Kim et al.，2019）。在福岛核电站发生事故后，大量的放射性 ^{137}Cs 被释放到海洋中，并且在相邻的海洋表面和地下水中甚至在北美西海岸附近也都检测到 ^{137}Cs 的存在，这说明在没有人为干涉的情况下，放射性 ^{137}Cs 在环境中不会被分解去除，只会在环境中循环累积（Kim et al.，2018a）。放射性 ^{137}Cs 不仅对环境造成污染，还会威胁人类的身体健康，一旦暴露在人类面前，它会迅速分布到所有肌肉组织中，并且 ^{137}Cs 在心肌中的积累会导致严重的心律失常、心力衰竭或猝死（Jang et al.，2016）。锶的同位素 ^{90}Sr 具有较高的流动性，并且能够代替钙在人体骨骼中积累，提升人们患白血病和其他疾病的风险（Bubeníková et al.，2018）。Mu 等（2017）将氧化银（Ag$_2$O）纳米晶体通过简单的化学沉积固定在铌酸钠纳米纤维（Ag$_2$O-SNF）上，在碱性条件下去除放射性 Sr^{2+} 和 I$^-$。研究发现 Ag$_2$O-SNF 对 Sr^{2+} 和 I$^-$ 表现出很好的吸附性能，Sr^{2+} 和纳米纤维夹层中 Na$^+$ 进行交换会导致层间变形，从而使 Sr^{2+} 固定在纳米纤维上，流体中的 I$^-$ 可以很容易地进入 Ag$_2$O 纳米晶体，并通过形成碘化银（AgI）沉淀物附着在吸附剂上从而被有效地捕获。

1.1.2 放射性核素污染修复技术概述

排放到环境中的放射性核素对环境和人类健康极具威胁，因此，采用各种处理工艺从废水中分离去除放射性核素污染物以保护环境和人类健康十分必要。经过几十年的研究，如今可以用来去除放射性核素的技术多种多样，常用的去除技术有化学沉淀技术（Osmanlioglu，2018）、生物修复技术（Chen et al.，2020c）、光催化技术（Li et al.，2019b）、吸附技术（Chen et al.，2020b）、电化学还原技术（Liu et al.，2017a）、膜分离技术（Mushtaq et al.，2017）、离子交换技术（Hamed et al.，2017）等。

　　化学沉淀技术即通过投加絮凝剂将水环境中的放射性核素污染物从离子溶液状态转化为固体沉淀状态，然后再通过其他方法处理以达到净化水环境的目的（Li et al.，2017）。例如铀在水环境中以铀酰离子（UO_2^{2+}）存在，通过化学沉淀技术可以将 UO_2^{2+} 转化为 UO_2(s)沉淀或者其他络合物沉淀，然后再通过过滤等物理方法去除（Li et al.，2020b）。Wang 等（2020c）研发了一种新型化学沉淀策略，将包覆植酸降解产物的石墨烯气凝胶（graphene aerogel capsulated with the degradation products of phytic acid，PAGA）作为沉淀剂去除放射性废物。PAGA 进入含 U(VI)的废水后，降解产物从石墨烯气凝胶（graphene aerogel，GA）骨架中释放出来与 U(VI)结合形成沉淀物，去除能力在 40 min 内可达到 3 550 mg/g。

　　生物修复技术是一种简单、经济、高效、易于处理和环境友好的技术，已被开发应用于多种放射性核素污染物的去除（Zhao et al.，2016），该技术使用的生物可以分为植物和微生物（Cristina et al.，2020；Zhao et al.，2016）。Sadovsky 等（2016）研究了螺旋藻（spirulina）对 Ce(III)的生物吸附，其不仅具有良好的吸附效果，而且经过三次吸附-解吸循环后仍然能保持 97%的解吸效果，生物吸附能力没有明显损失，证实了螺旋藻生物质在放射性核素修复领域的可行性。Hu 等（2018b）研究了真空冷冻干燥后的酿酒酵母和枯草芽孢杆菌混合微生物对 Sr(II)的吸附，发现混合微生物对 Sr(II)的吸附过程与朗缪尔吸附等温方程相符，且吸附动力学符合准二级模型。此外，该混合微生物对 Sr(II)具有较高的选择性，表明它可以作为合适的生物吸附剂用于 Sr(II)污染物的去除。放射性核素的生物修复是一个迅速发展的领域，引起了全世界的关注。这种廉价且环保的修复方法可用作传统修复方法的替代方法，并且有望商业化以处理受污染场地（Yan et al.，2021）。

　　光催化技术是一种安全、高效、环保的放射性核素去除技术（Li et al.，2019c）。在 U(VI)的光催化还原过程中，光生电子和$\cdot O_2^-$自由基起到了重要作用，光催化还原产物为$(UO_2)O_2 \cdot 2H_2O$（Li et al.，2021）。Zhong 等（2021b）制备了一类共价有机框架（covalent organic frameworks，COFs）材料（TpPa-1）改性二维层状 BiOBr（BiOBr@TpPa-1）材料，并用于 U(VI)的光催化还原。TpPa-1 不仅具有氧空位，可以增强可见光的捕获和减少光生载流子的复合，还具有 π 电子共轭结构，通过表面杂化可以拓宽光谱吸收范围并延长光生电荷的寿命。因此，BiOBr@TpPa-1 具有优异的光催化性能，在可见光照射下，可以产生活性氧和光电子，有效地还原预先富集在 TpPa-1 框架中的 U(VI)。

　　吸附技术是一种低成本、高效率、操作简单、可重复利用且对环境友好的技术，因而被广泛使用（Abdi et al.，2017）。Tian 等（2021）将磷酸基团引入超交联双酚化合物中合成了磷酸化超交联双酚 A（PHCP-1）和磷酸化超交联双酚芴（PHCP-2），对 U(VI)表现出快速高效的吸附性能，并且在竞争离子存在的情况下依然表现出强烈的选择性。其优异的吸附性能主要是因为其较大的比表面积和磷酸官能团与 U(VI)之间较强的络合能力。Wu 等（2019a）通过引入胺肟基团成功合成了具有丰富官能团、有序多孔结构和较大表面积的高度稳定的 UiO-66-AO，由于含氧官能团和胺肟基团在吸附过程中的共同作用，在 Eu(III)的去除过程中展现出极大的优势。

　　电化学还原技术是在外加电场的作用下，催化剂失去电子还原污染物，污染离子得到电子从易溶的状态转化为难溶或不溶的状态，达到去除的目的（Duan et al.，2017）。Yuan 等（2015）研究了磁铁矿将 U(VI)还原为 U(IV)的过程，发现它是一个单电子还原过程，即 U(VI)得到电子首先被还原成 U(V)，之后再被还原为 U(IV)，因此沉淀物以混合价态的 U(V)/U(VI)固体在磁铁矿上固定。Liu 等（2019a）利用直接电化学还原技术去除和回收含碳酸盐地下水中的铀，发现可以将 U(VI)还原为 U(IV)并累积在 Ti 电极表面，通过稀硝酸浸泡可以回收超过 98%的累积的 $U^{IV}O_2$。

膜分离技术具有占地面积小、无相变、环境友好和化学试剂消耗少的优点，因而在近几年备受关注（Liu et al.，2021a）。Ding 等（2016）研究了不同类型的反渗透膜（亲水性较强的膜 M1 和亲水性较弱的膜 M2）在实际水环境中对放射性 Cs 和 Sr 的去除，膜的亲水性决定了膜表面污垢的组成，亲水性较强的膜 M1 上沉积的蛋白质类物质较多，蛋白质类物质与膜通量下降有关，但是由于滤饼增强的浓差极化，导致膜 M1 对 Cs 和 Sr 的截留率下降。亲水性较弱的膜 M2 上沉积的腐殖酸类物质较多，腐殖酸类物质对膜通量的影响较小，但是对 Cs 和 Sr 的截留效果却更为显著。Chen 等（2020a）发现 Cs^+ 传质过程的溶质渗透系数与反渗透膜的亲水性和表面粗糙度无关，相比之下，膜的表面电荷在传质过程中起到了关键作用，具有正电荷的反渗透膜会显著阻碍放射性核素的传质过程。

离子交换技术已经被证明是处理放射性废水的有效手段，无机离子交换剂和有机交换树脂由于具有各自的优点而常被用于放射性核素的去除（Figueiredo et al.，2018）。Hamed 等（2017）通过溶胶-凝胶法成功合成了无机离子交换剂微孔硅酸锆（MZrSi），对 ^{79}Se 和 ^{129}I 的替代物 ^{75}Se 和 ^{125}I 具有很好的去除效果，去除量分别为 43.5 mg/g 和 62.5 mg/g，证实了微孔离子交换在去除放射性核素时具有巨大的潜力。Amphlett 等（2020）研究了多种离子交换树脂去除铀酰阳离子的机制，发现含有胺肟基团的 Purolite S910 和含有混合磺酸/硫酸基团的 Purolite S957 可以通过螯合机制提取铀酰阳离子，而含其他基团的离子交换剂主要通过阴离子交换机制捕获铀酰阳离子。

1.1.3 放射性核素污染修复材料概述

纳米技术在环境修复领域得到广泛的应用，多种新型纳米材料在近几十年被构筑用于捕获环境中的放射性核素，如纳米零价铁（nanoscale zero-valent iron，nZVI）（Tang et al.，2021；Wang et al.，2019c）、金属有机框架（metal organic frameworks，MOFs）材料（Feng et al.，2018）、共价有机框架（COFs）材料（Wang et al.，2019b）、二维过渡金属碳/氮化物（two-dimensional transition metal carbides/nitrides，MXene）（Kumar et al.，2022）、碳基纳米材料（Wang et al.，2016b）。

nZVI 是纳米尺寸的零价铁颗粒，由于其具有更小的尺寸，所以具有比普通尺寸的零价铁颗粒更大的比表面积并表现出更优异的表面活性（Yu et al.，2019）。nZVI 具有很强的还原能力，可以把毒性较强的高价态污染物还原为毒性较弱的低价态污染物，因而被广泛用于水环境中污染物的去除（Tang et al.，2021）。除此之外，nZVI 的回收也十分简单，因为其固有的磁性，可以通过外加磁场从水溶液中分离出来。Eljamal 等（2019）制备的 nZVI-沸石（nZVI-Z）和 nZVI/Cu-沸石（nZVI/Cu-Z）复合材料不仅能够有效地去除 Cs^+，而且在去除完成后还可以通过磁铁从溶液中轻松收集固体材料，从而减轻对环境的污染，因此成为治理放射性核素污染的潜在材料。然而 nZVI 在有氧条件下容易被氧化，并且在水溶液中容易团聚，这无疑限制了 nZVI 的应用。因此，表面改性和多孔材料负载等方法被提出用于提高 nZVI 的稳定性和分散性，从而增强对水溶液中污染物的去除（Tang et al.，2021）。Zhang 等（2019b）通过液相还原法成功制备了分散性良好的壳聚糖（chitosan，CS）负载的 nZVI（nZVI/CS），壳聚糖丰富的官能团和支撑作用使 nZVI/CS 能够高效地去除水溶液中的 U(VI)污染物，最大去除量可达 591.72 mg/g。优异的去除能力和简易的回收手段使 nZVI 基材料成为治理环境中放射性核素污染的潜在材料。

MOFs 是由无机金属中心和有机配体通过自组装相互连接，形成具有超高孔隙度和永久孔隙率的多孔晶体材料（Haldar et al.，2020）。MOFs 兼有无机材料和有机配体的优点，具有非常高的孔隙率和较大的比表面积、可控的晶体形态/尺寸、精细调整的孔径和更多的结合位点，在环境污染处理方面表现出极大的潜力（Jin et al.，2021；Yuan et al.，2021）。根据不同的金属中心和有机配体，可以合成不同类型的 MOFs，近些年研究较多的水稳定性 MOFs 主要包括类沸石咪唑酯骨架（zeolitic imidazolate frameworks，ZIFs）材料（Liu et al.，2021b），莱瓦希尔骨架材料（materials of institute Lavoisier frameworks，MILs）（Liu et al.，2017b），及 UiO（University of Oslo）系列材料（Yang et al.，2017b）。通过改变 MOFs 的金属中心或有机配体，在 MOFs 表面制造缺陷并引入合适的官能团可以进一步提高 MOFs 材料的性质（He et al.，2021；Jin et al.，2021）。除此之外，MOFs 材料与其他纳米材料复合也能进一步提高 MOFs 材料的去除效果并拓宽其应用范围。例如，GO-COOH/UiO-66（Yang et al.，2017b）、nZVI/UiO-66（Yang et al.，2020b）和壳聚糖-GO/ZIF（GCZ8A）（Guo et al.，2020）复合材料已经被设计和构筑并应用于核素的高效去除，在环境修复领域得到广泛关注。

COFs 是一类由轻元素通过共价键进行热力学控制的可逆聚合而形成的有序多孔结构的结晶材料（Wang et al.，2019b）。COFs 具有优异的物理化学性质，如比表面积大、孔隙率高、物理化学稳定性好、功能可调等，因而在环境修复领域得到了快速的发展（Zhang et al.，2020a）。Li 等（2020c）用 2, 5-二羟基对苯二甲醛和 1, 3, 5-苯三甲酰肼合成了一种新型的二维氧化还原活性 COFs 材料，命名为 Redox-COF1，该材料能够有效降低强酸条件下的官能团质子化，提高目标离子在 COFs 孔隙中的扩散速率，即使在强酸条件下也可以高效去除 UO_2^{2+}。Li 等（2020a）设计并合成了 sp^2 碳共轭共价有机骨架（COF-PDAN-AO），可以选择性地从放射性废水中吸附铀。氧原子和氮原子与 UO_2^{2+} 之间的配位作用是 COF-PDAN-AO 吸附去除 UO_2^{2+} 的主要机制。

MXene 是层状过渡金属碳化物、氮化物和碳氮化物，最近已成为一类新型的二维类石墨烯材料，并在材料科学和环境修复等领域引起了极大的关注（Hwang et al.，2020）。MXene 具有大比表面积、易于功能化、高金属导电性和亲水性等特性，在环境修复、储能、电子、传感器、水分解和催化等多个领域有着广泛的应用（Ihsanullah，2020）。Jun 等（2020）证实了 MXene 材料对废水中 Ba^{2+} 和 Sr^{2+} 污染物的优异吸附能力，并且在 4 个循环内都能保持良好的可重用性。Mu 等（2019）制备了一系列具有大比表面积的 MXene 材料并用于放射性 Pd^{2+} 的去除，较大的比表面积和较宽的层间距使这一系列 MXene 材料在 HNO_3 水溶液中表现出卓越的 Pd^{2+} 去除性能，并且具有优异的选择性和再生性。

碳基纳米材料如碳纳米管（Deb et al.，2018）和石墨烯（Wang et al.，2016b）在放射性核素的去除中也表现出广阔的发展前景。碳纳米管具有层状和中空的纳米级结构及结构稳定的特点，是一种具有潜力的吸附剂（Chen et al.，2018b）。Abdelmonem 等（2020）通过 γ 辐射将丙烯酸（acrylic acid，AA）和 1-乙烯-2-乙烯吡咯烷酮（VP）共聚到壳聚糖/氧化多壁碳纳米管（chitosan/oxidized multi-walled carbon nanotubes，CTS/o-MWCNTs）表面制备 CTS-AA-VP/o-MWCNTs 复合材料，对环境中各类放射性核素如 $^{152+154}$Eu（321.8 mg/g）、^{60}Co（396.9 mg/g）和 ^{134}Cs（456.5 mg/g）均具有优异的去除效果。氧化石墨烯（graphene oxide，GO）基纳米材料因其独特的物理化学性质，如大比表面积、高化学稳定性、较大的孔体积结构和丰富的含氧官能团，被认为是环境修复领域去除放射性核素的潜在吸附剂（Wang et al.，2016b）。Kuzenkova 等（2020）利用各种技术研究了 GO 对 U(VI)、Am(III)/Eu(III) 和 Cs(I)放射性核素的去除效果及去除机理。分析发现 Am(III)/Eu(III) 和 U(VI)主要与羧基相互作用，且放射性核素主要吸附在 GO 的小孔或空位缺陷上。Qian 等（2018）合成了水杨醛肟/聚多巴胺改性的还原氧化石墨烯（salicylaldoxime/polydopamine modified reduced graphene oxide，RGO-PDA/肟），优异的铀去除能力（1 049 mg/g）主要归因于两个方面：①GO 具有较大的表面积；②肟被认为是最有前途的与铀螯合的官能团，PDA 具有良好的表面修饰性，使得更多的肟被固定在样品表面。优异的去除能力、较高的吸附选择性和可回收性使 RGO-PDA/肟成为最具前途的铀吸附候选材料之一。

核能的开发利用不可避免地导致放射性核素的污染，严重威胁生态环境和人类的身体健康。镧系元素（如 Ce、Eu），锕系元素（如 U、Th、Pa）和其他放射性同位素（如 I、Sr、Cs）在各个领域中发挥着重要作用，但其废物的处理也成为当前面临的严重问题。多种修复技术如膜分离技术、离子交换技术、吸附技术，化学沉淀技术、生物修复技术、光催化技术、电化学技术已经趋近成熟，这些修复技术各有优点，并且已经被证实可以有效去除环境中的放射性核素污染物。此外，科技的进步和科研工作者的努力推动了纳米材料的发展，nZVI、MOFs、COFs、MXene，以及石墨烯和碳纳米管之类的碳基纳米材料都具有优异的物理化学性质，在放射性核素的去除过程中起重要作用。本节只是将放射性核素的污染、修复技术和修复材料进行简单介绍。接下来会详细地对放射性核素做一个系统的介绍，涉及其来源、性质、应用和危害等方面，同时会介绍放射性核素的修复方法，对每种修复方法的去除行为、去除效果、影响因素及优缺点等进行讨论。目前最为热门的修复放射性核素的纳米材料都会被列举，并且会更详细地介绍其概念、发现过程、分类和应用发展。总之，本章对放射性核素的污染与修复进行详细且全面的总结，帮助读者充分认识和了解放射性核素，对放射性核素的修复工作起到指导作用，同时也为今后环境修复领域的革新提供新的见解。

1.2　放射性核素的物理化学性质

1896 年，贝可勒尔（Becquerel）在使用上标表示法标记钾和铀的双重硫酸盐[SO$_4$(UO)K·H$_2$O]时发现，实验过程中发出的辐射能穿透不透光的纸（Grenthe et al.，

2008）。他意识到所谓的磷光材料是通过它本身的性质发出这种辐射，而不是由于暴露在光下而出现磷光现象。研究发现，这种辐射类似于新发现的伦琴射线。随后，贝可勒尔又做了 5 组笔记记录进一步的实验过程，实验结果毫无疑问地表明：辐射是自发的，由盐中的铀成分造成。科学家利用这种放射性现象作为鉴别及探测放射性原子的标志，通过识别用粒子（如α粒子和中子）轰击目标反应的产物，进一步发现新的放射性原子。20 世纪初，研究者通过进一步研究铀（U）和钍（Th）的衰变反应发现了几十种天然放射性元素及其同位素（如 ^{226}Ra、^{238}Ra、^{210}Po、^{210}Pb 等）。除通过这两种衰变反应发现的放射性元素及其同位素外，在自然界中有另外两种类型的放射性核素，单个寿命很长的放射性核素（如铀和钍）和宇宙成因的放射性核素。由于铀和钍衰变所产生的系列放射性核素大多存在于地下水中，对人类的饮用水安全造成影响。随着进一步研究铀和钍的核裂变反应，目前为止，除天然的放射性核素外，人工放射性核素构成了最大的放射性核素群（Łokas et al.，2017）。人工放射性核素的来源有核武器的生产和爆炸、核能源生产、反应堆和加速器运行（Garcia-Orellana et al.，2009）。这些放射性核素会对生态环境及人类造成不可逆的伤害，严重破坏生态平衡及人体健康（Pentreath，1989）。近几年的核电站事故及其对周边生态环境、整个生态系统及人类健康造成的后果触目惊心。因此，为了高效选择性地去除环境中的放射性核素，了解放射性核素的物理化学性质是必要的。本节将主要从镧系元素、锕系元素和放射性同位素三部分进行详细叙述。

1.2.1 镧系元素

镧系元素由镧（La）、铈（Ce）、镨（Pr）、钕（Nd）、钷（Pm）、钐（Sm）、铕（Eu）、钆（Gd）、铽（Tb）、镝（Dy）、钬（Ho）、铒（Er）、铥（Tm）、镱（Yb）、镥（Lu）15 种金属元素组成（Du et al.，2011）。镧系元素的原子序数为 57～71，是元素周期表中 IIIB 族的成员。镧系金属是具有软质地、金属光泽、暴露在空气中容易变色、具有活性的固体。它们与冷水反应缓慢，但在稀酸中反应迅速。它们在 150～200 ℃的氧气中可以燃烧（Wayda et al.，1978）。镧系元素也被称为 4f 元素，因为其对应于 4f 轨道的逐渐填充（Hülsen et al.，2009）。镧系化合物最稳定的氧化数为正三价（电子构型为 $[Xe]4f^n(n=0～14)$），但其在有机金属配合物形式下，所有镧系化合物的氧化数均为正二价（除放射性和短寿命的 Pm 外）（Hsu et al.，1988）。此外，铈还具有相当稳定的正四价（电子构型为 $[Xe]4f^0$），而其他离子则很难达到这种状态（除了一些 Pr 和 Tb 无机化合物，如 LnF_4）（Le Normand et al.，1988）。但是由于镧系收缩，正三价的镧系离子在从 La 到 Lu 的跨越过程中半径减小，这使得相邻的镧系元素具有相似但不相同的性质。物理化学性质的相似性取决于它们的电子构型。镧系元素的一个主要特征是 $5s^25p^6$ 亚壳层对 4f 轨道的屏蔽，因此它们不明显地参与化学相互作用，4f 亚层中电子数量的任何差异都不会导致化学行为的很大差异，也不会对配体场产生显著影响，这使它们具有内轨道而不是价轨道的特征（Bünzli，1987）。对于基态和三种不同的氧化态，镧系元素的电子构型如表 1.1 所示。由于三价镧系离子（Ln^{3+}）独特的 4f 轨道和构型内的 4f-4f 跃迁，Ln^{3+} 具有包括窄带发射、可调谐发射波长和寿命、Stokes/反 Stokes 位移大和优异的光稳定性等显著的发光性能（Xu et al.，2019；Wang et al.，2018b；Lu et al.，2014）。

表 1.1 镧系元素的发现及其电子构型

原子序数	符号	元素名称	发现年份	发现人	电子构型			
					0价	+1价	+2价	+3价
57	La	镧	1839	Mosander	$[Xe]5d^16s^2$	$[Xe]5d^2$	$[Xe]5d^1$	$[Xe]4f^0$
58	Ce	铈	1803	Klaproth	$[Xe]4f^15d^16s^2$	$[Xe]4f^25d^16s^1$	$[Xe]4f^2$	$[Xe]4f^1$
59	Pr	镨	1885	Mosander	$[Xe]4f^36s^2$	$[Xe]4f^36s^1$	$[Xe]4f^3$	$[Xe]4f^2$
60	Nd	钕	1885	Welsbach	$[Xe]4f^46s^2$	$[Xe]4f^46s^1$	$[Xe]4f^4$	$[Xe]4f^3$
61	Pm	钷	1945	Marinky	$[Xe]4f^56s^2$	$[Xe]4f^56s^1$	$[Xe]4f^5$	$[Xe]4f^4$
62	Sm	钐	1879	L. Boisbaudran	$[Xe]4f^66s^2$	$[Xe]4f^66s^1$	$[Xe]4f^6$	$[Xe]4f^5$
63	Eu	铕	1896	Demarcay	$[Xe]4f^76s^2$	$[Xe]4f^76s^1$	$[Xe]4f^7$	$[Xe]4f^6$
64	Gd	钆	1886	Marignac	$[Xe]4f^75d^16s^2$	$[Xe]4f^75d^16s^1$	$[Xe]4f^75d^1$	$[Xe]4f^7$
65	Tb	铽	1843	Mosander	$[Xe]4f^96s^2$	$[Xe]4f^96s^1$	$[Xe]4f^9$	$[Xe]4f^8$
66	Dy	镝	1886	L. Boisbaudran	$[Xe]4f^{10}6s^2$	$[Xe]4f^{10}6s^1$	$[Xe]4f^{10}$	$[Xe]4f^9$
67	Ho	钬	1878~1879	Soret and Cleve	$[Xe]4f^{11}6s^2$	$[Xe]4f^{11}6s^1$	$[Xe]4f^{11}$	$[Xe]4f^{10}$
68	Er	铒	1843	Mosander	$[Xe]4f^{12}6s^2$	$[Xe]4f^{12}6s^1$	$[Xe]4f^{12}$	$[Xe]4f^{11}$
69	Tm	铥	1878~1879	Cleve	$[Xe]4f^{13}6s^2$	$[Xe]4f^{13}6s^1$	$[Xe]4f^{13}$	$[Xe]4f^{12}$
70	Yb	镱	1878	Marignac	$[Xe]4f^{14}6s^2$	$[Xe]4f^{14}6s^1$	$[Xe]4f^{14}$	$[Xe]4f^{13}$
71	Lu	镥	1906	Urbain	$[Xe]4f^{14}5d^16s^2$	$[Xe]4f^{14}6s^2$	$[Xe]4f^{14}6s^1$	$[Xe]4f^{14}$

注：[Xe]为氙的电子构型：$1s^2\,2s^2\,2p^6\,3s^2\,3p^6\,3d^{10}\,4s^2\,4p^6\,4d^{10}\,5s^2\,5p^6$

事实上，镧系化合物已逐渐成为许多设备中不可或缺的功能材料，包括裂化催化剂、高矫形磁体和发光光学生物探针。随着照明和显示屏幕工业的快速发展，镧系材料目前在光学领域取得了重要地位。例如，广泛应用的 YAG: Nd 激光器就是基于 Nd^{3+} 的长寿命，长寿命使粒子数反转容易实现。此外，Eu 掺杂的钒酸钇（YVO_4）是第一个使彩色电视屏幕得以发展的红色荧光粉（Bao et al.，2021）。镧系元素一共由 15 种元素组成，且 15 种镧系元素及其化合物种类丰富，同时镧系元素具有相似的物理化学性质，因此本小节将选择铈和铕作为镧系元素的代表来进行详细介绍。

在单质形态下，铈是明亮的铁灰色、有延展性的金属。铈元素在空气中容易氧化。它有两种常见的氧化态，即 Ce(III) 和 Ce(IV)（Scirè et al.，2020；Kilbourn，2000）。铈是一种活性金属，在环境中不以单质形式存在（Rim et al.，2013；Zhang et al.，2000）。当铈的化合物被释放到空气中时，它们将以颗粒形式存在。同时这些化合物可溶于水，常以 $[Ce(H_2O)_n]^{3+}$ 形式存在，即水合 Ce(III) 离子，多存在于 pH 为 4～9 的水溶液中（Ackermann，2000）。由于铈独特的物理化学性质，铈化合物已被广泛应用于玻璃抛光粉、永磁体、合金、荧光粉、颜料、催化剂、太阳能电池板和发光二极管（light emitting diode，LED）等领域（Kirk et al.，1949）。随着铈化合物的广泛应用，铈化合物也通过人为活动进入水环境，考虑到铈对生物的相对毒性，对含铈废水的处理势在必行。Cotton 等（1988）报道了水合 Ce(IV) 离子 $[Ce(H_2O)]^{4+}$ 在不同 pH 下被水解聚合，并从溶液中沉淀分离，这为从水溶液中提取铈元素提供了思路。

在众多镧系元素中，铕（Eu）因其在激光和核能领域的应用而受到广泛关注。同时在众多的放射性核素中，铕放射性和半衰期较长，因此是放射性废水中最危险的污染物之一（Zhang et al.，2019a）。由于离子半径相似，Eu(III) 与其他三价镧系元素具有相似的物理化学行为（Wang et al.，2020a），通常被认为是三价镧系元素的代表，因此，研究 Eu(III) 在水中的迁移行为具有重要意义。在低温、近地表条件下，铕以三价态为主，但在缺氧的海洋沉积物中和还原程度最高的碱性孔隙水中除外。在超过 250 ℃ 的温度和较高的压力下，Eu(II) 占主导地位。在中间温度（约 100 ℃）时，Eu^{2+} 和 Eu^{3+} 及相关配合物在水溶液中表现出显著活性，但受溶液的氧化状态、pH 及可能的配体（如硫酸盐、碳酸盐和氯化物）的活性影响（Sverjensky，1984）。Shao 等（2009）采用恒定电容模型（constant capacitance modeal，CCM）模拟了 0.1 mol/L 和 0.01 mol/L 的 $NaClO_4$ 溶液中不同 pH 下的 Eu(III) 在 ZSM-5 分子筛上的去除行为。结果表明，≡X_3Eu、≡$SOEu^{3+}$、≡$SOEu(OH)^{2+}$ 和 ≡$SOEu(OH)_2^+$ 等配合物是被吸附 Eu(III) 的主要形态，说明在吸附过程中 Eu 主要形态为 Eu^{3+}、$Eu(OH)^{2+}$ 和 $Eu(OH)_2^+$。在低 pH 下，相同的 ≡X_3Eu 为主要吸附形态，但在高 pH 下，不同离子强度的溶液中形态发生了变化，≡$SOEu^{3+}$、≡$SOEu(OH)_2^+$ 为主要吸附形态。Naveau 等（2005）研究了不同背景电解质对 Eu(III) 在针铁矿表面吸附的影响，发现在无背景电解质中，≡$SOHEu^{3+}$ 和 ≡$WOEu(OH)_2^+$ 是主要吸附物种；在 NaCl 溶液中，≡$SOHEuCl^{2+}$ 和 ≡$WOEu(OH)_2$ 占优势；在 $NaNO_3$ 溶液中，≡$SOHEu(NO_3)^{2+}$ 和 ≡$WOEu(OH)_2^+$ 占优势。

1.2.2 锕系元素

锕系元素由锕（Ac）、钍（Th）、镤（Pa）、铀（U）、镎（Np）、钚（Pu）、镅（Am）、

锔（Cm）、锫（Bk）、锎（Cf）、锿（Es）、镄（Fm）、钔（Md）、锘（No）、铹（Lr）15 种元素组成。以原子序数为 89 的锕元素开始，到最后一种被发现的原子序数为 103 的铹元素结尾，完成了元素周期表中锕系元素的组成。这些元素都没有稳定的同位素；每一种锕系元素的放射性半衰期从数十亿年到几十秒不等，如 ^{232}Th 的半衰期为 1.41×10^{10} 年，^{267}Ds 的半衰期为 3×10^{-6} 年。1789 年，Klaproth 发现了第一个锕系元素铀（Marshall et al.，2008）。一个世纪后，它也是第一个被认为具有放射性的元素。表 1.2 按原子序数顺序列出了这 15 种锕系元素。尽管铀和钍的第一批化合物分别是在 1789 年（Klaproth）和 1828 年（Berzelius）发现的（Wickleder et al.，2008），但这些化合物大多数都是 20 世纪的人造产品。钍和铀都是长期存在的，并且存在于地球上的数量可观。作为 ^{235}U 和 ^{238}U 的衰变产物，锕和镤在自然界中的含量极少。钚由铀捕获中子产生，因此在自然界的含量也是极低的。含钍元素的矿石主要是独居石，这是一种磷矿，同时含有大量的镧系元素；而主要的铀矿是 U_3O_8，通常称为沥青铀矿。所有锕系元素都具有很强的放射性，因此需要谨慎处理，并且在其化学反应过程中，放射性常发挥作用，如在溶液中造成辐射损伤、在晶体中打乱粒子的规则排列等。除钍、镤和铀外，其他的锕系元素是通过轰击法获得的。

通过表 1.2 可以发现，锕系主族元素的前部分元素，6d 轨道中的电子能量低于 5f 轨道，6d 轨道在 5f 之前就被填满了。5f 轨道在 Pa 开始被填满，除了 Cm，6d 轨道没有再被占据。锕系元素的 5f 轨道不像镧系元素的 4f 轨道那样被充满的 6s 和 6p 层所屏蔽（而是被相应的 5s 和 5p 层所屏蔽）。此外，$5f^n 7s^2$ 与 $5f^{n-1} 6d^7 s^2$ 构型之间的能隙小于相应的镧系元素。5f 轨道的内层轨道比 4f 轨道的内层轨道要少，因此在成键过程中更受干扰，但是 5f、6d 和 7s 电子的近简并共轭结构意味着更多的外层电子可以参与化合物的形成（并观察到更大范围的氧化态）。由表 1.2 可知，Th 的前 4 个电离能分别为 587 kJ/mol、1 110 kJ/mol、1 978 kJ/mol 和 2 780 kJ/mol，而 Lr 的前 4 个电离能分别为 444 kJ/mol、1 428 kJ/mol、2 228 kJ/mol 和 4 710 kJ/mol。通过对比发现，原子序数靠前的锕系元素可以获得较高的氧化态。然而，由于 5f 电子不能有效地相互屏蔽原子核，5f 轨道的能量随着原子序数的增加而迅速下降。因此，锕系主族元素的后部分元素及其离子的电子结构变得越来越像镧系元素的电子结构，而镧系元素的化学结构也因此类似。锕系元素及其化合物种类繁多，本小节将选取锕系元素中典型的三种元素钍、镤、铀来进行详细叙述。

随着能源需求的增加，核能因其更少的温室气体排放和更高的能量密度而越来越受到人们的青睐。核能的发展需要进一步关注钍作为潜在高效材料的使用（Alipour et al.，2016）。与铀相比，次级锕系元素钍的使用效果要好得多，可以在较长时间内满足世界能源需求。据报道，钍在地球上的含量为铀的 3～4 倍，在某些矿石中通常与稀土元素共存，是已知的存在于地壳中的放射性元素，在光学、无线电、航空航天、冶金化工、材料等工业领域有广泛的应用。但值得注意的是，即使在微量水平上，钍的毒性也可能导致生物体疾病，严重影响生理功能（Li et al.，2019d；Pan et al.，2013）。钍是天然水体中四价锕系元素的重要代表元素。Th(IV)被认为是其他四价锕系离子如 Pu(IV)和 Np(IV)的类似物。因此，钍的富集与分离研究具有重要意义。Langmuir 等（1980）从文献中收集了 32 种溶解钍的方法和 9 种含钍固相的热力学性质，并在 25℃和标准大气压条件下进行了严格评估。虽然缺乏部分钍矿物和有机络合物的相关数据，但仍可以得到一些初步结

表 1.2　锕系元素的电离能及其电子构型

原子序数	符号	元素名称	发现年份	发现人	电离能/(kJ/mol)				电子构型		
					I_1	I_2	I_3	I_4	0价	+3价	+4价
89	Ac	锕	1899	Debierne	499	1 170	1 900	4 700	[Rn]6d¹7s²	—	—
90	Th	钍	1829	Betzilius	587	1 110	1 978	2 780	[Rn]6d²7s²	[Rn]5f¹	—
91	Pa	镤	1917	Hahn 等	568	1 128	—	2 181	[Rn]5f²6d¹7s²	[Rn]5f²	[Rn]5f¹
92	U	铀	1789	Klaproth	584	1 420	1 900	3 145	[Rn]5f³6d¹7s²	[Rn]5f³	[Rn]5f²
93	Np	镎	1940	McMillan	597	1 128	1 197	3 242	[Rn]5f⁴6d¹7s²	[Rn]5f⁴	[Rn]5f³
94	Pu	钚	1940	Seaborg 等	585	1 128	2 084	3 338	[Rn]5f⁶7s²	[Rn]5f⁵	[Rn]5f⁴
95	Am	镅	1944	Seaborg 等	578	1 158	2 132	3 493	[Rn]5f⁷7s²	[Rn]5f⁶	[Rn]5f⁵
96	Cm	锔	1944	Seaborg 等	581	1 196	2 026	3 550	[Rn]5f⁷6d¹7s²	[Rn]5f⁷	[Rn]5f⁶
97	Bk	锫	1949	Lawrence Berkeley National Laboratory	601	1 186	2 152	3 434	[Rn]5f⁹7s²	[Rn]5f⁸	[Rn]5f⁷
98	Cf	锎	1950	Seaborg 等	608	1 206	2 287	3 599	[Rn]5f¹⁰7s²	[Rn]5f⁹	[Rn]5f⁸
99	Es	锿	1952	Ghiorso	630	1 216	2 334	3 734	[Rn]5f¹¹7s²	[Rn]5f¹⁰	[Rn]5f⁹
100	Fm	镄	1952	Ghiorso	627	1 225	2 363	3 792	[Rn]5f¹²7s²	[Rn]5f¹¹	[Rn]5f¹⁰
101	Md	钔	1955	Seaborg 等	635	1 235	2 470	3 840	[Rn]5f¹³7s²	[Rn]5f¹²	[Rn]5f¹¹
102	No	锘	1958	Ghiorso	642	1 254	2 643	3 956	[Rn]5f¹⁴7s²	[Rn]5f¹³	[Rn]5f¹²
103	Lr	铹	1961	Ghiorso	444	1 428	2 228	4 710	[Rn]5f¹⁴6d¹7s²	[Rn]5f¹⁴	[Rn]5f¹³

注：[Rn]为氡的电子构型：1s² 2s² 2p⁶ 3s² 3p⁶ 3d¹⁰ 4s² 4p⁶ 4d¹⁰ 4f¹⁴ 5s² 5p⁶ 5d¹⁰ 6s² 6p⁶；$I_1 \sim I_4$ 分别为第一、第二、第三、第四电离能

论，例如溶解钍总是以络合物形式存在于自然水环境中。根据地下水中典型的配体浓度 [$C(Cl)=10$ mg/L，$C(F)=0.3$ mg/L，$C(SO_4)=100$ mg/L，$C(PO_4)=0.1$ mg/L]，钍的主要种类在 pH<4.5 时为 $Th(SO_4)_2$、ThF_2^{2+}、$Th(HPO_4)_2$；在 4.5<pH<7.5 时为 $Th(HPO_4)_3^{2-}$；在 pH>7.5 时为 $Th(OH)_4$。并且 Th(IV)在硫酸溶液中的稳定区比 Th 水体系的稳定区宽，且随着硫酸根离子浓度的升高而增大。这种效应表明，硫酸络合[$Th(SO_4)^{2+}$ 和 $Th(SO_4)_2$]能够增强 Th(IV)的溶解（Kim et al.，2012a）。图 1.1（a）和（b）中 Th 的 E_h-pH 图表明，在 HCl 和 HNO_3 体系中，Th 在-2<pH<8 时主要物种形态为 $ThH_3PO_4^{4+}$ 和 $Th(HPO_4)_3^{2-}$。这一结果表明，Th 在浸出后以离子形态溶于溶液中，而不是以固体形式沉淀（Lin et al.，2021）。根据柠檬酸钍、草酸钍和乙二胺四乙酸（ethylenediaminetetra-acetic acid，EDTA）络合物的稳定常数，溶解在海水中的钍多以 $Th(OH)_4$ 的形式存在于有机络合物中，而有机络合物似乎比无机络合物在富含有机络合物的溪流、沼泽水域、土壤层和新近浸水的沉积物稳定性更优异。钍这种形成强络合物的趋势提高了其在天然水中的迁移能力。

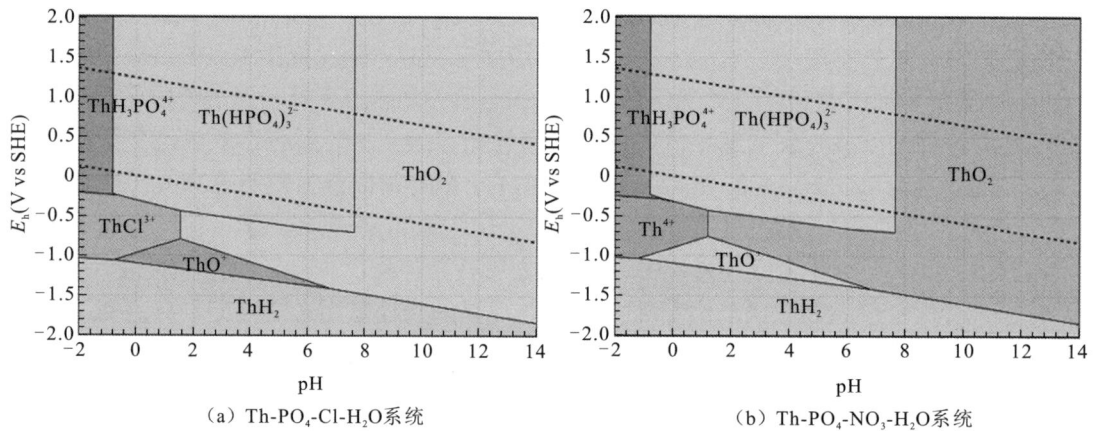

（a）$Th-PO_4-Cl-H_2O$ 系统　　　　　　　　　（b）$Th-PO_4-NO_3-H_2O$ 系统

图 1.1　$Th-PO_4-Cl-H_2O$ 和 $Th-PO_4-NO_3-H_2O$ 系统的 E_h-pH 图

25℃，$C(Th)=10^{-3}$ mol/L，$C(PO_4)=10^{-3}$ mol/L，$C(Cl)=1.0$ mol/L；$C(NO_3)=1.0$ mol/L；
SHE: standard hydrogen electrode，标准氢电极；引自 Lin 等（2021）

91 号元素镤（Pa）位于钍与铀之间，与铌（Nb）和钽（Ta）在同一族。形式上，镤是锕系元素的第三个元素，它是第一个有 5f 电子的元素。它与钍和铀相似，具有共同的正四价，但是镤在正四价氧化态下剩下的唯一的 5f 电子很容易丢失，从而在许多化合物中形成正五价（Brown et al.，1963）。Pa(V)在水溶液中不能形成简单阳离子，与 Ta 一样，它表现出非常高的水解倾向，形成聚合物，并被吸附在几乎任何可用的表面上（Myasoedov et al.，2008）。镤在核分析鉴定（Essex et al.，2019；Treinen et al.，2018）、核医学（Friend et al.，2020）、反应堆（Reda et al.，2020）等许多领域发挥着重要作用。铀的核取证和环境应用与放射性时计有关，在放射性时计中，通过测定 $^{231}Pa/^{235}U$ 的比值来完成材料的年龄测定。作为 α 发射 ^{230}U（$t_{1/2}=20.8$ 天）的光源，^{230}Pa（$t_{1/2}=17.4$ 天）对靶向 α 治疗应用的核医学研究具有重要意义。另外，在钍燃料循环的增殖过程中，^{230}Pa 是可裂变的 ^{233}U 的中间体，在核反应过程中具有重要意义。在水溶液中，镤容易水解和聚合，从而使稳健可靠的分离程序的发展复杂化（Mastren et al.，2018）。

到 1911 年，铀的原子量已经精确到 238.5。天然同位素 ^{235}U 是 1935 年通过质谱发现的。人工同位素 ^{239}U 是 ^{239}Np 和 ^{239}Pu 的前体，Hahn 及其团队假设并鉴定了它作为一个 23 min 半衰期的过渡元素，直到 3 年后 Seaborg 及其团队的研究才确认这一发现。但直到 1938 年末，Hahn 等发现了核裂变，铀的关键重要性才得以确立（Grenthe et al.，2008）。从此，铀的化学、材料科学和核特性在核能领域占据了中心地位。迄今为止提出的大多数核能释放方案都以某种方式涉及自然发生的可裂变的 ^{235}U、^{238}U 或人工可裂变的 ^{233}U，因此研究铀的物理化学性质具有重大的科学意义。铀是一种致密的银白色金属，可能以三种同位素异形体（斜方晶、正方晶和体心立方）之一存在（Gindler，1973）。Wilkinson（1962）详细地描述了金属铀的自燃性。在室温下，细小的铀在空气、氧气甚至水中都可能自燃。水环境中的铀主要以 U(IV) 和 U(VI) 存在。U(IV) 溶解度低，会在缺氧沉积物中积累。如图 1.2（a）所示，铀主要以铀氧化物形式存在于水环境，包括 UO_2^{2+}、$UO_2(CO_3)_2^{2-}$、UO_2CO_3 等（You et al.，2021；Zhang et al.，2021）。当 pH<5 时，U(VI) 以 UO_2^{2+} 的形式存在；当 pH>7 时，U(VI) 以稳定的氢氧铀酰或碳酸铀酰配合物存在。Noubactep 等（2003）通过铀和铁的 E_h-pH 图，用铀和铁的水化学来解释零价铁对水环境中铀的去除过程。图 1.2（b）显示了 U-Fe-H$_2$O-CO$_2$ 体系中的复杂行为。区域 I 为 U(V) 的稳定区域，存在四价态铀的碳酸盐形式，区域 I+II 为 U(V) 的计算稳定区域。环境中的铀污染主要来自核电站污染等人为活动，由于其高生物毒性、长半衰期和可以作为能源回收利用等，从环境中去除和回收铀备受研究者的关注。由于海水中铀含量丰富，近年来，从海水中提取铀也成为研究热点（Pan et al.，2016）。

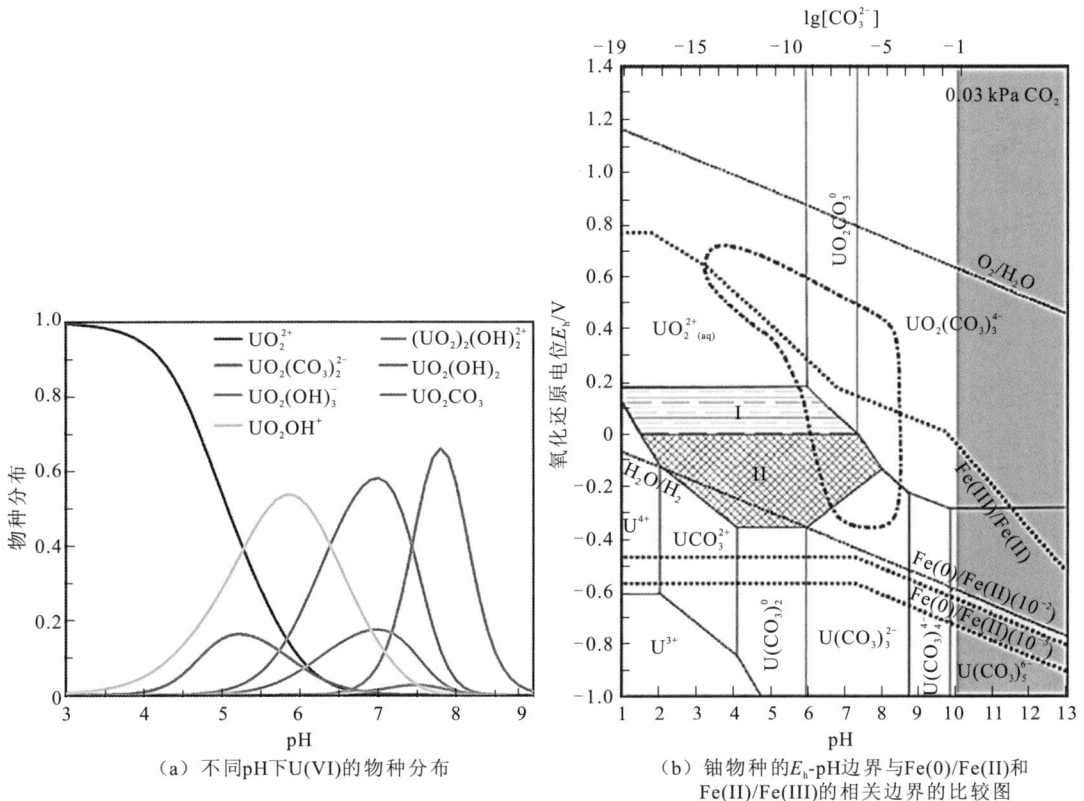

（a）不同 pH 下 U(VI) 的物种分布   （b）铀物种的 E_h-pH 边界与 Fe(0)/Fe(II) 和 Fe(II)/Fe(III) 的相关边界的比较图

图 1.2 铀的物种分布及 E_h-pH 边界图

引自 Noubactep 等（2003）

1.2.3 放射性同位素

原子核也被看作一个量子力学系统，由大量被强大核力束缚的粒子组成，即带电荷的质子和中子（Rotter，1988）。一种元素的物理化学特征由它们的电子构型决定，即由原子电子云中所含的电荷数决定，而原子电子云又由原子核的电荷数和质子数决定。原子核中包含的中子数量是重要的，因为它们改变了原子的质量，然而，电子的配置和性质几乎不受影响（Nash，2005）。同一种特定化学元素的同位素，它们在原子核中包含的中子数不同，但携带相同的原子核电荷。例如，自然界中存在三种氧的稳定同位素（^{16}O、^{17}O 和 ^{18}O）。这些氧的同位素都具有 8 个质子，但中子数不同。同位素的种类繁多，同一种元素可能存在几十种同位素。不稳定的同位素一旦产生，将是放射性的，即它们将通过核相互作用转化为其他同位素，直到在这样一个衰变链的末端产生一个稳定的同位素（Vose，2013）。放射性同位素作为核反应过程中的主要产物，由于具有高放射性，同时有的同位素半衰期或长或短，会直接对环境造成巨大的影响，有的甚至会造成永久性的破坏。尤其近几年核事故频发，在核能利用过程中，铀裂变的产物泄漏于环境中，对环境及人类造成不可磨灭的伤害。其中放射性碘、铯和锶的放射性同位素的去除、回收、再利用和检测逐渐引起人们的广泛关注。

碘（I）是一种对人类健康很重要的亲生物元素，它既是几种甲状腺激素的基本成分，也是人类核活动产生的放射性潜在致癌物。碘以多种氧化态（-1、0、+1、+3、+5、+7）存在于环境中，主要是分子碘（I_2）、碘化物（I^-）、碘酸盐（IO_3^-）或有机碘。人们所熟知的碘的同位素有一种稳定的碘同位素 ^{127}I 和两种与环境有关的放射性碘同位素 ^{131}I 及 ^{129}I，这两种放射性同位素都是自核时代开始由于人类活动而进入环境的。其中 ^{131}I 的半衰期只有 8 天，但在切尔诺贝利和福岛等核事故发生后立即对人类健康构成威胁，因为它是核能源利用反应中一种主要的裂变产物，比活度高、含量高，同时会通过生物富集对人体健康造成严重损伤（Muramatsu et al.，2015）。由于其半衰期短，^{131}I 浓度通常在泄漏后不久（数月）就会低于被核事故污染的环境中检测到的水平。除核事故造成的放射性碘污染外，由于医疗废物的排放，在废水和沉积物中也可以发现低水平的 ^{131}I（Yeager et al.，2017）。相比之下，^{129}I 造成的直接健康风险较小，因为它的比活度要低得多。但是，^{129}I 的半衰期为 $1.57×10^7$ 年，同时是与核废料处理相关的放射性污染物，因此在核废料处理处置方面存在长期危害性（Wiedmer et al.，2009）。^{131}I 是与大规模核事故有关的重大和直接的健康危害，而 ^{129}I 在环境修复和核废料的长期管理方面具有挑战（Yeager et al.，2017）。

铯（Cs）是一种非常柔软、有韧性的碱金属，在 28.4 ℃时呈液态。它是碱金属中最具正电性和活性的，可与各种阴离子形成化合物，并与其他碱金属形成合金。这种金属在空气中自燃，在水中发生爆炸，因此铯被列为危险物质，必须与可能的反应物隔离储存和运输（Chung et al.，1985）。铯的化学性质类似于钠和钾，可通过多种途径进入环境，且易被陆生和水生生物同化。如果摄入和积累铯，铯就会沉积在人全身的软组织中，并产生甲状腺癌等（Nilchi et al.,2011）。放射性铯具有两种代表性的同位素 ^{134}Cs 和 ^{137}Cs。在 2011 年的日本福岛核电站事故中，大量的放射性物质进入环境，其中 ^{137}Cs 和 ^{134}Cs

是核电站运行过程中的主要产物，含量高、溶解性高、放射性高，对人体健康及生态平衡造成了严重影响（Yasunari et al.，2011）。^{137}Cs 半衰期为 30.2 年，^{134}Cs 的半衰期为 2.06 年，时间长且含量高，会对环境产生长期且严重的危害。

锶（Sr）是一种非常活泼的金属，它能迅速氧化形成氧化物。Sr 是一种亲石金属元素，在自然界以 Sr^{2+} 的形式存在，可在多种造岩矿物中替代 Ca^{2+} 存在于矿石中，特别是富钙矿物，包括长石、石膏、斜长石、磷灰石，尤其是方解石和白云石。风化作用导致锶从岩石释放到土壤中，随后进入植物和动物体内，并主要通过河流输送沉积物进入海洋。人类活动也促使锶以气溶胶的形式释放到大气中。锶一共有 29 种同位素。^{87}Sr 是锶同位素中唯一的稳定同位素。^{89}Sr 和 ^{90}Sr 的不稳定是人为活动的结果。它们是在核反应堆运行和核爆炸时，由铀和钚（^{235}U、^{238}U 或 ^{239}Pu）的裂变形成的。^{90}Sr（半衰期 29.1 年）、^{89}Sr（半衰期 50.52 天）和 ^{85}Sr（半衰期 64.84 天）是放射性锶同位素，自 1945 年以来由于地面核武器试验而在环境中产生（Völkle et al.，1989；Evans et al.，1962），来自核设施的常规排放和核事故。其中寿命最长的放射性同位素 ^{90}Sr 半衰期为 29.1 年，是辐射事故造成环境污染最严重的污染物之一。^{90}Sr 是乏燃料再处理后的辐照核燃料和放射性废物的重要组成部分，用于生产放射性同位素热电发电机，可作为辐射和剂量测量应用的辐射源，在核医学中也可用于肿瘤治疗（Semenishchev et al.，2020）。在地表水和地下水中，锶主要以水合离子的形式存在。它可以与其他无机或有机物质形成离子络合物，因此锶在水中相对易迁移。然而，锶不溶性络合物的形成或吸附会降低其在水中的流动性（Burger et al.，2019）。

1.3　放射性核素污染修复技术

1.3.1　化学沉淀技术

化学沉淀技术是指向废水中投加絮凝剂，使其与可溶的污染物结合生成可沉淀的颗粒，再进一步通过过滤等步骤清除污染物（Gupta et al.，2019；Ishikawa et al.，2013）。常用的絮凝剂包含碳酸盐、硫酸盐、磷酸盐、硫化物、聚合物、铝铁类、石灰和其他氢氧化物等（Soliman et al.，2015；Mann et al.，2010）。Biswas 等（2015）研究了一种从碳酸盐岩矿浸出液中回收铀的高效沉淀法。采用氢氧化钠/氧化镁作为沉淀剂，即使在较低的 U(VI)进料质量浓度（<1 g/L）下也能从碳酸盐矿浸出液中沉淀铀（平均直径为 57 μm），且工艺效率高达 97%。Kim 等（2018b）研究了水合氧化铁（hydrated ferric oxide，HFO）絮凝物形成的动态行为，并分别在海水和蒸馏水中对 HFO-阴离子聚丙烯酰胺（polyacrylamide，PAM）复合絮凝体系进行了评价和比较。HFO 絮凝体的形成速度快，不需要诱导时间，Fe(III)剂量为 10 mg/L 时有利于其形成。将 HFO 改为 HFO-PAM 复合絮凝体，可缩短沉淀时间。HFO-PAM 絮凝体系中阴离子 PAM 的最佳用量为 1～10 mg/L，该体系对 ^{54}Mn、^{60}Co、^{125}Sb、^{106}Ru 等放射性核素的总去除率在蒸馏水中较高，可达 99%以上，证实了水合氧化铁共沉淀法可以非常有效地去除放射性废水中的核素。

化学沉淀技术的处理效率是由沉淀剂及其用量、放射性核素的浓度和溶液的 pH、温度等决定的（Yong et al.，2011）。Xie 等（2020）研究了 pH 和 Fe/U（物质的量之比，下同）对 U(VI)沉淀速率的影响。在酸性条件下，相对较低的 Fe/U 更有利于 U(VI)的沉淀，U(VI)沉淀速率随 Fe/U 的升高而迅速增加，并在 Fe/U=2 时达到峰值，超过该值后略有下降。同时，在中性条件下，Fe(II)存在，U(VI)沉淀率均达 96%左右，且受 Fe/U 的影响较小。

化学沉淀技术的优点包括操作简便、成本较低、处理效果好等，适用于对放射性废水净化要求不高的情况。但应用化学沉淀技术需要加入大量有毒化学药剂，可能会引起二次污染（Liu et al.，2015）。此外，使用过程中会产生大量难以处置的污泥，需要储存、处理处置，在排放之前必须进行二次处理（Anonymous，2009），这限制了化学沉淀技术的进一步大规模应用。

1.3.2　生物修复技术

生物修复技术是一种极具成本效益的修复方法，常用于修复水环境中放射性核素污染。各种生物材料如藻类、真菌、细菌、植物等，通过生物自身的生命活动去除污染物质，常见的生物修复技术主要包括植物修复法和微生物修复法（Sheoran et al.，2016）。

植物修复法是指植物在生长过程中，吸收土壤和水分中的污染物，将环境中的有害污染物降低至安全浓度（Newete et al.，2016）。用于液体介质的植物修复机制可被简化为根际过滤、根际降解、植物提取、植物稳定和植物挥发（Yan et al.，2021）。这个过程主要包括离子从根到枝的吸收、移动、螯合及分隔（Teefy，1997）。在根际过滤中，污染物被根吸收，转移并积累到植物的嫩枝和叶子中，使铀浓度降低（Han et al.，2020）。如图 1.3 所示，El Hayek 等（2019）研究了 Ca^{2+} 对芥菜根中 U(VI)分布和根-茎转运的影响，发现 Ca^{2+} 能抑制铀在根系质外体的运输和沉淀，并促进铀向枝的迁移运输。Lee 等（2009）用向日葵和菜豆处理人工铀污染溶液和三份地下水样品，以研究根际过滤在地下水修复中的除铀效果。24 h 内向日葵可去除人工铀污染溶液和地下水中 80%以上的初始铀，处理后残留铀质量浓度低于 30 μg/L，而菜豆根茎的除铀率为 60%～80%。两种植物根际过滤除铀效果的最佳 pH 均为 3～5，效率均超过 90%。植物挥发可用来处理含有挥发性或可蒸发污染物（如氚）的水。在该过程中，所选植物的根系直接伸入地下水位，吸收被污染的水，并通过叶子将污染物散发到空气中（Negri et al.，2000）。

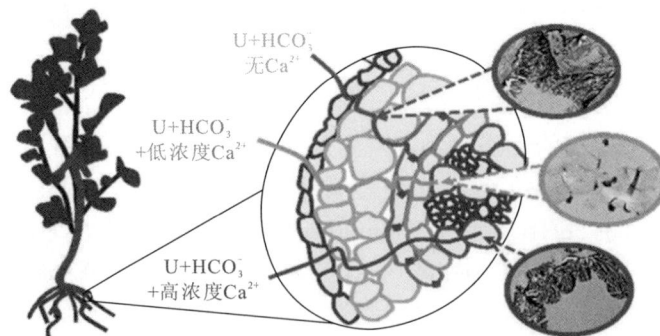

图 1.3　Ca^{2+} 对芥菜根中 U(VI)分布和根-茎转运的影响

引自 El Hayek 等（2019）

微生物修复法是指在微生物发育过程中，依靠微生物吸附与还原固定转移转化放射性核素，相关研究证明微生物修复法普遍具有较好的处理效果。微生物材料的状态、类型及浓度、溶液化学性质、环境条件（如温度、pH等）都是微生物修复法处理放射性核素的影响因素（Das，2012）。Nie等（2017）研究了某铀矿废水中的原生水生植物浮萍与铀的结合机理及影响因素。当pH为4～5时，活体和死体浮萍的铀去除能力均在24 h后达到最大值。当pH为5时，2 h后活体和死体浮萍对U(VI)的去除量分别为40 mg/g和132 mg/g。Khani等（2012）研究了土曲霉对Sr(II)的生物吸附特性。实验结果表明，当初始质量浓度为876 mg/L、pH=9、温度为15 ℃时，土曲霉对Sr(II)吸收能力最佳（去除量达308 mg/g）。当温度从15 ℃升至45 ℃时，生物吸收能力则降为219 mg/g，表明在该温度范围内，Sr(II)的生物吸附可行，且为自发放热反应。微生物材料的浓度对生物吸附有较大影响，微生物浓度的升高通常会增加生物吸附量。Bhainsa等（2001）研究了生物质浓度对水葫芦除铀的影响。随着浓度的升高，总除铀量逐渐增加。生物质质量浓度超过6 g/L后对去除率影响不大，接触1 h内最大去除率为90%。

与传统的处理方法相比，生物修复技术作为一种以生物质为基础的方法，在去除放射性废水核素污染方面具有经济效益和灵活性（Ashley et al.，1990；Mceldowney，1990）。此外，生物修复技术具有效率高、化学和生物污泥少、吸附剂可再生、污染物可回收等优点（Sar et al.，2004）。但是节气条件、毒性效应等会影响生物的生长状态，从而影响修复效果。此外，处理后的生物质残渣必须作为放射性废物进行进一步处理处置（Saleh，2016）。

1.3.3　光催化技术

光催化技术是指通过光催化剂降解废水中的有害离子，与污染物发生化学氧化还原反应，或将其直接矿化，在处理放射性核素污染方面应用广泛。

光催化技术利用光能激发光催化剂，使价带电子跃迁至导带，对应价带上留下空穴，形成分离的电子-空穴对进而引起氧化还原反应。具体而言，光催化反应包括两个化学过程，一是光能激发光催化剂价带上的电子跃迁至导带，并形成电子累积层，将高价态放射性核素离子还原成毒性更低、迁移效率更低的低价态离子；二是价带上留下的空穴参与氧化降解，从而实现对放射性废水中高价态离子的光催化还原去除（Li et al.，2019c）。如图1.4所示，Wang等（2019a）研究了Cr(VI)和双酚A对C_3N_4上U(VI)的增强光催化还原，证实了光催化技术对多种污染物的协同去除。Hu等（2018a）采用两步法制备了$SrTiO_3/TiO_2$静电纺丝纳米纤维，除铀量达81 mg/L。电子和空穴分离，参与O_2的还原并生成O_2^-，而O_2^-与U(VI)反应从溶液中去除铀。TiO_2光催化还原可用于清除水中污染物，具有能耗低、无毒、选择性好、快速高效等特点（Litter，2017）。Łyczko等（2020）结合TiO_2纳米管的光催化特性，从废液中分离放射性核素^{65}Zn和^{60}Co。实验结果表明纳米管形式的TiO_2离子交换容量超过1 mmol/g，且比表面积非常大，具备优秀的光催化性能。MXene材料的电子传递能力良好、电导率优异，具有作为理想光催化剂的潜力。Deng等（2019）基于Ti_3C_2的部分表面氧化，构建了一种新型$Ti_3C_2/SrTiO_3$异质结构。实验证明，2% $Ti_3C_2/SrTiO_3$复合材料对UO_2^{2+}的光催化去除率高达77%，是原始$SrTiO_3$的近38倍。

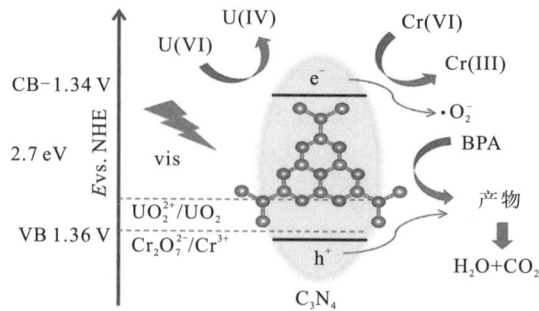

图 1.4 Cr(VI)和双酚 A 对 C_3N_4 上 U(VI)的增强光催化还原

引自 Wang 等（2019a）

光催化受污染物浓度、催化剂剂量、pH、共存离子和溶解氧等因素的影响。Li 等（2019b）研究了 pH、固液比和反应时间对 TiO_2 光催化去除铀的影响。在黑暗条件下，U(VI)的去除量随着 pH（4～8）上升和 TiO_2 剂量的增加而升高。pH>8 后，U(VI)在 TiO_2 上的吸附较弱。TiO_2 剂量从 0.3 g/L 增加到 1.2 g/L 时，残余 U(VI)质量分数从 60%显著降低到 15%。紫外线照射下，0.6 g/L TiO_2 体系对 U(VI)的去除效率较高，因为超过最佳的屏蔽效应，1.2 g/L TiO_2 体系去除 U(VI)的能力较弱。

光催化技术具有成本低、工艺流程简单、反应条件温和、应用前景广阔等优点（Ameta et al.，2018）。光催化剂表现出对光的稳定性，为光催化提供固定的反应环境，使每个活性位点都可以进行多次氧化转化（Serpone et al.，2012）。然而，光催化反应仍然存在不足，例如光催化剂对太阳能的利用率不理想、光生电子空穴复合率高及光生电荷机理不明等，这些影响了光催化效率，限制了光催化反应的实际应用。

1.3.4 吸附技术

吸附技术主要通过多孔固体吸附剂处理放射性核素，使污染物附着在吸附剂表面或孔道内，从而达到净化废水、清除污染物的目的（Wang et al.，2017b）。吸附技术分为物理吸附与化学吸附，常作为离子交换和膜分离等的预处理，以提高污染物去除率。

吸附工艺的处理效果依赖吸附材料，常用吸附剂有 MOFs、COFs、活性炭、金属氧化物等，主要作用机理是吸附剂与吸附质之间较强的范德瓦耳斯力、静电引力和化学键等（Yu et al.，2015；Tranchemontagne et al.，2008）。Zhao 等（2021a）设计并合成了新型的胺肟功能化花状磁性 $Fe_3O_4@TiO_2$ 核壳微球，如图 1.5 所示，该材料可以有效地从水溶液和实际海水中去除 U(VI)。Yang 等（2020a）制备了一种新型复合纤维 MOF@棉纤维（MOF@cotton fibre，HCF），当 pH=3 时，该材料对 U(VI)的最大吸附量为 241.3 mg/g。HCF 能从多组分废液中去除 U(VI)，并因纤维形式较易从水溶液中分离，故有效提高了后处理效率。Zhang 等（2020c）将偕胺肟官能团引入 MXene 表面，提高了 MXene 在水溶液中的抗氧化性，显著增强了对铀的选择性吸附。研究发现，当 pH=5 时，5 min 内该材料对铀的去除率超过 95%，证明偕胺肟功能化 MXene 可快速高效、选择性地从复杂水溶液中吸附铀。

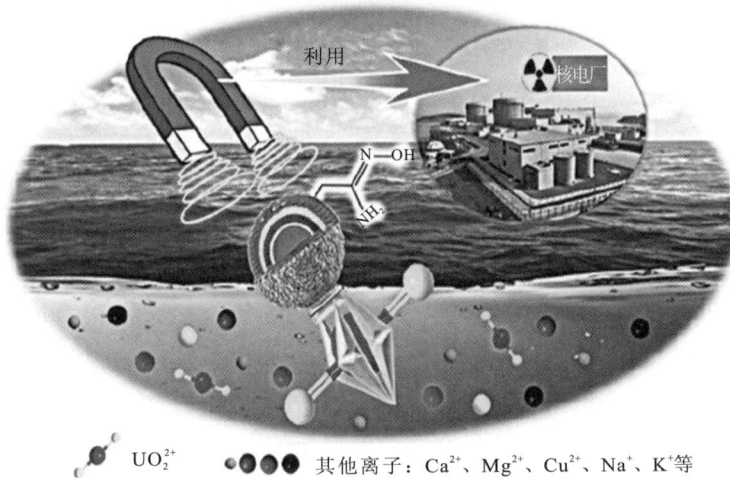

图 1.5　胺肟功能化花状磁性 $Fe_3O_4@TiO_2$ 核壳微球对 U(VI) 的去除示意图

引自 Zhao 等（2021a）

吸附技术的影响因素包括吸附材料性质、溶液 pH、反应温度、共存离子浓度、污染物初始浓度、接触时间等。Ma 等（2018）研究了 pH 和离子强度对 U(VI) 去除效果的影响。当 pH 为 2~4 时，Fe_2O_3 对 U(VI) 的吸附能力基本不变，当 pH 由 4 升至 8 时，吸附能力显著增强，pH>8 之后吸附能力逐渐减弱。而 $Fe_{1-x}S$ 的吸铀效率在 pH 为 2~8 时显著升高，pH>8 之后维持较高水平。Fe_2O_3 对 U(VI) 的吸附能力受离子强度影响较明显，随离子强度增强而减弱，而 $Fe_{1-x}S$ 对 U(VI) 的吸附能力几乎不受离子强度影响。Liu 等（2020）研究了不同 $NaNO_3$ 浓度下 4 种 ZIFs 的吸附性能随 pH 的变化。在较低的 pH 下，ZIFs 的吸附效率随着溶液 pH 的升高而提高。在较高 pH 下，除 ZIF-8 以外，铀吸附率均保持在较高水平。溶液 pH 的升高导致 ZIFs 吸附 U(VI) 的过程由外层表面络合过渡到内层表面络合。Wu 等（2019b）通过批实验得知，随着 U(VI) 浓度的升高，$Fe_3O_4@ZIF-8$ 对 U(VI) 的吸附量迅速增加，这是因为该过程存在大量的有效活性位点。随着活性位点被完全占据，吸附逐渐达到平衡，U(VI) 的饱和吸附量为 539.7 mg/g。当温度从 298 K 升至 328 K 时，U(VI) 的吸附量逐渐增加，表明温度升高有利于 $Fe_3O_4@ZIF-8$ 吸附 U(VI)。

吸附技术具有工艺成熟、操作简单、选择性高、适用范围广、吸附剂可再生等优点，已成为最普遍和有效的处理废水的方法之一，在污水净化领域受到了广泛的关注（Ahmed et al.，2016；Faheem et al.，2016）。但有些材料吸附容量有限、再生效率低或制备和再生成本较高，限制了其大规模应用（Zhu et al.，2017）。

1.3.5　电化学技术

电化学技术是指在外加电流或电压的作用下，废水的电解质溶液得失电子，使污染物转化成沉淀等形式，从而降低有毒有害物质的浓度（Moreira et al.，2017）。

电化学技术主要划分为三大类型，分别是电渗析、电凝聚及电催化氧化，在处理废水时需要根据具体情况，结合电化学水处理应用技术的特点，针对性地选择合适的技术（Moussa et al.，2017）。Li 等（2017）结合铁电凝和有机配体（organic ligands，OGLs）协同螯合，以筛选和沉淀水溶液中低浓度（0～18.5 μmol/L）的铀污染物。研究选取了不同分子量、不同官能团（如氨基、羟基、羧基）的亲水/疏水有机分子作为 OGLs，可以在 pH<3 时完成 U(VI) 的预固化，随后的铁电凝将促进更快、更有效的铀沉淀。实验结果表明在使用亲水性大分子 OGLs 时，优化实验条件下的除铀效率达到了 99.7%。铀以六价或更高价的氧化物形式沉淀，在低电流电势下很容易被捕获在聚集的胶束中。Liu 等 （ 2017a ） 利 用 半 波 整 流 交 流 电 化 学 （ half-wave rectified alternating current electrochemical，HW-ACE）方法从海水中提取铀。HW-ACE 方法通过电场引导 U(VI) 迁移，提高与吸附剂的碰撞率，电沉积中和带电 U(VI)，避免库仑斥力，解决了传统物理化学吸附的缺点，并使用交流电来避免不必要物质的吸附和水的裂解。与常规物理化学方法相比，HW-ACE 方法在不饱和的情况下对铀提取能力高了 9 倍（1 932 mg/L），动力学快了 4 倍。Liu 等（2019a）研究了一种新型直接电还原法，以 U(VI)O$_2$(CO$_3$)$_3^{4-}$ 和 Ca$_2$U(VI)O$_2$(CO$_3$)$_3$ 为优势铀种，有效地去除和回收含碳酸盐地下水中的铀。结果证明 U(VI) 被还原为 U(IV)，并在 Ti 电极表面积累，电流效率超过 90%。在稀硝酸中浸泡 Ti 电极，可回收 98% 以上的 U(IV)。如图 1.6 所示，在实际应用中，可以在铀污染地点周围钻孔，将电极设置在井中以达到去除和限制铀扩散的目的。该方法克服了传统原位生物固定化技术的局限性，具有很强的实际应用潜力。

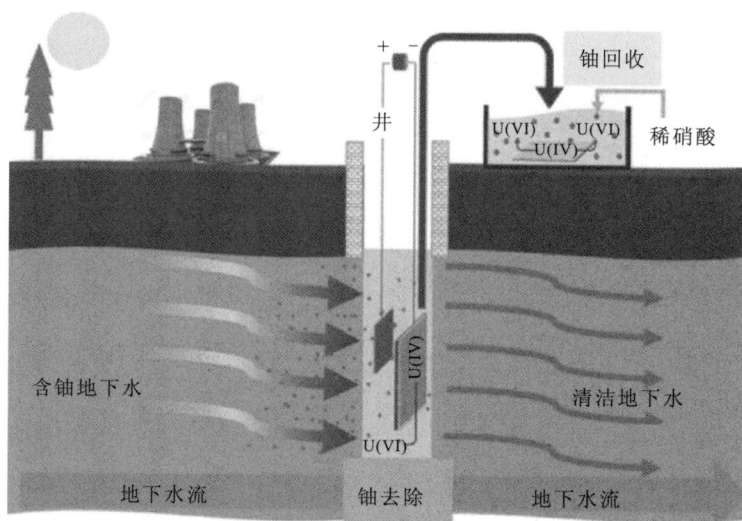

图 1.6　直接电还原法原位去除地下水中铀的示意图

引自 Liu 等（2019a）

　　电化学技术结合了传统的废水处理方法与电化学反应，解决了传统污水处理工艺存在的许多难题，具有操作简单、经济成本低、无二次污染等优点（Chen，2004）。随着科学技术的发展，越来越多的新型电化学反应器开始代替传统的处理工艺，使电化学技术在环境领域应用得更加广泛。但电化学技术需要施加电压或电流，会消耗一定的电能，而且长时间的反应会导致电极腐蚀、寿命缩短，影响废水处理效果。

1.3.6 膜分离技术

膜分离技术是指以特殊性质薄膜为介质，选择性地分离放射性废水中的污染物（Luo et al.，2013）。如图 1.7 所示，放射性废水通过普鲁士蓝（Prussian blue，PB）/聚甲基丙烯酸甲酯（polymethyl methacrylate，PMMA）纳米纤维复合材料膜后被净化（Gu et al.，2021）。不同膜的孔径大小不一，因此分离效果也存在差异，通常使用的膜分离技术包括：微滤（microfiltration，MF）、超滤（ultrafiltration，UF）、纳滤（nanofiltration，NF）、反渗透（reverse osmosis，RO）等（Ciardelli et al.，2001）。

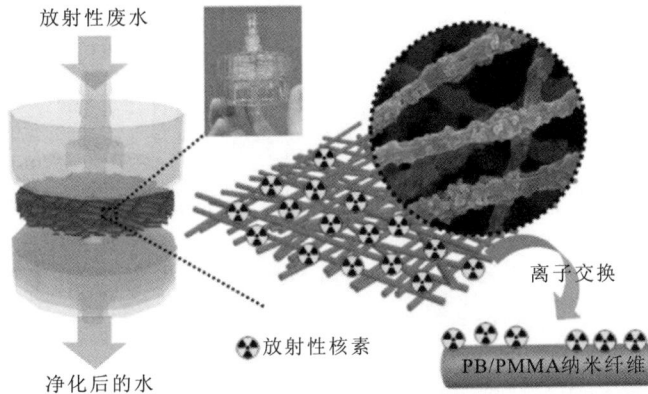

图 1.7 膜分离技术示意图

引自 Gu 等（2021）

微滤工艺主要作为预处理工艺应用于放射性废水处理中，也可以与吸附技术等联合使用，常用于分离核电站废水中的颗粒污染物，当沉淀的颗粒粒径较大时，可将微滤与沉淀过程相结合（Zhang et al.，2009）。Zhang 等（2009）采用铁氰化锌钾-微滤膜（材料为聚偏二氟乙烯，孔径为 0.2 μm，表面积为 0.5 m^2）工艺修复含 Cs 自来水。当自来水中 Cs 质量浓度为 106.9 μg/L 时，出水 Cs 质量浓度将降低至 0.6 μg/L，去除率为 99.4%，去污系数为 208。

超滤工艺可与化学处理工艺联合使用，以提高核素的截留效率。同时，超滤也可作为反渗透的预处理，有效降低后续处理负荷，并截留大分子的胶体颗粒，抑制反渗透膜污染（Kryvoruchko et al.，2004）。Zhang 等（2016a）研究了阳离子表面活性剂十六烷基三甲基溴化铵（CTAB）在低放射性废水超滤过程中的处理效果。当 CTAB 在临界胶束浓度以下时，Cs(I)的截留率从 24%~33%提高到 50%，Sr(II)、Co(II)和 Ag(I)的截留率均在 90%以上。研究证明，低水平的阳离子表面活性剂可以显著提升超滤对阳离子核素的截取能力。

纳滤是一种介于超滤与反渗透之间的膜分离过程，纳滤膜的孔径是 1~2 nm。Torkabad 等（2017）采用终端过滤设备研究聚醚砜（PES-2）和聚酰胺（NF-1 和 NF-2）膜在各种操作条件下处理高浓度铀溶液的截流量和渗透通量。当 pH=6 时，PES-2 截留铀的效果最佳，而聚酰胺截留铀的效率随 pH 上升而明显升高。随着进料质量浓度从 7.5 mg/L 升高到 238 mg/L，PES-2 的铀截留率降低，NF-1 和 NF-2 的铀截留率分别从 57%

上升到 79%、从 62%上升到 98%。上述实验结果证明纳滤工艺可以有效去除放射性水溶液中的铀元素。

反渗透是目前膜分离技术中去除效率最高的方法，截留分子量为 10～1 000 Da，几乎能去除进水中所有杂质。Richards 等（2011）利用反渗透去除高浓度无机盐污染地下水中的放射性核素 Sr，去除率高于 85%，并且不受地下水质差异的影响。Tagami 等（2011）采用反渗透去除日本福岛核事故后自来水中的 ^{131}I，去除率高于 95%，降低水中放射性活度的效果明显优于活性炭、超滤等。

膜分离技术受进水压力、水中杂质的性质、浓度、pH 和温度等的影响。Ilaiyaraja 等（2015）研究了 pH 对超滤去除 Th 的影响。当 pH=3 时，去除率低于 20%。由于 $[Th_x(OH)_y]^{(4x-y)+}$ 在再生乙酸纤维素膜表面吸附/沉积，Th 的去除率随 pH 上升而提高。当 pH≈6 时，最高去除率达到 97%左右。进一步提高 pH 对 Th 的去除没有显著影响。Schulte-Herbrüggen 等（2016）研究发现 pH=6 时，在 5～12.5 bar（1 bar=10^5 Pa）的压力内纳滤膜 TFC-SR2 可去除（50±5）%的铀。当压力为 15 bar 时，铀去除率显著升至 69%。当 pH=8.5 时，去除率随着压力的增加而升高，从 5 bar 时的不足 20%升高到 12.5 bar 和 15 bar 时的 61%。

膜分离技术具有无相态变化、操作容易、处理效率高等优点，被广泛应用于废水净化等领域，然而，膜分离技术也存在一些进一步扩大应用的限制因素（Zakrzewska-Trznadel et al., 2001）。由于废水成分复杂且络合剂具有选择性，膜分离技术需要针对不同目标核素，添加合适的试剂，控制反应条件；多数反渗透膜运行压力相对较高，需要配备高压泵及耐压设备一同使用；反渗透膜对进水水质要求较高，通常需要对进水混凝沉淀或是用微滤/超滤/纳滤等进行预处理；薄膜使用的持续性不高，高分子聚合物的加入易导致膜污染，需要定期清洗更换（Zheng et al., 2018）。

1.3.7 离子交换技术

离子交换技术是指利用合成树脂或天然沸石中的离子，分离和替代废水中的放射性核素。离子交换树脂分为无机和有机两种，具有较好的分离选择性，可使废水中污染物的去除率高达 99%（Wei et al., 2007）。

离子交换技术的反应机理是在固液界面上发生离子互换反应，水中的放射性污染物离子与另一种对水质无明显影响的离子进行交换从而将其从水中清除（Airradiation, 1996）。树脂具有不溶性，含大量的离子转移位点，且对特定类型离子有亲和性。当可交换离子与树脂的离子键弱于待去除污染物的离子键时，交换离子进入溶液，离子污染物与树脂结合（Dinis et al., 2021）。

离子交换处理仅对离子形式的废液流有效，非离子形式如不溶性颗粒、胶体、中性分子和复合物等需要预处理。Park 等（1999）提出了一种处理液态放射性废物的新工艺。它由过滤器、活性炭、无机离子交换剂、有机阳离子交换剂和有机阴离子交换剂串联而成。结果表明，这种使用无机离子交换剂的组合工艺效率比传统的有机离子交换剂高 4～8 倍。Wen 等（2021）制备了具有优异提铀能力的超分子聚胺肟负载大孔树脂（poly(amidoxime)-loaded macroporous resin，PLMR）。如图 1.8 所示，通过在聚胺肟（poly(amidoxime)，PAO）溶液中浸渍孔径为 20～100 nm 的非极性大孔树脂，PAO 会在树脂的多孔表面上自组装形成 PAO 层，该 PAO 层具有分子级厚度与强负载能力。PLMR 在铀质量浓度为 32 mg/L 的海水中，120 h 内提铀量达 157 mg/g±7 mg/g。

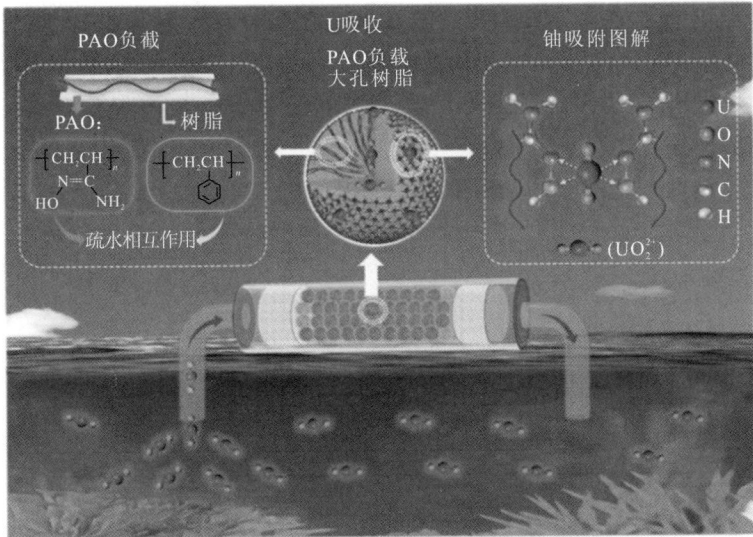

图 1.8 PLMR 吸附剂的超分子 PAO 负载图解及特异性吸附铀机理图
引自 Wen 等（2021）

离子交换技术受离子浓度、床层深度、共存离子、流速、pH 等因素的影响。Manos 等（2012）研究发现层状硫化物离子交换剂 $K_2MnSn_2S_6$（KMS-1）在较宽的 pH（2.5～9）内都具有较高的铀去除率（≥95%），即使在 pH≈10 时去除率也基本保持约 80%。与沸石、氧化锰等离子交换剂相比，KMS-1 在酸性条件下表现出更好的性能。Ca(II)通常作为污染物离子交换的竞争离子，研究发现 KMS-1 在 Ca(II)竞争条件下仍表现出很高的 U(VI)吸附能力。在 $CaCl_2$：U（物质的量之比）非常高时，铀去除能力依然高达 94%～98%。

树脂通过暴露于原始交换离子的浓缩溶液中进行定期再生，虽然经济成本较高，但具有良好的选择性和去除效果。Yang 等（2017a）设计了一种离子交换装置对含 Sr、Cs 和 Co 的模拟放射性废水进行处理处置，该装置对 Sr、Cs 和 Co 的去污因子达到 10^4。Carr 等（2016）利用氨基磷树脂从酸性浸出液或盐水浸出浆中回收铀。实验结果表明，浸出溶液或浸出浆可以在盐水或超盐水中，以高温和/或高压条件通过原位浸出、桶浸、堆浸和/或搅拌浸出来产生。这项研究表明海水或咸地下水可以通过离子交换进行浸出和回收铀，降低了对海水淡化厂的需求，经济效益大大提高。

由于离子交换技术交换效果明显、操作简便、适合大规模应用。但这种方法也有一定的局限性，如再生液处理困难、酸碱液处理量大、再生后树脂吸附性能受损严重、部分树脂对放射性离子选择性差及不耐高温、稳定性差、寿命有限等（Casarci et al.，1989）。

随着我国核能的快速发展，放射性污染物的数量也在急剧增加。如何高效净化放射性废水已成为当前的热点研究方向。目前对核素污染废水的处理方法主要有化学沉淀技术、生物修复技术、光催化技术、吸附技术、电化学技术、膜分离技术和离子交换技术等。上述各种方法都有各自的优缺点，实际应用中往往将其结合，以达到更快、更好地处理污染废水的目的，复合应用多种处理方法也将成为处理核素污染废水的研究应用主流。

1.4 新型环境纳米材料

近年来，核工业和核科学的迅速发展导致锕系元素、镧系元素和裂变产物在加工、储存和处理处置过程中会不可避免地释放到环境中，因此放射性核素污染问题日益严重。而生物摄入一定量的放射性核素，存在引发疾病的潜在威胁。因此，寻求放射性核素污染修复材料是目前主要的研究主题。进入 21 世纪，纳米技术经历了日新月异的变化，多种新型纳米材料被开发用于放射性污染治理。纳米材料是指外部尺寸在纳米尺度（通常为 1～100 nm）或是具有纳米级的内部结构。在纳米尺度下，材料往往表现出一些特殊的性质，如表面效应、小尺寸效应、量子效应和宏观量子隧道效应，这些特性使纳米材料在处理污染废水时成为首选，并引起了研究者的极大兴趣。纳米零价铁（nZVI）、金属有机框架（MOFs）、共价有机框架（COFs）、二维过渡金属碳/氮化物（MXene）和碳基纳米材料，这些新型纳米材料具有优异的去除效果、高的选择性和环境友好等共性，已经被应用于放射性核素污染修复。随着纳米技术飞速发展，新型纳米材料的作用日渐突出，因此，了解新型纳米材料的特性对放射性核素去除的未来发展具有重要意义。

1.4.1 纳米零价铁材料

早在 20 世纪 80 年代，传统的零价铁（zero-valent iron，ZVI）材料因其具有很强的还原能力（$E_0 = -0.44$ V）和吸附能力被广泛研究并用于环境修复（Çelebi et al., 2007）。1982 年，Gould 发表了第一篇关于 ZVI 在环境中应用的文章，描述了 ZVI 还原 Cr(VI) 的动力学性能，在此之后许多研究者对 ZVI 在环境修复中的应用进行了探讨。1995 年，Cantrell 等首次提出了 ZVI 对放射性废水中的铀具有去除效果，研究表明随着 ZVI 的加入，水中的铀浓度从 400 mg/g 下降至 2 mg/g，但当时对放射性核素的去除机理尚未证实。在纳米材料兴起的大背景下，nZVI 作为粒径介于 1～100 nm 的 ZVI 颗粒进入研究者的视野。nZVI 的研究最早可以追溯到 1995 年，Glavee 等首次通过硼氢化钠（NaBH$_4$）还原 Fe(II) 和 Fe(III) 制备纳米级 ZVI 粉末。作为一种反应活泼、处理效率高、活性位点丰富的环保材料，1997 年 Wang 等利用同样的方法制备出 nZVI，并首次用于三氯乙烯和多氯联苯的降解，这项技术得到研究者的认可和深入研究。因为 nZVI 具有很强的还原能力，可以将高价毒性离子还原，所以对水溶液中高价态的离子具有良好的还原固定效果。Li 等（2013）发现 nZVI 能够高效地将 U(VI) 还原为 U(IV)，即在初始质量浓度为 30 mg/L、pH=5、固液比为 0.3 g/L 时，U(VI) 的还原效果随着温度的升高而增大，并且在 180 min 内去除率达到 98% 以上。大量研究表明，nZVI 对放射性核素如 Tc(VII)、Sc(I) 和 Ba(II) 等均有一定的去除效果。

然而，nZVI 自身具有强还原性，会导致外层被氧化，形成多种铁氧化物混合的氧化层。因此，如图 1.9 所示，nZVI 具有典型的核-壳结构，nZVI 的外壳主要由

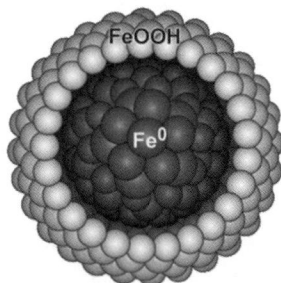

图 1.9 nZVI 的结构示意图

引自 Al-Shamsi 等（2013）

Fe(II)/Fe(III)氧化物组成（Al-Shamsi et al.，2013；Wang et al.，2005a）。在水环境污染处理过程中，nZVI 的氧化层外壳和 Fe^0 内核均起到重要作用。但其本身依旧存在较为明显的局限性：①由于体积小和磁性大等原因，nZVI 颗粒极易发生团聚形成链状结构，导致接触位点减少，活性和效率下降；②nZVI 放置于空气中极易被氧化形成致密的氧化膜，形成的氧化膜存在腐蚀 Fe^0 内核的风险；③氧化后的 nZVI 表面形成的 Fe_2O_3、FeO 和 FeOOH 等铁氧化物，由于高的带隙会阻碍电子从 Fe^0 内核转移到污染物，抑制了还原效果；④在水处理过程中，水、溶解氧和其他物质会与目标污染物竞争 nZVI 的表面活性位点，造成 nZVI 的还原当量减少，电子数量下降，严重影响污染物的去除效果（Zhou et al.，2022）。因此，采用表面功能化改性或多种材料复合等方法来提高颗粒的分散性和稳定性，成为 nZVI 材料的研究热点。

目前 nZVI 最常见的改性方法主要有：①利用多孔材料支撑 nZVI；②应用表面活性剂等对 nZVI 表面进行改性；③用其他金属与 nZVI 掺杂。这些方法不仅能增强 nZVI 的抗氧化能力、提高其分散性，还能加速其表面的电子转移，从而促进污染物的去除。Pang 等（2019）采用硫化技术对 nZVI 进行改性并将生物炭作为负载材料，以减少其团聚，提高抗氧化能力，通过宏观实验和微观分析探究了改性 nZVI 对 U(VI)的去除性能和作用机理。当 pH=5 和温度为 298 K 时，改性 nZVI 通过吸附和还原的协同作用，3 h 内达到最大吸附量 427.9 mg/g。此外，由于 nZVI 的还原性，部分高毒性 U(VI)被还原成低毒性 U(IV)，降低了含铀废水的危害。Sheng 等（2016）将水滑石（hydrotalcite，HT）作为分散剂和稳定剂减少 nZVI 的团聚，从而提高其反应活性。与 nZVI 相比，复合材料具有更好的抗氧化性，对 Re(VII)具有良好的吸附和还原协同作用，可将 Re(VII)几乎完全还原为 Re(IV)。主要原因是 nZVI 在还原 Re(VII)过程中会消耗溶液中的 H^+导致 pH 上升，而 HT 表面的羟基会产生 H^+并释放到溶液中，保持 pH 相对稳定，从而减缓 nZVI 的表面钝化。

1.4.2　金属有机框架材料

金属有机框架（MOFs）材料是由无机单元和有机配体通过配位键自组装，形成一种三维晶体网络。通常，无机单元是金属离子或金属簇，而有机单元主要是二、三或四齿状的有机配体，如羧酸盐或其他有机离子（磷酸盐、磺酸盐和杂环化合物）（He et al.，2020；Chang et al.，2019；Kim et al.，2012b）。由于具有三维空轨道的过渡金属离子（或簇）能与有机配体形成多种配位构型，决定了 MOFs 晶体的拓扑结构多样化，并且 MOFs 材料可通过改变无机组分和有机配体的性质调节其孔隙大小和形状尺度，从而引起人们的研究兴趣。基于此特性，与大多数多孔材料相比，MOFs 材料可以通过对合成材料的调整和合成策略的优化，从而产生具有特定性质的 MOFs 材料。

1989 年，Hoskins 等首次提出 MOFs 概念的前身——金属有机配位聚合物。1995 年，Yaghi 等以 Zn 金属为中心合成了第一个具有永久性孔隙的 MOFs 材料（MOF-5），其比表面积高达 2 900 m^2/g，之后 MOFs 材料的研究进入飞速发展阶段。随着合成方法和分子设计理论的进步，一些经典的 MOFs 材料被陆续设计和应用，包括 UiO 系列材料、MIL 系列材料、ZIF 系列材料和其他材料。ZIF 系列材料是指 Zn(II)或 Co(II)与咪唑类配体形成的具有类沸石结构的 MOFs 材料。2006 年，Park 等首次得到了 12 种 ZIF 系列材料，其中 ZIF-9 和 ZIF-12 以 Co(II)为中心离子，ZIF-5 由 Zn(II)和 In(III)与咪唑共配位得到，其余 8 种均以 Zn(II)为中心。随后通过改变合成条件和不同的咪唑结构制备了 25 种四面体 ZIFs 系列材料，丰富了 MOFs 种类。MILs 系列材料是正三价金属离子与羧酸配体桥接而成的三维框架结构材料。2005 年，法国凡尔赛大学拉瓦锡研究所 Férey 研究组首次制备了 MIL-101(Cr)（Férey et al.，2005），自此之后，稳定的 MILs 材料被广泛关注。其中 MIL-100 和 MIL-101 作为该系列代表性材料，是由 Fe(III)或 Cr(III)形成八面体金属簇，再分别与均苯三甲酸或对苯二甲酸在空间相互配位而成的刚性笼状结构材料，具有极佳的化学稳定性和热稳定性。UiO 系列材料以挪威奥斯陆大学（Universitetet i Oslo）命名，并于 2008 年首次制备（Cavka et al.，2008）。以 UiO-66 为代表，通过 Zr(IV)与 12 个对苯二甲酸分子相连，构成八面体的三维微孔结构，是目前报道的 MOFs 材料中稳定性最好的材料之一，可耐 500 ℃高温，并在水和多种溶剂中保持稳定结构。与其他传统的纳米材料相比，MOFs 材料的结构多样、比表面积大和孔隙体积大等物理化学性能，使其在催化、储能、药物传递等领域具有优异的发展潜力。并且，MOFs 也被认为在吸附、光催化、电催化等处理放射性废水中具有巨大潜力。

MOFs 作为高效放射性核素去除材料，具有三个特点：①MOFs 材料均具有丰富的孔隙，能为污染物的进入和转移提供通道；②足够大的比表面积可以提供更多的位置用于捕获目标；③MOFs 不同于其他传统的多孔材料，它的多孔结构和性质可通过精心设计计划性构建以实现，为污染物的去除提供具有选择性的活性位点。MOFs 材料作为一种具有前景的新型纳米材料，通过静电作用、离子交换和表面络合等对放射性核素进行去除（Li et al.，2016；Fei et al.，2011）。对于阳离子放射性核素，Carboni 等（2013）首次报道了 MOFs 材料作为吸附剂从水溶液中分离 U(VI)的应用。采用不同配体制备了 3 种具有 UiO-68 网络拓扑结构的 MOFs，结果发现稳定多孔的磷酰脲基 MOFs 对 U(VI)具有较高的去除效率，最大吸附量达到 217 mg/g。Li 等（2019a）发现氨基甲基膦酸功能化的 PN-PCN-222 不仅对 U(VI)具有吸附效果，还具有光还原 U(VI)的能力。通过比较黑暗和光照条件下 PN-PCN-222 的吸附和光还原能力发现，在黑暗条件下，吸附量为 184.2 mg/g，而在光照条件下，U(VI)的去除量达到 1 289 mg/g。Wu 等（2019b）采用阴离子聚电解质对 Fe_3O_4 核进行预处理，获得带负电荷的 Fe_3O_4 粒子，然后通过吸引 Zn(II)成核，制备了具有磁性的 Fe_3O_4@ZIF-8 复合物，并将其用于 U(VI)和 Eu(III)的净化研究。探究不同实验条件对放射性核素去除的影响发现，Fe_3O_4@ZIF-8 能够在 30 min 内达到吸附平衡，对 U(VI)和 Eu(III)的去除量可分别达到 539.7 mg/g 和 255.6 mg/g。对于阴离子放射性核素，Banerjee 等（2016）研究了一种氨基功能化的 MOFs（UiO-66-NH_3^+）用于 ReO_4^- 的去除。UiO-66-NH_2 的质子化将—NH_2 转化为—NH_3^+，μ-OH 被转化为不稳定的 μ-OH_2^+，促进阴离子交换。Mondloch 等（2013）合成了一种新的热稳定 Zr 基 MOFs，具有空间定向的—OH 基团和较大的一维介孔，并命名为 NU-1000（图 1.10）。Howarth 等（2015）探索了一系列高度多孔、水稳定的 Zr 基 MOFs 材料从水溶液中吸附和去除 SeO_3^{2-} 和 SeO_4^{2-} 的能力，发现 NU-1000 具有最高的吸附容量和最快的 SeO_3^{2-} 和 SeO_4^{2-} 去除率。每个 SeO_3^{2-}（或 SeO_4^{2-}）被认为与 Zr_6 节点上的 2 个羟基结合，因此当两个 SeO_3^{2-}（或 SeO_4^{2-}）与一个 Zr_6 节点结合时，节点上的所有 4 个羟基都会以 $\eta_2\mu_2$ 或者 μ_2 的方式被取代。这表明大的孔径和大量基于节点的吸附位点有利于污染物的去除。

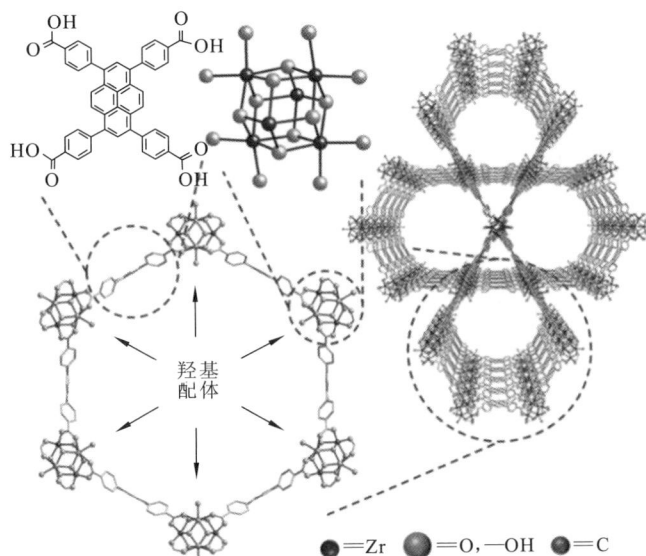

图 1.10　NU-1000 结构示意图

引自 Mondloch 等（2013）

1.4.3　共价有机框架材料

　　共价有机框架（COFs）材料是由轻质元素（B、C、N、O 和 Si）通过强共价键（如 B—O、C—N、C—C 和 C—N 等）连接有机单元形成的有序多孔结晶材料。由于 COFs 完全由共价键连接的有机构建单元组成，COFs 展现出 π-π 共轭结构，通过共价键连接的 COFs 具有高的化学稳定性（Zhao et al.，2021b）。Côté 等（2005）采用 MOFs 的拓扑设计原理应用于 COFs 的合成和结构测定，并首次报道了 COF-1 和 COF-5，合成的 COFs 具有 MOFs 的主要优点，如比表面积大、孔隙结构规则等。

　　根据构筑单元的尺寸和几何形状不同，COFs 可分为二维 COFs 和三维 COFs。如图 1.11 所示，在二维 COFs 中，二维原子层由周期性有机单元通过共价键组成并相互堆叠，形成具有较大比表面积（711～2 160 m²/g）的层状结构（Schlachter et al.，2021）。在二维 COFs 中，可以观察到有序的一维通道，并且这些通道的形状和尺寸是可调控的。二维 COFs 具有高的热稳定性、载流子迁移率、导电性和孔隙率，这为其在光电系统和环境修复中的应用提供了广阔的前景。与二维 COFs 相比，构筑单元中的 C 或 Si 原子的 sp³ 杂化，将 COFs 的骨架拓展为三维类型，拥有更大的比表面积（1 360～4 210 m²/g）和大量可修饰的活性位点（Feng et al.，2012）。

　　COFs 同 MOFs 类似，以其高吸附能力、大比表面积、可调节孔隙度和多孔结构等优点，在去除放射性核素方面表现出巨大的潜力（Mondal et al.，2019；Fu et al.，2018；Sun et al.，2017）。Li 等（2015）采用一步溶剂热制备出苯并咪唑改性 COF 材料（COF-benzimidazole，COF-HBI）。通过批实验发现 COF-HBI 能够高效地吸附 U(VI)，最大吸附量为 81 mg/g。竞争离子实验中，模拟 11 种核废水中的污染离子，COF-HBI 保持着对 U(VI)优异的选择性。You 等（2020）用溶剂热法合成了 COF 掺杂羟基磷灰石（COF

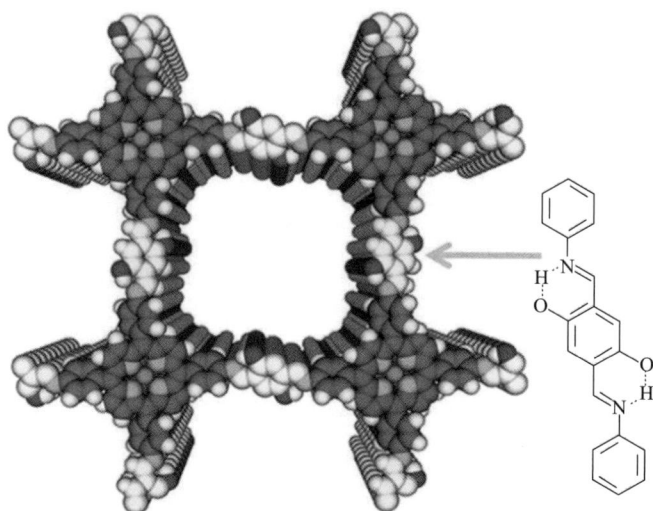

图 1.11　二维 COFs 结构示意图

引自 Schlachter 等（2021）

doping hydroxyapatite，COF-HAP）复合材料，通过引入羧基基团增强 U(VI)的吸附作用。在酸性条件下 COF-HAP 中的羟基磷灰石会发生部分电离，产生少量的 Ca^{2+} 和 PO_4^{3-} 通过表面沉淀固定 UO_2^{2+}。Cheng 等（2021）合成了一种以开环式酰胺肟基团的聚芳醚基 COF（polyarylether-based COF functionalized with open-chain amidoxime，COF-HHTF-AO），该材料具有优异的化学稳定性和结晶度。在 pH=5 的水溶液中，COF-HHTF-AO 对 U(VI)的最大吸附量达到 550.1 mg/g。循环实验显示，经过 4 次循环 COF-HHTF-AO 对 U(VI)依旧能达到 95%以上的去除率。Da 等（2019）报道了水稳定性的阳离子共价有机纳米片（hydrolytically stable cationic covalent organic nanosheets，iCON）用于吸附 ReO_4^-。iCON 对 ReO_4^- 具有超高的吸附性能（437 mg/g）和分布系数（$K_d = 5 \times 10^2$ L/g）。此外，iCON 在 pH=3~12 时依旧保持高的吸附效率和良好的选择吸附性。吸附后红外光谱显示 iCON 具有—CN_3H_4 和—OH，能够与 ReO_4^- 形成强相互作用。Wang 等（2018a）合成了 5 种不同孔径（1.4~3.3 nm）的二维 COFs，发现对放射性碘的吸收率随着孔径的增大而升高。其孔隙利用率均接近 100%，为放射性碘的捕获提供了有效空间，在室温露天环境中，去除率可达到 70%。

1.4.4　二维过渡金属碳/氮化物材料

二维过渡金属碳化物、氮化物和碳氮化物（简称 MXene）是一种新型层状二维纳米材料（图 1.12）（Zhang et al.，2017）。MXene 主要通过选择性蚀刻和剥离两步法从 MAX 相中获得。2011 年 $Ti_3C_2T_x$ 首次被 Gogotsi 和 Baroum 教授团队报道，为从 MAX 前驱体合成 Ti_2C 等多种 MXenes 奠定了基础（Naguib et al.，2011）。之后研究者也发现了 4 种可能的结构，即 $M_{1.33}X$、M_2X、M_3X_2、M_4X_3。Sang 等（2018）通过在 Ti_3C_2 MXene 的非功能化表面形成六角 TiC（h-TiC）合成了 Ti_5C_4 MXene，证实了 M_5C_4 结构的存在。目前已有 30 多种组合被证实，从元素组成来看，MXene 的化学式为 $M_{n+1}X_nT_n$（n=1、2、3），其中 M 代表早期过渡金属 Sc、Ti、V、Cr、Nb、Mo、Hf 和 Zr 等元素，X 代表 C 或 N 元素，T 代表蚀刻过程中引入的—OH 和—F 等官能团（Tunesi et al., 2021；Zhong et al., 2021a）。MXene 因其优异的化学性质和独特的性能组合而吸引了大量的关注，如独特的二维层状形态、高比表面积、亲水性、丰富的表面活性位点、大量的官能团、超大的层间距、优异的导电性、高的机械和热稳定性、优秀的生物相容性和环境友好性（Zhang et al., 2018）。由于这些主要特性，MXene 近年来在环境修复方面的应用受到了研究人员的广泛关注（Hwang et al., 2020）。在已报道的 MXene 中，钛基 Ti_2CT_x 和 $Ti_3C_2T_x$ 因元素丰度和无毒特性而被广泛用于环境修复。

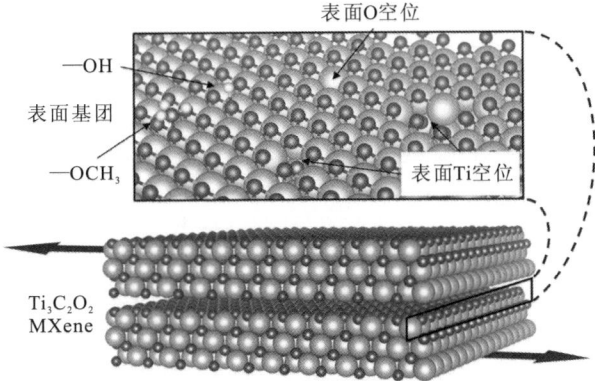

图 1.12　$Ti_3C_2O_2$ MXene 及其与—OH 和—OCH$_3$ 基团连接的结构示意图

引自 Zhang 等（2017）

Wang 等（2016a）通过 HF 蚀刻 V_2AlC 制备出二维多层 MXene 材料，并首次用于铀酰的去除，验证了 MXene 材料从水溶液中捕获锕系元素的可能性。之后多种改性方法被提出用于提高 MXene 材料对锕系元素的去除效果。2017 年，他们通过水合插层的方式扩大 MXene 的层间距，促进对铀的捕获，最大吸附容量达到 214 mg/g（Wang et al., 2017a）。2020 年，MXene 成功被羧基修饰，增强了对放射性核素的螯合作用和水稳定性。宏观实验和微观表征发现，MXene 通过内层配位和静电相互作用在 3 min 内使 U(VI) 和 Eu(III) 达到最大吸附量，分别为 344.8 mg/g 和 97.1 mg/g，符合朗缪尔（Langmuir）吸附等温线模型和准二级动力学模型（Zhang et al., 2020b）。Zhang 等（2020c）成功制备了偕胺肟螯合的 $Ti_3C_2T_x$·MXene 材料，偕胺肟官能团的引入，极大地提高了 $Ti_3C_2T_x$ 纳米片对铀酰离子的选择性，也提高了其在水溶液中的稳定性。并且 MXene 材料卓越的导电性使胺肟功能化后的 $Ti_3C_2T_x$ 纳米片具有优异的电化学性能，在电场的作用下能极大地促进铀的去除，吸附量从 294 mg/g 提高到 626 mg/g。Mu 等（2018）通过对 $Ti_3C_2T_x$ 进行表面活化处理和使用 NaOH 进行金属碱插层，提高了 $Ti_3C_2T_x$ 对 Ba^{2+} 的吸附能力。由于表面活化和碱处理，Na^+ 很容易插层到 $Ti_3C_2T_x$ 的层状结构中，导致 MXene 的晶格参数增加为 2.09 nm，从而增强了 MXene 层表面固定官能团的亲和力。Zhang 等（2016b）制备了羟基化碳化钛 $Ti_3C_2(OH)_2$ 并通过密度泛函理论（density functional theory，DFT）模拟发现，在羟基化表面，铀酰离子优先与去质子化的 O 吸附位点结合，而不是与质子化的 O 吸附位点结合，影响吸附过程的主要因素是化学相互作用和氢键，推断出理论吸附量为 595.3 mg/g。

1.4.5　碳基纳米材料

碳是世界上最丰富的、用途最广泛的元素之一，碳基纳米材料具有独特的物理化学特性，如优异的机械强度、化学和热稳定性、低密度、耐腐蚀、硬度高等，使其在药物运输、储能、生物化学等领域具有竞争力。此外，因其表面积大、易于生物降解、易于化学/物理改性，碳基纳米材料在环境修复中的应用性较强。碳基纳米材料（如碳纳米管和石墨烯）因其优异的物理化学性能而受到越来越多的关注，也可用于放射性核素废水的治理。

碳纳米管（carbon nanotubes，CNT）是一种由碳原子六方结晶组成的管状碳基纳米材料。日本 Iijima（1991）通过高分辨透射电子显微镜（high resolution transmission electron microscope，HRTEM）观察电弧蒸发时，发现了尺寸为纳米级、由 2~50 层石墨层片卷曲而成、具有中空结构的新型碳晶体，即 CNTs。作为一维碳基纳米材料，CNTs 具有完美的六边形结构，其中碳原子以 sp^2 杂化为主，而管的曲率导致了部分碳原子 sp^3 杂化。如图 1.13 所示，CNTs 主要由两种类型：单壁 CNTs（single-walled carbon nanotubes，SWCNTs）和多壁 CNTs（multi-walled carbon nanotubes，MWCNTs）。其中 SWCNTs 直径一般为 1~6 nm，最小直径约为 0.5 nm，是典型的一维碳基纳米材料；MWCNTs 由若干个单层管同心环绕形成，层数大于两层，层间距约为 0.34 nm（Song et al.，2018；Ru，2000）。由于碳原子 sp^2 杂化并通过共价键连接，碳纳米管具有更硬、更强的结构。由于具有高的多孔性和中空结构、大的比表面积、轻的质量密度，以及与污染物分子之间强的作用，CNTs 被广泛用于水环境中放射性核素的去除研究（Ali et al.，2020；Zhu et al.，2018）。

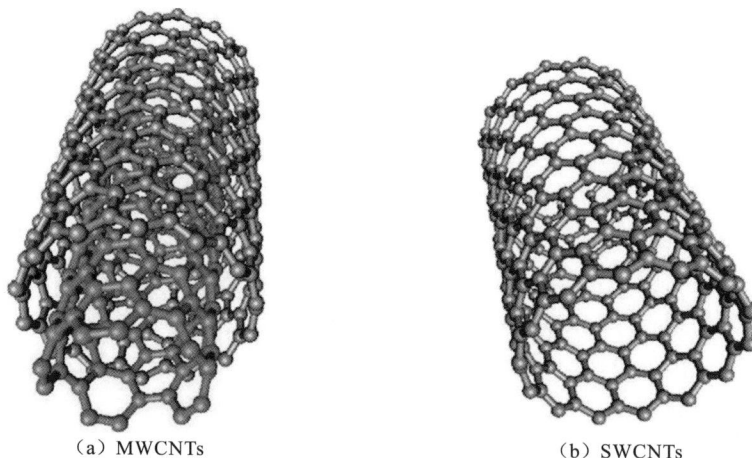

（a）MWCNTs　　　　　　　（b）SWCNTs

图 1.13　碳纳米管的结构示意图

引自 Zhao 等（2009）

Wang 等（2005b）首次将 CNTs 用于核废水处理，通过气相沉积（chemical vapor deposition，CVD）法制备 MWCNTs 作为对放射性核素 ^{243}Am(III)的吸附剂，批实验发现 MWCNTs 通过化学吸附对 ^{243}Am(III)的去除率从 4 天的 85%提高到 1 个月后的 95%。此外，CNTs 表面极易通过化学修饰引入含氧官能团，为污染物的净化提供更多的活性位点。Yavari 等（2011）使用硝酸溶液对 CNTs 进行氧化修饰，通过引入羧基等不同官能团为疏水性表面提供了亲水位点并增大了材料的比表面积和孔隙体积。通过研究时间、初始浓度、pH 等因素对 Cs(I)去除效果的影响，发现在 pH=10、80 min 内通过离子交换作用可达到 45%的去除率。CNTs 独特的性质使其与其他材料复合具有更好的相容性。Chen 等（2018a）制备了 Ca/Al 层状双氢氧化物修饰碳纳米管（Ca/Al layered double hydroxide@CNTs，Ca/Al-LDH@CNTs）复合材料，并探究了不同环境条件下对水中 U(VI)和 ^{241}Am(III)的去除效果。结果发现，Ca/Al-LDH@CNTs 通过表面络合作用和静电相互作用达到去除效果，最大去除量为 382.9 mg/g，是纯 CNTs 的 4 倍。此外，当 pH=8 时，Ca/Al-LDH@CNTs 对 ^{241}Am(III)的去除率达到 91%。

石墨烯是一种单层厚度为 0.34 nm，碳原子基于 sp^2 杂化组成的六方晶体蜂窝状结构的二维碳基纳米材料。石墨烯是已知最薄的材料，具有完美的大 π 共轭体系，且 π 电子可以自由移动，拥有优异和独特的物理化学性能，因此，其在高性能复合材料、智能材料、能源储存装置和环境修复等领域具有应用前景（Zhang et al.，2014；Balandin et al.，2008；Bolotin et al.，2008）。英国曼切斯特大学的 Novoselov 等（2004）首次利用机械剥离法从石墨中剥离出石墨烯，填补了二维碳基纳米材料的空缺。此外，石墨烯作为碳同位素异形体的最新成员，是三维石墨、碳纳米管和富勒烯的基本组成部分（图 1.14）。

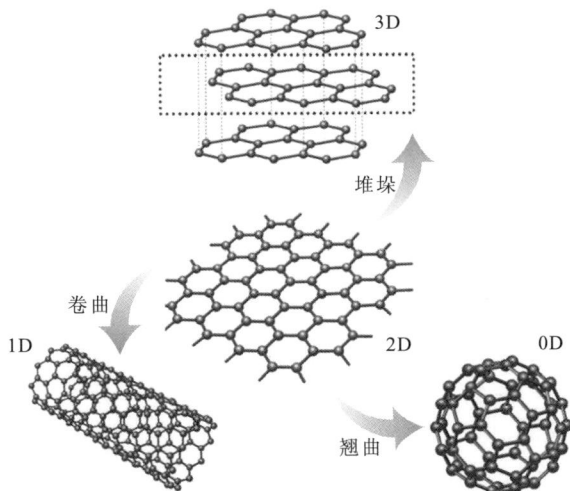

图 1.14　石墨烯通过不同构建方式组成其他碳同素异形体

引自 Wan 等（2012）

目前常见的石墨烯基材料包括石墨烯（graphene，GS）、氧化石墨烯（GO）及还原氧化石墨烯（reduced graphene oxide，rGO）。其中，GO 具有丰富的官能团和极好的亲水性，被高效用于放射性核素污染水体修复。Liu 等（2019b）对比不同粒径（2~5 μm 和 100~300 nm）的 GO 对 U(VI)的去除效果，研究发现，纳米尺寸的 GO 具有扩散优势，且氧化程度高、比表面积大，其化学吸附速率更快，最大吸附量为 121.7 mg/g。Tan 等（2016）使用改进 Hummers 法合成了具有羰基、羧基和羟基等多种官能团的 GO 并用于水中 Cs(I)的去除。批实验发现当 pH=3 时，最大吸附量为 40 mg/g。采用表面络合模拟发现，当 pH<5 时，吸附过程为外层表面络合；当 pH>6 时，吸附过程为内层表面络合。GO 也可以通过与其他材料复合，提升去除能力。Chen 等（2014）通过原位聚合反应将偕胺肟基嫁接到 rGO 表面，制备出亲水性聚偕胺肟改性 rGO（poly(amidoxime) modified rGO，PAO-g-rGO）复合材料。PAO-g-rGO 对放射性核素 Sr(II)、Eu(III)和 Co(II)的最大吸附容量分别为 99.4 mg/g、264.4 mg/g 和 177.6 mg/g。吸附在 4 h 达到平衡，并符合拟二阶动力学模型。吸附等温线符合 Langmuir 模型，并且吸附过程是自发、吸热的。Huo 等（2021）在 GO 中复合聚乙烯醇（PVA）以增大相邻石墨层的层间距，能够减缓石墨层的聚集，有利于暴露更多的活性位点和提高 Sr(II)的传质效果，从而增强对 Sr(II)的吸附能力。复合材料对 Sr(II)的吸附符合拟二阶动力学模型和 Langmuir 模型，Sr(II)的吸附主要是通过材料中氧原子/π-电子域与 Sr(II)发生络合作用，最大吸附量为 21.86 mg/g。

1.5 本 章 小 结

放射性核素污染对当前环境和人类的威胁不言而喻。但是，诸多镧系元素、锕系元素与一些放射性同位素对当今社会的作用已经不可取代，成为推动社会发展的关键材料。因此，寻找去除放射性核素废物的方法成为目前的选择。科研工作者研究了许多去除放射性核素的方法，本章总结了 7 种已经被广泛用于解决放射性核素污染问题的技术，分别为膜分离技术、离子交换技术、吸附技术、化学沉淀技术、生物修复技术、光催化技术、电化学技术。这些修复技术都有优点和局限性，希望本章内容能够给读者更多的启发，将各类修复方法的优点结合起来，扬长避短，寻找一种更经济、更绿色环保、操作更简单、效果更明显的治理放射性污染的策略。此外，本章介绍了最近几十年比较热门的几类纳米材料，并对它们去除放射性核素污染物的研究进行分析讨论，期望能取长补短，寻求经济实用、效果优异且能够实际应用的纳米材料。

放射性核素污染物的修复被广泛研究，并取得了一些成果，但仍有一些可以改进的方面，需要众多科研工作者进行研究。

（1）尽管多种纳米材料在去除污染物方面得到广泛的有效利用，但每一类纳米材料都有缺点，例如 nZVI 易氧化、易团聚、易钝化，还有 MOFs 的成本高。这些固有的缺点极大地限制了性能优异的纳米材料在实际环境中对放射性核素的去除。因此，在还没克服这些缺点之前，关于纳米材料的改进研究还不能停止，纳米材料彻底投入实际应用还有许多难题需要克服。

（2）目前大多修复技术对放射性核素污染物的去除仍处于实验室阶段，而实际环境比实验室的水样更复杂，影响因素也更多。因此将这些修复技术从实验室阶段转化到现场规模的应用是当前许多研究面临的一大问题，因为这些修复技术在现场规模的应用中可能受到各类因素的影响，例如温度的变化、水样的复杂性、环境中生物的影响等。

（3）实际水环境中的放射性核素废水大多含有不止一种放射性核素污染物，而目前大多研究只重点关注某一种放射性核素的去除，这是十分局限的。因为同一种修复技术或者同一种修复材料对某一放射性核素具有去除效果，但是在其他放射性核素存在的情况下，其去除效果可能会受到影响，从而在实际环境中得到不一样的去除效果。希望未来的研究可以重点关注同时去除多种放射性核素污染物的实验。

（4）大部分纳米材料对放射性核素的去除机制还不明确，需要进一步研究纳米材料是如何与污染物发生反应，特别是在实际环境中的反应。此外，因为水是不断流动的，纳米材料进入水中也会跟随水系统流动，为了使纳米材料能够准确作用到放射性污染物表面，研究纳米材料在水环境中的迁移转化十分关键，这也是纳米材料从实验阶段走向实际应用尤为关键的一步。

（5）纳米材料对生态环境的毒性还不得而知。众所周知，纳米材料是通过化学药物制备而成的，其组成部分对自然界的危害也应当引起关注。当前关于纳米材料对环境的毒性研究较为匮乏。因此，今后的研究应当努力阐明纳米材料的毒性机制，并制定标准以评估其对环境的危害，从而获得更绿色环保的解决放射性核素污染问题的方法。

不同的修复技术和修复材料在放射性核素的环境修复中具有巨大的潜力，希望本章能够给读者提供广泛的理论支持和开阔的新视野，以促进放射性核素污染修复领域的发展。

参 考 文 献

Abdelmonem I M, Metwally E, Siyam T E, et al., 2020. Gamma radiation-induced preparation of chitosan-acrylic acid-1-vinyl-2-vinylpyrrolidone/multiwalled carbon nanotubes composite for removal of $^{152+154}$Eu, ^{60}Co and ^{134}Cs radionuclides. International Journal of Biological Macromolecules, 164: 2258-2266.

Abdi S, Nasiri M, Mesbahi A, et al., 2017. Investigation of uranium(VI) adsorption by polypyrrole. Journal of Hazardous Materials, 332: 132-139.

Ackermann M N, 2000. Inorganic chemistry (Wulfsberg, Gary). Journal of Chemical Education, 77(11): 1412.

Ahmed M B, Zhou J L, Ngo H H, et al., 2016. Progress in the preparation and application of modified biochar for improved contaminant removal from water and wastewater. Bioresource Technology, 214: 836-851.

Airradiation E, 1996. Technology screening guide for radioactively contaminated sites. EPA 402-R96-017.

Al-Shamsi M A, Thomson N R, 2013. Treatment of organic compounds by activated persulfate using nanoscale zerovalent iron. Industrial & Engineering Chemistry Research, 52(38): 13564-13571.

Ali S, Shah I A, Huang H, 2020. Selectivity of Ar/O$_2$ plasma-treated carbon nanotube membranes for Sr(II) and Cs(I) in water and wastewater: Fit-for-purpose water treatment. Separation and Purification Technology, 237: 116352.

Alipour D, Keshtkar A R, Moosavian M A, 2016. Adsorption of thorium(IV) from simulated radioactive solutions using a novel electrospun PVA/TiO$_2$/ZnO nanofiber adsorbent functionalized with mercapto groups: Study in single and multi-component systems. Applied Surface Science, 366: 19-29.

Allahkarami E, Rezai B, 2019. Removal of cerium from different aqueous solutions using different adsorbents: A review. Process Safety and Environmental Protection, 124: 345-362.

Ameta R, Solanki M S, Benjamin S, et al., 2018. Photocatalysis advanced oxidation processes for waste water treatment. Amsterdam: Academic Press: 135-175.

Amphlett J T M, Choi S, Parry S A, et al., 2020. Insights on uranium uptake mechanisms by ion exchange resins with chelating functionalities: Chelation vs. anion exchange. Chemical Engineering Journal, 392: 123712.

Anonymous, 2009. Mitigation of metal mining influenced water. Mining Engineering, 61(6): 117.

Ashley N V, Roach D J W, 1990. Review of biotechnology applications to nuclear waste treatment. Journal of Chemical Technology & Biotechnology, 49(4): 381-394.

Balandin A A, Ghosh S, Bao W, et al., 2008. Superior thermal conductivity of single-layer graphene. Nano Letters, 8(3): 902-907.

Banerjee D, Xu W, Nie Z, et al., 2016. Zirconium-based metal-organic framework for removal of perrhenate from water. Inorganic Chemistry, 55(17): 8241-8243.

Bao G, Wen S, Lin G, et al., 2021. Learning from lanthanide complexes: The development of dye-lanthanide nanoparticles and their biomedical applications. Coordination Chemistry Reviews, 429: 213642.

Bhainsa K C, D'souza S F, 2001. Uranium(VI) biosorption by dried roots of *Eichhornia crassipes* (water hyacinth). Journal of Environmental Science and Health, Part A, 36(9): 1621-1631.

Biswas S, Rupawate V H, Hareendran K N, et al., 2015. Novel precipitation technique for uranium recovery from carbonate leach solutions. Journal of Radioanalytical and Nuclear Chemistry, 304(3): 1345-1351.

Bolotin K I, Sikes K J, Jiang Z, et al., 2008. Ultrahigh electron mobility in suspended graphene. Solid State Communications, 146(9): 351-355.

Brown D, Maddock A G, 1963. Protactinium. Quarterly Reviews, Chemical Society, 17(3): 289-341.

Bubeníková M, Ecorchard P, Szatmáry L, et al., 2018. Sorption of Sr(II) onto nanocomposites of graphene oxide-polymeric matrix. Journal of Radioanalytical and Nuclear Chemistry, 315(2): 263-272.

Bünzli J, 1987. Probing biomolecular structures by means of laser-excited lanthanide probes. Journal de Physique Colloques, 48(C7): 607-610.

Burger A, Lichtscheidl I, 2019. Strontium in the environment: Review about reactions of plants towards stable and radioactive strontium isotopes. Science of the Total Environment, 653: 1458-1512.

Cantrell K J, Kaplan D I, Wietsma T W, 1995. Zero-valent iron for the in situ remediation of selected metals in groundwater. Journal of Hazardous Materials, 42(2): 201-212.

Carboni M, Abney C W, Liu S, et al., 2013. Highly porous and stable metal-organic frameworks for uranium extraction. Chemical Science, 4(6): 2396-2402.

Carr J, Zontov N, Chamberlain T, 2016. Method and system for extraction of uranium using an ion-exchange resin. U. S. Patent No. 9394587. 2014-02-13.

Casarci M, Gasparini G M, Grossi G, et al., 1989. Actinide recovery from radioactive liquid wastes by CMPO. Journal of the Less Common Metals, 149: 297-303.

Cavka J H, Jakobsen S, Olsbye U, et al., 2008. A new zirconium inorganic building brick forming metal organic frameworks with exceptional stability. Journal of the American Chemical Society, 130(42): 13850-13851.

Çelebi O, Üzüm Ç, Shahwan T, et al., 2007. A radiotracer study of the adsorption behavior of aqueous Ba^{2+} ions on nanoparticles of zero-valent iron. Journal of Hazardous Materials, 148(3): 761-767.

Chang G, Ma X, Zhang Y, et al., 2019. Construction of hierarchical metal-organic frameworks by competitive coordination strategy for highly efficient CO_2 conversion. Advanced Materials, 31(52): 1904969.

Chen B, Yu S, Zhao X, 2020a. The influence of membrane surface properties on the radionuclide mass transfer process in reverse osmosis. Separation and Purification Technology, 252: 117455.

Chen G, 2004. Electrochemical technologies in wastewater treatment separation. Separation and Purification Technology, 38: 11-41.

Chen H, Shao D, Li J, et al., 2014. The uptake of radionuclides from aqueous solution by poly(amidoxime) modified reduced graphene oxide. Chemical Engineering Journal, 254: 623-634.

Chen H, Chen Z, Zhao G, et al., 2018a. Enhanced adsorption of U(VI) and [241]Am(III) from wastewater using Ca/Al layered double hydroxide@carbon nanotube composites. Journal of Hazardous Materials, 347: 67-77.

Chen H, Zhang Z, Wang X, et al., 2018b. Fabrication of magnetic Fe/Zn layered double oxide@carbon nanotube composites and their application for U(VI) and [241]Am(III) removal. ACS Applied Nano Materials, 1(5): 2386-2396.

Chen L, Ning S, Huang Y, et al., 2020b. Effects of speciation on uranium removal efficiencies with polyamine-functionalized silica composite adsorbent in groundwater. Journal of Cleaner Production, 256: 120379.

Chen L, Yang J, Wang D, 2020c. Phytoremediation of uranium and cadmium contaminated soils by sunflower (*Helianthus annuus* L.) enhanced with biodegradable chelating agents. Journal of Cleaner Production, 263: 121491.

Cheng G, Zhang A, Zhao Z, et al., 2021. Extremely stable amidoxime functionalized covalent organic frameworks for uranium extraction from seawater with high efficiency and selectivity. Science Bulletin, 66(19): 1994-2001.

Chung M S, Cutler P H, Sun F, 1985. Nonlocal pseudopotential calculations of the structure factor and electronic transport properties of liquid cesium. Physics and Chemistry of Liquids an International Journal, 14(3): 227-240.

Ciardelli G, Corsi L, Marcucci M, 2001. Membrane separation for wastewater reuse in the textile industry. Resources, Conservation and Recycling, 31: 189-197.

Côté A P, Benin A I, Ockwig N W, et al., 2005. Porous, crystalline, covalent organic frameworks. Science, 310(5751): 1166-1170.

Cotton F A, Wilkinson G, Murillo C A, et al., 1988. Advanced inorganic chemistry. New York: Wiley.

Cristina A, Samson R, Horemans N, et al., 2020. Interception of radionuclides by planophile crops: A simple semi-empirical modelling approach in case of nuclear accident fallout. Environmental Pollution, 266: 115308.

Da H, Yang C, Yan X, 2019. Cationic covalent organic nanosheets for rapid and selective capture of perrhenate: An analogue of radioactive pertechnetate from aqueous solution. Environmental Science & Technology, 53(9): 5212-5220.

Das N, 2012. Remediation of radionuclide pollutants through biosorption: An overview. Acta Hydrochimica et Hydrobiologica, 40(1): 16-23.

Deb A K S, Pahan S, Dasgupta K, et al., 2018. Carbon nano tubes functionalized with novel functional group-amido-amine for sorption of actinides. Journal of Hazardous Materials, 345: 63-75.

Deng H, Li Z, Wang L, et al., 2019. Nanolayered Ti_3C_2 and $SrTiO_3$ composites for photocatalytic reduction and removal of uranium(VI). ACS Applied Nano Materials, 2(4): 2283-2294.

Ding S, Yang Y, Li C, et al., 2016. The effects of organic fouling on the removal of radionuclides by reverse osmosis membranes. Water Research, 95: 174-184.

Dinis M D, Fiúza A, 2021. Mitigation of uranium mining impacts: A review on groundwater remediation technologies. Geosciences, 11(6): 250.

Du X, Graedel T E, 2011. Global rare earth in-use stocks in NdFeB permanent magnets. Journal of Industrial Ecology, 15(6): 836-843.

Duan W, Chen G, Chen C, et al., 2017. Electrochemical removal of hexavalent chromium using electrically conducting carbon nanotube/polymer composite ultrafiltration membranes. Journal of Membrane Science, 531: 160-171.

El Hayek E, Brearley A J, Howard T, et al., 2019. Calcium in carbonate water facilitates the transport of U(VI) in *Brassica juncea* roots and enables root-to-shoot translocation. ACS Earth and Space Chemistry, 3(10): 2190-2196.

Eljamal O, Shubair T, Tahara A, et al., 2019. Iron based nanoparticles-zeolite composites for the removal of cesium from aqueous solutions. Journal of Molecular Liquids, 277: 613-623.

Essex R M, Williams R W, Treinen K C, et al., 2019. Preparation and calibration of a ^{231}Pa reference material. Journal of Radioanalytical and Nuclear Chemistry, 322(3): 1593-1604.

Evans E J, Dekker A J, 1962. The influence of soil properties and soil amendments on the Sr^{90} content of oats grown in selected Canadian soils. Canadian Journal of Soil Science, 42(1): 23-30.

Faheem D, Yu H, Liu J, et al., 2016. Preparation of MnO_x-loaded biochar for Pb^{2+} removal: Adsorption performance and possible mechanism. Journal of the Taiwan Institute of Chemical Engineers, 66: 313-320.

Fei H, Bresler M R, Oliver S R J, 2011. A new paradigm for anion trapping in high capacity and selectivity: Crystal-to-crystal transformation of cationic materials. Journal of the American Chemical Society, 133(29): 11110-11113.

Feng M, Zhang P, Zhou H, et al., 2018. Water-stable metal-organic frameworks for aqueous removal of heavy metals and radionuclides: A review. Chemosphere, 209: 783-800.

Feng X, Ding X, Jiang D, 2012. Covalent organic frameworks. Chemical Society Reviews, 41(18): 6010-6022.

Férey G, Mellot-Draznieks C, Serre C, et al., 2005. A chromium terephthalate-based solid with unusually large pore volumes and surface area. Science, 309(5743): 2040-2042.

Figueiredo B R, Cardoso S P, Portugal I, et al., 2018. Inorganic ion exchangers for cesium removal from radioactive wastewater. Separation & Purification Reviews, 47(4): 306-336.

Foster R I, Kim K, Oh M, et al., 2019. Effective removal of uranium via phosphate addition for the treatment of uranium laden process effluents. Water Research, 158: 82-93.

Friend M T, Mastren T, Parker T G, et al., 2020. Production of ^{230}Pa by proton irradiation of ^{232}Th at the LANL isotope production facility: Precursor of ^{230}U for targeted alpha therapy. Applied Radiation and Isotopes, 156: 108973.

Fu Y, Yu W, Zhang W, et al., 2018. Sulfur-rich covalent triazine polymer nanospheres for environmental mercury removal and detection. Polymer Chemistry, 9(30): 4125-4131.

Garcia-Orellana J, Pates J M, Masqué P, et al., 2009. Distribution of artificial radionuclides in deep sediments of the Mediterranean Sea. Science of the Total Environment, 407(2): 887-898.

Gindler J E, 1973. Physical and chemical properties of uranium//Hodge H C, Hursh J B, Stannard J N, eds. Uranium·plutonium transplutonic elements. Berlin: Springer: 69-164.

Glavee G N, Klabunde K J, Sorensen C M, et al., 1995. Chemistry of borohydride reduction of iron(II) and iron(III) ions in aqueous and nonaqueous media: Formation of nanoscale Fe, FeB, and Fe$_2$B powders. Inorganic Chemistry, 34(1): 28-35.

González V, Vignati D A L, Pons M, et al., 2015. Lanthanide ecotoxicity: First attempt to measure environmental risk for aquatic organisms. Environmental Pollution, 199: 139-147.

Gould J P, 1982. The kinetics of hexavalent chromium reduction by metallic iron. Water Research, 16(6): 871-877.

Grenthe I, Drożdżynński J, Fujino T, et al., 2008. The chemistry of the actinide and transactinide elements. New York: Springer.

Gu G E, Bae J, Park H S, et al., 2021. Development of the functionalized nanocomposite materials for adsorption/decontamination of radioactive pollutants. Materials, 14(11): 2896.

Guo X, Yang H, Liu Q, et al., 2020. A chitosan-graphene oxide/ZIF foam with anti-biofouling ability for uranium recovery from seawater. Chemical Engineering Journal, 382: 122850.

Gupta D K, Voronina A, 2019. Remediation measures for radioactively contaminated areas. New York: Springer.

Haldar D, Duarah P, Purkait M K, 2020. MOFs for the treatment of arsenic, fluoride and iron contaminated drinking water: A review. Chemosphere, 251: 126388.

Hamed M M, Holiel M, El-Aryan Y F, 2017. Removal of selenium and iodine radionuclides from waste solutions using synthetic inorganic ion exchanger. Journal of Molecular Liquids, 242: 722-731.

Han Y, Lee J, Kim C, et al., 2020. Uranium rhizofiltration by *Lactuca sativa*, *Brassica campestris* L., *Raphanus sativus* L., *Oenanthe javanica* under different hydroponic conditions. Minerals, 11: 41.

Hao Y, Cui Y, Peng J, et al., 2019. Preparation of graphene oxide/cellulose composites in ionic liquid for Ce(III) removal. Carbohydrate Polymers, 208: 269-275.

He H, Li R, Yang Z, et al., 2021. Preparation of MOFs and MOFs derived materials and their catalytic application in air pollution: A review. Catalysis Today, 375: 10-29.

He Y, Tan Y, Zhang J, 2020. Functional metal-organic frameworks constructed from triphenylamine-based polycarboxylate ligands. Coordination Chemistry Reviews, 420: 213354.

Hoskins B F, Robson R, 1989. Infinite polymeric frameworks consisting of three dimensionally linked rod-like segments. Journal of the American Chemical Society, 111(15): 5962-5964.

Howarth A J, Katz M J, Wang T C, et al., 2015. High efficiency adsorption and removal of selenate and selenite from water using metal-organic frameworks. Journal of the American Chemical Society, 137(23): 7488-7494.

Hsu W P, Ronnquist L, Matijevic E, 1988. Preparation and properties of monodispersed colloidal particles of lanthanide compounds: 2. Cerium(IV). Langmuir, 4(1): 31-37.

Hu L, Yan X, Zhang X, et al., 2018a. Integration of adsorption and reduction for uranium uptake based on $SrTiO_3/TiO_2$ electrospun nanofibers. Applied Surface Science, 428: 819-824.

Hu W, Dong F, Yang G, et al., 2018b. Synergistic interface behavior of strontium adsorption using mixed microorganisms. Environmental Science and Pollution Research, 25(23): 22368-22377.

Hülsen M, Weigand A, Dolg M, 2009. Quasirelativistic energy-consistent 4f-in-core pseudopotentials for tetravalent lanthanide elements. Theoretical Chemistry Accounts, 122(1): 23-29.

Huo J, Yu G, Wang J, 2021. Adsorptive removal of Sr(II) from aqueous solution by polyvinyl alcohol/ graphene oxide aerogel. Chemosphere, 278: 130492.

Hwang S K, Kang S, Rethinasabapathy M, et al., 2020. MXene: An emerging two-dimensional layered material for removal of radioactive pollutants. Chemical Engineering Journal, 397: 125428.

Ihsanullah I, 2020. MXenes (two-dimensional metal carbides) as emerging nanomaterials for water purification: Progress, challenges and prospects. Chemical Engineering Journal, 388: 124340.

Iijima S, 1991. Helical microtubules of graphitic carbon. Nature, 354(6348): 56-58.

Ilaiyaraja P, Singha Deb A, Ponraju D, 2015. Removal of uranium and thorium from aqueous solution by ultrafiltration (UF) and PAMAM dendrimer assisted ultrafiltration (DAUF). Journal of Radioanalytical and Nuclear Chemistry, 303: 441-450.

Ishikawa N, Ito A, Umita T, 2013. Fate of stable strontium in the sewage treatment process as an analog for radiostrontium released by nuclear accidents. Journal of Hazardous Materials, 260: 420-424.

Jang S, Kang S, Haldorai Y, et al., 2016. Synergistically strengthened 3D micro-scavenger cage adsorbent for selective removal of radioactive cesium. Scientific Reports, 6(1): 38384.

Jin K, Lee B, Park J, 2021. Metal-organic frameworks as a versatile platform for radionuclide management. Coordination Chemistry Reviews, 427: 213473.

Jun B, Park C M, Heo J, et al., 2020. Adsorption of Ba^{2+} and Sr^{2+} on $Ti_3C_2T_x$ MXene in model fracking wastewater. Journal of Environmental Management, 256: 109940.

Khani M H, Pahlavanzadeh H, Alizadeh K, 2012. Biosorption of strontium from aqueous solution by fungus *Aspergillus terreus*. Environmental Science and Pollution Research, 19(6): 2408-2418.

Kilbourn B T, 2000. Cerium and cerium compounds//Kirk-othmer encyclopedia of chemical technology. New Jersey: Wiley.

Kim E, Osseo-Asare K, 2012a. Aqueous stability of thorium and rare earth metals in monazite hydrometallurgy: E_h-pH diagrams for the systems Th-, Ce-, La-, Nd-(PO_4)-(SO_4)-H_2O at 25 ℃. Hydrometallurgy, 113: 67-78.

Kim H, Kim M, Lee W, et al., 2018a. Rapid removal of radioactive cesium by polyacrylonitrile nanofibers containing Prussian blue. Journal of Hazardous Materials, 347: 106-113.

Kim H, Wi H, Kang S, et al., 2019. Prussian blue immobilized cellulosic filter for the removal of aqueous cesium. Science of the Total Environment, 670: 779-788.

Kim K, Shon W, Oh M, et al., 2018b. Evaluation of dynamic behavior of coagulation-flocculation using hydrous ferric oxide for removal of radioactive nuclides in wastewater. Nuclear Engineering and Technology, 51(3): 738-745.

Kim M, Cahill J F, Fei H, et al., 2012b. Postsynthetic ligand and cation exchange in robust metal-organic frameworks. Journal of the American Chemical Society, 134(43): 18082-18088.

Kirk R E, Othmer D F, 1949. Encyclopedia of chemical technology. Encyclopedia of chemical technology. The Journal of Physical Chemistry, 53(4): 591-591.

Kryvoruchko A P, Yurlova L Y, Atamanenko I D, et al., 2004. Ultrafiltration removal of U(VI) from contaminated water. Desalination, 162: 229-236.

Kumar J A, Prakash P, Krithiga T, et al., 2022. Methods of synthesis, characteristics, and environmental applications of MXene: A comprehensive review. Chemosphere, 286: 131607.

Kuzenkova A S, Romanchuk A Y, Trigub A L, et al., 2020. New insights into the mechanism of graphene oxide and radionuclide interaction. Carbon, 158: 291-302.

Langmuir D, Herman J S, 1980. The mobility of thorium in natural waters at low temperatures. Geochimica Et Cosmochimica Acta, 44(11): 1753-1766.

Le Normand F, Hilaire L, Kili K, et al., 1988. Oxidation state of cerium in cerium-based catalysts investigated by spectroscopic probes. The Journal of Physical Chemistry, 92(9): 2561-2568.

Lee M, Yang M, 2009. Rhizofiltration using sunflower (*Helianthus annuus* L.) and bean (*Phaseolus vulgaris* L. var. vulgaris) to remediate uranium contaminated groundwater. Journal of Hazardous Materials, 173: 589-596.

Li F, Cui W, Jiang W, et al., 2020a. Stable sp^2 carbon-conjugated covalent organic framework for detection and efficient adsorption of uranium from radioactive wastewater. Journal of Hazardous Materials, 392: 122333.

Li H, Zhai F, Gui D, et al., 2019a. Powerful uranium extraction strategy with combined ligand complexation and photocatalytic reduction by postsynthetically modified photoactive metal-organic frameworks. Applied Catalysis B: Environmental, 254: 47-54.

Li J, Yang X, Bai C, et al., 2015. A novel benzimidazole-functionalized 2-D COF material: Synthesis and application as a selective solid-phase extractant for separation of uranium. Journal of Colloid and Interface Science, 437: 211-218.

Li L, Ma W, Shen S, et al., 2016. A combined experimental and theoretical study on the extraction of uranium by amino-derived metal-organic frameworks through post-synthetic strategy. ACS Applied Materials & Interfaces, 8(45): 31032-31041.

Li P, Zhun B, Wang X, et al., 2017. Highly efficient interception and precipitation of uranium(VI) from aqueous solution by iron-electrocoagulation combined with cooperative chelation by organic ligands. Environmental Science & Technology, 51(24): 14368-14378.

Li P, Wang J, Wang Y, et al., 2019b. Photoconversion of U(VI) by TiO_2: An efficient strategy for seawater uranium extraction. Chemical Engineering Journal, 365: 231-241.

Li P, Wang J, Wang Y, et al., 2019c. An overview and recent progress in the heterogeneous photocatalytic reduction of U(VI). Journal of Photochemistry and Photobiology C: Photochemistry Reviews, 41: 100320.

Li P, Chen P, Wang G, et al., 2020b. Uranium elimination and recovery from wastewater with ligand chelation-enhanced electrocoagulation. Chemical Engineering Journal, 393: 124819.

Li S, Wang L, Peng J, et al., 2019d. Efficient thorium(IV) removal by two-dimensional Ti_2CT_x MXene from aqueous solution. Chemical Engineering Journal, 366: 192-199.

Li X, Zhang M, Liu Y, et al., 2013. Removal of U(VI) in aqueous solution by nanoscale zero-valent iron(nZVI). Water Quality, Exposure and Health, 5(1): 31-40.

Li Y, Guo X, Li X, et al., 2020c. Redox-active two-dimensional covalent organic frameworks (COFs) for selective reductive separation of valence-variable, redox-sensitive and long-lived radionuclides. Angewandte Chemie International Edition, 59(10): 4168-4175.

Li Z, Zhang Z, Dong Z, et al., 2021. Synthesis of MoS_2/P-g-C_3N_4 nanocomposites with enhanced visible-light photocatalytic activity for the removal of uranium(VI). Journal of Solid State Chemistry, 302: 122305.

Lin P, Yang X, Werner J M, et al., 2021. Application of E_h-pH diagrams on acid leaching systems for the recovery of REEs from bastnaesite, monazite and xenotime. Metals, 11(5): 734.

Litter M I, 2017. Last advances on TiO_2-photocatalytic removal of chromium, uranium and arsenic. Current Opinion in Green and Sustainable Chemistry, 6: 150-158.

Liu C, Hsu P, Xie J, et al., 2017a. A half-wave rectified alternating current electrochemical method for uranium extraction from seawater. Nature Energy, 2(4): 17007.

Liu H, Wang H, Yang Y, et al., 2021a. In situ assembly of PB/SiO_2 composite PVDF membrane for selective removal of trace radiocesium from aqueous environment. Separation and Purification Technology, 254: 117557.

Liu J, Liu T, Wang C, et al., 2017b. Introduction of amidoxime groups into metal-organic frameworks to synthesize MIL-53(Al)-AO for enhanced U(VI) sorption. Journal of Molecular Liquids, 242: 531-536.

Liu L, Zhang Z, Song W, et al., 2018. Removal of radionuclide U(VI) from aqueous solution by the resistant fungus *Absidia corymbifera*. Journal of Radioanalytical and Nuclear Chemistry, 318(2): 1151-1160.

Liu T, Yuan J, Zhang B, et al., 2019a. Removal and recovery of uranium from groundwater using direct electrochemical reduction method: Performance and implications. Environmental Science & Technology, 53(24): 14612-14619.

Liu X, Sun J, Xu X, et al., 2019b. Adsorption and desorption of U(VI) on different-size graphene oxide. Chemical Engineering Journal, 360: 941-950.

Liu Y, Gu P, Jia L, et al., 2015. An investigation into the use of cuprous chloride for the removal of radioactive iodide from aqueous solutions. Journal of Hazardous Materials, 302: 82-89.

Liu Y, Huo Y, Wang X, et al., 2020. Impact of metal ions and organic ligands on uranium removal properties by zeolitic imidazolate framework materials. Journal of Cleaner Production, 278: 123216.

Liu Y, Pang H, Wang X, et al., 2021b. Zeolitic imidazolate framework-based nanomaterials for the capture of heavy metal ions and radionuclides: A review. Chemical Engineering Journal, 406: 127139.

Łokas E, Wachniew P, Jodłowski P, et al., 2017. Airborne radionuclides in the proglacial environment as indicators of sources and transfers of soil material. Journal of Environmental Radioactivity, 178: 193-202.

Lu Y, Zhao J, Zhang R, et al., 2014. Tunable lifetime multiplexing using luminescent nanocrystals. Nature Photonics, 8(1): 32-36.

Luo X, Zhang G, Wang X, et al., 2013. Research on a pellet co-precipitation micro-filtration process for the treatment of liquid waste containing strontium. Journal of Radioanalytical and Nuclear Chemistry, 298(2): 931-939.

Łyczko M, Wiaderek B, Bilewicz A, 2020. Separation of radionuclides from spent decontamination fluids via adsorption onto titanium dioxide nanotubes after photocatalytic degradation. Nanomaterials, 10: 1553.

Ma R, Yin L, Li L, et al., 2018. Comparative investigation of Fe_2O_3 and $Fe_{1-x}S$ nanostructures for uranium decontamination. ACS Applied Nano Materials, 1(10): 5543-5552.

Malmbeck R, Banik N L, 2021. Purification and accurate concentration determination of [231]Pa. Journal of Radioanalytical and Nuclear Chemistry, 328(3): 879-887.

Mann M, Kolis J, 2010. Synthesis and structural characterization of $K_3Th_2(PO_4)_3F_2$ and $RbThPO_4F_2$ as potential nuclear waste storage materials. Journal of Chemical Crystallography, 40(4): 337-342.

Manos M, Kanatzidis M, 2012. Layered metal sulfides capture uranium from seawater. Journal of the American Chemical Society, 134: 16441-16446.

Marshall J L, Marshal V R, 2008. Klaproth. Hexagon of Alpha of Chi Sigma, 99(2): 20-24.

Martínez J, Peñalver A, Baciu T, et al., 2018. Presence of artificial radionuclides in samples from potable water and wastewater treatment plants. Journal of Environmental Radioactivity, 192: 187-193.

Mastren T, Stein B W, Parker T G, et al., 2018. Separation of protactinium employing sulfur-based extraction chromatographic resins. Analytical Chemistry, 90(11): 7012-7017.

Mceldowney S, 1990. Microbial biosorption of radionuclides in liquid effluent treatment. Applied Biochemistry and Biotechnology, 26: 159-179.

Mondal S, Chatterjee S, Mondal S, et al., 2019. Thioether-functionalized covalent triazine nanospheres: A robust adsorbent for mercury removal. ACS Sustainable Chemistry & Engineering, 7(7): 7353-7361.

Mondloch J E, Bury W, Fairen-Jimenez D, et al., 2013. Vapor-phase metalation by atomic layer deposition in a metal-organic framework. Journal of the American Chemical Society, 135(28): 10294-10297.

Moreira F C, Boaventura R A R, Brillas E, et al., 2017. Electrochemical advanced oxidation processes: A review on their application to synthetic and real wastewaters. Applied Catalysis B: Environmental, 202: 217-261.

Moussa D T, El-Naas M H, Nasser M, et al., 2017. A comprehensive review of electrocoagulation for water treatment: Potentials and challenges. Journal of Environmental Management, 186: 24-41.

Mu W, Yu Q, Li X, et al., 2017. Niobate nanofibers for simultaneous adsorptive removal of radioactive strontium and iodine from aqueous solution. Journal of Alloys and Compounds, 693: 550-557.

Mu W, Du S, Yu Q, et al., 2018. Improving barium ion adsorption on two-dimensional titanium carbide by surface modification. Dalton Transactions, 47(25): 8375-8381.

Mu W, Du S, Li X, et al., 2019. Removal of radioactive palladium based on novel 2D titanium carbides. Chemical Engineering Journal, 358: 283-290.

Muramatsu Y, Matsuzaki H, Toyama C, et al., 2015. Analysis of ^{129}I in the soils of Fukushima Prefecture: Preliminary reconstruction of ^{131}I deposition related to the accident at Fukushima Daiichi Nuclear Power Plant (FDNPP). Journal of Environmental Radioactivity, 139: 344-350.

Mushtaq S, Yun S, Yang J E, et al., 2017. Efficient and selective removal of radioactive iodine anions using engineered nanocomposite membranes. Environmental Science: Nano, 4(11): 2157-2163.

Myasoedov B F, Kirby H W, Tananaev I G, 2008. Protactinium//Morss L R, Edelstein N M, Fuger J, eds. The chemistry of the actinide and transactinide elements. Amsterdam: Springer: 161-252.

Naguib M, Kurtoglu M, Presser V, et al., 2011. Two-dimensional nanocrystals produced by exfoliation of Ti$_3$AlC$_2$. Advanced Materials, 23(37): 4248-4253.

Nash C S, 2005. Atomic and molecular properties of elements 112, 114, and 118. The Journal of Physical Chemistry A, 109(15): 3493-3500.

Naveau A, Monteil-Rivera F, Dumonceau J, et al., 2005. Sorption of europium on a goethite surface: Influence of background electrolyte. Journal of Contaminant Hydrology, 77(1-2): 1-16.

Negri C M, Hinchman R R, Wozniak J B, 2000. Capturing a "mixed" contaminant plume: Tritium phytoevaporation at Argonne Laboratory's Area 319. Argonne National Lab.

Newete S, Byrne M, 2016. The capacity of aquatic macrophytes for phytoremediation and their disposal with specific reference to water hyacinth. Environmental Science and Pollution Research International, 23(11): 10630-10643.

Nie X, Dong F, Bian L, et al., 2017. Uranium binding on *Landoltia punctata* as a result of formation of insoluble nano-U(VI) and U(IV) phosphate minerals. ACS Sustainable Chemistry & Engineering, 5(2): 1494-1502.

Nilchi A, Saberi R, Moradi M, et al., 2011. Adsorption of cesium on copper hexacyanoferrate-PAN composite ion exchanger from aqueous solution. Chemical Engineering Journal, 172(1): 572-580.

Noubactep C, Meinrath G, Dietrich P, et al., 2003. Mitigating uranium in groundwater: Prospects and limitations. Environmental Science & Technology, 37(18): 4304-4308.

Novoselov K S, Geim A K, Morozov S V, et al., 2004. Electric field effect in atomically thin carbon films. Science, 306(5696): 666-669.

Osmanlioglu A E, 2018. Decontamination of radioactive wastewater by two-staged chemical precipitation. Nuclear Engineering and Technology, 50(6): 886-889.

Pan H, Kuo L, Wai C M, et al., 2016. Elution of uranium and transition metals from amidoxime-based polymer adsorbents for sequestering uranium from seawater. Industrial & Engineering Chemistry Research, 55(15): 4313-4320.

Pan N, Guan D, He T, et al., 2013. Removal of Th^{4+} ions from aqueous solutions by graphene oxide. Journal of Radioanalytical and Nuclear Chemistry, 298(3): 1999-2008.

Pang H, Diao Z, Wang X, et al., 2019. Adsorptive and reductive removal of U(VI) by *Dictyophora indusiate*-derived biochar supported sulfide nZVI from wastewater. Chemical Engineering Journal, 366:

368-377.

Park K S, Ni Z, Côté A P, et al., 2006. Exceptional chemical and thermal stability of zeolitic imidazolate frameworks. Proceedings of the National Academy of Sciences, 103(27): 10186.

Park S M, Park J, Kim J, et al., 1999. An experimental study on liquid radioactive waste treatment process using inorganic ion exchanger. Journal of Environmental Science & Health Part A, A34: 767-793.

Pentreath R J, 1989. Sources of artificial radionuclides in the marine environment//Geugueniat P, Guary J C, Pentreath R J, eds. Radionuclides: A tool for oceanography. London: Routledge: 34-37.

Qian Y, Yuan Y, Wang H, et al., 2018. Highly efficient uranium adsorption by salicylaldoxime/polydopamine graphene oxide nanocomposites. Journal of Materials Chemistry A, 6(48): 24676-24685.

Reda S M, Mustafa S S, Elkhawas N A, 2020. Investigating the performance and safety features of pressurized water reactors using the burnable poisons. Annals of Nuclear Energy, 141: 107354.

Richards L, Richards B, Schaefer A, 2011. Renewable energy powered membrane technology: Salt and inorganic contaminant removal by nanofiltration/reverse osmosis. Journal of Membrane Science, 369: 188-195.

Rim K T, Koo K H, Park J S, 2013. Toxicological evaluations of rare earths and their health impacts to workers: A literature review. Safety and Health at Work, 4(1): 12-26.

Rotter I, 1988. Investigation of an open quantum mechanical system. Fortschritte der Physik/Progress of Physics, 36(10): 781-799.

Ru C Q, 2000. Effect of van der Waals forces on axial buckling of a double-walled carbon nanotube. Journal of Applied Physics, 87(10): 7227-7231.

Sadovsky D, Brenner A, Astrachan B, et al., 2016. Biosorption potential of cerium ions using *Spirulina* biomass. Journal of Rare Earths, 34(6): 644-652.

Saleh H E, 2016. Biological remediation of hazardous pollutants using water hyacinth: A review. Journal of Biotechnology Research, 2: 80-91.

Sang X, Xie Y, Yilmaz D E, et al., 2018. In situ atomistic insight into the growth mechanisms of single layer 2D transition metal carbides. Nature Communications, 9(1): 2266.

Sar P, Kazy S, D'souza S, 2004. Radionuclide remediation using a bacterial biosorbent. International Biodeterioration & Biodegradation, 54: 193-202.

Schlachter A, Asselin P, Harvey P D, 2021. Porphyrin-containing MOFs and COFs as heterogeneous photosensitizers for singlet oxygen-based antimicrobial nanodevices. ACS Applied Materials & Interfaces, 13(23): 26651-26672.

Schulte-Herbrüggen H M A, Semião A J C, Chaurand P, et al., 2016. Effect of pH and pressure on uranium removal from drinking water using NF/RO membranes. Environmental Science & Technology, 50(11): 5817-5824.

Scirè S, Palmisano L, 2020. Cerium and cerium oxide: A brief introduction//Cerium Oxide (CeO$_2$): Synthesis, Properties and Applications. Amsterdam: Elsevier: 1-12.

Semenishchev V S, Voronina A V, 2020. Isotopes of strontium: Properties and applications. Strontium Contamination in the Environment. Berlin: Springer: 25-42.

Serpone N, Emeline A, 2012. Semiconductor photocatalysis: Past, present, and future outlook. The Journal of Physical Chemistry Letters, 3: 673-677.

Shao D D, Fan Q H, Li J X, et al., 2009. Removal of Eu(III) from aqueous solution using ZSM-5 zeolite. Microporous and Mesoporous Materials, 123(1-3): 1-9.

Sheng G, Tang Y, Linghu W, et al., 2016. Enhanced immobilization of ReO_4^- by nanoscale zerovalent iron supported on layered double hydroxide via an advanced XAFS approach: Implications for TcO_4^- sequestration. Applied Catalysis B: Environmental, 192: 268-276.

Sheoran V, Sheoran A S, Poonia P, 2016. Factors affecting phytoextraction: A review. Pedosphere, 26(2): 148-166.

Soliman M A, Rashad G M, Mahmoud M R, 2015. Fast and efficient cesium removal from simulated radioactive liquid waste by an isotope dilution-precipitate flotation process. Chemical Engineering Journal, 275: 342-350.

Song B, Xu P, Zeng G, et al., 2018. Carbon nanotube-based environmental technologies: The adopted properties, primary mechanisms, and challenges. Reviews in Environmental Science and Bio/Technology, 17(3): 571-590.

Sun Q, Aguila B, Perman J, et al., 2017. Postsynthetically modified covalent organic frameworks for efficient and effective mercury removal. Journal of the American Chemical Society, 139(7): 2786-2793.

Sverjensky D A, 1984. Europium redox equilibria in aqueous solution. Earth and Planetary Science Letters, 67(1): 70-78.

Tagami K, Uchida S, 2011. Can we remove iodine-131 from tap water in Japan by boiling?-Experimental testing in response to the Fukushima Daiichi Nuclear Power Plant accident. Chemosphere, 84(9): 1282-1284.

Tan L, Wang S, Du W, et al., 2016. Effect of water chemistries on adsorption of Cs(I) onto graphene oxide investigated by batch and modeling techniques. Chemical Engineering Journal, 292: 92-97.

Tang H, Wang J, Zhang S, et al., 2021. Recent advances in nanoscale zero-valent iron-based materials: Characteristics, environmental remediation and challenges. Journal of Cleaner Production, 319: 128641.

Teefy D A, 1997. Remediation technologies screening matrix and reference guide: Version III. Remediation Journal, 8(1): 115-121.

Tian Y, Liu L, Ma F, et al., 2021. Synthesis of phosphorylated hyper-cross-linked polymers and their efficient uranium adsorption in water. Journal of Hazardous Materials, 419: 126538.

Torkabad M, Keshtkar A R, Safdari J, 2017. Comparison of polyethersulfone and polyamide nanofiltration membranes for uranium removal from aqueous solution. Progress in Nuclear Energy, 94: 93-100.

Tranchemontagne D J, Hunt J R, Yaghi O M, 2008. Room temperature synthesis of metal-organic frameworks: MOF-5, MOF-74, MOF-177, MOF-199, and IRMOF-0. Tetrahedron, 64(36): 8553-8557.

Treinen K C, Gaffney A M, Rolison J M, et al., 2018. Improved protactinium spike calibration method applied to [231]Pa-[235]U age-dating of certified reference materials for nuclear forensics. Journal of Radioanalytical and Nuclear Chemistry, 318(1): 209-219.

Tunesi M M, Soomro R A, Han X, et al., 2021. Application of MXenes in environmental remediation technologies. Nano Convergence, 8(1): 5.

Völkle H, Murith C, Surbeck H, 1989. Fallout from atmospheric bomb tests and releases from nuclear installations. International Journal of Radiation Applications and Instrumentation, Part C, Radiation Physics and Chemistry, 34(2): 261-277.

Vose P B, 2013. Introduction to nuclear techniques in agronomy and plant biology//Pergamon international library of science, technology, engineering and social studies. Amsterdam: Elsevier.

Waddington I, Thomas P J, Taylor R H, et al., 2017. J-value assessment of remediation measures following the Chernobyl and Fukushima Daiichi nuclear power plant accidents. Process Safety and Environmental Protection, 112: 50-62.

Wan X, Huang Y, Chen Y, 2012. Focusing on energy and optoelectronic applications: A journey for graphene and graphene oxide at large scale. Accounts of Chemical Research, 45(4): 598-607.

Wang C, Zhang W, 1997. Synthesizing nanoscale iron particles for rapid and complete dechlorination of TCE and PCBs. Environmental Science & Technology, 31(7): 2154-2156.

Wang C M, Baer D R, Thomas L E, et al., 2005a. Void formation during early stages of passivation: Initial oxidation of iron nanoparticles at room temperature. Journal of Applied Physics, 98(9): 94308.

Wang H, Guo H, Zhang N, et al., 2019a. Enhanced photoreduction of U(VI) on C_3N_4 by Cr(VI) and bisphenol A: ESR, XPS, and EXAFS investigation. Environmental Science & Technology, 53(11): 6454-6461.

Wang J, Zhuang S, 2019b. Covalent organic frameworks (COFs) for environmental applications. Coordination Chemistry Reviews, 400: 213046.

Wang J, Ma R, Li L, et al., 2020a. Chitosan modified molybdenum disulfide composites as adsorbents for the simultaneous removal of U(VI), Eu(III), and Cr(VI) from aqueous solutions. Cellulose, 27(3): 1635-1648.

Wang J, Yang S, Ma R, 2020b. Synthesis and characterization of sodium laurylsulfonate modified silicon dioxide for the efficient removal of europium. Journal of Molecular Liquids, 316: 113846.

Wang L, Yuan L, Chen K, et al., 2016a. Loading actinides in multilayered structures for nuclear waste treatment: The first case study of uranium capture with vanadium carbide MXene. ACS Applied Materials & Interfaces, 8(25): 16396-16403.

Wang L, Tao W, Yuan L, et al., 2017a. Rational control of the interlayer space inside two-dimensional titanium carbides for highly efficient uranium removal and imprisonment. Chemical Communications, 53(89): 12084-12087.

Wang P, Yin L, Wang J, et al., 2017b. Superior immobilization of U(VI) and [243]Am(III) on polyethyleneimine modified lamellar carbon nitride composite from water environment. Chemical Engineering Journal, 326: 863-874.

Wang P, Xu Q, Li Z, et al., 2018a. Exceptional iodine capture in 2D covalent organic frameworks. Advanced Materials, 30(29): 1801991.

Wang S, Zhao M, Zhou M, et al., 2019c. Biochar-supported nZVI (nZVI/BC) for contaminant removal from soil and water: A critical review. Journal of Hazardous Materials, 373: 820-834.

Wang X, Chen C, Hu W, et al., 2005b. Sorption of [243]Am(III) to multiwall carbon nanotubes. Environmental Science & Technology, 39(8): 2856-2860.

Wang X, Yu S, Jin J, et al., 2016b. Application of graphene oxides and graphene oxide-based nanomaterials in radionuclide removal from aqueous solutions. Science Bulletin, 61(20): 1583-1593.

Wang Y, Zheng K, Song S, et al., 2018b. Remote manipulation of upconversion luminescence. Chemical Society Reviews, 47(17): 6473-6485.

Wang Z, Hu H, Huang L, et al., 2020c. Graphene aerogel capsulated precipitants for high efficiency and rapid elimination of uranium from water. Chemical Engineering Journal, 396: 125272.

Wayda A L, Evans W J, 1978. Synthesis and thermal decomposition of homoleptic tert-butyl lanthanide complexes. Journal of the American Chemical Society, 100(22): 7119-7121.

Wei G Z, Le-Chang X U, 2007. Treatment technology of low concentration uranium-bearing wastewater and its research progress. Uranium Mining & Metallurgy, 26(2): 90-95.

Wen S, Sun Y, Liu R, et al., 2021. Supramolecularly poly(amidoxime)-loaded macroporous resin for fast uranium recovery from seawater and uranium-containing wastewater. ACS Applied Materials & Interfaces, 13(2): 3246-3258.

Wickleder M S, Fourest B, Dorhout P K, 2008. Thorium//Morss L R, Edelstein N M, Fuger J, eds. The chemistry of the actinide and transactinide elements. New York: Springer: 52-160.

Wiedmer A, Hunt J R, Spycher N, et al., 2009. Long-term groundwater transport of radionuclides from seepage basins at the Savannah River Site. American Geophysical Union, Fall Meeting, H31E-832E.

Wilkinson W D, 1962. Uranium metallurgy. New York: Interscience Publishers.

Wu Y, Li B, Wang X, et al., 2019a. Determination of practical application potential of highly stable UiO-66-AO in Eu(III) elimination investigated by macroscopic and spectroscopic techniques. Chemical Engineering Journal, 365: 249-258.

Wu Y, Li B, Wang X, et al., 2019b. Magnetic metal-organic frameworks (Fe$_3$O$_4$@ZIF-8) composites for U(VI) and Eu(III) elimination: Simultaneously achieve favorable stability and functionality. Chemical Engineering Journal, 378: 122105.

Xie Y, Powell B A, 2018. Linear free energy relationship for actinide sorption to graphene oxide. ACS Applied Materials & Interfaces, 10(38): 32086-32092.

Xie Y, Fang Q, Li M, et al., 2020. Low concentration of Fe(II) to enhance the precipitation of U(VI) under neutral oxygen-rich conditions. Science of the Total Environment, 711: 134827.

Xu J, Gulzar A, Yang P, et al., 2019. Recent advances in near-infrared emitting lanthanide-doped nanoconstructs: Mechanism, design and application for bioimaging. Coordination Chemistry Reviews, 381: 104-134.

Yaghi O M, Li G, Li H, 1995. Selective binding and removal of guests in a microporous metal-organic framework. Nature, 378(6558): 703-706.

Yan L, Le Q V, Sonne C, et al., 2021. Phytoremediation of radionuclides in soil, sediments and water. Journal of Hazardous Materials, 407: 124771.

Yang A, Wang Z, Zhu Y, 2020a. Facile preparation and adsorption performance of low-cost MOF@cotton fibre composite for uranium removal. Scientific Reports, 10(1): 19271.

Yang B, Ma R, Xu G, et al., 2017a. Experimental study on treating the radioactive waste water by ion exchange. Nuclear Science and Technology, 5(4): 211-215.

Yang F, Xie S, Wang G, et al., 2020b. Investigation of a modified metal-organic framework UiO-66 with nanoscale zero-valent iron for removal of uranium(VI) from aqueous solution. Environmental Science and Pollution Research, 27(16): 20246-20258.

Yang P, Liu Q, Liu J, et al., 2017b. Interfacial growth of a metal-organic framework (UiO-66) on functionalized graphene oxide (GO) as a suitable seawater adsorbent for extraction of uranium(VI). Journal of Materials Chemistry A, 5(34): 17933-17942.

Yang S, Hua M, Shen L, et al., 2018. Phosphonate and carboxylic acid co-functionalized MoS_2 sheets for efficient sorption of uranium and europium: Multiple groups for broad-spectrum adsorption. Journal of Hazardous Materials, 354: 191-197.

Yasunari T J, Stohl A, Hayano R S, et al., 2011. Cesium-137 deposition and contamination of Japanese soils due to the Fukushima nuclear accident. Proceedings of the National Academy of Sciences, 108(49): 19530-19534.

Yavari R, Huang Y D, Ahmadi S J, 2011. Adsorption of cesium(I) from aqueous solution using oxidized multiwall carbon nanotubes. Journal of Radioanalytical and Nuclear Chemistry, 287(2): 393-401.

Yeager C M, Amachi S, Grandbois R, et al., 2017. Microbial transformation of iodine: From radioisotopes to iodine deficiency. Advances in applied microbiology, 101: 83-136.

Yong F, Long L, Chao F, et al., 2011. A review on remediation of uranium-contanated environment//2011 Second International Conference on Mechanic Automation and Control Engineering. MACE 2011: Hohhot: 6308-6310.

You W, Peng W, Tian Z, et al., 2021. Uranium bioremediation with U(VI)-reducing bacteria. Science of the Total Environment, 798: 149107.

You Z, Zhang N, Guan Q, et al., 2020. High sorption capacity of U(VI) by COF-based material doping hydroxyapatite microspheres: Kinetic, equilibrium and mechanism investigation. Journal of Inorganic and Organometallic Polymers and Materials, 30(6): 1966-1979.

Yu S, Wang X, Tan X, et al., 2015. Sorption of radionuclides from aqueous systems onto graphene oxide-based materials: A review. Inorganic Chemistry Frontiers, 2(7): 593-612.

Yu S, Wang X, Liu Y, et al., 2019. Efficient removal of uranium(VI) by layered double hydroxides supported nanoscale zero-valent iron: A combined experimental and spectroscopic studies. Chemical Engineering Journal, 365: 51-59.

Yuan K, Ilton E S, Antonio M R, et al., 2015. Electrochemical and spectroscopic evidence on the one-electron reduction of U(VI) to U(V) on magnetite. Environmental Science & Technology, 49(10): 6206-6213.

Yuan N, Gong X, Sun W, et al., 2021. Advanced applications of Zr-based MOFs in the removal of water pollutants. Chemosphere, 267: 128863.

Zakrzewska-Trznadel G, Harasimowicz M, Chmielewski A G, 2001. Membrane processes in nuclear technology: Application for liquid radioactive waste treatment. Separation and Purification Technology, 22-23: 617-625.

Zhang C, Gu P, Zhao J, et al., 2009. Research on the treatment of liquid waste containing cesium by adsorption-microfiltration process with potassium zinc hexacyanoferrate. Journal of Hazardous Materials, 167: 1057-1062.

Zhang D, Ashton M, Ostadhossein A, et al., 2017. Computational study of low interlayer friction in $Ti_{n+1}C_n$ (n = 1, 2, and 3) MXene. ACS Applied Materials & Interfaces, 9(39): 34467-34479.

Zhang H, Feng J, Zhu W, et al., 2000. Chronic toxicity of rare-earth elements on human beings. Biological Trace Element Research, 73(1): 1-17.

Zhang N, Ishag A, Li Y, et al., 2020a. Recent investigations and progress in environmental remediation by using covalent organic framework-based adsorption method: A review. Journal of Cleaner Production, 277: 123360.

Zhang P, Wang L, Yuan L, et al., 2019a. Sorption of Eu(III) on MXene-derived titanate structures: The effect of nano-confined space. Chemical Engineering Journal, 370: 1200-1209.

Zhang P, Wang L, Du K, et al., 2020b. Effective removal of U(VI) and Eu(III) by carboxyl functionalized MXene nanosheets. Journal of Hazardous Materials, 396: 122731.

Zhang P, Wang L, Huang Z, et al., 2020c. Aryl diazonium-assisted amidoximation of MXene for boosting water stability and uranyl sequestration via electrochemical sorption. ACS Applied Materials & Interfaces, 12(13): 15579-15587.

Zhang Q, Zhao D, Feng S, et al., 2019b. Synthesis of nanoscale zero-valent iron loaded chitosan for synergistically enhanced removal of U(VI) based on adsorption and reduction. Journal of Colloid and Interface Science, 552: 735-743.

Zhang S, Wang J, Zhang Y, et al., 2021. Applications of water-stable metal-organic frameworks in the removal of water pollutants: A review. Environmental Pollution: 118076.

Zhang X, Niu L, Li F, et al., 2016a. Enhanced rejection of cations by low-level cationic surfactant during ultrafiltration of low-level radioactive wastewater. Separation and Purification Technology, 175: 314-320.

Zhang Y, Yan T, Yan L, et al., 2014. Preparation of novel cobalt ferrite/chitosan grafted with graphene composite as effective adsorbents for mercury ions. Journal of Molecular Liquids, 198: 381-387.

Zhang Y, Lan J, Wang L, et al., 2016b. Adsorption of uranyl species on hydroxylated titanium carbide nanosheet: A first-principles study. Journal of Hazardous Materials, 308: 402-410.

Zhang Y, Wang L, Zhang N, et al., 2018. Adsorptive environmental applications of MXene nanomaterials: A review. RSC Advances, 8(36): 19895-19905.

Zhao C, Liu J, Li X, et al., 2016. Biosorption and bioaccumulation behavior of uranium on *Bacillus* sp. dwc-2: Investigation by Box-Behnken design method. Journal of Molecular Liquids, 221: 156-165.

Zhao M, Cui Z, Pan D, et al., 2021a. An efficient uranium adsorption magnetic platform based on amidoxime-functionalized flower-like $Fe_3O_4@TiO_2$ core-shell microspheres. ACS Applied Materials & Interfaces, 13(15): 17931-17939.

Zhao X, Pachfule P, Thomas A, 2021b. Covalent organic frameworks (COFs) for electrochemical applications. Chemical Society Reviews, 50(12): 6871-6913.

Zhao Y, Stoddart J F, 2009. Noncovalent functionalization of single-walled carbon nanotubes. Accounts of Chemical Research, 42(8): 1161-1171.

Zheng L, Yu D, Wang G, et al., 2018. Characteristics and formation mechanism of membrane fouling in a full-scale RO wastewater reclamation process: Membrane autopsy and fouling characterization. Journal of Membrane Science, 563: 843-856.

Zhong Q, Li Y, Zhang G, 2021a. Two-dimensional MXene-based and MXene-derived photocatalysts: Recent developments and perspectives. Chemical Engineering Journal, 409: 128099.

Zhong X, Liu Y, Wang S, et al., 2021b. In-situ growth of COF on BiOBr 2D material with excellent visible-light-responsive activity for U(VI) photocatalytic reduction. Separation and Purification Technology, 279: 119627.

Zhou L, Li Z, Yi Y, et al., 2022. Increasing the electron selectivity of nanoscale zero-valent iron in environmental remediation: A review. Journal of Hazardous Materials, 421: 126709.

Zhou Z, Yang Z, Sun Z, et al., 2020. Multidimensional pollution and potential ecological and health risk assessments of radionuclides and metals in the surface soils of a uranium mine in East China. Journal of Soils and Sediments, 20(2): 775-791.

Zhu L, Zhang L, LI J, et al., 2017. Selenium sequestration in a cationic layered rare earth hydroxide: A combined batch experiments and EXAFS investigation. Environmental Science & Technology, 51(15): 8606-8615.

Zhu W, LI Y, Dai L, et al., 2018. Bioassembly of fungal hyphae/carbon nanotubes composite as a versatile adsorbent for water pollution control. Chemical Engineering Journal, 339: 214-222.

Zhu Y G, Shaw G, 2000. Soil contamination with radionuclides and potential remediation. Chemosphere, 41(1): 121-128.

第 2 章　金属有机框架材料及其对水体中放射性核素离子的去除

2.1　概　　述

随着全球经济的发展，人类对能源的需求日渐增加。当前，核电提供的电量约占全球总发电量的 10%，是不可忽视的重要能源之一。核电站的运行，包括与之相关的乏燃料后处理、铀矿的开采、极少发生的核事故等都不可避免地产生甚至向环境中释放铀、钍及其裂变产物（Jin et al.，2021）。其中，人们重点关注的放射性阳离子主要有 $^{235}UO_2^{2+}$、$^{232}Th^{4+}$、$^{90}Sr^{2+}$ 和 $^{137}Cs^+$，放射性阴离子主要有 $^{99}TcO_4^-/ReO_4^-$、$^{79}SeO_3^{2-}$ 和 $^{79}SeO_4^{2-}$。上述放射性离子半衰期长，兼具放射毒性和化学毒性。从核废液或污染水体中捕获上述离子对核能的可持续发展、乏燃料的处理处置和环境保护都具有重要意义。

然而，乏燃料溶解液往往处于高酸和高辐射的恶劣环境，从中选择性分离特定的放射性离子非常困难。同时，受放射性污染的海水或其他水体中含有过量的竞争性离子，如 Na^+、K^+、NO_3^-、CO_3^{2-}、SO_4^{2-} 等，这也加剧了从中分离放射性离子的难度。吸附法具有操作方便、装置简单、可连续化操作等优势，是常用的分离手段。与传统的活性炭、沸石、介孔硅等吸附材料相比，金属有机框架（MOFs）材料的拓扑结构、孔径大小、比表面积等具有更大的设计性和可调性（Jin et al.，2021）。通过增加螯合基团的密度，可以提升 MOFs 对目标核素的吸附容量；通过配位基团的优选和局部精细结构的调整，可实现对目标核素的选择性吸附。有序的孔道结构适合目标离子在孔道中的快速传输，同时也便于目标离子与孔壁上螯合基团迅速发生配位，提升 MOFs 材料对目标核素的吸附速率。通过 MOFs 材料吸附前后单晶到单晶的结构转变，人们可以更容易地获知吸附位点，并研究吸附机理。鉴于此，MOFs 及其纳米复合材料在放射性离子吸附分离中的应用被广为研究。本章将简略介绍 UiO、MILs、ZIFs 等 MOFs 系列材料的合成方法，以实例的方式重点综述 MOFs 材料在 U、Th、Tc（Re）、Sr、Cs、Se 等水溶性核素吸附分离方面的重要进展，并对该领域未来的发展进行展望。

2.2　MOFs 及其复合材料的合成

2.2.1　UiO 系列

UiO 系列 MOFs 材料是由 Zr_6 八面体团簇和对苯二甲酸、联苯二甲酸、三联苯二羧酸等配体构筑而成（图 2.1），最早由 Lillerud 课题组发现并报道（Cavka et al.，2008）。

UiO 系列 MOFs 材料具有优异的稳定性、比表面积大，容易通过前修饰或后修饰进行衍生化，在吸附、离子筛分、膜分离等领域被广泛研究（Liu，2020；Hu et al.，2015）。截至目前，包括溶剂热法、微波辐射法、电化学合成法、机械合成法等方法已被用于 UiO 的合成。

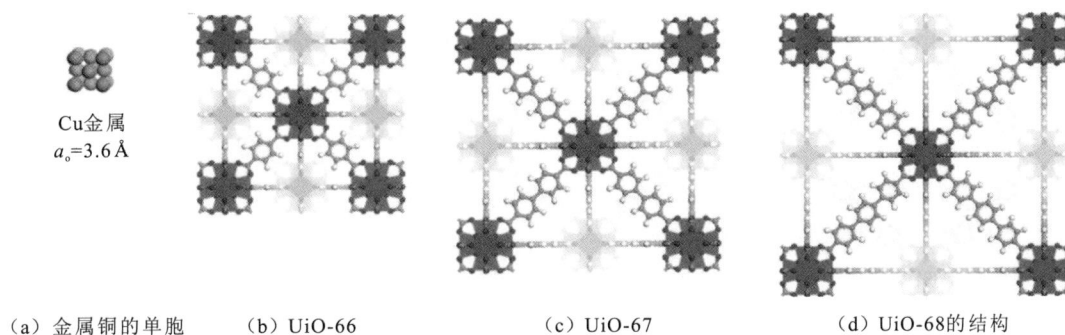

(a) 金属铜的单胞   (b) UiO-66   (c) UiO-67   (d) UiO-68的结构

图 2.1   UiO 系列金属有机框架材料的结构

红色原子为锆、蓝色原子为氧、灰色原子为碳、白色原子为氢，引自 Cavka 等（2008）

溶剂热法是最常见的合成方法。以 UiO-66 为例，合成过程一般是将 $ZrCl_4$ 和对苯二甲酸加入含四氟乙烯内衬的高压釜中，以 N, N-二甲基酰胺（DMF）作溶剂，120 ℃下反应 24 h。反应物在密闭的容器中发生配位结晶。常见的锆源除 $ZrCl_4$ 外，还可以用 $ZrOCl_2$、$ZrBr_4$ 及 $Zr(OPr)_4$ 等。为了提升 MOFs 的微观形貌及稳定性，往往向反应体系中加入调节剂，常见的调节剂有苯甲酸、乙酸、甲酸甚至三氟乙酸等。上述单羧基有机酸通过与金属节点的竞争性及可逆性的配位，从而控制晶体的成核过程。为了活化配体并促进成核，有时会向反应体系中加入三乙胺，用于脱去有机配体的质子。总体而言，溶剂热法易于操作，同时产率较高、晶体的晶形较好。微波辐射法是快速、大批量制备 MOFs 的重要方法。由于微波辐射法具有良好的热传导性，采用该方法制备 MOFs 仅需数小时甚至数十分钟即可完成反应。此外，通过反应配比和结晶时间的控制，可以合成纳米级的 UiO 框架材料。通过电化学合成 UiO 系列 MOFs 时，反应中的锆离子可以直接由锆箔的电极反应得到，避免了共存阴离子带来的干扰。此外，电化学合成法还有两个优势：①由于具有实时性的特点，采用该方法有利于研究 UiO 系列 MOFs 晶体生长机理；②可用于均匀 UiO 膜材料的制备。机械合成法具有环保和反应时间短的优势，一般是将金属盐或金属氧化物和配体加入球磨机或研钵中，加入少量溶剂甚至不加溶剂进行研磨。机械合成法的不足之处在于研磨过程中可能会产生微小的金属氧化物或其他晶相。尽管如此，采用机械法合成 UiO 系列 MOFs 仍具有便捷、快速、成本低、可宏量制备的优点。

2.2.2   MILs 系列

MILs 系列 MOFs 中最早被报道的是 Férey 课题组于 2004 年合成的 MIL-100。MIL-100-Cr 是由 Cr^{3+} 与均苯三甲酸组装形成的绿色晶体，化学组成为 $Cr_3F(H_2O)_3O[C_6H_3-(CO_2)_3]_2·28H_2O$（Férey et al.，2004）。此后，MIL-101、MIL-88、MIL-53 等 MILs 系列成员纷纷被研究并报道，而构筑 MILs 的金属离子也由最初的 Cr^{3+} 扩展到 V^{3+}、Fe^{3+}、Ga^{3+}、Al^{3+}、In^{3+} 等。

MILs 具有与沸石部分相似的拓扑结构，但是化学组成和孔径尺寸不同。例如，MIL-101 由三聚铬八面体团簇与对苯二甲酸形成，具有延展性的沸石拓扑结构。由于其良好的稳定性、大的孔道和比表面积，MILs 已被用于吸附、催化、药物传输等领域的研究。MILs 系列 MOFs 的合成方法有溶剂热或水热法、微波辅助法及干凝胶转化法等。

溶剂热或水热法是合成 MILs 的常用方法。例如，为合成 MIL-101-Cr，将 Cr^{3+} 和对苯二甲酸加入反应釜中，220 ℃下反应 8 h，得到 MIL-101-Cr 的绿色粉末。反应温度、反应时间及反应物浓度都是影响 MIL-101 产率和纯度的重要因素。一般来说，MIL-101 的反应温度介于 200~220 ℃；反应时间一般不超过 16 h，反应时间过长会导致 MIL-53 的生成，同时降低 MIL-101 的产率。此外，当铬盐和对苯二甲酸的浓度升高后，MIL-101 的结晶率下降，而 MIL-53 的结晶率升高（Hong et al.，2009）。为了提升 MILs 的结晶速率和晶体生长速率，向反应体系中加入少量的氢氟酸作为矿化剂，加入的 F 取代部分水分子，与铬簇发生配位（Hong et al.，2009）。除氢氟酸之外，碳酸钠也被用作矿化剂，可以提升 MIL-100-Fe 的比表面积和结晶度（Fang et al.，2018）。此外，外加试剂还可用于调节 MIL-101 的颗粒尺寸和微观形貌。例如，反应体系中加入苯甲酸、硬脂酸、4-甲氧基苯甲酸等单羧酸，MIL-101 的微观尺寸可以从 19 nm 调节到 84 nm（Jiang et al.，2011）。将阳离子表面活性剂溴化十六烷基三甲铵（CTAB）作为超分子模板，调节 CTAB 与 Cr^{3+} 的物质的量比值从 0.15 到 0.2~0.25 再到 0.6 变化，MIL-101 的微观形貌可规律性地发生从八面体到纳米球再到纳米花瓣的转变（Huang et al.，2012）。

如前所述，微波辅助法具有快速、高效的特点，同时还能够有效控制 MILs 的粒径分布。例如，微波功率设定为 600 W，在 210 ℃下反应 1 h 后，得到的纳米级 MILs 粒径为（22±5）nm，同时比表面积高达 4 200 m^2/g（Demessence et al.，2009）。

干凝胶转化法是合成 MILs 的特殊方法，具有废物产生量少、模板消耗量少的优点。该方法一般通过图 2.2 所示装置和方法进行：在一个中间放有多孔膜的反应釜中，膜的上方是由铁单质和均苯三甲酸形成的干凝胶，反应釜底部加入少量水。在 165 ℃下，水逐渐蒸发至干凝胶，在此过程中合成得到 MIL-100-Fe，而且反应过程不需要使用氟离子和酸（Ahmed et al.，2012）。微波辅助的干凝胶转化法还可以进一步提升 MIL-100-Fe 的产率和孔隙率（Tannert et al.，2018）。

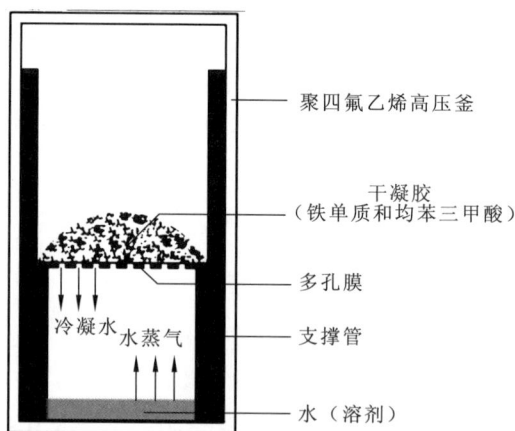

聚四氟乙烯高压釜

干凝胶
（铁单质和均苯三甲酸）

多孔膜

冷凝水　水蒸气　支撑管

水（溶剂）

图 2.2　干凝胶转化法合成 MIL-100-Fe 示意图
引自 Ahmed 等（2012）

2.2.3 ZIFs 系列

类沸石咪唑酯骨架（ZIFs）系列是一大类具有特殊结构的 MOFs 材料，通常由过渡金属离子（如 Zn^{2+}）和咪唑及其衍生物构筑而成。ZIFs 结构中金属离子-咪唑-金属离子的角度为 145°，与传统沸石结构中 Si—O—Si 或 Al—O—Al 的角度非常接近，因此 ZIFs 的拓扑结构与沸石类似（图 2.3）（Zhang et al.，2020）。由于其固有的多孔性、高化学及热稳定性、多样的拓扑结构及易修饰性，ZIFs 及其纳米复合材料已广泛用于气体吸附及分离（Phan et al.，2010）、化学传感（Zhang et al.，2020）、癌症治疗（Maleki et al.，2020）、超级电容器（Ahmad et al.，2020）等领域的研究。ZIFs 的快速发展也促成了对其合成方法的深入研究。

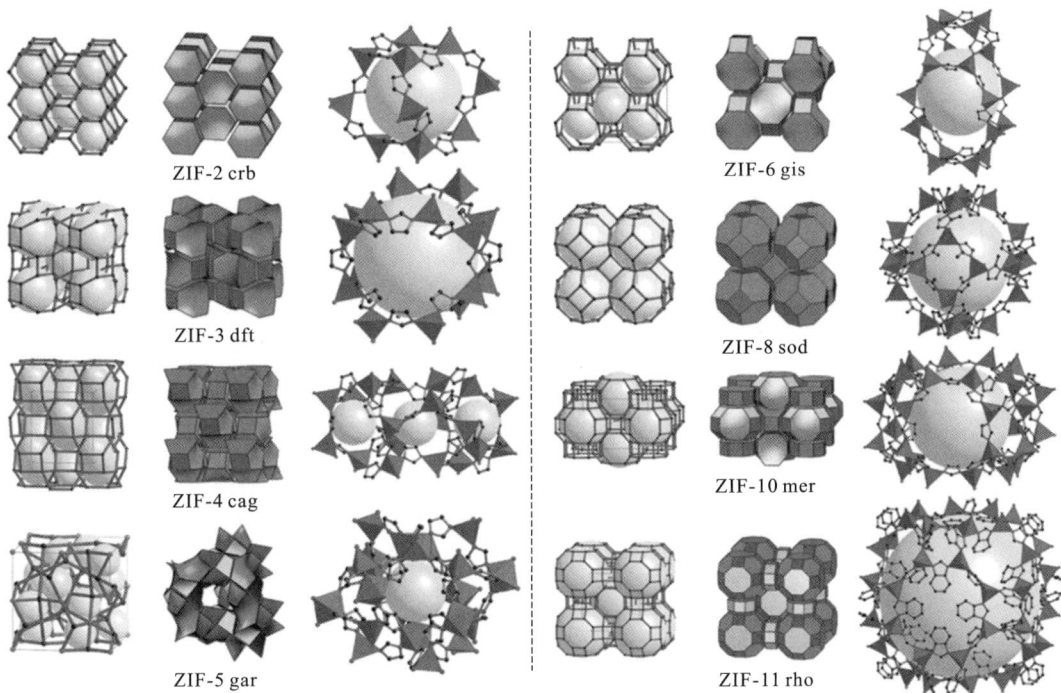

图 2.3 几种典型 ZIFs 的晶体结构

晶体名称后的三个字母表示晶体的拓扑结构，具体可查询 http://rcsr.anu.edu.au；引自 Wu 等（2019）

ZIFs 主要借助溶剂热法、水热法、离子热法等方法进行制备。其中，溶剂热法是最常见的合成方法。2006 年，Yaghi 课题组在 N,N-二甲基甲酰胺（DMF）、乙二醇二甲醚（DME）、N-甲基吡咯烷酮（NMP）等溶剂中通过溶剂热法合成了 ZIF-1 到 ZIF-12 共 12 种 ZIFs（Park et al.，2006）。需要特别指出的是，早在 2003 年，我国陈小明院士课题组以乙酸锌和苯并咪唑为起始原料，通过液相扩散法制备得到具有方钠石拓扑结构的金属有机敞开骨架材料$[Zn(bim)_2] \cdot (H_2O)_{1.67}$（Huang et al.，2003）。除上述溶剂外，醇类溶剂（如甲醇、乙醇、异丙醇等）也被用于 ZIFs 的合成。硝酸锌和 2-甲基咪唑在室温下的甲醇溶液中搅拌 5 h 可以制备得到 ZIF-8（Zhang et al.，2011）。无机碱和有机碱的加入会促进 ZIFs 晶体的形成。例如，室温下 ZIF-90 可在含吡啶的溶液中合成。加入的碱有时也能调节 ZIFs 的微观形貌和尺寸。除上述溶剂和碱的因素外，ZIFs 的合成还受锌盐的影响。例如，锌盐会影响 ZIF-8 的成核及晶体的形成过程，相比于 $Zn(OAc)_2$、$ZnSO_4$ 和 $ZnCl_2$，采用 $Zn(NO_3)_2$ 合成出的 ZIF-8 结晶率更高。

溶剂热法是早期 ZIFs 的主要合成方法。然而，有机溶剂的使用一方面不利于环保，另一方面合成成本较高。为此，人们尝试用水作为溶剂来合成 ZIFs。Pan 等（2011）发现在水溶液中可以快速合成得到 ZIF-8 的纳米晶。此外，在物质的量比为 Co(II)∶MIm∶H_2O=1∶58∶1 100 的水溶液中可以制备出 ZIF-67（Qian et al.，2012）。反应体系中加入碱，如三乙胺或氨水，能够将咪唑去质子化，同时加速 ZIFs 纳米晶的形成。总体而言，水热法成本较低、环境友好，是具有工业化应用前景的合成方法。离子热法广义上也可以看作一种溶剂热合成法。在该方法中，离子液体既是溶剂也是模板剂，从而避免了溶剂和模板剂与材料框架的相互竞争。离子液体蒸气压低、不易燃，因此可在开放体系中合成 ZIFs。Morris 团队首次在离子液体 1-乙基-3-甲基咪唑双[（三氟甲基）磺酰基]亚胺中成功制备了 4 种 ZIFs（Martins et al.，2010）。

超声合成法是将超声波作为能量引入反应体系进行合成。相比于传统的溶剂热法，超声合成法具有能量输入均匀、成核速率快、反应时间短、晶体尺寸分布均一的特点。例如，ZIF-7、ZIF-8、ZIF-11 和 ZIF-20 四种 ZIFs 材料经过超声，可在较低的反应温度（45～60℃）、较短的反应时间内（6～9 h），制备得到尺寸分布比传统烘箱加热更窄的 ZIFs 纳米晶（Seoane et al.，2012）。此外，在碱性溶液中，可通过超声合成法制备得到高产率 ZIF-8。该方法可扩大至 1 L 的反应体系，具备工业化生产的潜力（Cho et al.，2013）。

机械化学合成法可在室温下进行，避免了有机溶剂的大量使用。同时，反应一般将金属氧化物作为金属源，反应的副产物为水（Bhattacharjee et al.，2014）。为了提升 ZIFs 的产率，有时会向反应体系中加入少量溶剂来辅助研磨。除上述方法外，微波法、干凝胶转化法、电化学法、微流体法等也被用于 ZIFs 的合成（图 2.4）。

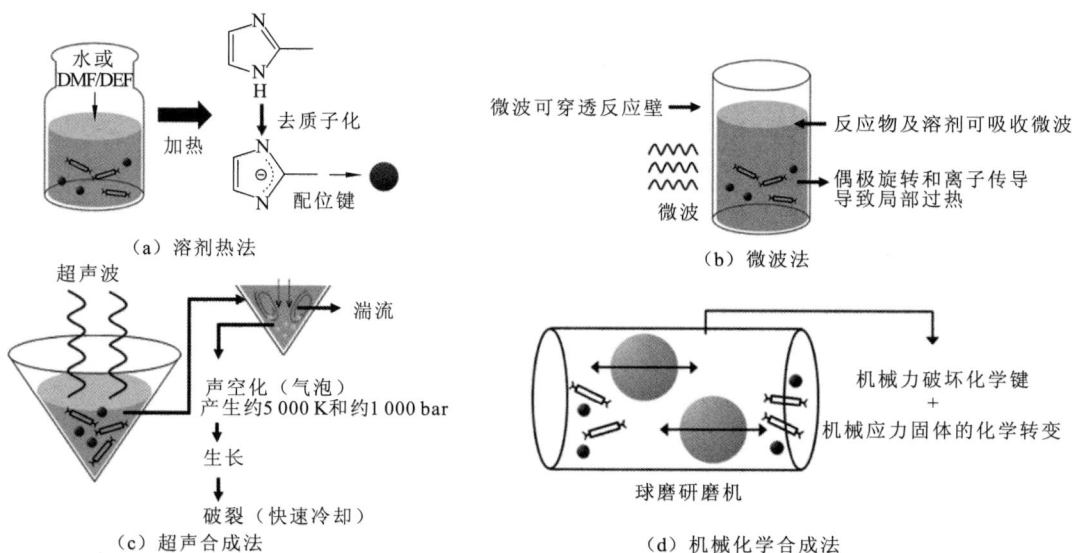

（a）溶剂热法

（b）微波法

（c）超声合成法

（d）机械化学合成法

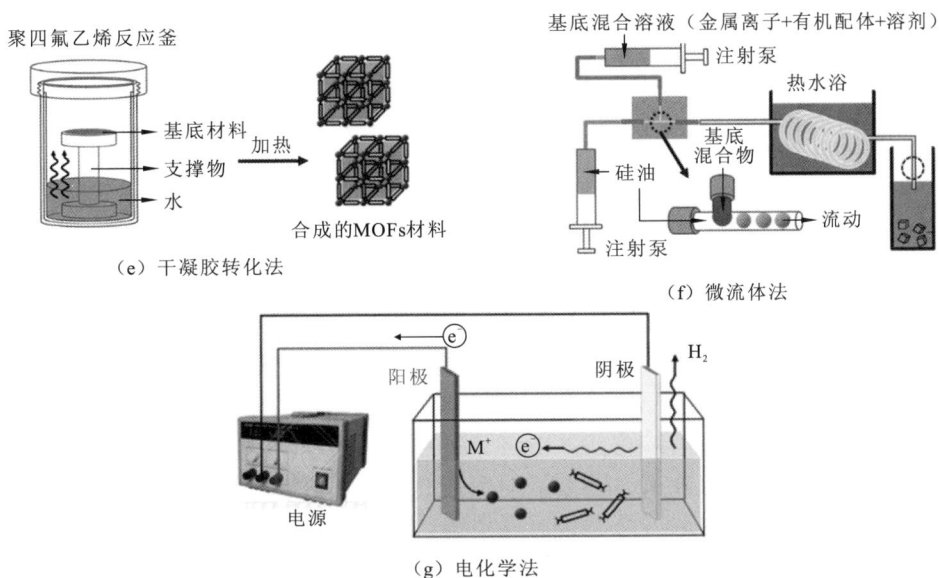

（e）干凝胶转化法

（f）微流体法

（g）电化学法

图 2.4　ZIFs 合成方法示意图

DEF 为二乙基甲酰胺；引自 Bhattacharjee 等（2014）

2.2.4　MOFs 基纳米材料

为了提升 MOFs 材料对金属离子的吸附能力及实际利用性，人们从材料制备的角度提出并发展了三种策略：①改性原始 MOFs；②调节 MOFs 的微观结构；③制备基于 MOFs 的复合材料。

在第一种策略中，人们根据特定的需求调整有机配体和金属节点。例如，为了提升 MOFs 材料对目标离子的吸附能力，研究人员通过配体的直接改性或者后修饰的方法，在 MOFs 骨架中引入羟基、氨基、羧基等配位基团。为了提升吸附容量，在一定的范围内提升配位基团的接枝率。需要注意的是，接枝率过高有可能造成 MOFs 材料孔隙的堵塞，进而降低材料的吸附容量。另外，金属节点的替换可以调节 MOFs 材料的氧化还原、光催化、荧光响应等性质，提升材料对目标金属的吸附或检测能力。

在第二种策略中，人们常常构筑二维 MOFs 纳米片提升材料性能。相比于块体 MOFs 材料，纳米片具有更高的柔韧性，纳米片表面的吸附位点也更容易与目标离子发生相互作用。构筑二维 MOFs 纳米片的方法通常可分为自上而下法或自下而上法（Xu et al.，2021）。自上而下法是通过超声、机械研磨、化学试剂、在层间插入其他物质等方法削弱层间的范德瓦耳斯作用，使堆积的层状结构剥离形成二维纳米片。自下而上法是直接将金属离子和配体作为起始物，通过抑制 MOFs 在垂直方向上的生长合成二维纳米片。常见的自下而上法包括界面合成法、表面活性剂辅助合成法、微波法等。

除功能性 MOFs 及二维 MOFs 纳米片外，大量的 MOFs 基复合材料也被构筑并用于环境污染治理领域。其中，MOFs 膜是主要的 MOFs 复合材料。常见的 MOFs 膜可分为：①纯 MOFs 膜；②MOFs 基混合基质膜；③MOFs 纳米纤维膜。ZIFs 膜是一类具有代表性的纯 MOFs 膜，可通过二次生长法和原位结晶法合成（Chen et al.，2014）。二次生长法，又称晶种生长法，是在基底上制备 ZIFs 膜的主要方法。该法制备可控制膜的厚度和生长方向。二次生长法主要通过在基底上浸涂 ZIFs 晶体或在基底上修饰活性有机基团或

ZIFs 晶种来制备 ZIFs 膜。随着二次生长的进行，晶种之间的间隙会被逐渐填满，最终形成一个连续的 ZIFs 膜。为了制备得到高质量的膜，要增强晶种与基底之间的相互作用，同时要仔细调整晶种的尺寸大小和填布密度（Yao et al.，2014）。原位结晶法是在未修饰的基底上或没有晶种的情况下，通过溶剂热法直接合成 ZIFs 膜。

MOFs 在高分子基质中的分散性及兼容性好，被用于合成 MOFs 基混合基质膜（Rangaraj et al.，2020；Chen et al.，2014）。该类膜制备简单，用于合成膜的 MOFs 材料包括 UiO-66、HKUST-1、ZIFs 及 MILs 等，而高分子基底材料则包括聚酰亚胺、聚苯并咪唑和一些含硫的聚合物等。混合基质膜常按如下流程制备：将 MOFs 材料加入高分子溶液中，搅拌或超声使 MOFs 材料均匀分散在其中；将充分混匀的悬浊液均匀涂布在基底上，并在一定温度下真空干燥；待膜形成后，真空下冷却至室温然后取出（Chen et al.，2014）。为了使制备的膜没有缺陷，MOFs 的颗粒尺寸应控制在亚微米级别，以保证 MOFs 颗粒在高分子基质中均匀分布。MOFs 纳米纤维膜可通过静电纺丝技术或在纳米纤维上原位生长 MOFs 纳米颗粒的方法制备。静电纺丝法方便、快捷，但是制备过程添加的高分子基质可能会堵住 MOFs 的孔，导致 MOFs 的性能下降。原位制备法则不存在这个问题，MOFs 材料的物理化学性质能够较好地保留（Dou et al.，2020）。

除膜之外，人们还构筑了各种其他类型的 MOFs 复合材料并用于提升其吸附性能（图 2.5）。MOFs 和纳米氧化铁构筑的复合材料具有磁性，容易实现固液分离及重复利用。氧化石墨烯和 MOFs 的复合材料可以提升 MOFs 的水稳定性。无机纳米颗粒对金属离子具有良好的吸附能力，其与 MOFs 构筑的复合材料能提升 MOFs 对离子的分离性能（Xu et al.，2021）。

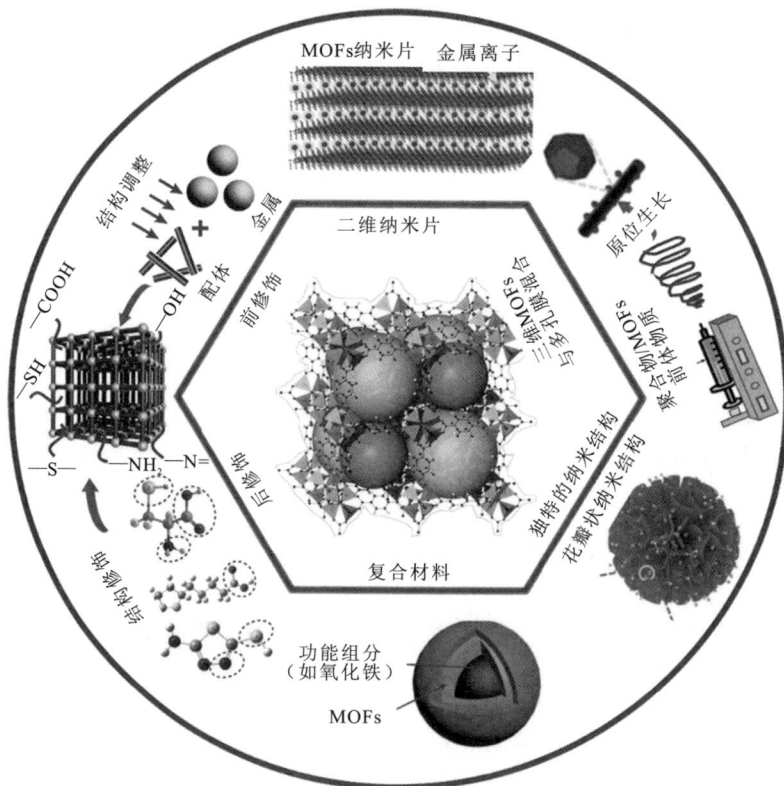

图 2.5　MOFs 基离子去除材料设计策略

引自 Xu 等（2021）

2.3　MOFs 材料对放射性核素的去除

2.3.1　对铀的去除

铀作为自然界中存在的最重元素，主要以 ^{238}U、^{235}U 和 ^{234}U 三种同位素形式存在，其中 ^{235}U 在热中子的轰击下可发生裂变反应，放出巨大能量，因此铀也广泛用于核力发电、制造核武器等方面，是一种具有重大经济、军事价值的战略资源。目前地球上已探明的铀矿约为 610 万 t（World Nuclear Association，2020a），以目前的消耗速度仅能满足80～120 年的使用需求（Lindner et al.，2015）。为了缓解铀资源紧张的局面，有必要从"开源"和"节流"两方面考虑。"开源"一般考虑常规铀矿之外的其他铀资源开发，目前最具潜力的开采对象是海水中的铀（Abney et al.，2017），据估计，海水中铀总量约是陆地上储量的 1 000 倍，若能低成本开采将解决人类上万年的铀供应问题，但海水提铀技术难度大，短期内难以将成本降低到铀矿开采的水平。"节流"一般考虑如何回收乏燃料中的铀，对于一般压水堆，其乏燃料中铀质量分数仍高达 96%以上（World Nuclear Association，2020b），合理回收铀和钚并用于制作混合氧化物（mixed oxide，MOX）燃料利于核电的可持续发展。据估计，通过充分后处理形成核燃料循环闭环后可额外获取相当于铀原始投入量 25%～30%的能源，有助于缓解铀资源紧张的压力（World Nuclear Association，2020c），但目前广泛采用的普雷克斯（Purex）流程存在各种问题，开发不限于溶剂萃取的新型乏燃料后处理方法是目前放射化学的研究热点之一（Li et al.，2018）。总而言之，如何从复杂环境中高选择性地分离提纯铀，是一个意义重大且前沿的科学问题。

溶剂萃取是目前已工业化的分离提纯铀的主要方法（Leoncini et al.，2017），例如铀矿开采、乏燃料后处理等。溶剂萃取广受诟病的缺点在于大量使用有机溶剂（Sun el al.，2012；Dietz，2006），一方面存在易燃、易爆的安全隐患，另一方面对环境和人体健康危害大，且产生大量二次废物。针对这些问题研究人员提出了多种解决方案，如熔融盐分离（如离子液体）、吸附分离、电解分离等，综合考虑工艺成本、可操作性、工业集成程度等因素，吸附分离的潜在应用价值最大（Jin et al.，2021）。对应于溶剂萃取中的萃取剂，吸附分离中的吸附剂至关重要。这些吸附剂往往是一些比表面积大的多孔材料，可通过设计孔道结构或在其表面修饰官能团来调控吸附剂对金属离子的吸附性能，因此材料的可设计程度决定了它的应用广度。在众多吸附材料中，金属有机框架（MOFs）材料是一类由金属和有机配体通过配位作用形成的多孔晶体聚合物，它最大的特点是可在原子水平上精确设计结构，从而调控其宏观性能（Furukawa et al.，2013）。例如，针对海水提铀中存在的难点，可有目的地向 MOFs 材料中引入特定官能团提升对低浓度铀的富集能力，也可引入抗菌基团提升其抗生物淤积的性能。这个特点让 MOFs 成为近年来最热门的吸附材料之一，其中铀吸附由于其战略意义和科研价值备受关注。本小节将对 MOFs 吸附剂用于铀分离的研究进展进行简要综述。由于一些综述论文已经对这个议题进行了总结（Zhao et al.，2021b；Xiong et al.，2020；Yang et al.，2019），本小节将从海水提铀和乏燃料铀分离两个不同应用场景展开详细讨论，重点关注围绕 MOFs 结构特点提出的创新策略和设计理念。

1. 海水提铀

海水提铀是 20 世纪 60 年代提出的议题并于 70 年代开始展开研究（Abney et al.，2017），50 年过后的今天仍然不能很好地解决海水提铀中存在的各种难题。吸附法是海水提铀的主流方法，主要原因是海水中铀的质量浓度极低（3.3 μg/L），任何分离方法都需要处理万吨甚至亿吨级的海水量，若采用吸附以外的方法则面临分离成本高的问题，而吸附法只需要将材料浸没到海水中，一定时间后再进行回收解吸，成本主要来自材料合成和金属洗脱，吸附剂材料一旦合成可反复使用，有效降低了吸附法的成本。据最新的估算海水提铀已经将成本从 70 年代的 500～600 美元/kg 降低为当前的约 400 美元/kg（Lindner et al.，2015），虽然仍高于市场上约 100 美元/kg 的铀矿价格，但随着新吸附材料的不断开发、升级，海水提铀的成本有望在不远的将来降低到市场可接受的程度。

海水提铀的吸附材料种类繁多，从最初的无机材料到 20 世纪末的高分子材料再到近年来热门的多孔材料（Abney et al.，2017），材料的可设计性逐渐提升，性能也屡创新高。MOFs 材料最早用于（模拟）海水提铀研究是由林文斌课题组在 2013 年报道的（Carboni et al.，2013），随后罗峰、王殳凹、王君、王宁、张春红等课题组陆续开展了相关研究，本小节从海水提铀普遍面临的问题入手，介绍如何针对性地设计 MOFs 以克服各种吸附难题。

海水提铀最大的挑战在于如何在竞争离子浓度高几个数量级的情况下选择性地吸附超低浓度的铀。海水中铀主要以 $Ca_2[UO_2(CO_3)_3]$ 复合物形式存在，吸附剂需要能破坏碳酸根与铀酰离子的配位作用，这要求吸附剂对铀酰有极强的作用力，同时，由于海水中还存在很多浓度远高于铀的竞争金属离子，这要求吸附剂对铀酰离子有很高的选择性。最简单的方法是向材料中引入能选择性络合铀酰的官能团。王殳凹课题组报道了一种修饰偕胺肟基的 MOFs 材料 UiO-66-AO［图 2.6（a）］（Chen et al.，2017），这种基团常被修饰到高分子材料中用于海水提铀。研究发现 UiO-66-AO 对真实海水中铀酰的吸附容量可达 2.68 mg/g，扩展 X 射线吸收精细结构（extended X-ray absorption fine structure，EXAFS）谱表明 MOFs 中的多个偕胺肟基与铀酰配位形成六角双锥。值得一提的是，这种多官能团协同配位络合铀酰的模式是 MOFs 材料的一个显著特点，与溶剂萃取中小分子萃取剂不同，MOFs 材料中的官能团已经被铆钉到具有一定配位取向的空间框架上，可以视其为三维的预组装（pre-organization）。这种预组装可以带来几方面的好处：①避免了低尺度小分子萃取剂从离散状态组装到络合状态时需要的熵减变化；②巧妙设计的 MOFs 结构可以让官能团的数量和配位取向预先适配目标离子，从而达到类似蛋白质特异性识别的效果；③MOFs 的三维结构可以让官能团进行三维预组装，这比有机萃取剂中常用的二维预组装更利于金属配位，特别是过渡金属和镧系金属、锕系金属。考虑这些优势，王宁课题组报道了 6 种空间精妙设计的 MOFs 材料［图 2.6（b）］用于海水提铀（Yuan et al.，2020），通过对 UiO-66 结构进行微调，找到了官能团最佳空间取向的结构 UiO-66-3C4N。凭借羧基与铀的配位作用和氨基与轴线氧的氢键作用，该材料能从真实海水样品中高效提取铀（6.85 mg/g）。此外，该材料能在与铀酰结构类似的 VO_2^+ 显著过量的情况下仍高选择性地吸附铀，充分说明了该限域的三维配位结构的巧妙设计和对铀酰的特异性络合。事实上，MOFs 虽然结构可设计性强，但如何设计精确匹配金属配位的 MOFs

结构仍是一个难题，鉴于此，王宁课题组又提出了用目标金属诱导官能团取向的离子印记策略（Feng et al.，2021），这样 MOFs 中的官能团在合成时就原位形成了最利于铀酰配位的空间结构，在真实海水测试条件下表现出极高的吸附效率（7.35 mg/g）。

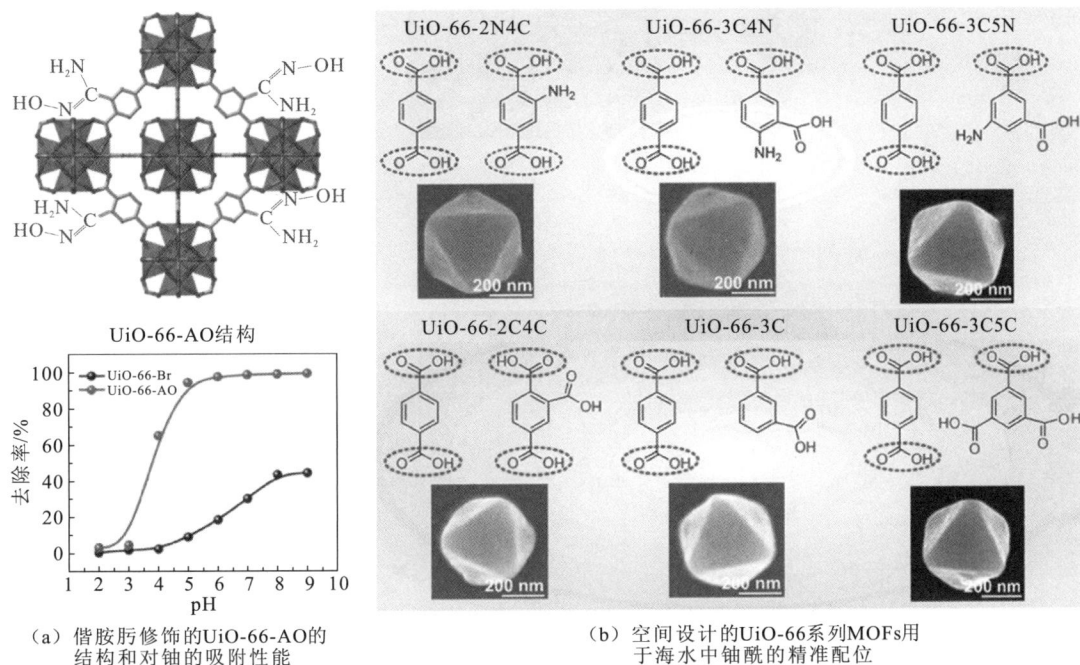

（a）偕胺肟修饰的UiO-66-AO的结构和对铀的吸附性能

（b）空间设计的UiO-66系列MOFs用于海水中铀酰的精准配位

图 2.6　功能化修饰的 MOFs 材料用于海水提铀

（a）引自 Chen 等（2017），（b）引自 Yuan 等（2020）

生物淤积是海水提铀中常见的问题，微生物在材料表面的富集会显著影响吸附性能，甚至破坏材料结构。MOFs 材料提供了一个可修饰的平台，向 MOFs 中引入抗菌基团或与抗菌材料复合可有效解决生物淤积问题。王宁课题组将新霉素共价修饰到 MOFs 中得到具有抗菌性能的 Anti-UiO-66[图 2.7（a）]（Yu et al.，2019），该材料表现出广谱抗菌性能，对海洋细菌生长有 87%的抑制作用，而 MOFs 中的羧基则为铀吸附提供了位点；在海水中浸泡吸附 30 天后，Anti-UiO-66 的铀吸附量为 4.62 mg/g，比未修饰抗菌基团的对照组高出 24%。王君课题组合成了一种 MOFs 水凝胶杂化材料[$ZIF_{67}/SAP_{0.45}$，图 2.7（b）]（Bai et al.，2020），利用带正电的聚乙烯亚胺和带负电的海藻酸钠聚合物组成两性抗菌组分，可有效抑制菱形藻在材料表面的淤积，在真实海水条件下，$ZIF_{67}/SAP_{0.45}$ 表现出非常高的铀吸附性能（吸附量达 6.99 mg/g）。

海水提铀除了以上两个主要问题，其他因素诸如温度（不同地区、不同季节）、长期稳定性（吸附周期通常较长）等也是影响材料性能的重要因素，但相关研究相对较少。此外，一些其他的吸附方法或策略也值得介绍。罗峰课题组构筑了一种阳离子型 MOFs（Li et al.，2017b），其孔道中的乙二磺酸根离子可与 $UO_2(CO_3)_3^{2-}$ 交换从而无须设计强作用位点与 CO_3^{2-} 竞争配位。李茹民课题组通过两步生长-乙酸刻蚀的方法合成了双壳中空结构的 MOFs 材料（Zhang et al.，2019b），这种结构利于修饰更多的胺类配体从而提升对铀酰的吸附性能。王宁课题组在 UiO66-NH_2 表面覆盖一层碳海绵材料（Liu et al.，2021），

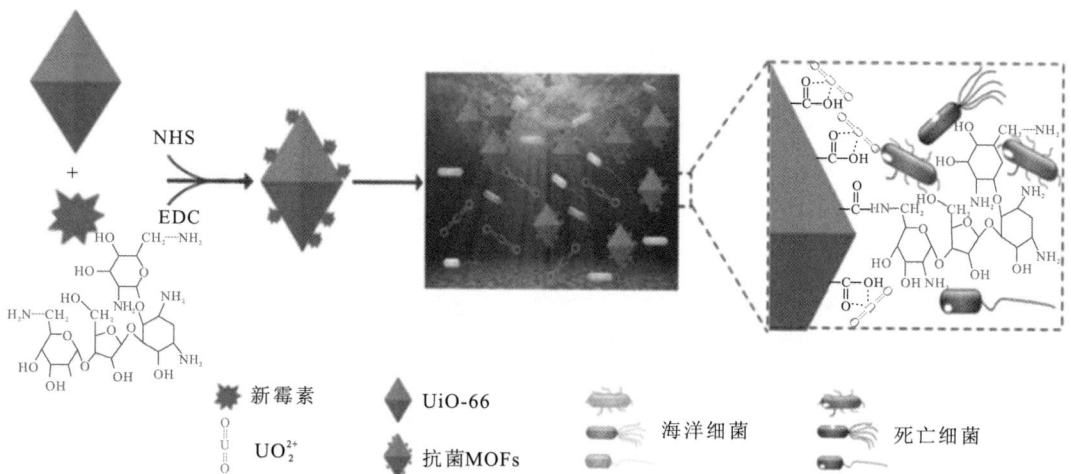

（a）修饰新霉素的MOFs吸附剂

新霉素
UO₂²⁺ 表示为 UO_2^{2+}
UiO-66
抗菌MOFs
海洋细菌
死亡细菌

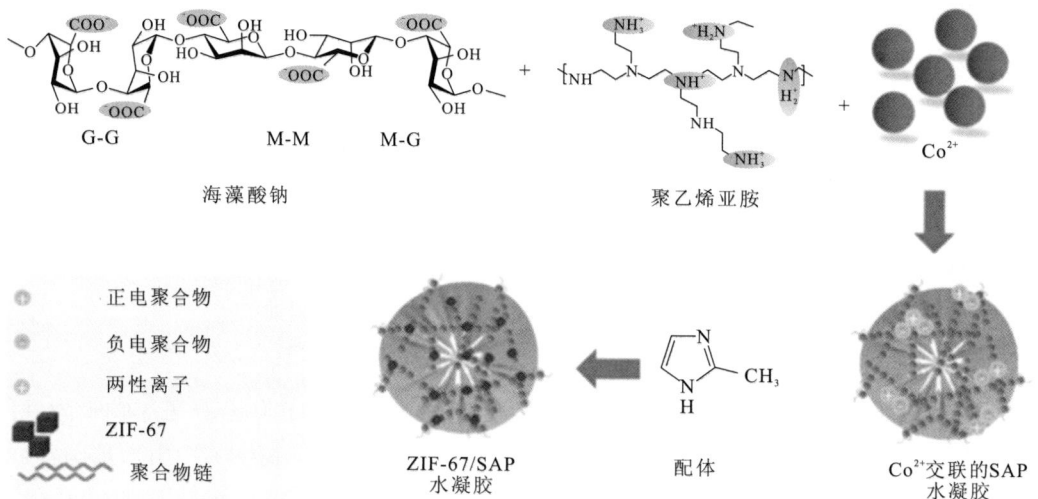

海藻酸钠

聚乙烯亚胺

G-G   M-M   M-G

正电聚合物
负电聚合物
两性离子
ZIF-67
聚合物链

ZIF-67/SAP
水凝胶

配体

Co²⁺交联的SAP
水凝胶

（b）具有抗菌能力的MOFs水凝胶杂化材料

图 2.7　抗菌 MOFs 材料用于海水提铀

由于铀吸附是吸热过程，碳材料能够吸光转热的特点可以促进吸附剂对铀的吸附，光照下吸附剂的吸附性能比暗场下高 32%。这些研究都为海水提铀提供了新方法、新思路，未来还需要考虑如何降低成本、提高材料长期稳定性，才能真正让 MOFs 类吸附剂从实验室走向应用。

2. 乏燃料铀分离

乏燃料的后处理是从核电站诞生之初就伴随的问题，对乏燃料中具有利用价值的核素进行回收一方面创造了经济效益，降低了运行成本，另一方面也利于放射性废物的管控。与绝大部分铀的分离场景不同，乏燃料溶解液是一种非常特殊的强酸、强放射性物质，对吸附材料的酸稳定性和辐照稳定性有非常严苛的要求，若考虑实际应用场景，绝大部分 MOFs 无法满足要求，但也有一些高稳定性的锆基（如 UiO 系列）、铝基（如 MIL 系列）MOFs 可在超强酸环境下稳定存在。本小节主要从基础科研的角度来探讨 MOFs 材料对酸性介质中铀的分离回收研究，诚然一些材料可能无法耐受乏燃料的严苛环境，但材料的设计思路和理念仍是值得借鉴学习的。

早期的研究是向 MOFs 中引入各种官能团络合铀酰，如石伟群课题组向稳定性优异的 MIL-101 中引入各种胺类配体与铀酰配位（Bai et al.，2015），当 pH=5.5 时最大吸附容量为 350 mg/g；Pascal van der Voort 课题组将溶剂萃取中常用的氨基甲酰基甲基氧化膦（carbamoylmethyphosphine oxide，CMPO）配体引入 MIL-101 中（de Decker et al.，2017），动态柱穿透实验表明 pH=4 时分配系数为 2 000 mL/g；陈靖课题组用配体交换法将磷酸修饰到锆基 MOF-808 上（Zhang et al.，2019c），当 pH=6 时最大吸附容量为 150 mg/g；张文课题组通过后修饰的方法向锆基 MOFs 中引入了氧化膦配体（Zhang et al.，2021a），在 1 mol/L 的硝酸中吸附量为 80 mg/g，这一数值虽然不高，但是很少有 MOFs 材料能在强酸性条件下实现铀的吸附。这些材料的特点是稳定性高，通常能在摩尔量级的酸中稳定存在。在酸稳定 MOFs 方面，王殳凹课题组采用离子热法合成了一种膦酸锆 MOFs（SZ-2，图 2.8）（Zheng et al.，2017）。由于锆与磷酸的超强作用力，该 SZ-2 能在王水中保持稳定，但由于缺乏作用位点，材料只能通过铀酰桥连水的间接作用与铀酰络合，当 pH=4.5 时最大吸附容量为 58.18 mg/g，这也说明向 MOFs 中引入对铀酰有选择性络合能力的官能团对吸附性能提升十分重要。

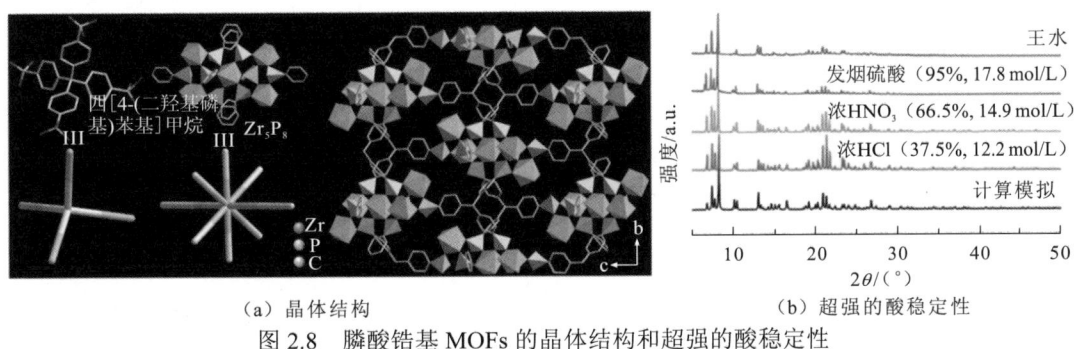

（a）晶体结构　　　　　　　　　　（b）超强的酸稳定性

图 2.8　膦酸锆基 MOFs 的晶体结构和超强的酸稳定性

除了官能化修饰，很多 MOFs 本身就存在能络合铀酰的基团（如羟基、羧基），大部分基团在理想的晶体中都已形成配位，不作为暴露位点参与铀酰的配位，而实际情况下的晶体都或多或少存在一些缺陷，导致这些基团没有参与 MOFs 结构的配位，从而成为潜在的金属络合位点。基于这个思路，石伟群课题组另辟蹊径，通过缺陷工程的方法人为地在 UiO-66 中创造一定程度的缺陷（Yuan et al.，2018）。这些缺陷一方面拓宽了孔道，促进了传质，另一方面暴露出更多的 Zr-OH 位点，在保证结构完整性的前提下，UiO-66 对铀的吸附性能随缺陷增加而上升，当 pH=5 时的最大吸附容量为 350 mg/g。

以上研究都是基于刚性骨架的 MOFs 材料，MOFs 中本身的或额外修饰的络合位点都是固定在一定的空间位置上，官能团的柔性和摆动自由度较低，若没有经过精密的设计，这些官能团的取向通常不能很好地匹配铀酰的配位偏好，导致络合能力和选择性较低。针对这个问题，João Rocha/王小峰课题组提出了一种自适性协同配位的策略用于铀酰的络合（图 2.9）（Wang et al.，2019b），在构筑的 MOFs 中存在大小层级孔道，大孔表面存在羧基可将铀酰从溶液中抓取到材料上，随后铀酰进入 MOFs 的小孔中，柔性的小孔自适性调节孔道大小以便更多的羧基协同配位，这种策略充分利用了大孔扩散动力学快、小孔络合热力学好的优点，当 pH=5.5 时对铀酰的最大吸附吸量可达 562 mg/g。

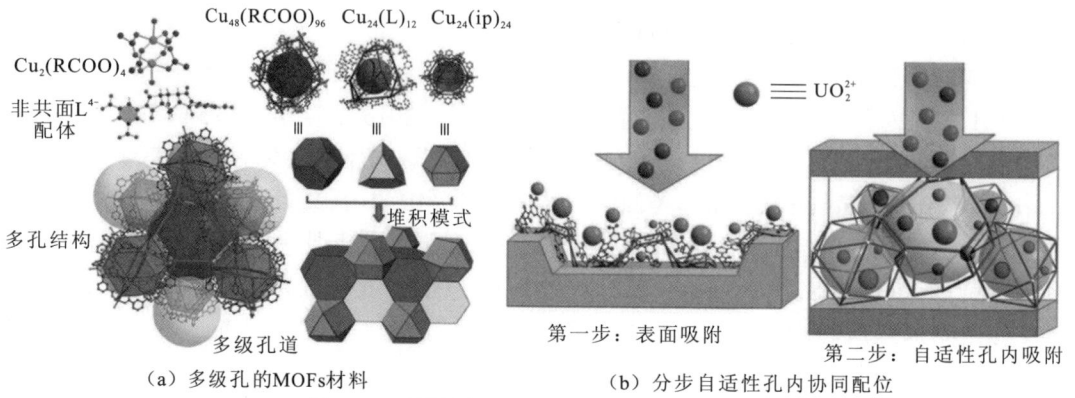

图 2.9　柔性骨架 MOFs 材料用于海水提铀

（a）多级孔的MOFs材料　　（b）分步自适性孔内协同配位

单纯的吸附作用依靠的是金属与配体间的弱配位作用，可以将吸附过程视为可逆的反应式[图 2.10（a）]，在一定的条件下反应式达到平衡，这个平衡吸附值就是材料的最大吸附容量。常规的改进思路是尽可能地增加吸附位点的数量，让平衡式向右移动，但任何材料体系的吸附位点都有一个上限值，这个值决定了该类材料本身的理论吸附上限。王殳凹课题组打破常规思路，将 MOFs 材料设计为既能吸附又能催化的双功能材料[PCN-222，图 2.10（b）]（Li et al.，2019c）。PCN-222 首先通过常规的络合作用吸附溶液中的铀酰，随后在光照条件下将 U(VI) 还原为 U(IV)[图 2.10（c）]，由于 U(IV)溶解性差，可从溶液中沉淀出来，这样吸附位点可重新利用吸附额外的铀酰离子，让平衡式不断往右移动，不再局限于材料中的吸附位点数量，实现对铀超高的吸附容量1 289 mg/g。虽然这个工作的测试条件与实际应用场景相差很大，但提供了一种吸附-催化的新思路。

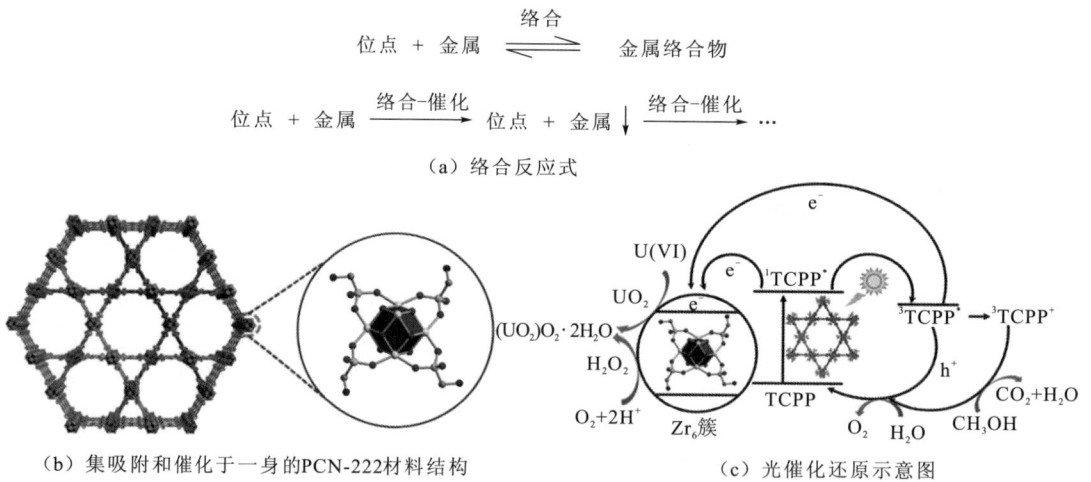

（a）络合反应式

（b）集吸附和催化于一身的PCN-222材料结构　　（c）光催化还原示意图

图 2.10　MOFs 材料用于光催化还原铀

2.3.2　对钍的去除

钍是天然存在的放射性重金属核素，在地壳中的质量分数约为 6 mg/kg。在自然界中，99%的钍以钍-232 的形式存在。^{232}Th 是 α 核素，半衰期长达 140 亿年。独居石是自然界中存在的重要的钍矿石。钍矿的开采、加工过程可能将钍释放到自然界中。此外，火山爆发和煤炭燃烧也会向大气中释放少量的钍。钍的储量是铀的 3～4 倍，是除铀之外重要的核反应堆燃料。将钍作为核燃料一方面可以保证燃料的充足供应，同时产生的废物放射性水平较低（IAEA，2005）。然而，ThO_2 的熔点高达 3 350℃，同时具有化学惰性，难溶于浓硝酸，这给钍燃料原件的加工和后处理带来一定的困难。除核燃料外，钍还可用于制作陶瓷及航空航天领域。

钍是天然存在的放射性重金属核素，具有放射毒性和化学毒性。吸入含钍的粉尘对肺部会造成长久的伤害，但并没有直接证据证明这会增加人们的患癌风险。然而，为了进行特定的医学 X 射线检查，静脉注射大量钍的人患癌症的概率高于正常水平，尤其是肝癌、胆囊癌和白血病。此外，医用钍还可能导致肝硬化及染色体损伤。基于 Th 的重要用途和毒性，采用 MOFs 材料分离 Th 引起了科研工作者的研究兴趣。

王殳凹课题组设计制备了一例阴离子骨架的铀酰基 MOFs 材料 SCU-3。通过与材料中 $[(CH_3)_2NH_2]^+$ 的离子交换，SCU-3 能够吸附 Th^{4+}。拉曼和红外光谱中 P═O 的位移表明 P═O 与被吸附的 Th^{4+} 发生配位作用（Wang et al.，2015a）。Christophe Volkringer 课题组研究了铝基 MIL-100 对钍等离子的吸附。与高浓度钍吸附后，MIL-100 对 Th^{4+} 的吸附容量为 167 mg/g。热力学研究表明，该吸附为吸热过程。由于 Th^{4+} 相较于 UO_2^{2+} 和 Nd^{3+} 路易斯酸性较强，MIL-100 对上述三种离子的吸附能力按 $Th^{4+}>UO_2^{2+}>Nd^{3+}$ 顺序逐渐递减。对此，Volkringer 等认为 MIL-100 的选择性主要是因为 Th^{4+} 较易水解从而富集在 MOFs 孔道中（Falaise et al.，2017）。

为了提升 MOFs 材料对 Th^{4+} 的吸附性能，研究人员有意识地在 MOFs 骨架中引入额外的螯合基团。石伟群课题组对比研究了二取代羧基、单取代羧基及未有羧基取代的 UiO-66 对 Th^{4+} 的吸附。随着羧基含量的降低，MOFs 材料对 Th^{4+} 的吸附容量也逐渐降低。当 pH 为 3 时，$UiO-66-(COOH)_2$ 对 Th^{4+} 的饱和吸附容量为 360 mg/g（图 2.11）。与相同浓度的过渡金属和镧系金属等竞争性离子共存时，$UiO-66-(COOH)_2$ 对 Th 及其他离子的分配因子均高于 18，与 Zn 的分配因子最高（115），展现出良好的吸附选择性。扩展 X 射线吸收精细结构谱和红外光谱证实，$UiO-66-(COOH)_2$ 和 UiO-66-COOH 主要依靠羧基与 Th^{4+} 的配位作用实现吸附，而 UiO-66 则主要借助 Th^{4+} 的沉淀及溶剂交换实现富集。经过酸性溶液洗脱，材料的骨架部分坍塌，导致 $UiO-66-(COOH)_2$ 和 UiO-66-COOH 对 Th^{4+} 的吸附容量降低了一半左右（Zhang et al.，2017）。

孙晓琦课题组将由水杨醛衍生物和环己二胺构成的四齿 Salen 配体引入 MOFs 骨架中，研究其对 Th^{4+} 的吸附性（图 2.12）。根据软硬酸碱理论，较软的氮原子对较软的锕系元素具有更高的亲和力。结果显示，该 MOFs 对 Th^{4+} 的吸附容量为 46.3 mg/g，而对 La^{3+}、Eu^{3+} 及 Lu^{3+} 的吸附容量仅分别为 3.54 mg/g、2.54 mg/g 和 0.84 mg/g。热力学表明，吸附 Th^{4+} 为放热过程（Guo et al.，2017）。此外，该课题组还将一例含氧负基团的四重穿插的 MOFs 材料用于 Th^{4+} 的分离。由于氧负基团与 Th^{4+} 的相互作用，该 MOFs 材料对 Th^{4+} 具有较深的去除能力，分配系数达 $3.16×10^5$ mL/g；同时饱和吸附容量为 165.61 mg/g。该 MOFs 对 La^{3+}、Sm^{3+}、Ho^{3+}、Pb^{2+} 和 Cd^{2+} 的吸附容量分别仅为 3.81 mg/g、3.18 mg/g、4.81 mg/g、22.36 mg/g 及 5.26 mg/g，而相同条件下对 Th^{4+} 的吸附容量为 70.61 mg/g，表明该 MOFs 对 Th^{4+} 具有良好的吸附选择性（Guo et al.，2020）。

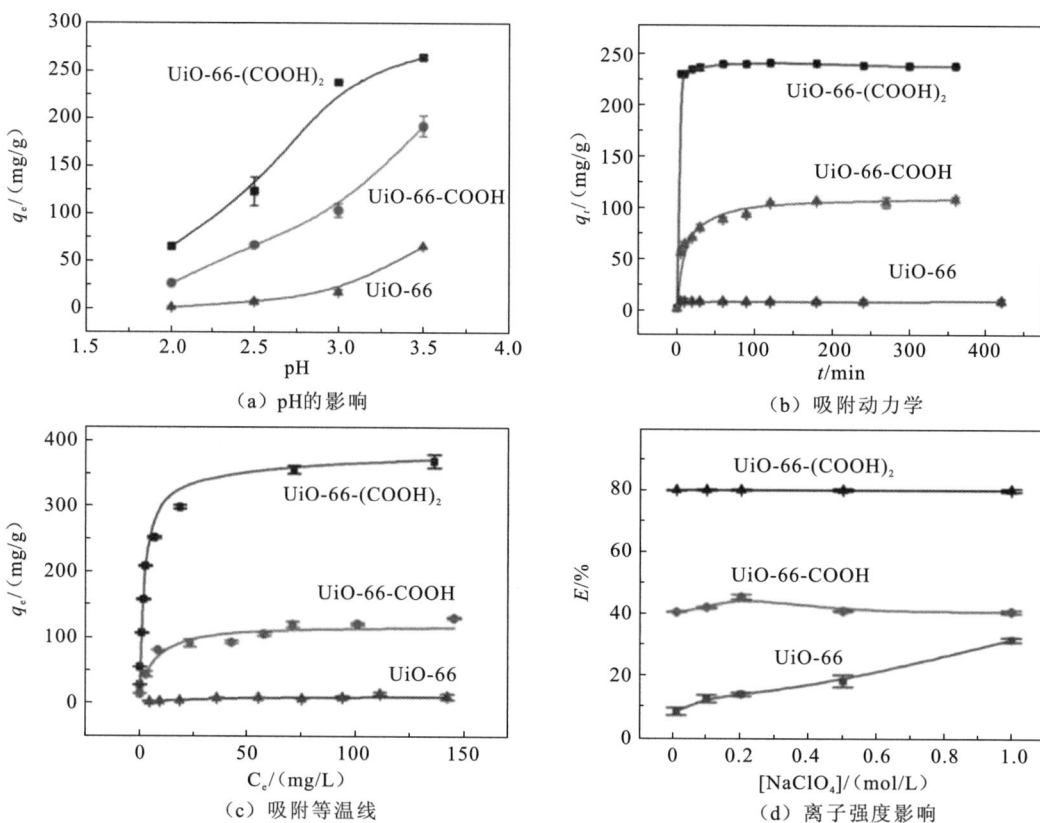

图 2.11 UiO-66、UiO-66-COOH 和 UiO-66-(COOH)₂ 对 Th⁴⁺的吸附

固液比为 0.4 mg/mL；（a）[Th]初始＝100 mg/L，t＝6 h；（b）[Th]初始＝100 mg/L，pH＝3.0±0.1，实线为准二级动力学
模拟曲线；（c）pH＝3.0±0.1，t＝6 h，实线为朗缪尔模拟曲线；（d）[Th]初始＝100 mg/L，pH＝3.0±0.1，t＝6 h

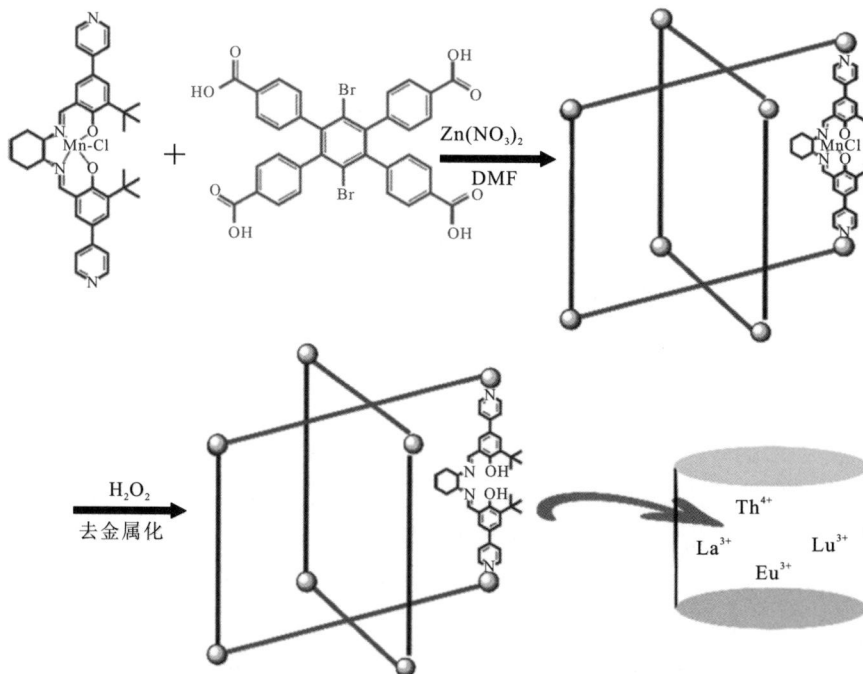

图 2.12 Mn-MOFs 的合成及配位 Mn³⁺的脱离示意图

为提升材料的可回收性和实际可用性，人们制备了 MOFs 基复合材料并用于 Th^{4+} 的分离。Mu. Naushad 课题组通过逐步合成法制备了柠檬酸修饰的磁性 MOFs 吸附材料 Fe_3O_4@AMCA-MIL53(Al)。在 318 K 下，该磁性纳米复合吸附材料对 Th^{4+} 的最大吸附容量高达 285.7 mg/g。经 0.01 mol/L 的盐酸洗脱后，Fe_3O_4@AMCA-MIL53(Al)对 Th^{4+} 解吸率为 84.6%，而 Fe 的浸出率仅为 1.37%，展示出良好的重复利用前景。热力学研究表明，该材料对 Th^{4+} 的吸附是自发的，且为吸热过程。该复合材料对 Th^{4+} 的高亲和力可能来自氨基对 Th^{4+} 的配位作用及去质子的羧基与 Th^{4+} 的静电吸引作用（图 2.13）（Alqadami et al.，2017）。

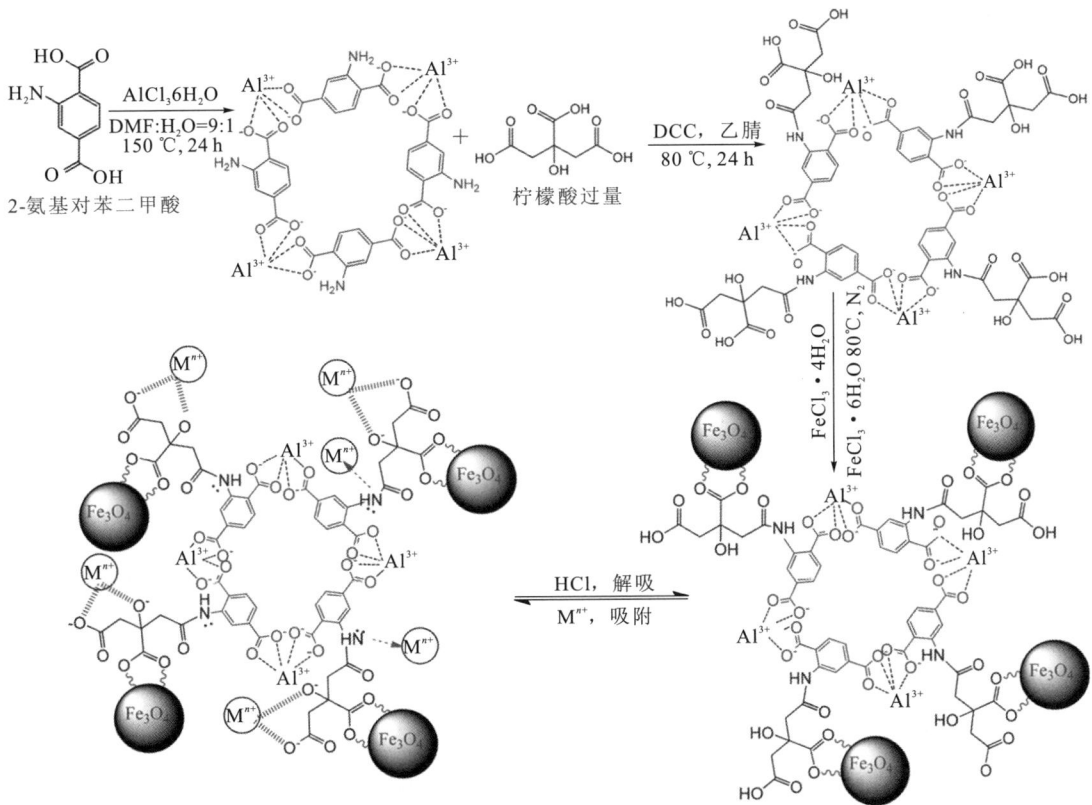

图 2.13　Fe_3O_4@AMCA-MIL-53(Al)纳米复合材料的合成及其对 Th^{4+} 的吸附和解吸

由于 Th^{4+} 具有高化学毒性和放射毒性，王旻凹课题组设计开发了一例快速、实时检测溶液中 Th^{4+} 的铕基荧光 MOFs 探针 ThP-1。ThP-1 能灵敏地检测低浓度 Th^{4+}，检测下限低至 24.2 μg/L，远低于世界卫生组织所规定的饮用水中 Th^{4+} 的浓度限值 246 μg/L。通过自校正的方式，ThP-1 对 Th^{4+} 的荧光检测具有良好的选择性，不受常见的碱金属和碱土金属离子的干扰。机理研究表明，ThP-1 材料骨架与 Th^{4+} 的内层配位是导致其选择性吸附和检测的主要原因（Liu et al.，2019）。

2.3.3　对锝（铼）的去除

1. 放射性 $^{99}TcO_4^-$ 简介及去除难点

锝（Tc）是元素周期表中第 43 号元素，位于 VIIB 族，也是首个人工合成的元素，于 1947 年首次从加速器辐照后的钼中发现并分离。Tc 有多种同位素（^{99}Tc 到 ^{107}Tc），均为放射性同位素，主要来自核反应中 ^{235}U 的裂变反应（Katcoff，1958）。其中，^{99}Tc 的产率最高（约 6%）且半衰期最长（$t_{1/2} = 2.13 \times 10^5$ 年）。在空气等含氧环境中，Tc 主要以 +7 价的正四面体形式的 ^{99}TcO$_4^-$ 存在。^{99}TcO$_4^-$ 具有较高的溶解度（11.3 mol/L）（Boyd，1978）和迁移速率（在环境中与水中的迁移速率相当）（Kaplan et al.，1998；Schulte et al.，1987）。在乏燃料及核废液中，^{99}Tc 也主要以 ^{99}TcO$_4^-$ 的形式存在。自然界中的矿石基本呈负电性，一旦 ^{99}TcO$_4^-$ 发生泄漏，很容易随地下水进入环境体系，并且不易被矿物质吸附和阻滞。

在乏燃料后处理的普雷克斯流程中，关键核素 U、Pu 和 Np 是在高酸性环境下，通过磷酸三丁酯（TBP）/稀释剂的萃取作用实现分离和回收的（Birkett et al.，2005；Irish et al.，1957）。在这个过程中，核素的化学价态对核素的萃取效果产生重要影响，例如 Pu(IV) 和 Np(VI) 极易被从硝酸溶液中萃取到有机相，Pu(VI) 和 Np(IV) 被萃取的能力相对较弱，Pu(III) 和 Np(V) 则几乎不会被有机相萃取。因此，为了与 U 一起萃取到有机相，Pu 和 Np 需要调节至 Pu(IV) 和 Np(VI)，而大部分裂变产物则留在水溶液中，实现 U、Np、Pu 与裂变产物的初级分离；为了进一步实现 U 和 Np、Pu 的分离，需要将 Pu 和 Np 调节至 Pu(III) 和 Np(V)，再用稀硝酸进行反萃取，完成一个萃取循环；为了达到 Pu 和 Np 分别萃取的目标，需要将它们调节至 Pu(III)-Np(IV) 或 Pu(IV)-Np(V) 的状态。因此，在整个过程中，精准地控制核素的化学价态至关重要（Chen et al.，2000；Koltunov et al.，2000）。在普雷克斯流程中，^{99}TcO$_4^-$ 容易被萃取到有机相中，基于 ^{99}Tc 化学价态的多变性及不同化学价态间合适的氧化还原电势，^{99}TcO$_4^-$ 的存在严重影响 Pu 和 Np 化学价态的调节，使分离效率下降。例如，在硝酸溶液中，^{99}Tc 的标准电极电势（$E^{\ominus}$(TcO$_4^{2-}$/TcO^{2+}) = 1.291 V）与 Np 的标准电极电势（$E^{\ominus}$(NpO^{2+}/Np^{4+}) = 0.739 V）之间的差值远大于 0.2 V（Meyer et al.，1991；Schwochau，1983）。因此，在普雷克斯流程前，首先完成 ^{99}TcO$_4^-$ 的分离对核燃料循环和乏燃料后处理具有重要意义。

就当前的后处理工艺来说，普雷克斯流程仍然存在不可忽视的缺陷，例如操作成本高、有机溶剂易燃、强辐射场导致萃取溶剂退化，以及大量有机溶剂的加入造成放射性废液增容等。某些国家采用碱式后处理分离流程，即在高碱性的碳酸盐溶液体系中，加入合适的氧化剂（如过氧化氢）将 UO$_2$ 氧化为可溶的 U(VI)（如 UO$_2$(CO$_3$)$_3^{4-}$ 或 UO$_2$(O$_2$)$_x$(CO$_3$)$_y^{2-2x-2y}$），首先与其他次锕系元素的氧化物分离；而与 UO$_2$ 一同溶解的其他裂变产物如 Cs、Sr、Tc 则通过合适的方式逐步从溶液中分离出来；最后，通过调节 pH 将可溶性的 U(VI) 化合物进行沉淀回收。高碱性碳酸盐溶液体系可通过补充 Na$^+$，通入 CO$_2$ 气体等方式进行重复利用（Chung et al.，2010；Peper et al.，2004；Asanuma et al.，2001）。与酸式普雷克斯流程相比，碱式分离流程成本低，操作更加简单，并能有效地减少放射性废液的体积，更具有环境友好性。在碱式分离流程中，如何高效地从碱性溶液中将裂变产物 Cs、Sr、Tc 分离出来是需要考虑的问题。与 ^{137}Cs$^+$ 和 ^{90}Sr^{2+} 相比，^{99}Tc 的分离和去除更为棘手。^{99}TcO$_4^-$ 以阴离子形式存在，目前碱性分离流程的相关研究中，^{99}TcO$_4^-$ 主要通过沉淀法分离，常用的沉淀剂是四苯基氯化膦（TPPCl）（Lee et al.，2010）。虽然沉淀法可以分离出大部分的 ^{99}TcO$_4^-$，但所形成沉淀物的溶度积 K_{sp} 相对较高，无法实现深度去除。因此，仍需要研究新型分离方法，以实现碱式分离流程中 ^{99}TcO$_4^-$ 的高效去除。

另外，高温玻璃固化是处理核废料的主要方式，即采用硼硅酸盐玻璃固化含有裂变产物和锕系元素的高放废物。在固化过程中，Tc_2O_7 具有非常大的挥发性，其沸点为 300 ℃。研究表明，在核废料的高温玻璃固化过程中，30%～70%的 ^{99}Tc 会以气态的形式挥发出去（Darab et al.，1996；Smith et al.，1953），只有很小一部分被留在废玻璃中（Childs et al.，2015）。因此，核废料的高温固化过程中必须安装放射性尾气处理装置，这大大增加了固化的难度和成本。

针对上述 ^{99}Tc 的危害，在乏燃料后处理普雷克斯流程和核废料的高温玻璃固化之前实现 $^{99}TcO_4^-$ 的分离是最有效的解决方法之一，这不仅可从根本上解决 $^{99}TcO_4^-$ 在普雷克斯流程中干扰 Pu 和 Np 的价态调控及在核废料的高温玻璃固化中 Tc_2O_7 易挥发的问题，并且有助于消除 $^{99}TcO_4^-$ 在核废料长期深地质存放过程中的潜在泄漏风险。另外，寻找高碱性环境下 $^{99}TcO_4^-$ 深度净化方法也是发展碱式后处理流程亟待解决的问题。

但是乏燃料中高酸性或高碱性环境及核废液中复杂且强辐照的放射性体系使 $^{99}TcO_4^-$ 的高效分离面临巨大挑战：①在酸式普雷克斯流程或碱式后处理流程中含有大量的 HNO_3 或 NaOH，因此要求分离材料具有良好的酸或碱稳定性；②乏燃料和核废液中均含有过量的竞争性阴离子（NO_3^-、SO_4^{2-}、OH^-、CO_3^{2-} 等），例如在萨瓦纳河（Savannah River）高放废液体系中，NO_3^-、OH^-、SO_4^{2-} 和 NO_2^- 的含量相对于 $^{99}TcO_4^-$ 分别过量 32 819 倍、16 788 倍、6 576 倍和 1 691 倍，这对材料的分离选择性是一个重大挑战；③乏燃料及核废液中含有大量的裂变核素，因此要求 $^{99}TcO_4^-$ 去除材料具有较好的抗辐照性能；④$^{99}TcO_4^-$ 去除材料要具有快速的吸附动力学以减少与高放废液的接触时间，从而减少对材料的辐射损伤。

通常情况下，纯无机吸附剂材料对阴离子的吸附选择性遵循霍夫迈斯特（Hofmeister）规则（Custelcean et al.，2007），即尺寸小、电荷密度高的阴离子与无机晶格之间具有较强的亲和力，可被优先捕获；而对于尺寸大、电荷密度相对低的阴离子，如 $^{99}TcO_4^-$/ReO_4^-（$^{99}TcO_4^-$ 的非放射性替代物）等，选择性较差。例如，纯无机阳离子材料，如层状双氢氧化物（layered double hydroxicdes，LDHs）（Tanaka et al.，2019；Wang et al.，2006）、$Y_2(OH)_5Cl$（McIntyre et al.，2008）、$Yb_3O(OH)_6Cl$（Goulding et al.，2010），NDTB-1（Wang et al.，2010）和金属硫化物（Neeway et al.，2016）等，在大量竞争性阴离子（如 NO_3^-、SO_4^{2-}、CO_3^{2-}、PO_4^{3-} 等）存在时，对 ReO_4^-/$^{99}TcO_4^-$ 的选择性极差，这严重限制了它们在实际核废物预处理中的实际应用。因此，设计能克服霍夫迈斯特规则的吸附剂对 $^{99}TcO_4^-$/ReO_4^- 的高效分离和去除具有重要意义。

2. MOF 用于 $^{99}TcO_4^-$ 分离的研究进展

由有机配体和金属离子或簇合物组装而成的 MOFs 材料在环境修复领域，特别是在有毒污染物的隔离方面，已被证明是强有力的。最近，MOFs 在捕获 $^{99}TcO_4^-$/ReO_4^- 方面显示出比无机材料更强的优势：吸附动力学快、选择性好、吸附容量高。

MOFs 材料，又称多孔配位聚合物材料，是由金属离子或金属簇作为节点与有机配体连接而形成的多维网状框架材料。MOFs 材料基于其独特的结晶性、可调谐的孔结构、高的比表面积等优势，在去除和预处理溶液中有毒污染物领域取得了令人瞩目的成果，并表现出响应快、去除能力强、高选择性、可再生能力强等特点。近年来，将 MOFs 材料用于放射性阴离子污染物 $^{99}TcO_4^-$/ReO_4^- 的吸附引起了放射化学与环境科学家的广泛兴趣。目前，已发展出两种设计策略用于合成 MOFs 型 ReO_4^-/$^{99}TcO_4^-$ 吸附剂：第一种策略是基于"硬酸"与"硬碱"结合，以高价金属离子如 Zr^{4+}、Hf^{4+}、Th^{4+} 的含氧簇为节点，与羧酸配体结合，形成具有高化学稳定性的 MOFs，其吸附机理主要为 $^{99}TcO_4^-/ReO_4^-$ 和无机含氧簇的端基—OH 配体交换；第二种策略是采用"软酸"型过渡金属离子与"软碱"型含氮配体结合，构建阳离子型 MOFs 框架，NO_3^-、SO_4^{2-} 等位于孔道或层之间作为抗衡阴离子，其吸附机理为 $^{99}TcO_4^-/ReO_4^-$ 与孔道或层之间抗衡离子之间的交换，且阳离子型框架在离子交换过程中提供电荷驱动力，促进离子交换过程的发生。

UiO-66 是最经典的 MOFs 材料之一，它是由高价金属离子 Zr^{4+} 和对苯二甲酸结合而成，具有优异的水稳定性和易于合成的特点。自从它被发现以来，通过替换金属中心或改变配体的长度，大量具有相同拓扑的框架被合成。特别是氨基、溴、硝基等修饰的 UiO-66，在气体储存、分离、催化和药物传递应用中表现出良好的潜力，引起了研究人员的广泛关注。2016 年，Thallapally 课题组研究了氨基功能化 MOFs UiO-66-NH_2 的 ReO_4^- 交换性质（Banerjee et al.，2016）。为了提高交换能力，该研究将 UiO-66-NH_2 酸化，使—NH_2 和 μ-OH 基团质子化，整个 MOFs 带正电。能量色散 X 射线光谱数据证实，UiO-66-NH_3^+ 具有较高的 Cl^- 含量，表明框架中—$NH_3^+Cl^-$ 的存在。在 ReO_4^- 与 UiO-66-NH_3^+ 的物质的量比为 1∶2 时，UiO-66-NH_3^+ 对 ReO_4^- 的吸附容量为 159 mg/g。其吸附选择性较差，在等物质的量的竞争性阴离子 SO_4^{2-}、PO_4^{3-} 和 ClO_4^- 等存在时，ReO_4^- 的去除率分别为 50%、15% 和 21%。同步辐射 X 射线粉末衍射表明，ReO_4^- 的结合位点位于立方晶胞对角线上，与 $[Zr_6O_4(OH)_4]^{12+}$ 簇中 μ-O 距离约 3 Å 的位置，被三个苯环包围（图 2.14）。该材料吸附 ReO_4^- 后可通过 1 mol/L HCl 溶液洗脱再生。

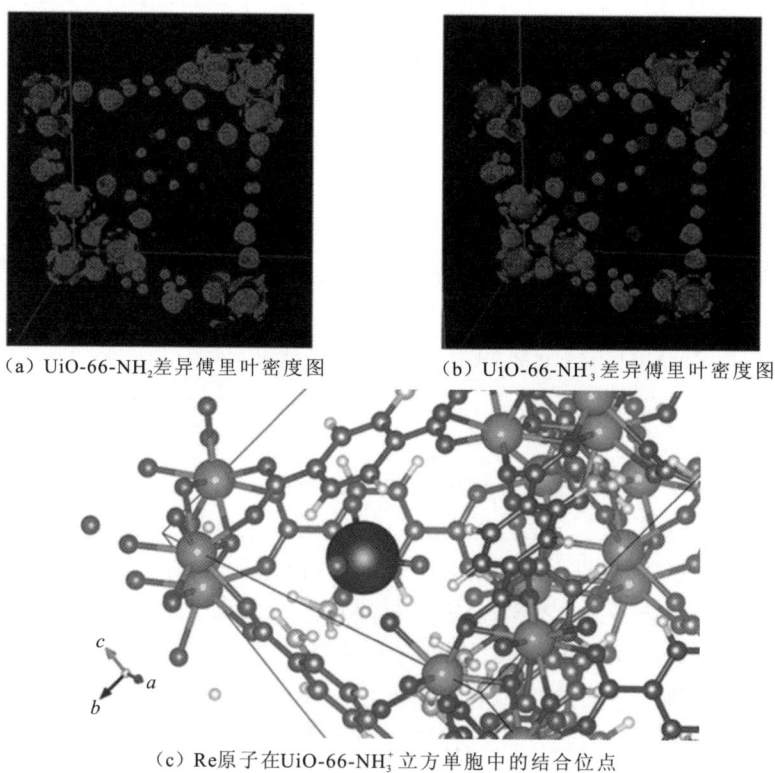

（a）UiO-66-NH_2 差异傅里叶密度图　　　（b）UiO-66-NH_3^+ 差异傅里叶密度图

（c）Re 原子在 UiO-66-NH_3^+ 立方单胞中的结合位点

图 2.14　UiO-66-NH_2 中 ReO_4^- 结合位点解析

蓝色球为 Re；红色球为 O；绿色球为 Zr；灰色球为 C；引自 Banerjee 等（2016）

Farha 课题组研究了基于 Zr_6 簇 MOFs NU-1000 对 ReO_4^-/TcO_4^- 的捕获能力。NU-1000 是由 8 个连接位点的 Zr_6 簇和 4 个连接位点的 1, 3, 6, 8-四[对苯甲酸]芘（H_4TBAPy）配体构筑而成，该结构具有三角形（约 12 Å）和六边形（约 30 Å）的一维孔道[图 2.15（a）]。由于 Zr(IV)—O 较强的配位键及 Zr 的高配位数，NU-1000 在较宽的 pH（1~11）内保持稳定。吸附实验表明，NU-1000 具有快速的 ReO_4^- 吸附动力学，在 5 min 内达到吸附平衡[图 2.15（b）]，这归因于 NU-1000 具有较大尺寸的孔道，有助于吸附过程中离子的快速扩散，最大吸附量为 210 mg/g。在等物质的量 Cl^- 和 NO_3^- 的存在下，NU-1000 仍然保持较快的 ReO_4^- 吸附动力学和较高的吸附量。而在等物质的量的 SO_4^{2-} 存在下，ReO_4^- 的去除率降低，这是由于 SO_4^{2-} 构型与 ReO_4^- 相似，并具有较高的电荷密度，与 NU-1000 的结合力更强。NU-1000 可通过 5% 的 HCl 再生，经 5 次吸附-脱附循环后，NU-1000 对 ReO_4^- 的吸附容量仍保持在 150 mg/L[图 2.15（c）]。单晶结构分析表明，NU-1000 对 ReO_4^- 捕获是基于 ReO_4^- 与 Zr_6 簇节点上—OH 和—OH_2 配体交换过程，从而在孔道中形成螯合、非螯合和末端的 ReO_4^-（Drout et al.，2018b）。

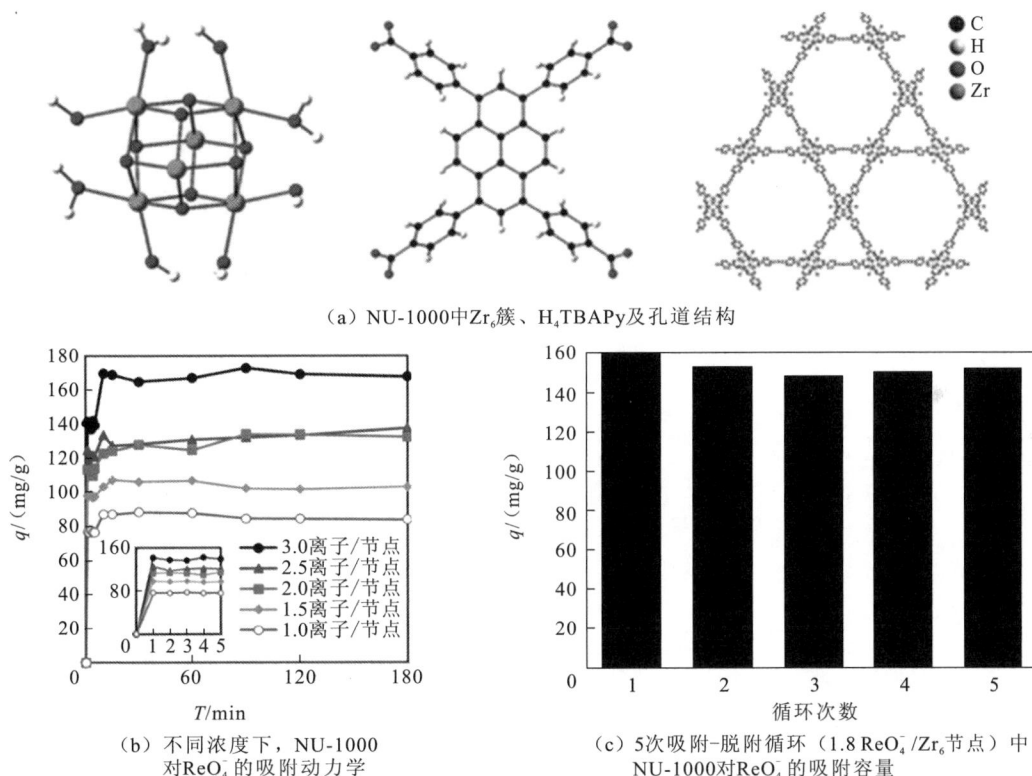

（a）NU-1000中Zr_6簇、H_4TBAPy及孔道结构

（b）不同浓度下，NU-1000
对ReO_4^-的吸附动力学

（c）5次吸附-脱附循环（1.8 ReO_4^-/Zr_6节点）中
NU-1000对ReO_4^-的吸附容量

图 2.15　NU-1000 的结构及 ReO_4^-吸附性能

引自 Drout 等（2018b）

Manos 课题组报道了一例基于 Zr^{4+} 的微孔 MOFs，其结构式为 $H_{16}[Zr_6O_{16}(H_2PATP)_4]$ $Cl_8 \cdot x H_2O$（MOR-2，H_2PATP = 2-((pyridin-1-ium-2-ylmethyl) ammonio) terephthalate），在该 MOFs 合成之前，对苯二甲酸刚性配体首先被修饰上 -NH-CH_2-py 官能团。与 UiO-66 中 Zr 簇作为 12 个连接位点不同的是，MOR-2 中 Zr 簇为 8 个连接位点与功能化的对苯二甲酸连接[图 2.16（a）]。吸附实验表明，MOR-2 表现出较快的吸附动力学，ReO_4^- 初

始浓度为 0.58 mmol/L、5.4 μmol/L 和 26.8 μmol/L 时，均在 5 min 内达到平衡，去除率分别达到约 72%、78% 和 91%。MOR-2 的最大吸附量为（4.10±0.40）mmol/g。值得一提的是，在极酸性条件下，MOR-2 仍保持较高的去除能力，在 pH 为 2 和 1 mol/L 的 HNO_3 溶液中，最大 ReO_4^- 吸附量分别为（3.2±0.3）mmol/g 和（3.6±0.3）mmol/g。将 MOR-2 与海藻酸钠复合制备离子交换柱，柱吸附量为 0.33～0.37 mmol/g。该色谱柱可以用 4 mol/L HCl 溶液进行洗脱再生，4 次洗脱后的穿透吸附量保持不变[图 2.16（b）]。值得一提的是，MOR-2 是第一个用于离子交换柱吸附 ReO_4^- 的 MOFs 材料。理论计算表明，MOR-2 中的[$PhNH_2CH_2PyH$]$^{2+}$基团与 ReO_4^- 形成较强的氢键相互作用，有助于 ReO_4^- 进入 MOFs 的孔道中。吸附过程中，ReO_4^- 不仅交换了客体 Cl^-，还与 Zr_6 簇中的 OH^-/H_2O 发生了配体交换。此外，MOR-2 具有荧光传感检测 ReO_4^- 的性能，在中等浓度的竞争性 SO_4^{2-} 存在下，其荧光强度随着 ReO_4^- 浓度的升高而降低，其检测限为 0.2 mg/L[图 2.16（c）]。MOR-2 在高酸性介质中具有较强的吸附能力和良好的稳定性，为该材料在酸性核废料处理方面提供了潜在的应用前景（Rapti et al.，2018）。

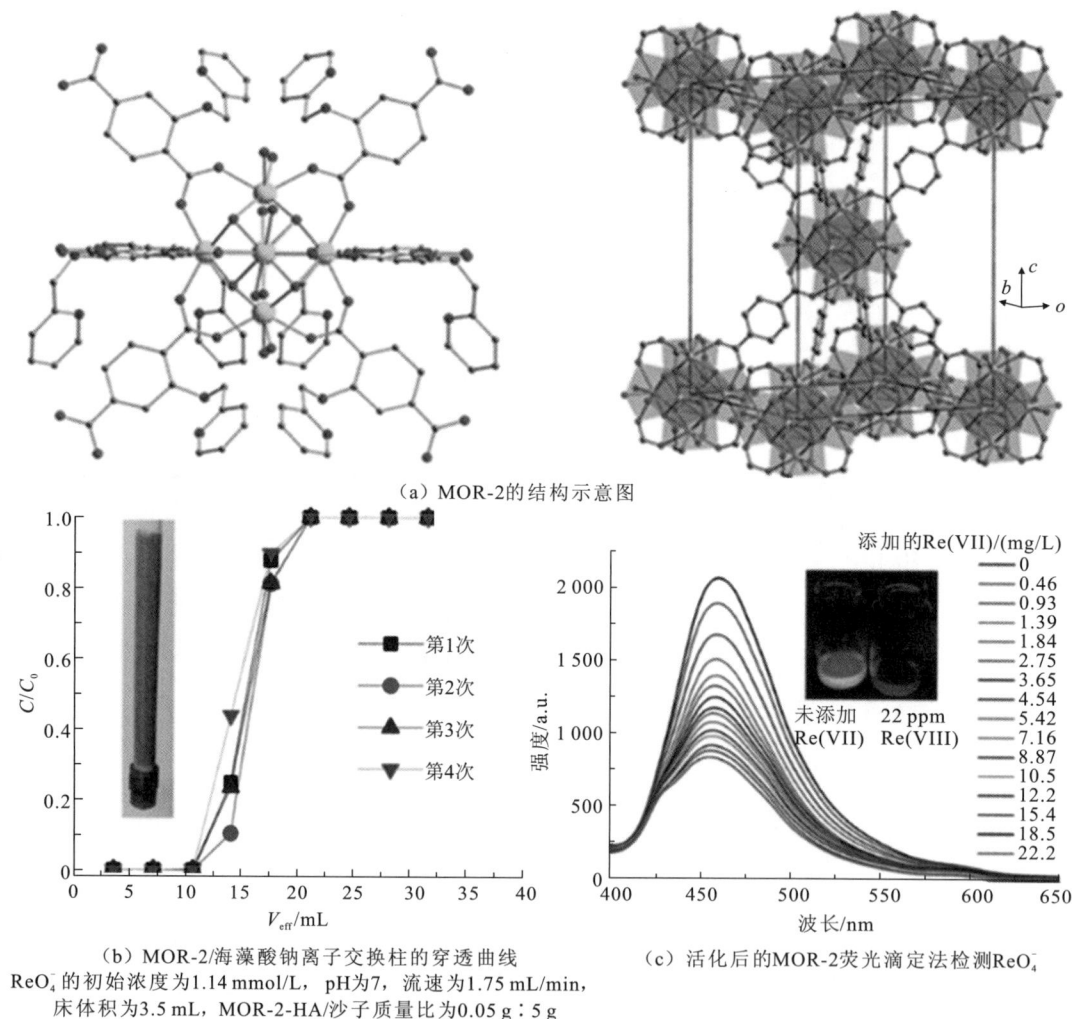

（a）MOR-2的结构示意图

（b）MOR-2/海藻酸钠离子交换柱的穿透曲线
ReO_4^- 的初始浓度为1.14 mmol/L，pH为7，流速为1.75 mL/min，床体积为3.5 mL，MOR-2-HA/沙子质量比为0.05 g∶5 g

（c）活化后的MOR-2荧光滴定法检测ReO_4^-

图 2.16　MOR-2 结构与 ReO_4^- 吸附及荧光检测性能

引自 Rapti 等（2018）

赵斌课题组利用"软硬结合"的配体设计合成了一例基于$[Th_{48}Ni_6]$纳米笼的 MOFs $[Ni_3Th_6(\mu_3\text{-}O)_4(\mu_3\text{-}OH)_4(IN)_{12}(H_2O)_{12}] \cdot (OH)_6 \cdot 5DMF \cdot 2H_2O$（HIN 为异烟酸）。其中，$Ni^{2+}$ 与 IN^- 的吡啶配位形成一个平面的四羧酸配体（图 2.17）。该 MOFs 具有较高的吸附容量，最大吸附容量为 810 mg/g，相当于每$[Th_{48}Ni_6]$可吸附 10.91 个 ReO_4^-，其中 6 个 ReO_4^- 用于交换 6 个抗衡阴离子 OH^-，另外包括 4.91 ReO_4^- 和 4.91 K^+。纳米笼中的 ReO_4^- 通过 Th_6 团簇上 μ-OH 和 Ni 中心的配位水的氢键稳定。在 Cl^-、OAc^- 和 SO_4^{2-} 过量 100 倍的情况下，该纳米笼型 MOFs 对 ReO_4^- 的吸附量仍在 410 mg/g 左右（Xu et al.，2019）。

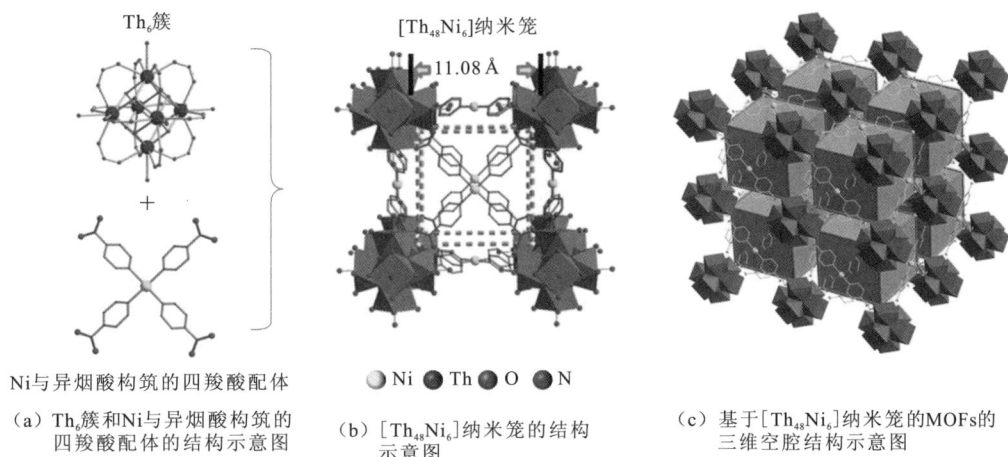

（a）Th_6簇和Ni与异烟酸构筑的四羧酸配体的结构示意图　（b）$[Th_{48}Ni_6]$纳米笼的结构示意图　（c）基于$[Th_{48}Ni_6]$纳米笼的MOFs的三维空腔结构示意图

图 2.17　基于$[Th_{48}Ni_6]$纳米笼构筑的 MOFs 结构示意图

引自Xu 等（2019）

基于过渡金属离子和中性含氮有机配体构筑的阳离子型金属有机框架是另一种MOFs型 $^{99}TcO_4^-$/ReO_4^- 吸附剂，材料中的可交换的抗衡阴离子位于孔道中或者层间，阳离子框架上的正电荷为阴离子交换过程提供驱动力。Oliver 团队报道了第一个阳离子配位聚合物 $Ag(4, 4'\text{-}bpy)_2(O_3SCH_2CH_2SO_3) \cdot 4H_2O$ (SLUG-21)，该化合物由一维$[Ag(4, 4'\text{-}bipy)]^+$阳离子链组成，磺酸根阴离子与银离子结合力较弱，可用于交换阴离子 $^{99}TcO_4^-$/ReO_4^-。该材料对 ReO_4^- 的吸附容量可达 602 mg/g，具有较好的选择性（Fei et al.，2011，2010）。

王殳凹课题组报道了一系列阳离子 MOFs 材料用于放射性 $^{99}TcO_4^-$ 的分离。其中 $[Ag(bipy)]NO_3$（联吡啶硝酸银，简称 SBN，bipy 为 4, 4'-联吡啶）由一维$[Ag(bipy)]^+$阳离子链和弱配位的 NO_3^- 组成。SBN 对 ReO_4^- 富集伴随着不可逆的单晶到单晶（SC 到 SC）转变过程：一维阳离子链的开放金属位点 Ag^+ 可与 ReO_4^-/TcO_4^- 键合，形成 Ag—O—Re 键，一维$[Ag(bipy)]^+$阳离子链的排列方式由 SBN 中的交叉排列转变为 SBR（铼配位的 SBN 结构，ReO_4^--incorporated SBN phase）中的平行排列（图 2.18）。SBN 对 ReO_4^- 的吸附量可达 786 mg/g。此外，SBR 是目前报道的溶解度最低的高铼酸盐，其溶度积为 2.16×10^{-13}（Zhu et al.，2017b）。

$[Ag_2(tipm)] \cdot 2NO_3 \cdot 1.5H_2O$（SCU-100，SCU＝Soochow University，tipm＝tetrakis[4-(1-imidazolyl)phenyl]methane）是一例具有 8 重穿插结构的三维阳离子 MOFs（Sheng et al.，2017）。该 MOFs 中的金属中心 Ag^+ 为直线型二配位模式，抗衡阴离子 NO_3^- 位于一维孔道中。TcO_4^-/ReO_4^- 吸附实验表明，SCU-100 中有序的一维孔道促进了 ReO_4^- 的扩散，因此表现较快的吸附动力学[图 2.19（a）和（b）]；ReO_4^- 吸附容量为 541 mg/g，分配系数

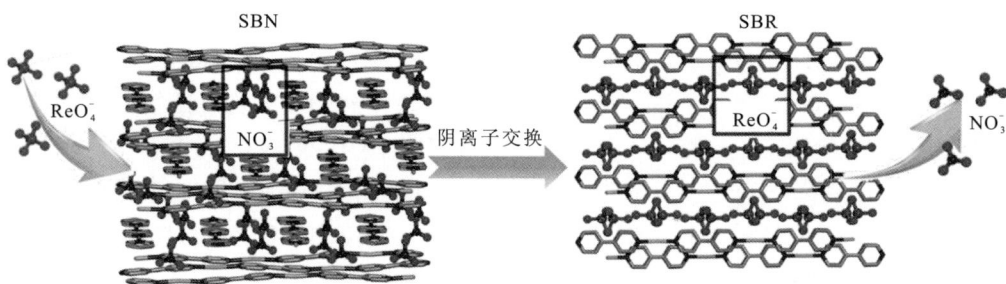

（a）SBN到SBR的单晶-单晶结构转变过程示意图

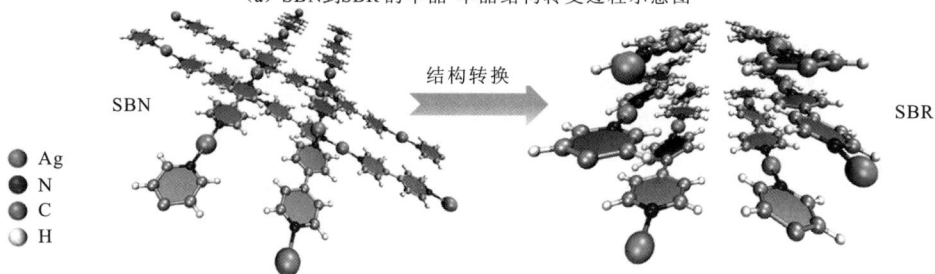

（b）[Ag(bipy)]⁺阳离子链在SBN和SBR中的堆积方式

图 2.18　SBN 吸附 ReO_4^- 前后的结构转变

引自 Zhu 等（2017b）

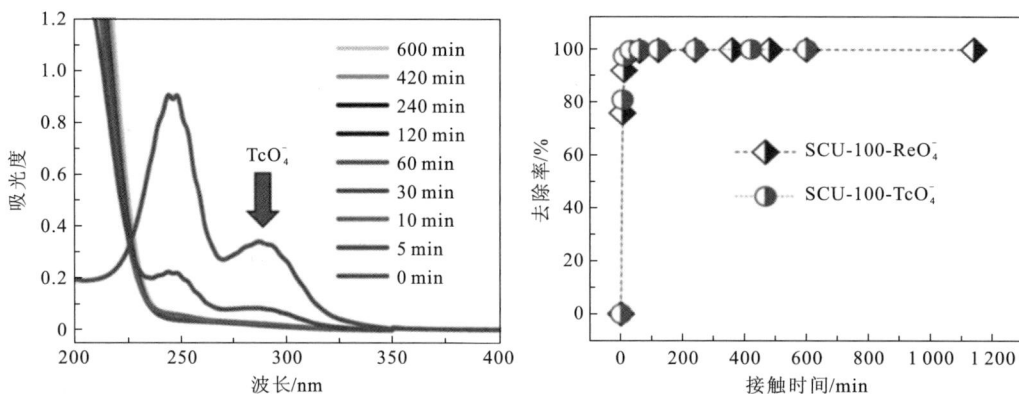

（a）SCU-100离子交换过程中TcO_4^-的紫外-可见吸收光谱随接触时间变化

（b）不同接触时间下SCU-100对TcO_4^-和ReO_4^-的去除率

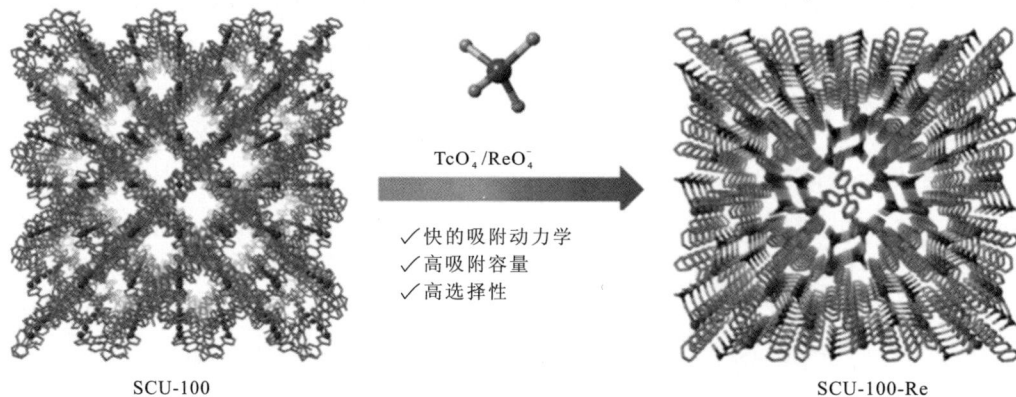

（c）SCU-100和SCU-100-Re的晶体结构及二者结构转变示意图

图 2.19　SCU-100 的 ReO_4^- 吸附动力学及吸附前后的结构转变

引自 Sheng 等（2017）

K_d 为 1.9×10^5 mL/g。SCU-100 也具有优异的水稳定性和辐照稳定性。X 射线单晶衍射表明，被捕获的 ReO_4^- 可与 Ag^+ 键合，从而发生单晶到单晶的结构转变，由八重穿插转变为四重穿插的三维框架结构[图 2.19（c）]。SBN 和 SCU-100 的明显缺点是，由于离子交换过程中发生单晶到单晶结构转变，使晶体在离子交换过程中破碎，并且不可重复使用，不适用于制备成离子交换柱。

为克服这一缺点，王殳凹课题组采用与 Ag^+ 具有不同配位方式的过渡金属 Ni^{2+} 与 tipm 构筑了一种不含有开放金属位点的三维 MOFs 材料 SCU-101 $[Ni_2(tipm)_2(C_2O_4)]$ $(NO_3)_2 \cdot 2H_2O$，并将其用于 $^{99}TcO_4^-$ 的分离（Zhu et al.，2017a）。该结构中两个 Ni^{2+} 通过原位形成的 $[C_2O_4]^{2-}$ 桥联，形成 8 连接的 $[Ni_2(C_2O_4)]^{2+}$ 簇，而 tipm 配体为 4 连接。吸附实验表明，SCU-101 对 ReO_4^- 的吸附量为 217 mg/g，分配系数高达 7.5×10^5 mL/g。与 SBN 和 SCU-100 不同，SCU-101 对 ReO_4^- 捕获机制是基于单一离子交换过程，并通过单晶 X 射线衍射解析出 TcO_4^- 在 SCU-101 上的结合位点（图 2.20），这也是首次揭示 $^{99}TcO_4^-$ 在多孔材料中的结构。但在该结构中，原位生成的 $[C_2O_4]^{2-}$ 使 SCU-101 的正电荷密度降低。

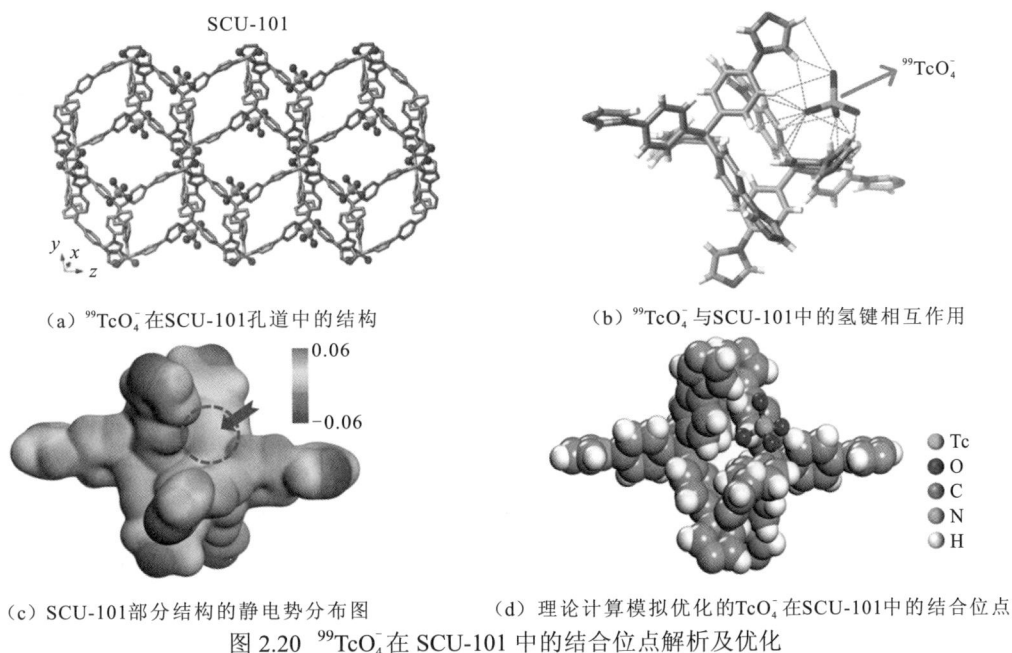

（a）$^{99}TcO_4^-$ 在 SCU-101 孔道中的结构

（b）$^{99}TcO_4^-$ 与 SCU-101 中的氢键相互作用

（c）SCU-101 部分结构的静电势分布图

（d）理论计算模拟优化的 TcO_4^- 在 SCU-101 中的结合位点

图 2.20 $^{99}TcO_4^-$ 在 SCU-101 中的结合位点解析及优化

引自 Zhu 等（2017a）

该课题组进一步改进了合成方法，采用相同的金属中心 Ni^{2+} 和配体，得到了一种具有更高电荷密度、高度疏水的阳离子 MOFs 材料，即 SCU-102 $Ni_2(tipm)_3(NO_3)_4$。该结构中每个 Ni^{2+} 与 6 个 tipm 配体配位，形成了疏水性的空腔[图 2.21（a）和（b）]。SCU-102 较高正电荷密度和疏水性使其具有优异的 TcO_4^- 吸附选择性：在 NO_3^- 和 SO_4^{2-} 分别过量 100 倍和 6 000 倍条件下，ReO_4^- 的去除率也分别高达 93.8% 和 99.2%，明显优于其他阴离子交换材料，如 SCU-100、SCU-101、SBN、SCU-CPN-1 和 Mg-Al LDH 等[图 2.21（c）～（e）]。令人印象深刻的是，SCU-102 可从模拟汉福德地下水中高效去除 TcO_4^-，其中 TcO_4^- 质量浓度约为 1 mg/L，而 SO_4^{2-}、CO_3^{2-}、SiO_3^{2-} 和 Cl^- 的浓度比 TcO_4^- 高 4～5 个数量级，去除率高达 90%［图 2.21（f）］。密度泛函理论模拟了 $^{99}TcO_4^-$ 在 SCU-102 中的结合位点，被捕获的 $^{99}TcO_4^-$ 嵌入在 Ni^{2+} 与 tipm 形成的小疏水空腔中；$^{99}TcO_4^-$ 和 ReO_4^- 与该位点的结合能分别为 -104.40 kJ/mol 和 -113.72 kJ/mol，远远高于 SO_4^{2-}（-42.38 kJ/mol）和 NO_3^-（-49.33 kJ/mol），证明了该疏水性 MOFs 具有较好的吸附选择性（Sheng et al.，2019）。

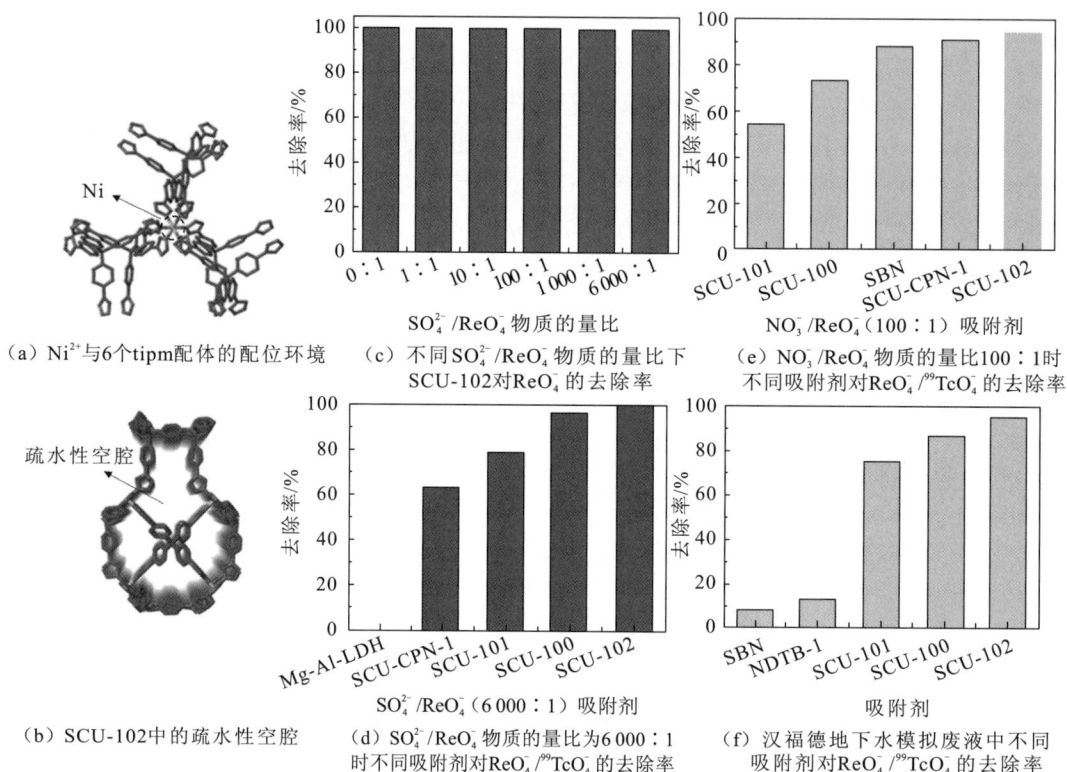

（a）Ni^{2+} 与 6 个 tipm 配体的配位环境

（b）SCU-102 中的疏水性空腔

（c）不同 SO_4^{2-}/ReO_4^- 物质的量比下 SCU-102 对 ReO_4^- 的去除率

（d）SO_4^{2-}/ReO_4^- 物质的量比为 6 000∶1 时不同吸附剂对 $ReO_4^-/^{99}TcO_4^-$ 的去除率

（e）NO_3^-/ReO_4^- 物质的量比 100∶1 时不同吸附剂对 $ReO_4^-/^{99}TcO_4^-$ 的去除率

（f）汉福德地下水模拟废液中不同吸附剂对 $ReO_4^-/^{99}TcO_4^-$ 的去除率

图 2.21　SCU-102 的结构及对 ReO_4^- 吸附性能

引自 Sheng 等（2019）

最近，该课题组利用 Ni^{2+} 与三齿含氮配体构筑了一种碱稳定的二维阳离子型 MOFs 材料 $[Ni(tipa)_2](NO_3)_2$（SCU-103，tipa 为 tris[4-(1H-imidazol-1-yl)-phenyl]amine），并将其用于真实碱性核废液中 $^{99}TcO_4^-$ 的分离。金属中心六配位的构型使配体将 Ni^{2+} 包裹限制在褶皱的阳离子层中［图 2.22（a）］，有效地避免了溶液中 OH^- 对 Ni—N 共价键的进攻和竞争性配位，表现出优异的碱稳定性［图 2.22（b）］。吸附实验表明：该材料表现出较快的 $^{99}TcO_4^-$ 交换动力学、较高的吸附容量和良好的选择性。基于其良好的碱稳定性和辐照稳定性，该材料在真实的萨瓦纳河高效废液中表现出优异的 $^{99}TcO_4^-$ 的去除能力，在高碱性（1.88 mol/L OH^-）、高离子强度（1.82 mol/L NO_3^-、0.489 mol/L NO_2^-、0.240 mol/L CO_3^{2-}）废液体系中，通过提高固液比的方式，SCU-103 可将 $^{99}TcO_4^-$ 去除率提升至 90%［图 2.22（c）］（Shen et al.，2020）。

李程鹏和杜淼课题组报道了一种具有良好 ReO_4^- 选择吸附能力的 Ag^+ 基 MOFs 材料 TJNU-216（$[Ag(tib)](CF_3SO_3)(CH_3CN)_{0.5}$，tib 为 1, 2, 4, 5-tetra(1H-imidazol-1-yl)benzene），吸附量为 417 mg/g，单晶 X 射线衍射表明 ReO_4^- 交换过程中发生了单晶到单晶的结构转换（Li et al.，2019a）。

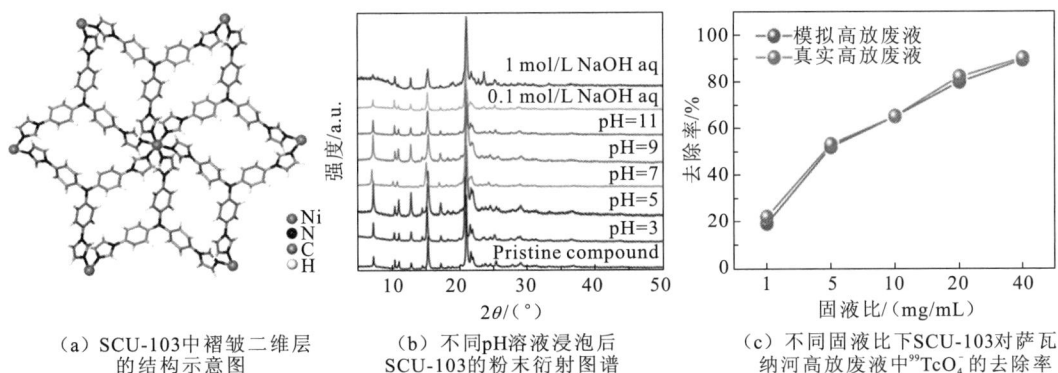

（a）SCU-103中褶皱二维层
的结构示意图

（b）不同pH溶液浸泡后
SCU-103的粉末衍射图谱

（c）不同固液比下SCU-103对萨瓦
纳河高放废液中$^{99}TcO_4^-$的去除率

图2.22　SCU-103结构及对$^{99}TcO_4^-$的去除

引自Shen等（2020）

高效的阴离子识别对放射性$^{99}TcO_4^-$的分离和去除具有重要意义。基于$^{99}TcO_4^-$的疏水性质，石伟群课题组采用多组分组装策略，利用葫芦脲CB8（cucurbit[8]uril）、Cu^{2+}、4,4'-bpy等构建了具有疏水空腔的阳离子型超分子金属有机材料SCP-IHEP-1（[Cu((bpy)$_2$@CB$_8$)(H$_2$O)$_4$](NO$_3$)$_2$·18H$_2$O）。在SCP-IHEP-1中，两个4,4'-联吡啶通过π-π相互作用结合在CB8中，并进一步与Cu^{2+}配位，连接成一维链[图2.23（a）]。抗衡离子NO_3^-位于由4个相邻的葫芦脲CB8基团构筑的四面体腔中。该材料可快速并选择性识别捕获ReO_4^-，吸附容量为210 mg/g。单晶X射线衍射表明，这种疏水四面体空腔为TcO_4^-/ReO_4^-提供了有效的识别位点和自适应空间[图2.23（b）]，使其具有良好的吸附选择性，在SO_4^{2-}过量4 000倍条件下，仍能去除92%的ReO_4^-（Mei et al.，2019）。

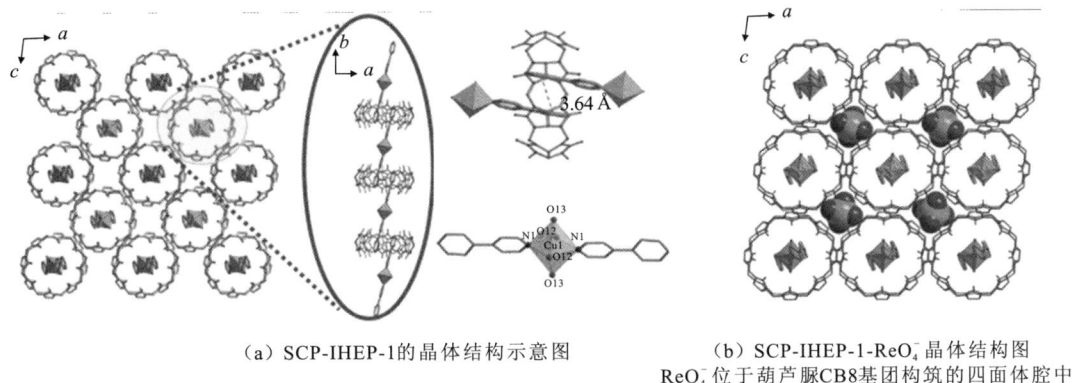

（a）SCP-IHEP-1的晶体结构示意图

（b）SCP-IHEP-1-ReO_4^-晶体结构图
ReO_4^-位于葫芦脲CB8基团构筑的四面体腔中

图2.23　SCP-IHEP-1结构及ReO_4^-结合位点

引自Mei等（2019）

相比于传统阳离子MOFs材料中使用较多的吡啶及咪唑等含氮配体，肖成梁课题组选用含有嘧啶官能团的四苯基乙烯衍配体与过渡金属中心Ag^{2+}构筑了阳离子MOFs ZJU-X8。嘧啶单元上每个氮原子均与Ag^+发生配位，提高了框架的正电荷密度；除与嘧啶单元上的氮原子、硝酸根上的氧原子与银发生配位外，晶体中的溶剂分子DMSO也参与到金属节点的配位中[图2.24（a）]，最终形成二维层状结构[图2.24（b）]。ReO_4^-吸附实验表明，ZJU-X8可在70 min内达到吸附平衡，最大吸附容量为326 mg/g。基于配体中四苯基乙烯单元作为荧光官能团的前提，ZJU-X8具有优异的荧光性质：当等量的

ZJU-X8 在不同浓度（0～403 mg/L）的 ReO_4^- 溶液吸附达到平衡后，在波长为 365 nm 的激发光照射下，溶液的发光颜色显示出明显的变化。随着吸附 ReO_4^- 的量不断增加，ZJU-X8 的荧光颜色从亮蓝色变为黄绿色[图 2.24（c）]，进一步拟合发现，ReO_4^- 的浓度与样品发射波长之间呈现线性关系[图 2.24（d）]，达到通过荧光颜色变化检测识别 TcO_4^-/ReO_4^- 的目的，并且不受溶液中其他竞争性阴离子强度及酸碱性变化的影响，对 ReO_4^- 检测限为 34 mg/L。密度泛函理论计算表明，TcO_4^- 的引入将显著影响其 π 轨道与 $π^*$ 轨道之间的能级排列和能隙，ZJU-X8-TcO_4^-（1.81 eV）的 π-$π^*$ 能隙小于 ZJU-X8-NO_3^-（2.01 eV）的 π-$π^*$ 能隙，因此，ZJU-X8-TcO_4^- 的荧光发射能量与 ZJU-X8-NO_3^- 相比应发生红移（Kang et al.，2021）。

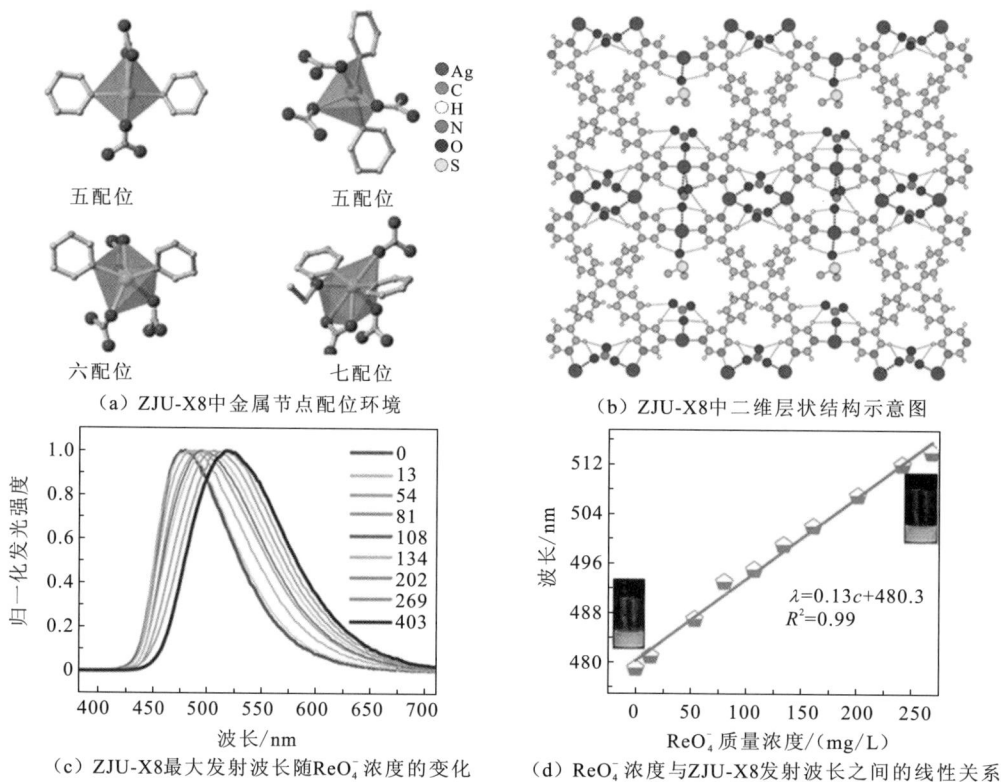

（a）ZJU-X8中金属节点配位环境

（b）ZJU-X8中二维层状结构示意图

（c）ZJU-X8最大发射波长随ReO_4^-浓度的变化

（d）ReO_4^-浓度与ZJU-X8发射波长之间的线性关系

$\lambda=0.13c+480.3$
$R^2=0.99$

图 2.24　ZJU-X8 结构及对 ReO_4^- 的荧光检测性能

引自 Kang 等（2021）

肖成梁课题组选用另一种四苯基乙烯衍生配体与 Ni^{2+} 构筑了一种三维阳离子 MOFs 材料(TPEPE)Ni(NO₃)₂(H₂O)₂（简称 ZJU-X6，TPEPE 为 tetrakis(4-(4-pyridyl)ethynyl)-phenyl) ethene）。ZJU-X6 展现出了稳定的三重互锁结构[图 2.25（a）和（b）]，并具有直径约 11 Å 的一维孔道。在该结构中，Ni^{2+} 与 4 个 TPEPE 配体、2 个水分子构成六配位的八面体构型，其中 2 个水分子位于八面体的轴向位置[图 2.25（c）]，该水分子极易被替代，因此该节点成为吸附阴离子的理想吸附位点。四苯基乙烯骨架上经炔基桥连吡啶单元，二者呈明显的直线关系，有效增大了配位官能团与骨架结构之间的距离。ZJU-X6 对 ReO_4^- 的吸附在 20 min 内达到平衡[图 2.25（e）]，对 ReO_4^- 的吸附模式较符合朗缪尔吸附等温模型，最大的吸附容量为 507 mg/L[图 2.25（f）]；当溶液中 SO_4^{2-} 与 ReO_4^- 的物质的量比从 1：1 升至 1：10 000 时，ZJU-X6 对 ReO_4^- 的去除率完全不受影响，阴离子去除率依然保持在 98% 以上［图 2.25（g）］，在 NO_3^- 与 ReO_4^- 的物质的量比从 1：1 升至 100：1 时，ZJU-X6 对 ReO_4^- 的去除率从 98% 降至 81%，当物质的量比升至 1 000：1 时，ZJU-X6 对 ReO_4^- 的去除率依然能够保持在 56% 以上。ZJUX-6 在循环吸附的过程中表现出良好的重复利用性，在循环 5 次时对溶液中的 ReO_4^- 依然保持优异的去除能力，没有受到明显的影响［图 2.25（h）］。单晶 X 射线衍射表明，吸附 TcO_4^- 之后，金属节点 Ni^{2+} 的配位方式发生改变，水分子被 TcO_4^- 代替，形成 Ni—O—Tc 键［图 2.25（d）］，这也是目前获得第二例阳离子 MOFs 吸附放射性 $^{99}TcO_4^-$ 之后的单晶结构（Kang et al. 2022）。

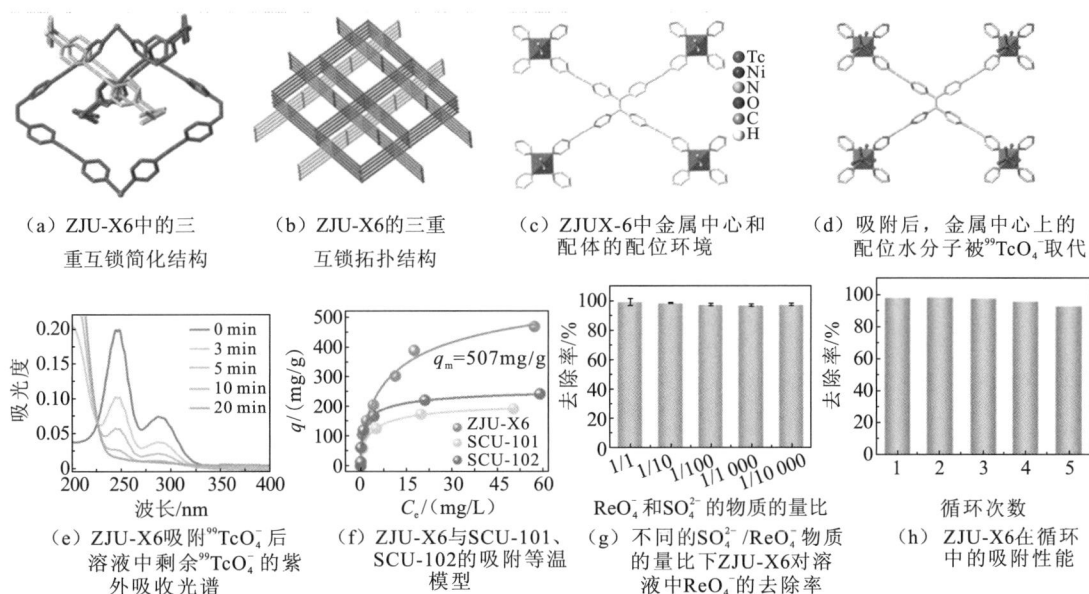

（a）ZJU-X6中的三重互锁简化结构

（b）ZJU-X6的三重互锁拓扑结构

（c）ZJUX-6中金属中心和配体的配位环境

（d）吸附后，金属中心上的配位水分子被$^{99}TcO_4^-$取代

（e）ZJU-X6吸附$^{99}TcO_4^-$后溶液中剩余$^{99}TcO_4^-$的紫外吸收光谱

（f）ZJU-X6与SCU-101、SCU-102的吸附等温模型

（g）不同的SO_4^{2-}/ReO_4^-物质的量比下ZJU-X6对溶液中ReO_4^-的去除率

（h）ZJU-X6在循环中的吸附性能

图 2.25　ZJU-X6 的三重互锁结构及其 ReO_4^- 吸附性能

引自 Kang 等（2022）

2.3.4　对锶的去除

^{90}Sr 是 β 放射性核素，半衰期长达 28.8 年。由于其较高的放射毒性和迁移性，^{90}Sr 引起广泛的关注，尤其在核废物的处理处置、核事故发生过程中。^{90}Sr 容易堵塞钙离子通道并在骨骼中沉积，从而引发骨癌。因此，从 ^{90}Sr 污染的水体中将其去除，对降低水体的生物毒性和放射毒性具有重要意义。离子交换法是常见的 Sr 分离方法。然而，理性设计阴离子骨架的 MOFs 材料具有较大的挑战。较为熟知的构筑阴离子 MOFs 的方法是通过 DMF 或 N,N-二甲基乙酰胺（DMA）参与的溶剂合成法。通过该方法制备的阴离子 MOFs 孔道内具有游离的二甲胺根，可用于 Sr^{2+} 的交换与吸附。

黄小荥课题组设计并制备了对 Sr^{2+} 具有良好吸附能力的 MOFs 材料 FJSM-InMOF。通过与材料骨架中二甲胺根离子的交换，该材料对 Sr^{2+} 的吸附容量为 43.83 mg/g，分配系数达 $9.49×10^5$ mL/g（Gao et al.，2018）。Yoon 课题组发现新型层状多孔钒硅酸盐 SGU-7 可通过层间 Na^+ 的交换，实现对碱性（pH>13）和高盐度（Na^+ 摩尔浓度高于 5 mol/L）溶液

中 μg/L 级别 Sr^{2+} 的高效去除（图 2.26），同时对地下水中 mg/L 级别的 ^{90}Sr 也有良好的吸附效果。他们认为 SGU-7 对 Sr^{2+} 的高选择性来自吸附后热力学稳定性和结构稳定性的增加（Datta et al.，2019）。Thallapally 课题组发现磺酸基团修饰的 MOFs 材料 MIL-101-SO$_3$H 对 Sr^{2+} 和 Cs^+ 具有一定的吸附能力（Aguila et al.，2016）。

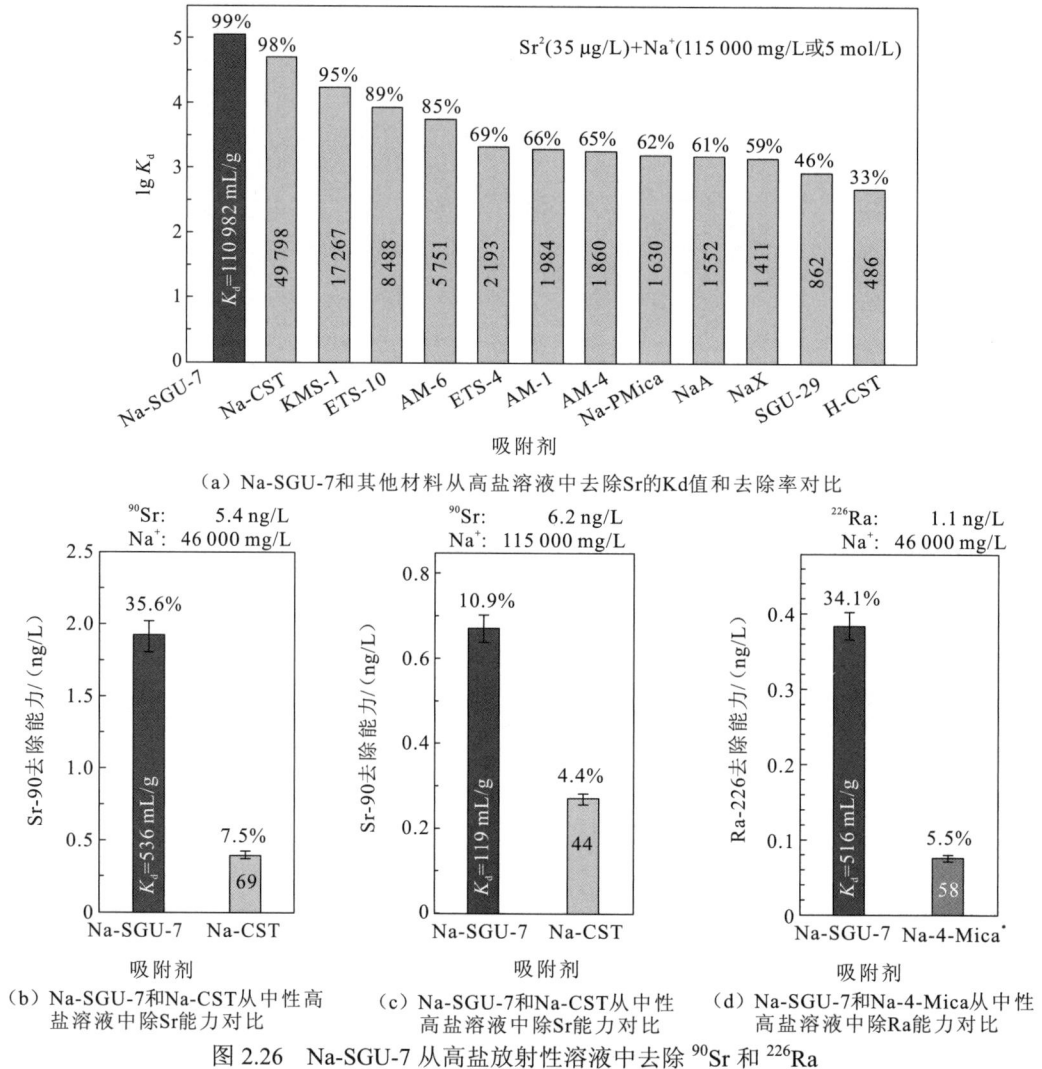

（a）Na-SGU-7和其他材料从高盐溶液中去除Sr的Kd值和去除率对比

（b）Na-SGU-7和Na-CST从中性高盐溶液中除Sr能力对比　　（c）Na-SGU-7和Na-CST从中性高盐溶液中除Sr能力对比　　（d）Na-SGU-7和Na-4-Mica从中性高盐溶液中除Ra能力对比

图 2.26　Na-SGU-7 从高盐放射性溶液中去除 ^{90}Sr 和 ^{226}Ra

引自 Datta 等（2019）

（a）中 Sr^{2+} 初始浓度为 35 μg/L，Na^+ 浓度为 5 mol/L，pH 为 14；（b）中 ^{90}Sr 初始浓度为 5.4 ng/L，Na^+ 浓度为 2 mol/L；（c）中 ^{90}Sr 初始浓度为 6.2 ng/L，Na^+ 浓度为 5 mol/L；（d）中 ^{226}Ra 初始浓度为 1.2 μg/L（5×10^{-9} mol/L），Na^+ 浓度为 2 mol/L。上述所有实验固液比均为 1 g/L

王殳凹课题组在阴离子骨架 MOFs 材料吸附去除 Sr 方面开展了较为系统的研究工作。针对酸性溶液和海水中 Sr^{2+} 的去污问题，课题组开发了一种阴离子型的二维层状磷酸锆材料（SZ-4），其层间游离的二甲胺根阳离子是潜在的 Sr^{2+} 交换位。SZ-4 在酸性条件下（pH 为 2）对 Sr^{2+} 的吸附容量为 121 mg/g，优于相同酸度下硫化物 KMS-1 的 23 mg/g。当 pH 为 4～9 时，SZ-4 对 Sr^{2+} 的分配系数 K_d 达 10^6 量级，显示出在宽 pH 范围内对 Sr^{2+} 优异的去除效果。此外，经过 7 天的吸附，SZ-4 在高固液比（80∶1）条件下可去除污染海水中 90%的示踪 ^{90}Sr，证实 SZ-4 对 Sr^{2+}具有良好吸附选择性和高度亲和力。SZ-4 吸附 Sr 后的晶体结构和量化计算结果表明，SZ-4 对 Sr^{2+}的高选择性源于材料骨架中 O 和 F 原子及层间二甲胺根阳离子对 Sr^{2+}的协同配位作用（图 2.27）（Zhang et al.，2019a）。针对高碱性放射性废液中 Sr^{2+}的去除，王殳凹课题组制备了一种在碱性溶液中稳定存在的磷酸锆 MOFs 材料（SZ-7），结果表明：得益于材料中 F 和 O 的配位作用，SZ-7 在 1 mol/L 的 NaOH 溶液中对 Sr^{2+}的吸附容量高达 183 mg/g，分配系数达 $3.9×10^5$ mL/g（Zhang et al.，2021b）。此外，该课题组发现一例含铟的阴离子 MOFs 材料（SZ-6）具有良好的辐照稳定性和酸碱稳定性，当 pH 为 4～10 时对 Sr^{2+}的吸附容量为 60 mg/g，同时对海水中的 ^{90}Sr 具有一定的去污能力（Li et al.，2019b）。

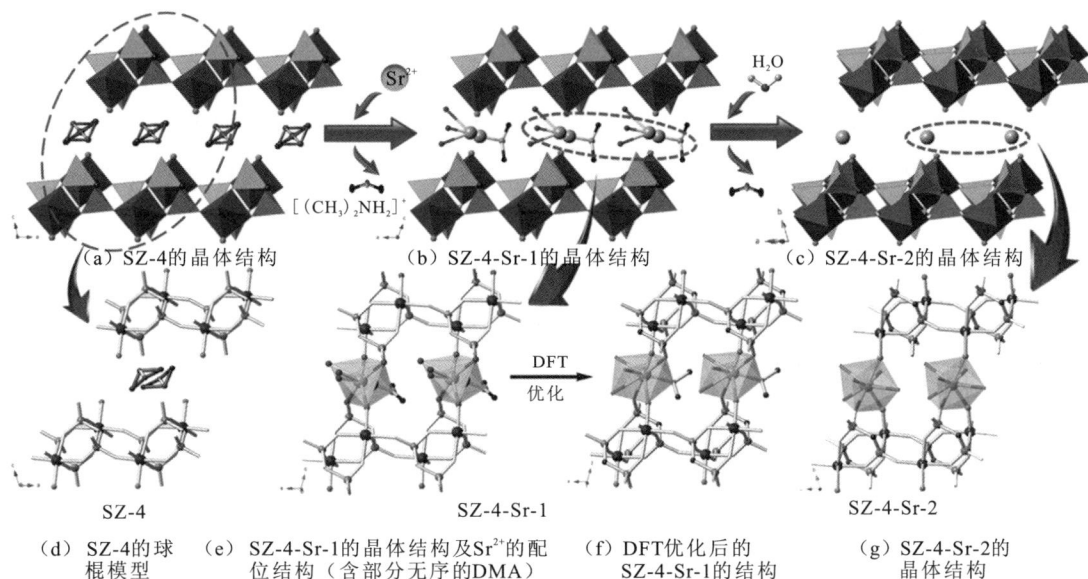

（a）SZ-4的晶体结构　（b）SZ-4-Sr-1的晶体结构　（c）SZ-4-Sr-2的晶体结构

（d）SZ-4的球棍模型　（e）SZ-4-Sr-1的晶体结构及Sr^{2+}的配位结构（含部分无序的DMA）　（f）DFT优化后的 SZ-4-Sr-1的结构　（g）SZ-4-Sr-2的晶体结构

图 2.27　离子交换过程中 SZ-4-Sr-1 和 SZ-4-Sr-2 的晶体结构

紫色球为 Zr；橙色球为 P；红色球为 O；黑色球为 C；淡蓝色球为 N；绿色球为 F；蓝绿色球为 Sr

除离子交换外，研究者发现通过吸附剂中特定基团的配位作用也可实现对锶的高效吸附。彭述明课题组制备了稳定的锆基 MOFs 材料 MOF-808，并采用后修饰的方式在其孔内锚定了磺酸基和草酸基，合成出两种对锶具有高效吸附能力的 MOFs 材料 MOF-808-SO$_4$ 和 MOF-808-C$_2$O$_4$。当 pH 为 4 时，上述两种 MOFs 材料对 Sr^{2+}的吸附容量分别高达 176.56 mg/g 和 206.34 mg/g，优于未功能化的 MOF-808，同时也高于大多数已报道的 Sr 吸附剂。在共存 Ba^{2+}过量 10 倍的情况下，MOF-808-SO$_4$ 和 MOF-808-C$_2$O$_4$ 对 Sr 的去除效率几乎不受影响，显示出对 Ba^{2+}良好的吸附选择性。X 射线光电子能谱（X-ray photoelectron spectroscopy，XPS）结果表明，MOF-808-SO$_4$ 和 MOF-808-C$_2$O$_4$ 对 Sr^{2+}高亲和力源于骨架中磺酸基和草酸基对强的相互作用（Mu et al.，2019）。此外，鉴于 18-冠醚-6 对 Sr^{2+} 显著的萃取性能，王殳凹课题组发现一种 18-冠醚-6 修饰的 MOFs 材料（SNU-200）对 pH 为 3 溶液中的 Sr^{2+}具有良好的吸附性能，吸附容量达 44.37 mg/g，分配系数最高可达 $3.63×10^4$ mL/g；在 10 倍当量 Ca^{2+}或 Mg^{2+}共存条件下，SNU-200 对 Sr^{2+}仍保持高效的分离能力（图 2.28）（Guo et al.，2021）。

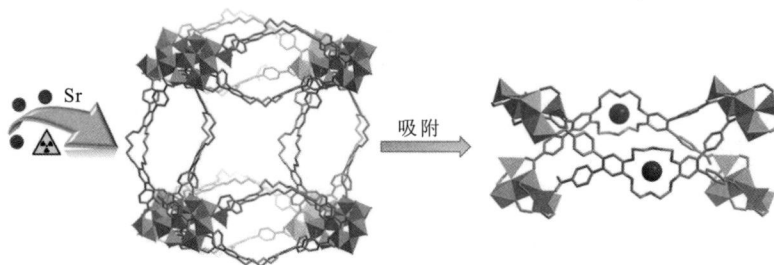

图 2.28　SNU-200 吸附 Sr^{2+} 示意图

青蓝色为 Zn；灰色为苯环中的 C；橙色为冠醚环中的 C；绿色为 O；深蓝色为 Sr

此外，MOFs 材料宏观上为单晶颗粒或微晶粉末，尺寸大多在微米和毫米级，给材料的实际应用带来了一定的挑战。为了提升材料的实际可利用性，研究人员制备了基于 MOFs 的复合材料。吉艳琴课题组通过物理浸渍的方法，制备了二叔丁基二环己基 18-冠醚-6（$DtBuCH_{18}C_6$）负载的磁性 MOFs 材料 $DtBuCH_{18}C_6@Fe_3O_4@UiO-66-NH_2$。在 7 mol/L 硝酸的高酸度条件下，该复合材料对 μg/L 级别的锶溶液的分配系数为 10^2 mL/g 量级（Yin et al.，2019）。Choi 等（2020）发现复合物 $ZnO_x-MOF@MnO_2$ 对 Sr^{2+} 的最大吸附容量为 147 mg/g；在 pH 为 5～11 时均具有良好的吸附能力；在 Sr^{2+} 质量浓度为 200 mg/L、共存 400 mg/L 的 Ca^{2+} 情况下，$ZnO_x-MOF@MnO_2$ 对 Sr^{2+} 的吸附容量由 108.5 mg/g 降至约 62 mg/g。考虑 Ca^{2+} 与 Sr^{2+} 具有相似的离子半径和化学性质，$ZnO_x-MOF@MnO_2$ 显示出对 Ca^{2+} 较高的吸附选择性。

2.3.5　对铯的去除

铯-137（^{137}Cs）是铀-235 的重要裂变产物之一，裂变产额为 6.3%。^{137}Cs 是高放废液中的高释热性核素，且放射性占比较高，分离 ^{137}Cs 有利于降低废液的放射性、简化操作流程、减少处理成本（罗静 等，2007）。^{137}Cs 能发射 β 和 γ 射线，半衰期为 30.2 年，具有较高的放射毒性、化学毒性和生物毒性。Cs^+ 能堵塞 Na^+/K^+ 离子通道或累积在动物的软组织中，从而对肝脏、肾脏或中枢神经系统造成损伤（Jin et al.，2021）。Cs^+ 水溶性高、迁移性强，从环境污染水体或高放废液中分离去除 ^{137}Cs 都具有重要意义。传统的 Cs 分离方法包括沉淀法、溶剂萃取法和吸附法等（罗静 等，2007）。以磷钼酸铵、磷钨酸盐为代表的沉淀法回收率高，但连续操作性不佳。溶剂萃取法多采用冠醚、酚醇类萃取剂。两者分别利用孔腔匹配效应和质子交换实现对 Cs^+ 的高效萃取。萃取法应用较广、可连续化操作，但易产生有机废液等二次污染废物。吸附法工艺简单、便于操作。近年来，基于 MOFs 材料多孔性和可设计性的优势，人们开发了多种 MOFs 或 MOFs 复合物用于 Cs^+ 的吸附分离。

王殳凹课题组通过降低配体的对称性，构筑了一种罕见的三重互锁的铀酰基 MOFs 材料（命名为化合物 2）（Wang et al.，2015b）。该材料在经受 200 kGy 的 β 或 γ 射线照射后，仍能较好地保持粉末衍射图谱，表明化合物 2 具有良好的辐照稳定性。通过与孔腔内二甲胺根离子交换，化合物 2 在 20 min 内即对 Cs^+ 达到吸附平衡，去除率为 94.51%。当 Li^+、Na^+、K^+、Rb^+、Mg^{2+}、Ca^{2+} 等以质量当量过量 20 倍时，化合物 2 对 Cs^+ 的去除率介于 71.81%~93.50%，表现出较高的吸附选择性。Thallapally 课题组发现磺酸取代的 MIL-101-SO₃H 可通过离子交换实现对 Cs⁺和 Sr²⁺的吸附去除（Aguila et al., 2016）。通过提升固液比的方式，MIL-101-SO₃H 可几乎定量去除溶液中的 Cs⁺和 Sr²⁺。在 pH 为 6 的条件下，MIL-101-SO₃H 对 Cs⁺的吸附容量为 36.47 mg/g。当 Cs⁺与 Na⁺、K⁺共存时，MIL-101-SO₃H 对 Cs⁺具有一定的选择性，而 Sr²⁺的存在则会明显抑制 MIL-101-SO₃H 对 Cs⁺的吸附。黄小荣课题组发现铟基 MOFs 材料 FJSM-InMOF 可通过离子交换提升对 Cs⁺和 Sr²⁺的吸附性能［图 2.29（a）］（Gao et al., 2018）。在合成过程中，N, N'-二甲基乙酰胺的原位分解导致孔道内二甲胺根阳离子形成，提供了潜在的离子交换位点。吸附结果表明，FJSM-InMOF 对 Cs⁺的吸附容量达 198.63 mg/g，同时分配系数 K_d 高达 7.5×10^4 mL/g，显示出良好的富集能力。在 Na⁺、K⁺、Rb⁺、Mg²⁺、Ca²⁺等离子以物质的量比过量 5.41~23.87 倍时，FJSM-InMOF 对 Cs⁺的分配系数 K_d 介于 2.78×10^4~7.50×10^4 mL/g。值得一提的是，通过单晶到单晶的转换，铯吸附机理首次通过晶体结构得到了研究。Cs⁺在 FJSM-InMOF 中与氧原子呈九配位模式，其中 4 个配位氧来自配体的羧基，5 个氧来自配位水［图 2.29（b）］。同样通过吸附后的晶体结构，孙忠明课题组发现铀基阴离子骨架 MOFs（UOF-1 和 UOF-2）材料能选择性吸附 Cs⁺，单晶结构显示，Cs⁺与 UOF-2 孔道内的二甲胺根离子发生离子交换，并被配体中的 4 个羧基氧原子螯合（图 2.30）（Ai et al., 2018）。

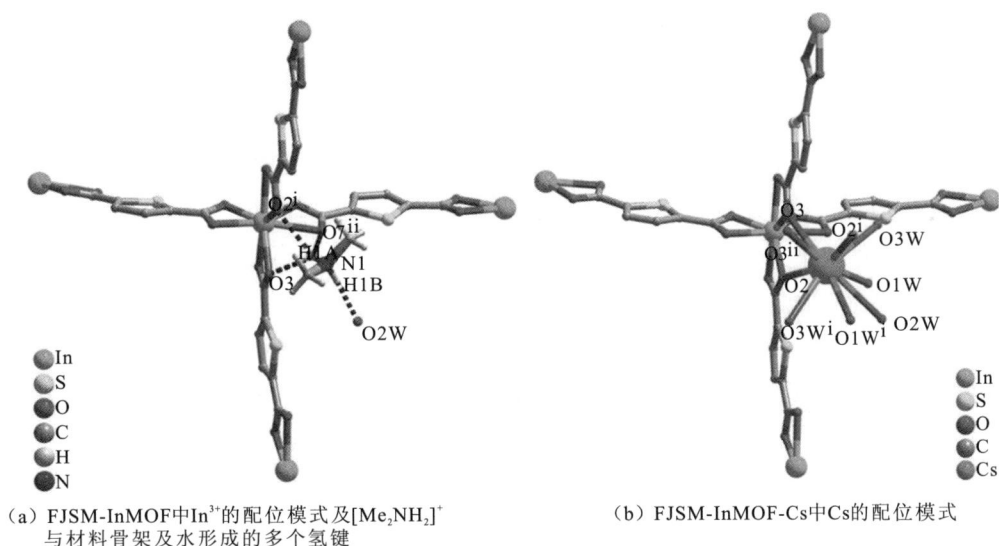

（a）FJSM-InMOF中In³⁺的配位模式及[Me₂NH₂]⁺与材料骨架及水形成的多个氢键

（b）FJSM-InMOF-Cs中Cs的配位模式

图 2.29　FJSM-InMOF 吸附 Cs⁺前后局域配位结构

引自 Gao 等（2018）

大多数 MOFs 材料对 Cs⁺的吸附容量有限，为了进一步提升 MOFs 材料对 Cs⁺的吸附容量，人们制备了基于 MOFs 的复合吸附材料。亚铁氰化物是一类稳定、对 Cs⁺具有较高吸附能力的离子交换剂；但是亚铁氰化物机械强度较低，同时容易聚集形成微米级或纳米级的晶体，并导致形成胶体而不利于实际应用。为此，Naeimi 等（2017）通过原位合成法制备了亚铁氰化镍钾（KNiFC）负载的 HKUST-1。吸附结果显示，复合吸附材料 HKUST-1/KNiFC 对 Cs⁺的分配系数为 1.5×10^3 mL/g，吸附容量为 153 mg/g，而单纯的

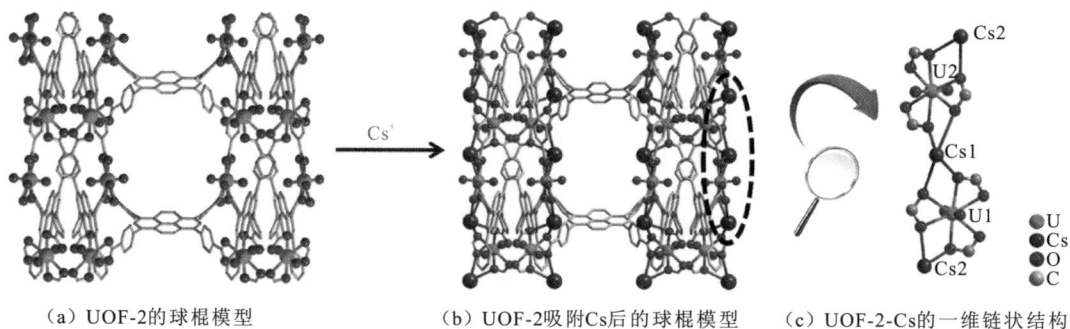

(a) UOF-2的球棍模型　　　　(b) UOF-2吸附Cs后的球棍模型　　　　(c) UOF-2-Cs的一维链状结构

图 2.30　UOF-2 吸附 Cs^+ 后的结构变化

HKUST-1 对 Cs^+ 的吸附容量仅为 40 mg/g。此外，HKUST-1/KNiFC 在共存大量 Na^+、K^+ 时仍具有良好的吸附选择性，重复利用 5 次后仍保持 85% 的吸附容量。类似地，Cho 课题组发现亚铁氰化物负载的 ZIF-8（ZIF-8-FC）对 Cs^+ 的分配系数为 $5.3×10^4$ mL/g，吸附容量为 422.42 mg/g，是未负载 ZIF-8 的 15.9 倍。在模拟海水中，ZIF-8-FC 对 Cs^+ 的分配系数仍高达 $5.3×10^4$ mL/g，显示出优异的亲和力和选择性（Le et al., 2021）。

2.3.6　对硒的去除

硒（Se）是自然界中的痕量元素，也是人体必需的微量元素。硒在生物体的新陈代谢中扮演重要作用；同时，硒是有效的抗氧化剂，能降低患癌风险。但是，过多地摄入硒则会诱发疾病：如果每天的摄取量大于 400 μg，会引起硒中毒。硒在生物体内过度累积后可能会造成心脏肌肉萎缩或严重的肝坏死。鉴于硒的高毒性，世界卫生组织规定饮用水中硒的质量浓度不得超过 50 μg/L，而欧盟的规定则更为严苛，要求这一数值不得高于 10 μg/L（Ali et al., 2021）。在水溶液中，硒通常以硒酸根（SeO_4^{2-}）和亚硒酸根（SeO_3^{2-}）的含氧酸根阴离子形式存在，其毒性比元素 Se 更高（Zhao et al., 2021a）。硒酸根具有对称的四面体构型，比亚硒酸根更为稳定。相对而言，亚硒酸根的非对称结构和更高的极性导致其具有更高的反应活性。尽管硒酸根具有很高的还原电势，但是将硒酸根还原为亚硒酸根或其他低氧化态的反应动力学极慢，几乎不具备反应性；同时，硒酸根与硫酸根几何构型相同，而硫酸根常常与硒酸根共存，且大大过量。因此，选择性地从高放废水中去除硒酸根具有很大的挑战（Ali et al., 2021）。^{79}Se 是 ^{235}U 的长寿命裂变产物，半衰期长达 $3.27×10^5$ 年。作为常见的放射性阴离子，从水中去除放射性的 $^{79}SeO_4^{2-}$ 和 $^{79}SeO_3^{2-}$ 对放射性污染的防治具有重要意义。

硒的分离可大致分为物理法、化学法和生物法（Ali et al., 2021）。物理法多采用纳滤、反渗透等过滤方法，具有很高的分离效率，但分离膜的运行和维护成本高、且需要对截留液做进一步处理。生物法包括微生物还原、生物反应器、藻类处理和植物修复法。化学法包括吸附法、氧化还原法和沉淀法，相对于其他两种方法，吸附法因其易操作、成本低的特点而广受关注。MOFs 材料比表面积大、结构高度可调，是一类多样化的吸附平台。

1. 对硒酸根和亚硒酸根的去除

四价锆离子能与氧形成强配位键，基于该配位键的 MOFs 材料具有高度的机械、水解和热稳定性。Farha 课题组系统研究了 UiO-66、UiO-66 衍生物、UiO-67、NU-1000 等 7 例锆基 MOFs 材料对 SeO_4^{2-} 和 SeO_3^{2-} 的吸附性能（Howarth et al.，2018a）。结果显示，NU-1000 对 SeO_4^{2-} 和 SeO_3^{2-} 具有最高的吸附容量和最快的吸附动力学。基于此结果，他们认为 MOFs 材料较大的孔径和大量的锆簇吸附位点对快速、高容量吸附至关重要。通过分析吸附前 NU-1000 的红外光谱，Farha 课题组认为 3 670 cm^{-1} 处的峰为端基羟基的伸缩振动峰，而 2 745 cm^{-1} 处的弱峰为端基羟基和水形成氢键的 O—H 振动峰。在吸附硒酸根或亚硒酸根后，3 670 cm^{-1} 处的峰强明显减弱，而 2 745 cm^{-1} 处的弱峰则完全消失[图 2.31（a）和（b）]。这是由硒酸根或亚硒酸根取代了 Zr_6 簇末端配位的羟基和水导致的，并推测硒酸根或亚硒酸根与锆簇形成了 $\eta_2\mu_2$ 或 μ_2 的配位模式[图 2.31（c）]。

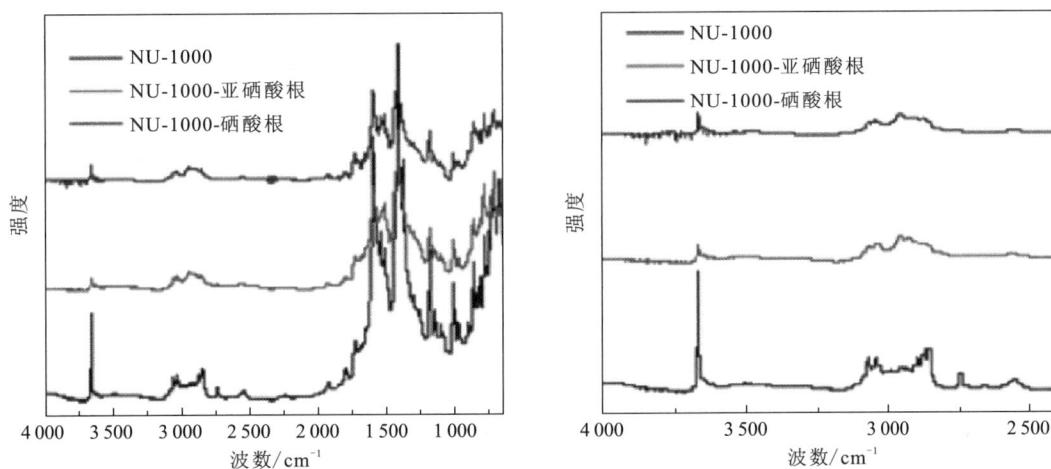

（a）NU-1000吸附硒酸根或亚硒酸根前后的漫反射傅里叶变换红外光谱

（b）NU-1000吸附硒酸根或亚硒酸根前后的红外光谱图

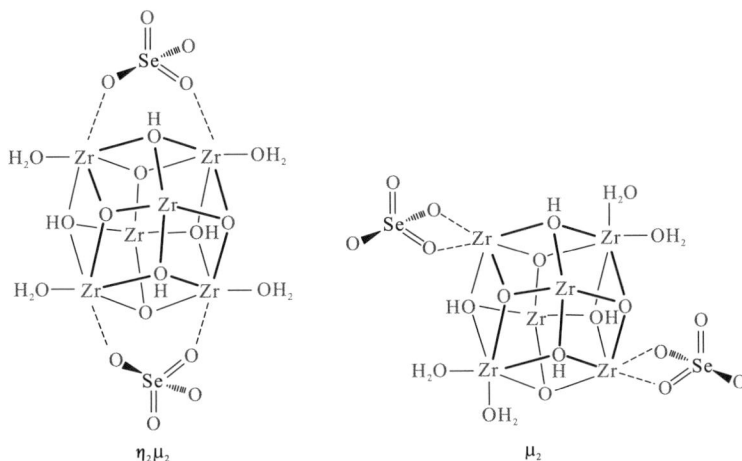

（c）硒酸根与NU-1000节点的配位模式

图 2.31　NU-1000 吸附硒酸根或亚硒酸根前后的红外光谱及配位构型

引自 Howarth 等（2015）

进一步，通过微分对分布函数（differential pair distribution function）测得 Zr 与 Se 之间的距离约为 3.4 Å，表明 SeO_4^{2-} 和 SeO_3^{2-} 与锆簇的配位模式为 $\eta_2\mu_2$。此外，该课题组还研究了另一锆基 MOFs 材料 MOF-808 对 SeO_4^{2-} 和 SeO_3^{2-} 的吸附（Drout et al.，2018a）。结果表明，MOF-808 对 SeO_4^{2-} 和 SeO_3^{2-} 的吸附容量分别达到 118 mg/g 和 133 mg/g。同时，晶体结构显示，Hf-MOF-808 通过 $\eta_2\mu_2$ 和 μ_2 配位模式与 SeO_4^{2-} 和 SeO_3^{2-} 发生相互作用。在 $\eta_2\mu_2$ 模式中，SeO_4^{2-} 或 SeO_3^{2-} 中的两个氧原子分别与同一个锆簇节点中的两个不同的金属原子配位；在 μ_2 模式中，SeO_4^{2-} 或 SeO_3^{2-} 中的两个氧原子与同一个金属原子配位。

孙卫玲课题组研究了 UiO-66 和 UiO-66-NH$_2$ 对 SeO_4^{2-} 和 SeO_3^{2-} 的吸附，发现这两种 MOFs 材料对 SeO_3^{2-} 的吸附性能强于 SeO_4^{2-}，但 SeO_3^{2-} 的吸附受 PO_4^{3-} 影响较大。机理研究表明，UiO-66 和 UiO-66-NH$_2$ 对 SeO_3^{2-} 为强内层络合，驱动力主要来自 Zr 的不饱和配位点与 $HSeO_3^-$ 或 SeO_3^{2-} 的螯合作用及 Zr-O-C 与 H_2SeO_3 的氢键作用；UiO-66-NH$_2$ 对 SeO_4^{2-} 的吸附基于静电吸引的外层络合（Wei et al.，2018）。Ghosh 课题组发现阳离子 MOFs 材料 iMOF-3C 能快速、深度去除 SeO_4^{2-} 和 SeO_3^{2-}，分配系数 K_d 达 10^6 mL/g。iMOF-3C 对常见的干扰离子 SO_4^{2-}、CO_3^{2-} 等显示出良好的选择性。值得一提的是，通过结合能的计算，Ghosh 等发现 iMOF-3C 对 SeO_4^{2-} 的亲和力高于 SeO_3^{2-}，这与大多数吸附材料相反（Sharma et al.，2021）。Chung 课题组制备了基于 UiO-66 的纳米复合膜并将其用于 SeO_4^{2-} 和 SeO_3^{2-} 的分离，通过调节反应物浓度和温度，分别制备了粒径为 30 nm、100 nm 和 500 nm 的 UiO-66 颗粒，并进一步通过界面聚合法制得相应的纳米复合膜。结果显示，由粒径为 30 nm 的 UiO-66 制得的复合膜具有最高的分离性能，对 SeO_4^{2-} 和 SeO_3^{2-} 的截留率分别达到 96.5% 和 97.4%（He et al.，2017）。王灵凹课题组发现阳离子型的层状稀土氢氧化物 $Y_2(OH)_5Cl \cdot 1.5H_2O$ 对硒酸根和亚硒酸根具有良好的吸附能力，吸附容量分别达 207 mg/g 和 124 mg/g（Zhu et al.，2017c）。吸附了硒酸根后，材料通过高浓度的盐水即可再生，而对亚硒酸根则需要加入 OH^- 和 CO_3^{2-} 进行再生。吸附机理研究表明，$Y_2(OH)_5Cl \cdot 1.5H_2O$ 对硒酸根为阴离子交换和外层配位络合，而亚硒酸根为阴离子交换和双齿双核内层配位（图 2.32）。

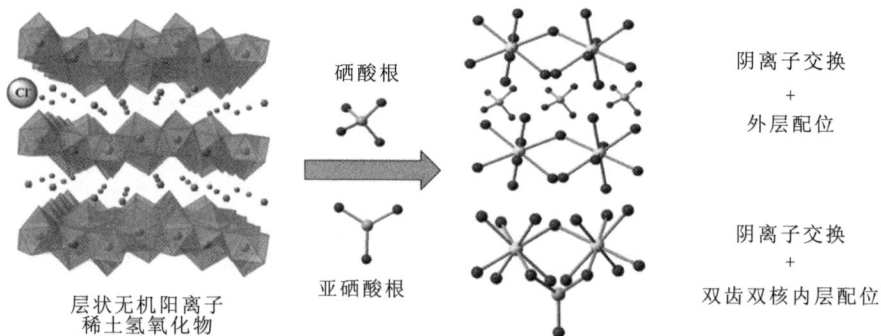

图 2.32　$Y_2(OH)_5Cl \cdot 1.5H_2O$ 对硒酸根和亚硒酸根的吸附机理

引自 Zhu 等（2017c）

2. 对硒酸根的去除

由于 SeO_4^{2-} 与 SO_4^{2-} 离子尺寸、电荷密度的相似性，仅分离 SeO_4^{2-} 的研究工作相对较少。王祥科课题组通过缺失配体或者缺失锆簇的策略构筑了一系列含缺陷的锆基 MOFs 材料，并研究了其对 SeO_4^{2-} 的吸附性能。缺陷密度或孔径的增加能够提升 MOFs 对 SeO_4^{2-} 的吸附速率和效率。缺陷锆基 MOFs 材料主要是通过锆簇中弱配位的 Cl^-、OH^- 等与 SeO_4^{2-} 的离子交换实现对 SeO_4^{2-} 的吸附。NU-1000、MOF-808 和 UiO-66 对 SeO_4^{2-} 的吸附容量分别达到 78.8 mg/g、60.5 mg/g 和 34.3 mg/g。然而，UiO-66-HCl 对 SeO_4^{2-} 的吸附容量则高达 86.8 mg/g；这意味着合理使用合成调节剂可以扩大 MOFs 材料孔径，并有效构筑缺陷，从而提升材料对 SeO_4^{2-} 的富集（Li et al.，2017a）。Ghosh 课题组设计合成了一种可分离 SeO_4^{2-} 的镍基阳离子 MOFs 材料 iMOF-1C。通过骨架中游离 SO_4^{2-} 的离子交换，iMOF-1C 对 SeO_4^{2-} 的吸附容量可达 100 mg/g。等物质的量的 Cl^-、NO_3^-、SO_4^{2-} 等双元阴离子溶液中，iMOF-1C 对 SeO_4^{2-} 仍具有一定的选择性。通过 SO_4^{2-} 的交换，该材料可再生并多次重复利用，吸附效率几乎不降低。交换后的晶体结构显示 SeO_4^{2-} 在孔道中高度无序，但是推测 SeO_4^{2-} 占据的位置与 SO_4^{2-} 类似（Sharma et al.，2020）。

3. 对亚硒酸根的去除

SeO_3^{2-} 的毒性比 SeO_4^{2-} 更高，从水溶液中选择性分离 SeO_3^{2-} 引起了学者的广泛关注。杨东江课题组发现 Bi 基 MOFs 材料 CAU-17 对 SeO_3^{2-} 具有良好的吸附性能，吸附容量高达 255.3 mg/g；而对 SeO_4^{2-} 的吸附容量仅为 20.3 mg/g（图 2.33）。在竞争离子过量 2 000 倍的情况下，CAU-17 仍然对 NO_3^-、NO_3^-、SO_4^{2-} 等离子显示出优异的吸附选择性，但 CO_3^{2-}、Cl^- 和 PO_4^{3-} 对 SeO_3^{2-} 的吸附存在明显的干扰。有趣的是，CAU-17 在吸附后形貌由原先的六棱柱转变为层层堆积的棒状结构。通过量化计算、EXAFS 等手段对该现象进行了解释：SeO_3^{2-} 在吸附过程中会与材料中的 Bi 形成 Se—O—Bi 键，同时促使原始 CAU-17 晶体中部分 O—Bi—O 键的断裂及 CAU-17 的水解；材料的水解也与吸附后溶液 pH 降低的事实相符（Ouyang et al.，2018）。此外，该课题组还发现 Fe-MIL-101 对 SeO_3^{2-} 具有良好的吸附性能：吸附容量为 183.7 mg/g；与 CO_3^{2-} 或 PO_4^{3-} 共存时仍具有较高的吸附选择性。吸附机理证实，Fe-MIL-101 对 SeO_3^{2-} 的高亲和力来自金属节点与亚硒酸根形成的 Fe—O—Se 键（Zhao et al.，2022）。

● Bi   ● SeO_3^{2-} 中的 O
● Se   ● CAU-17中的 O

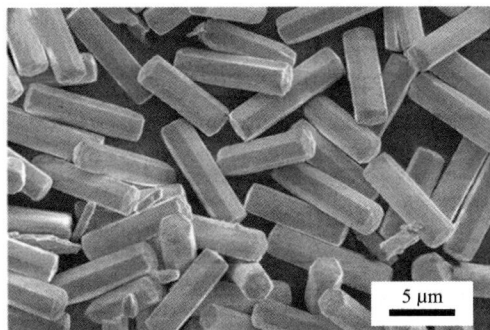

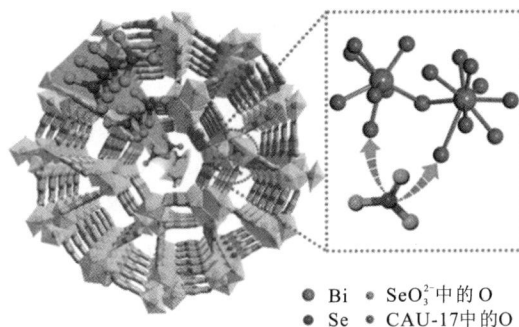

（a）CAU-17吸附SeO_3^{2-}前的SEM图　　　　（b）CAU-17中活性吸附位点示意图

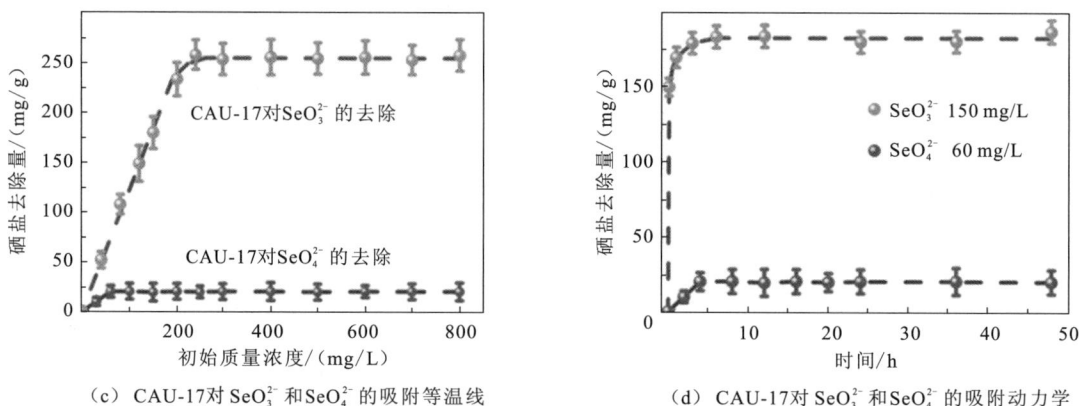

（c）CAU-17对 SeO_3^{2-} 和 SeO_4^{2-} 的吸附等温线   （d）CAU-17对 SeO_3^{2-} 和 SeO_4^{2-} 的吸附动力学

图 2.33   CAU-17 的表征和吸附结果图

引自 Ouyang 等（2018）

为了提升 MOFs 材料对亚硒酸根的吸附性能，魏世勇课题组通过原位吸附、老化和煅烧的方法制备了铝纳米颗粒和铁基 MOFs 材料复合的吸附剂 Al@Fe-MOF。相比于没有负载铝纳米颗粒的 Fe-MOF 材料，Al@Fe-MOF 对 SeO_3^{2-} 的吸附容量提升了 77%。这可能是由 Al 上的羟基与四价硒的离子交换作用及 Al 与硒的配位作用所致（Wang et al., 2019a）。

表 2.1～表 2.6 总结了代表性 MOFs 材料对 U、Th、Tc（Re）、Sr、Cs、Se 等核素的吸附性能，包括吸附容量、平衡时间、吸附选择性等主要吸附指标。

2.4   实际应用中需要注意的问题

2.4.1   稳定性

相较于由共价键连接的共价有机框架（COFs）材料，由金属离子或金属团簇与有机小分子通过配位形成的 MOFs 材料由于配位键键能较低，整体的稳定性往往不尽如人意。大多数 MOFs 材料长时间浸泡在酸性或碱性溶液中，会发生金属离子的浸出，骨架结构也发生坍塌。提升 MOFs 材料的稳定性是保证材料实际可用的先决条件，也避免了材料在使用过程中由离子浸出而导致的二次污染。目前，提升 MOFs 材料水稳定性的策略包括但不局限于：①在配体中引入氟碳键或使用疏水性涂层，通过提升 MOFs 材料的疏水性达到提升材料水稳定性的目的；②根据软硬酸碱理论，Zr^{4+} 或 Hf^{4+} 等硬酸与去质子的羧基或磷酸等硬碱形成的配位键具有较高键能，由此构筑的 MOFs 材料稳定性良好；③以 MOFs 材料为内核，制备具有核-壳结构的 MOFs 基复合材料，以保护 MOFs 材料不受外部介质的侵蚀。另外，为了提升材料的辐照稳定性，应多采用共轭的有机配体，同时在配体中尽可能避免引入长脂肪链。

表 2.1 不同 MOFs 材料对 U(VI)的吸附性能

MOFs 材料	吸附容量/(mg/g)	平衡时间	选择性	可重用性	动力学模型	等温线模型	吸附机理
CMPO-MIL-101(Cr)	无	30 min	对比不同的稀土元素	好	拟二阶动力学方程	朗缪尔模型	配位
羧基修饰的 MIL-101	314	2 h	对比不同的阳离子	好	拟二阶动力学方程	朗缪尔模型	与羧基结合
ED 接枝 MIL-101(Cr)	200	无	无	弱	无	无	与胺基配位
Co-SLUG-35	118	4 h	对比 CrO_4^{2-},Cl^-	受限	拟二阶动力学方程	朗缪尔模型	离子交换
MIL-101-ED	200	1.5 h	无	无	拟二阶动力学方程	朗缪尔模型	离子交换
MIL-101-DETA	350	1.5 h	对比 Co^{2+},Ni^{2+},Sr^{2+}等	好	拟二阶动力学方程	朗缪尔模型	离子交换
MIL-101-TEPA	350	30 min	无	无	拟二阶动力学方程	弗罗因德利希模型($C_0<20$ mg/L);朗缪尔模型($C_0>30$ mg/L)	无
MOF-3	304	2 h	对比 Co^{2+},Ni^{2+},Zn^{2+},Sr^{2+},La^{3+},Ce^{3+},Sm^{3+},Gd^{3+}和 Yb^{3+}	受限	拟二阶动力学方程	朗缪尔模型	配位
MOF-76	298	5 h	对比不同的阳离子	无	无	朗缪尔模型	离子交换
IRMOFs-1-H	>60	250 min	无	无	拟一阶动力学和拟二阶动力学方程	朗缪尔模型	物理和化学吸附
IRMOFs-1-OH	≈100	20 min	无	无	拟二阶动力学方程	朗缪尔模型	化学吸附或强表面络合
IRMOFs-1-NH$_2$	>90	180 min	无	无	拟二阶动力学方程	朗缪尔模型	化学吸附或强表面络合
IRMOFs-1-NO$_2$	165.29	60 min	无	无	拟二阶动力学方程	弗罗因德利希模型	化学吸附或强表面络合
Tb(III)-MOF	179.8	无	对比 Th^{4+},Eu^{3+},Sr^{2+},Al^{3+},Ca^{2+},Cs^+,K^+	好	无	无	配位
UiO-66	109.9	5 h	对比不同的阳离子	无	拟二阶动力学方程	朗缪尔模型	离子交换

续表

MOFs 材料	吸附容量/(mg/g)	平衡时间	选择性	可重用性	动力学模型	等温线模型	吸附机理
UiO-66-NH$_2$	114.9	5 h	对比不同的阴离子	无	拟二阶动力学方程	朗缪尔模型	离子交换
UiO-68-P(O)(OEt)$_2$	217（pH=2.5） 152（pH=5）	1 h	无	无	拟二阶动力学方程	朗缪尔模型	配位
Zn(ADC)(4, 4'-BPE)$_{0.5}$	312.32	140 min	无	无	拟二阶动力学方程	朗缪尔模型和 D-R 模型	化学吸附
Zn(HBTC)(L)(H$_2$O)$_2$	115	1 min	无	无	拟二阶动力学方程	朗缪尔模型	协同作用
Zn-MOF-74 (A1)	200	5 h	无	无	拟二阶动力学方程	朗缪尔模型	离子交换
Zn-MOF-74 (A2)	300	5 h	无	无	拟二阶动力学方程	朗缪尔模型	离子交换
Zn-MOF-74 (A3)	360	5 h	无	无	拟二阶动力学方程	朗缪尔模型	离子交换
HKUST	787.4	60 min	无	弱	拟二阶动力学方程	朗缪尔模型	配位、静电相互作用
Fe$_3$O$_4$@ZIF-8	523.5	2 h	对比不同的镧系元素	好	拟二阶动力学方程	朗缪尔模型	配位、氢键结合
GO-COOH/UiO-66	188.3	230 min	对比不同的阴离子	好	拟二阶动力学方程	朗缪尔模型	配位、离子交换
SZ-2	58.18	5 h	对比不同的阴离子	无	无	朗缪尔模型	离子交换
Fe$_3$O$_4$@AMCA-MIL53(Al)	227.3	90 min	无	弱	拟二阶动力学方程	朗缪尔模型	静电相互作用和配位
UiO-66-AO	2.68（真实海水）	120 min	无	好	拟二阶动力学方程	无	配位
UiO-66-AO	194.8	1 600 min	对比 Na$^+$、K$^+$、Ca^{2+}、Mg^{2+}	好	拟二阶动力学方程	弗罗因德利希模型	配位
UiO-66-AO	454.55	24 h	对比 Na$^+$、Sr^{2+}、Ca^{2+}、Mg^{2+}	无	拟二阶动力学方程	朗缪尔模型	球内表面络合
UiO-66-(COOH)$_4$-180	142.7	1 min	无	弱	拟二阶动力学方程	朗缪尔模型	配位
新霉素-UiO-66	296	20 h	无	无	无	无	配位
UCY-13	984	120 min	无	无	无	朗缪尔模型	配位
UCY-14	471	120 min	无	无	无	朗缪尔模型	配位

MOFs材料	吸附容量/(mg/g)	平衡时间	选择性	可重用性	动力学模型	等温线模型	吸附机理
ZIF-67	1 683.8	150 min	对比不同的阳离子	好	拟二阶动力学方程	朗缪尔模型	配位
ECUT-100	381	100 min	无	好	拟二阶动力学方程	朗缪尔模型	配位
Azo-MOF	200	150 min	无	无	拟二阶动力学方程	朗缪尔模型	配位
MOF-5	237	5 min	无	无	拟二阶动力学方程	朗缪尔模型	配位, 静电相互作用
JXNU-4	121.15	35 min	无	无	无	无	配位
MIL-53-AO	100	5 h	对比不同的阳离子	好	拟二阶动力学方程	弗罗因德利希模型	配位
香豆素@MOF-74	360	5 h	无	无	拟二阶动力学方程	朗缪尔模型	无
Fe@ZIF-8	277.22	2 h	对比不同的阳离子	无	拟二阶动力学方程; 拟一阶动力学方程	朗缪尔模型	静电相互作用
nZVI@MOF-74	348	2 h	无	弱	拟二阶动力学方程; 拟一阶动力学方程	弗罗因德利希模型	静电相互作用, 还原作用
UiO-66-NH$_2$/urea-POP	278	20 min	无	好	无	朗缪尔模型	π-π键, 氢键和静电力
ppy/ZIF-8	534	90 min	对比不同的阳离子	好	拟二阶动力学方程; 拟一阶动力学方程	朗缪尔模型	配位
ZIF-8/PAN	530.3	120 min	对比Ln^{3+}	好	拟二阶动力学方程	朗缪尔模型	螯合作用
PCN-222-PA	401.6	300 min	对比主要的镧系元素和一些其他的金属元素	好	拟二阶动力学方程	朗缪尔模型	P=O与U(VI)的络合作用
MUU$_{re}$	475 (pH=6); 7.35 (海水)	240 min	无	好	可重用拟二阶动力学方程和拟一阶动力学方程 (<4 mg/L) 拟一阶动力学方程 (8~16 mg/L)	朗缪尔模型	配位

表 2.2 不同 MOFs 材料对 Th(IV)的吸附性能

MOFs 材料	吸附容量/(mg/g)	平衡时间	选择性	可重用性	动力学模型	等温线模型	吸附机理
SCU-3	无	无	无	好	无	无	氧化膦作用
UiO-66-(COOH)$_2$	350	30 min	对比 ClO$_4^-$、Na$^+$、Ni^{2+}、Sr^{2+}、Yb^{3+}、Nd^{3+}、Sm^{2+}、Gd^{3+}、La^{3+}、Co^{2+}、Zn^{2+}	低	拟二阶动力学方程	朗缪尔模型和弗罗因德利希模型	配位离子交换
MIL-100(Al)	167	15 min	对比 UO$_2^{2+}$、Nd^{3+}	无	拟二阶动力学方程	弗罗因德利希模型	配位
dMn-MOF	46.345	无	对比 La^{3+}、Eu^{3+}、Lu^{3+}	无	无	无	化学吸附作用
Fe$_3$O$_4$@AMCA-MIL.53(Al)	285.7	90 min	无	弱	拟二阶动力学方程	朗缪尔模型	静电相互作用和配位
UiO-66-SH	785	20 min	对比不同的阴离子	好	拟二阶动力学方程	朗缪尔模型	与硫醇相互作用
NH$_2$-MIL-53(Al)	153.85	60 min	无	好	拟二阶动力学方程	朗缪尔模型	与—NH$_2$配位
TMU-32S-65%	1 428	17 min	对比不同的阴离子	好	拟二阶动力学方程	朗缪尔模型	静电相互作用、螯合作用
PCN-221	233.65	30 min	对比 Co^{2+}、Cd^{2+}、Hg^{2+}、Al^{3+}、Ni^{2+}、As^{3+}、Fe^{2+}、Cu^{2+}和 Cr^{3+}	好	拟二阶动力学方程	朗缪尔模型	以卟啉连接体为中心、Hg^{2+}相互作用

表 2.3 不同 MOFs 材料对 Re(VII)和 Tc(VII)的吸附性能

核素	MOFs 材料	吸附容量/(mg/g)	平衡时间	选择性	可重用性	动力学模型	等温线模型	吸附机理
Re(VII)	SBN	786	<10 min	对比NO_3^-, CO_3^{2-}, $H_2PO_4^-$, SO_4^{2-}, Cl^-, ClO_4^-	无	无	朗缪尔模型	离子交换、与开放的 Ag^+ 位点配位、氢键
	SCU-100	541	<30 min	对比NO_3^-, SO_4^{2-}, CO_3^{2-}, PO_4^{3-}, Cl^-, NO_2^-	好	无	无	离子交换、与开放的 Ag^+ 位点配位、疏水袋
	SCU-101	217	10 min	对比NO_3^-, SO_4^{2-}, CO_3^{2-}, PO_4^{3-}, ClO_4^-	好	无	无	离子交换、氢键、疏水袋
	UiO-66-NH_3^+	159	>24 h	对比NO_3^-, SO_4^{2-}, PO_4^{3-}, ClO_4^-	无	无	朗缪尔模型	离子交换、静电相互作用、氢键
	SLUG-21	602	>48 h	对比NO_3^-, CO_3^{2-}	无	无	无	离子交换、重结晶
	SCU-102	291	<20 min	对比NO_3^-, CO_3^{2-}, PO_4^{3-}, ClO_4^-, SO_4^{2-}, Cl^-, NO_2^-, SiO_3^{2-}	无	无	朗缪尔模型	离子交换、疏水作用
	TJNU-216	417	>6 h	对比NO_3^-, NO_2^-, PO_4^{3-}, SO_4^{2-}, $CH_3CO_2^-$, $CH_3SO_3^-$	无	拟二阶动力学方程	朗缪尔模型	离子交换、氢键
	NU-1000	210	<5 min	对比Cl^-, I^-, Br^-, NO_3^-, SO_4^{2-}	好	无	朗缪尔模型	离子交换、与 Zr^{4+} 配位、氢键
	[$Th_{48}Ni_6$]-MOF	807	无	对比Cl^-, OAc^-, SO_4^{2-}	无	无	无	离子交换、氢键
	MOR-2	1 025	2~3 min	对比Cl^-, Br^-, NO_3^-, SO_4^{2-}	好	拉格尔格伦一级速率方程和拟二阶动力学方程	朗缪尔模型-弗罗因德利希模型	离子交换、与 Zr^{4+} 配位、氢键
Tc(VII)	MOR-2	3.5	10 min	对比SO_4^{2-}	好	无	无	离子交换、与 Zr^{4+} 配位、氢键
	ZJU-X6	570	20 min	对比NO_3^-, PO_4^{3-}, SO_4^{2-}, Cl^-, CO_3^{2-}, IO_3^-	好	无	朗缪尔模型	离子交换、与 Ni^{2+} 配位
	ZJU-X8	326	70 min	对比NO_3^-, NO_2^-, PO_4^{3-}, SO_4^{2-}, I^-, CO_3^{2-}, IO_3^-	无	拟二阶动力学方程	朗缪尔模型	离子交换、与 Ag^{2+} 配位

表 2.4 不同 MOFs 材料对 Sr(II)的吸附性能

MOFs 材料	吸附容量/(mg·g^{-1})	平衡时间	选择性	可重用性	动力学模型	等温线模型	吸附机理
MIL-101-SO$_3$H	7.548	24 h	对比 Na$^+$, K$^+$	无	无	无	离子交换
MOF/KNiFC	110	60 min	对比 Na$^+$, K$^+$, Ca^{2+}, Mg^{2+}, Ba^{2+}	无	拟二阶动力学方程	朗缪尔模型	离子交换
MOF/Fe$_3$O$_4$/KNiFC	90	45 min	对比 Na$^+$, K$^+$, Ca^{2+}, Mg^{2+}, Ba^{2+}	无	拟二阶动力学方程	朗缪尔模型	离子交换
FJSM-InMOF	43.83	2 040 min	对比 Na$^+$, K$^+$, Rb$^+$, Ca^{2+}, Mg^{2+}	无	拟二阶动力学方程	朗缪尔模型	离子交换
SZ-4	121	20 min	对比 Na$^+$, K$^+$, Mg^{2+}	无	拟二阶动力学方程	朗缪尔模型	离子交换
Nd-BTC	58	>30 min	无	无	拟二阶动力学方程	朗缪尔模型	物理吸附, 化学吸附
MOF-808-SO$_4$	176.56	120 min	对比 Cs$^+$, K$^+$, Ba^{2+}, Na$^+$, Ni^{2+}, Ce^{3+}	受限	拟二阶动力学方程	朗缪尔模型	离子偶极相互作用
MOF-808-C$_2$O$_4$	206.34	120 min	对比 Cs$^+$, K$^+$, Ba^{2+}, Na$^+$, Ni^{2+}, Ce^{3+}	受限	拟二阶动力学方程	朗缪尔模型	离子偶极相互作用
SNU-200	44.37 (pH=3)	12 h	对比 Na$^+$, K$^+$, Cs$^+$, Mg^{2+}, Ca^{2+}	无	无	朗缪尔模型	化学络合作用
SGU-7	从含有 6.2 ng/L 的 ^{90}Sr 的 5 mol 钠离子溶液中有效捕获 ^{90}Sr	无	无	无	无	无	无
SZ-7	129 (pH=7); 183 (pH=14)	5 min	对比 Na$^+$, K	无	拟二阶动力学方程	朗缪尔模型	离子交换
ZnO$_x$-MOF@MnO$_2$	147.094	无	对比 Na$^+$, K$^+$, Cs$^+$, Mg^{2+}	好	拟二阶动力学方程	弗罗因德利希模型	无
InS-1	105.35	24 h	对比 Na$^+$, K$^+$, Cs$^+$, Mg^{2+}	好	拟二阶动力学方程	朗缪尔模型-弗罗因德利希模型	离子交换

表 2.5 不同 MOFs 材料对 Cs(I)的吸附性能

MOFs 材料	吸附容量/(mg/g)	平衡时间	选择性	可重用性	动力学模型	等温线模型	吸附机理
MIL-101-SO$_3$H	0.835	24 h	对比 Na$^+$，K$^+$	无	无	无	离子交换
MOF/KNiFC	153	45 min	对比 Na$^+$，K$^+$，Ca^{2+}，Mg^{2+}，Ba^{2+}	无	拟二阶动力学方程	朗缪尔模型	离子交换
MOF/Fe$_3$O$_4$/KNiFC	109	45 min	对比 Na$^+$，K$^+$，Ca^{2+}，Mg^{2+}，Ba^{2+}	无	拟二阶动力学方程	朗缪尔模型	离子交换
[(CH$_3$)$_2$NH$_2$][UO$_2$(L1)]·0.5DMF·15H$_2$O	145	20 min	对比 Li$^+$，Na$^+$，K$^+$，Rb$^+$，Mg^{2+}，Ca^{2+}	无	无	无	离子交换
FJSM-InMOF	198.63	>1 320 min	对比 Na$^+$，K$^+$，Rb$^+$，Ca^{2+}，Mg^{2+}	无	拟二阶动力学方程	朗缪尔模型	离子交换
[(CH$_3$)$_2$NH$_2$]$_4$[(UO$_2$)$_4$(TBAPy)$_3$]·18DMF·17H$_2$O	108	20 min	对比 Na$^+$，K$^+$，Rb$^+$，Sr^{2+}，Mg^{2+}，La^{3+}	无	拟二阶动力学方程	朗缪尔模型	离子交换
[(CH$_3$)$_2$NH$_2$]$_4$[(UO$_2$)$_4$(TBAPy)$_3$]·22DMF·37H$_2$O	96	30 min	对比 Na$^+$，K$^+$，Rb$^+$，Sr^{2+}，Mg^{2+}，La^{3+}	无	拟二阶动力学方程	朗缪尔模型	离子交换
Nd-BTC	86	30 min	无	无	拟二阶动力学方程	朗缪尔模型	物理吸附，化学吸附

表 2.6 不同 MOFs 材料对 SeO$_3^{2-}$ 和 SeO$_4^{2-}$ 的吸附性能

核素	MOFs 材料	吸附容量/(mg/g)	平衡时间	选择性	可重用性	动力学模型	等温线模型	吸附机理
SeO$_3^{2-}$/SeO$_4^{2-}$	UiO-66	27/17	72 h	无	无	无	无	离子交换
	UiO-66-(OH)$_2$	15.5/无	72 h				无	离子交换
	UiO-66-(NH$_2$)$_2$	45/38.5	72 h	无			无	离子交换
	NU-1000	102/62	<1 min	无			无	离子交换
SeO$_4^{2-}$	UiO-66-HCl	86.8	5 h	对比 Zn^{2+}，Cu^{2+}，Co^{2+}，Ni^{2+}，Mg^{2+}，Ca^{2+}，Sr^{2+}，Na$^+$，K$^+$	无	无	无	离子交换
SeO$_3^{2-}$	AC-UiO-66	168	无	对比 Cd^{2+}，Cu^{2+}，Ni^{2+}，Pb^{2+}，Zn^{2+}	无	无	朗缪尔模型	配位

2.4.2　选择性

放射性核素所处的特殊场景要求吸附材料具有优异的选择性。例如，在环境放射化学领域，因核事故或其他原因意外泄漏到环境中的放射性核素浓度很低，这就要求吸附材料对目标去除核素具有很高的选择性和亲和力。在乏燃料后处理领域，放射性核素的组分极为复杂，且离子价态及含量变化大，选择性分离某种放射性核素具有很大的挑战。而在海水提铀领域，海水中铀的质量浓度极低，仅为 3.3 μg/L，同时共存大量的竞争性离子，提升材料对铀的选择性吸附是实现海水提铀的必然要求。当下，提升 MOFs 材料对目标放射性核素选择性的策略主要包括：①在多孔材料中共价修饰特定的选择性螯合基团，实现材料的选择性吸附，例如，引入偕胺肟基提升材料对海水中铀酰的亲和力、引入 18-冠醚-6 选择性吸附锶离子。②在 MOFs 材料的限域空间内，通过配位作用、氢键、疏水作用等多种不同类型的非共价键的协同，实现对目标核素的选择性富集，例如，SCU-100 通过氢键、配位、疏水作用、静电吸引等多重次级相互作用，在 SO_4^{2-} 过量 10 000 倍时对 ReO_4^- 依然具有良好的去除率（Sheng et al., 2017）；SeO_4^{2-} 中的两个氧原子可与 NU-1000 中同一锆簇的两个锆原子分别配位（Howarth et al., 2015）。③通过反应条件和缺陷的控制，精细调控 MOFs 的孔道结构和孔径，构筑相应的 MOFs 分离膜，实现对目标离子的精准筛分（Lu et al., 2020）。

2.4.3　重复利用性

具有良好稳定性和高效吸附性能的吸附剂如果还具有一定的循环利用性，则具备了更广泛的实际应用前景。同时，这也是降低材料成本的重要途径。提升 MOFs 材料稳定性和吸附选择性的策略如前所述。在此需要指出的是，物理灌注法引入特定的有机螯合分子虽然简便易行，但是在重复使用过程中容易发生有机分子的流失，造成吸附性能的下降。相较而言，通过化学接枝法引入特定螯合基团的吸附重现性往往更好。除稳定、高效的 MOFs 吸附材料的理性设计和合成外，MOFs 吸附剂的有效再生也是实现其重复利用性的重要考量因素。如果材料的酸稳定性较高，可考虑采用酸解吸再生的方法。高浓度的酸溶液中，质子取代原先吸附的金属离子，并通过进一步洗涤处理，实现材料的再生。用结合力更强的有机配体将吸附的离子洗脱下来也是常见的再生策略。此外，为了提升粉末或颗粒状 MOFs 材料的实际可回收性，研究人员还制备了氧化铁与 MOFs 的复合吸附材料，利用磁性方便地从废液中回收复合吸附剂。

2.5　本章小结

本章总结了近年来 MOFs 材料在水溶性放射性离子吸附分离领域的亮点工作。MOFs 是一类可设计性强、比表面积大、易于功能化修饰的晶态多孔材料。借助化学螯合、静电吸引、氢键、疏水作用等非共价作用，MOFs 材料在放射性核素去除方面显示出吸附速率快、吸附容量高、选择性优的特点，是具有潜力的新型吸附材料。然而，尽管 MOFs 材料在核素分离基础研究方面已经取得一些创新性的研究成果，但是离工业化应用还存在一定距离，还有几个问题等待解决：①由配位键连接形成的 MOFs 材料的稳定性一直饱受诟病，尽管当前已研发出一些稳定的 MOFs 材料，但为了实现 MOFs 材料在高酸、高盐、强放射性等不同恶劣场景下的实际应用，发展新型稳定的 MOFs 及 MOFs 复合材料仍是当前研究热点之一；②仍需进一步提升 MOFs 材料在高盐等复杂环境下的吸附选择性；③MOFs 材料的成本问题是制约其实际使用的重要因素。与无机材料相比，MOFs 合成所涉及的有机配体、溶剂等化学试剂往往较为昂贵。为了降低材料成本，一方面应优化反应路线、采用廉价易得的有机配体，另一方面应发展绿色、节能、环保的合成技术。提升材料的吸附性能和重复利用性在某种程度上也是降低材料成本。为此，研究人员仍在为研发具有更好分离性能和更具产业化前景的 MOFs 材料而努力，期待在不久的将来 MOFs 基吸附材料能真正用于放射性核素的吸附分离。

参 考 文 献

罗静, 钟辉, 徐粉燕, 2007. 从高放废液中分离铯的研究进展. 广东微量元素科学, 14(10): 6-10.

Abney C W, Mayes R T, Saito T, et al., 2017. Materials for the recovery of uranium from seawater. Chemical Reviews, 117(23): 13935-14013.

Aguila B, Banerjee D, Nie Z, et al., 2016. Selective removal of cesium and strontium using porous frameworks from high level nuclear waste. Chemical Communications, 52(35): 5940-5942.

Ahmad R, Khan U A, Iqbal N, et al., 2020. Zeolitic imidazolate framework(ZIF)-derived porous carbon materials for supercapacitors: An overview. RSC Advances, 10(71): 43733-43750.

Ahmed I, Jeon J, Khan N A, et al., 2012. Synthesis of a metal-organic framework, iron-benezenetricarboxylate, from dry gels in the absence of acid and salt. Crystal Growth & Design, 12(12): 5878-5881.

Ai J, Chen F Y, Gao C Y, et al., 2018. Porous anionic uranyl-organic networks for highly efficient Cs^+ adsorption and investigation of the mechanism. Inorganic Chemistry, 57(8): 4419-4426.

Ali I, Shrivastava V, 2021. Recent advances in technologies for removal and recovery of selenium from (waste)water: A systematic review. Journal of Environmental Management, 294: 112926.

Alqadami A A, Naushad M, Alothman Z A, et al., 2017. Novel metal-organic framework(MOF) based composite material for the sequestration of U(VI) and Th(IV) metal ions from aqueous environment. ACS Applied Materials & Interfaces, 9(41): 36026-36037.

Asanuma N, Harada M, Ikeda Y, et al., 2001. New approach to the nuclear fuel reprocessing in non-acidic aqueous solutions. Journal of Nuclear Science and Technology, 38(10): 866-871.

ATSDR(Agency for Toxic Substance and Disease Registry), 2019. Thorium: ToxFAQs™. https: //www. astdr. cdc. gov/toxfaqs/tfacts147.pdf.

Bai Z, Liu Q, Zhang H, et al., 2020. Anti-biofouling and water-stable balanced charged metal organic framework-based polyelectrolyte hydrogels for extracting uranium from seawater. ACS Applied Materials & Interfaces, 12(15): 18012-18022.

Bai Z Q, Yuan L Y, Zhu L, et al., 2015. Introduction of amino groups into acid-resistant MOFs for enhanced

U(VI) sorption. Journal of Materials Chemistry A, 3(2): 525-534.

Banerjee D, Xu W, Nie Z, et al., 2016. Zirconium-based metal-organic framework for removal of perrhenate from water. Inorganic Chemistry, 55(17): 8241-8243.

Bhattacharjee S, Jang M S, Kwon H J, et al., 2014. Zeolitic imidazolate frameworks: Synthesis, functionalization, and catalytic/adsorption applications. Catalysis Surveys from Asia, 18(4): 101-127.

Birkett J E, Carrott M J, Fox O D, et al., 2005. Recent developments in the Purex process for nuclear fuel reprocessing: Complexant based stripping for uranium/plutonium separation. Chimia, 59(12): 898-904.

Boyd G E, 1978. Osmotic and activity coefficients of aqueous $NaTcO_4$ and $NaReO_4$ solutions at 25℃. Journal of Solution Chemistry, 7(4): 229-238.

Carboni M, Abney C W, Liu S, et al., 2013. Highly porous and stable metal-organic frameworks for uranium extraction. Chemical Science, 4(6): 2396-2402.

Cavka J H, Jakobsen S, Olsbye U, et al., 2008. A new zirconium inorganic building brick forming metal organic frameworks with exceptional stability. Journal of the American Chemical Society, 130(42): 13850-13851.

Chen B, Yang Z, Zhu Y, et al., 2014. Zeolitic imidazolate framework materials: Recent progress in synthesis and applications. Journal of Materials Chemistry A, 2(40): 16811-16831.

Chen F, Burns P C, Ewing R C, 2000. Near-field behavior of ^{99}Tc during the oxidative alteration of spent nuclear fuel. Journal of Nuclear Materials, 278: 225-232.

Chen L, Bai Z, Zhu L, et al., 2017. Ultrafast and efficient extraction of uranium from seawater using an amidoxime appended metal-organic framework. ACS Applied Materials & Interfaces, 9(38): 32446-32451.

Childs B C, Poineau F, Czerwinski K R, et al., 2015. The nature of the volatile technetium species formed during vitrification of borosilicate glass. Journal of Radioanalytical and Nuclear Chemistry, 306(2): 417-421.

Cho H Y, Kim J, Kim S N, et al., 2013. High yield 1-L scale synthesis of ZIF-8 via a sonochemical route. Microporous and Mesoporous Materials, 169: 180-184.

Choi J W, Park Y J, Choi S J, 2020. Synthesis of metal-organic framework ZnOx-MOF@MnO_2 composites for selective removal of strontium ions from aqueous solutions. ACS Omega, 5(15): 8721-8729.

Chung D Y, Seo H S, Lee J W, et al., 2010. Oxidative leaching of uranium from SIMFUEL using Na_2CO_3-H_2O_2 solution. Journal of Radioanalytical and Nuclear Chemistry, 284(1): 123-129.

Custelcean R, Moyer B A, 2007. Anion separation with metal-organic frameworks. European Journal of Inorganic Chemistry, 2007(10): 1321-1340.

Darab J G, Smith P A, 1996. Chemistry of technetium and rhenium species during low-level radioactive waste vitrification. Chemistry of Materials, 8: 1004-1021.

Datta S J, Oleynikov P, Moon W K, et al., 2019. Removal of ^{90}Sr from highly Na^+-rich liquid nuclear waste with a layered vanadosilicate. Energy & Environmental Science, 12(6): 1857-1865.

De Decker J, Rochette J, De Clercq J, et al., 2017. Carbamoylmethylphosphine oxide-functionalized MIL-101(Cr) as highly selective uranium adsorbent. Analytical Chemistry, 89(11): 5678-5682.

Demessence A, Horcajada P, Serre C, et al., 2009. Elaboration and properties of hierarchically structured optical thin films of MIL-101(Cr). Chemical Communications, 46: 7149-7151.

Dietz M L, 2006. Ionic liquids as extraction solvents: Where do we stand?. Separation Science and Technology, 41(10): 2047-2063.

Dou Y, Zhang W, Kaiser A, 2020. Electrospinning of metal-organic frameworks for energy and environmental applications. Advanced Science, 7(3): 1902590.

Drout R J, Howarth A J, Otake K I, et al., 2018a. Efficient extraction of inorganic selenium from water by a Zr metal-organic framework: Investigation of volumetric uptake capacity and binding motifs. CrystEngComm, 20(40): 6140-6145.

Drout R J, Otake K, Howarth A J, et al., 2018b. Efficient capture of perrhenate and pertechnetate by a mesoporous Zr metal-organic framework and examination of anion binding motifs. Chemistry of Materials, 30(4): 1277-1284.

Falaise C, Volkringer C, Giovine R, et al., 2017. Capture of actinides (Th^{4+}, $[UO_2]^{2+}$) and surrogating lanthanide (Nd^{3+}) in porous metal-organic framework MIL-100(Al) from water: Selectivity and imaging of embedded nanoparticles. Dalton Transactions, 46(36): 12010-12014.

Fang Y, Wen J, Zeng G, et al., 2018. Effect of mineralizing agents on the adsorption performance of metal-organic framework MIL-100(Fe) towards chromium(VI). Chemical Engineering Journal, 337: 532-540.

Fei H, Bresler M R, Oliver S R, 2011. A new paradigm for anion trapping in high capacity and selectivity: Crystal-to-crystal transformation of cationic materials. Journal of the American Chemical Society, 133(29): 11110-11113.

Fei H, Rogow D L, Oliver S R J, 2010. Reversible anion exchange and catalytic properties of two cationic metal-organic frameworks based on Cu(I) and Ag(I). Journal of the American Chemical Society, 132(20): 7202-7209.

Feng L, Wang H, Feng T, et al., 2021. In-situ synthesis of uranyl-imprinted nanocage for selective uranium recovery from seawater. Angewandte Chemie International Edition in English, 2022(61): 82-86.

Férey G, Serre C, Mellot-Draznieks C, et al., 2004. A hybrid solid with giant pores prepared by a combination of targeted chemistry, simulation, and powder diffraction. Angewandte Chemie International Edition in English, 43(46): 6296-6301.

Furukawa H, Cordova K E, O'keeffe M, et al., 2013. The chemistry and applications of metal-organic frameworks. Science, 341(6149): 1230444.

Gao Y J, Feng M L, Zhang B, et al., 2018. An easily synthesized microporous framework material for the selective capture of radioactive Cs^+ and Sr^{2+} ions. Journal of Materials Chemistry A, 6(9): 3967-3976.

Goulding H V, Hulse S E, Clegg W, et al., 2010. $Yb_3O(OH)_6Cl \cdot 2H_2O$: An anion-exchangeable hydroxide with a cationic inorganic framework structure. Journal of the American Chemical Society, 132(39): 13618-13620.

Guo C, Yuan M, He L, et al., 2021. Efficient capture of Sr^{2+} from acidic aqueous solution by an 18-crown-6-ether-based metal organic framework. CrystEngComm, 23(18): 3349-3355.

Guo X G, Qiu S, Chen X, et al., 2017. Postsynthesis modification of a metallosalen-containing metal-organic framework for selective Th(IV)/Ln(III) separation. Inorganic Chemistry, 56(20): 12357-12361.

Guo X G, SU J, Xie W Q, et al., 2020. Selective Th(IV) capture from a new metal-organic framework with o⁻

groups. Dalton Transactions, 49(13): 4060-4066.

He Y, Tang Y P, Ma D, et al., 2017. UiO-66 incorporated thin-film nanocomposite membranes for efficient selenium and arsenic removal. Journal of Membrane Science, 541: 262-270.

Hong D Y, Hwang Y K, Serre C, et al., 2009. Porous chromium terephthalate MIL-101 with coordinatively unsaturated sites: Surface functionalization, encapsulation, sorption and catalysis. Advanced Functional Materials, 19(10): 1537-1552.

Howarth A J, Katz M J, Wang T C, et al., 2015. High efficiency adsorption and removal of selenate and selenite from water using metal-organic frameworks. Journal of the American Chemical Society, 137(23): 7488-7494.

Hu Z, Zhao D, 2015. De facto methodologies toward the synthesis and scale-up production of UiO-66-type metal-organic frameworks and membrane materials. Dalton Transactions, 44(44): 19018-19040.

Huang X, Zhang J, Chen X, 2003. [Zn(bim)$_2$]·(H$_2$O)$_{1.67}$: A metal-organic open-framework with sodalite topology. Chinese Science Bulletin, 48(15): 1531-1534.

Huang X X, Qiu L G, Zhang W, et al., 2012. Hierarchically mesostructured MIL-101 metal-organic frameworks: Supramolecular template-directed synthesis and accelerated adsorption kinetics for dye removal. CrystEngComm, 14(5): 1613-1617.

IAEA(International Atomic Energy Agency), 2005. Thorium fuel cycle-potential benefits and challenges. IAEA-TECDOC-1450, Vienna.

Irish E R, Reas W H, 1957. The Purex process: A solvent extraction reprocessing method for irradiated uranium. https://doi.org/10.2172/4341712.

Jiang D, Burrows A D, Edler K J, 2011. Size-controlled synthesis of MIL-101(Cr) nanoparticles with enhanced selectivity for CO$_2$ over N$_2$. CrystEngComm, 13(23): 6916.

Jin K, Lee B, Park J, 2021. Metal-organic frameworks as a versatile platform for radionuclide management. Coordination Chemistry Reviews, 427: 213473.

Kang K, Dai X, Shen N, et al., 2021. Unveiling the uncommon fluorescent recognition mechanism towards pertechnetate using a cationic metal-organic framework bearing n-heterocyclic AIE molecules. Chemistry - A European Journal, 27(18): 5632-5637.

Kang K, Shen N, Wang Y, et al., 2022. Efficient sequestration of radioactive ^{99}TcO$_4^-$ by a rare 3-fold interlocking cationic metal-organic framework: A combined batch experiments, pair distribution function, and crystallographic investigation. Chemical Engineering Journal, 427: 130942.

Kaplan D, Serne R, 1998. Pertechnetate exclusion from sediments. Radiochimica Acta, 81(2): 117-124.

Katcoff S, 1958. Fission-product yields from U, Th and Pu. Nucleonics (U.S.) Ceased Publication, 16(4): 78-85.

Koltunov V S, Taylor R J, Gomonova T V, et al., 2000. The oxidation of hydroxylamine by nitric and nitrous acids in the presence of technetium(VII). Radiochimica Acta, 88(7): 425-430.

Kumar V, Singh V, Kim K H, et al., 2021. Metal-organic frameworks for photocatalytic detoxification of chromium and uranium in water. Coordination Chemistry Reviews, 447: 214148.

Le Q T N, Cho K, 2021. Caesium adsorption on a zeolitic imidazolate framework (ZIF-8) functionalized by ferrocyanide. Journal of Colloid and Interface Science, 581(Pt B): 741-750.

Lee E H, Lim J G, Chung D Y, et al., 2010. Selective removal of cs and re by precipitation in a Na_2CO_3-H_2O_2 solution. Journal of Radioanalytical and Nuclear Chemistry, 284(2): 387-395.

Leoncini A, Huskens J, Verboom W, 2017. Ligands for f-element extraction used in the nuclear fuel cycle. Chemical Society Reviews, 46(23): 7229-7273.

Li C P, Ai J Y, Zhou H, et al., 2019a. Ultra-highly selective trapping of perrhenate/pertechnetate by a flexible cationic coordination framework. Chemical Communications, 55(12): 1841-1844.

Li G, Ji G, Liu W, et al., 2019b. A hydrolytically stable anionic layered indium-organic framework for the efficient removal of ^{90}Sr from seawater. Dalton Transactions, 48(48): 17858-17863.

Li H, Zhai F, Gui D, et al., 2019c. Powerful uranium extraction strategy with combined ligand complexation and photocatalytic reduction by postsynthetically modified photoactive metal-organic frameworks. Applied Catalysis B: Environmental, 254: 47-54.

Li J, Liu Y, Wang X, et al., 2017a. Experimental and theoretical study on selenate uptake to zirconium metal-organic frameworks: Effect of defects and ligands. Chemical Engineering Journal, 330: 1012-1021.

Li J, Wang X, Zhao G, et al., 2018. Metal-organic framework-based materials: Superior adsorbents for the capture of toxic and radioactive metal ions. Chemical Society Reviews, 47(7): 2322-2356.

Li J Q, Gong L L, Feng X F, et al., 2017b. Direct extraction of U(VI) from alkaline solution and seawater via anion exchange by metal-organic framework. Chemical Engineering Journal, 316: 154-159.

Lindner H, Schneider E, 2015. Review of cost estimates for uranium recovery from seawater. Energy Economics, 49: 9-22.

Liu T, Zhang X, Wang H, et al., 2021. Photothermal enhancement of uranium capture from seawater by monolithic MOF-bonded carbon sponge. Chemical Engineering Journal, 412: 128700.

Liu W, Dai X, Wang Y, et al., 2019. Ratiometric monitoring of thorium contamination in natural water using a dual-emission luminescent europium organic framework. Environmental Science & Technology, 53(1): 332-341.

Liu X, 2020. Metal-organic framework UiO-66 membranes. Frontiers of Chemical Science and Engineering, 14(2): 216-232.

Lu J, Zhang H, Hou J, et al., 2020. Efficient metal ion sieving in rectifying subnanochannels enabled by metal-organic frameworks. Nature Materials, 19(7): 767-774.

Maleki A, Shahbazi M A, ALINEZHAD V, et al., 2020. The progress and prospect of zeolitic imidazolate frameworks in cancer therapy, antibacterial activity, and biomineralization. Advanced Healthcare Materials, 9(12): 2000248.

Martins G A V, Byrne P J, Allan P, et al., 2010. The use of ionic liquids in the synthesis of zinc imidazolate frameworks. Dalton Transactions, 39(7): 1758-1762.

McIntyre L J, Jackson L K, Fogg A M, 2008. $Ln_2(OH)_5NO_3 \cdot xH_2O$ (Ln=Y, Gd-Lu): A novel family of anion exchange intercalation hosts. Chemistry of Materials, 20(1): 335-340.

Mei L, Li F Z, Lan J H, et al., 2019. Anion-adaptive crystalline cationic material for $^{99}TcO_4^-$ trapping. Nature Communications, 10(1): 1532.

Meyer R E, Arnold W D, 1991. The electrode potential of the Tc(IV)-Tc(VII) couple. Radiochimica Acta, 55(1): 19-22.

Mu W, Du S, Li X, et al., 2019. Efficient and irreversible capture of strontium ions from aqueous solution using metal-organic frameworks with ion trapping groups. Dalton Transactions, 48(10): 3284-3290.

Naeimi S, Faghihian H, 2017. Performance of novel adsorbent prepared by magnetic metal-organic framework (MOF) modified by potassium nickel hexacyanoferrate for removal of Cs^+ from aqueous solution. Separation and Purification Technology, 175: 255-265.

Neeway J J, Asmussen R M, Lawter A R, et al., 2016. Removal of TcO_4^- from representative nuclear waste streams with layered potassium metal sulfide materials. Chemistry of Materials, 28(11): 3976-3983.

Ouyang H, Chen N, Chang G, et al., 2018. Selective capture of toxic selenite anions by bismuth-based metal-organic frameworks. Angewandte Chemie International Edition in English, 57(40): 13197-13201.

Pan Y, Liu Y, Zeng G, et al., 2011. Rapid synthesis of zeolitic imidazolate framework-8 (ZIF-8) nanocrystals in an aqueous system. Chemical Communications, 47(7): 2071-2073.

Park K S, Ni Z, Côté A P, et al., 2006. Exceptional chemical and thermal stability of zeolitic imidazolate frameworks. Proceedings of the National Academy of Sciences, 103(27): 10186.

Peper S M, Brodnax L F, Field S E, et al., 2004. Kinetic study of the oxidative dissolution of UO_2 in aqueous carbonate media. Industrial & Engineering Chemistry Research, 43: 8188-8193.

Phan A, Doonan C J, Uribe-Romo F J, et al., 2010. Synthesis, structure, and carbon dioxide capture properties of zeolitic imidazolate frameworks. Accounts of Chemical Research, 43(1): 58-67.

Qian J, Sun F, Qin L, 2012. Hydrothermal synthesis of zeolitic imidazolate framework-67 (ZIF-67) nanocrystals. Materials Letters, 82: 220-223.

Rangaraj V M, Wahab M A, Reddy K S K, et al., 2020. Metal organic framework-based mixed matrix membranes for carbon dioxide separation: Recent advances and future directions. Frontiers In Chemistry, 8: 534.

Rapti S, Diamantis S A, Dafnomili A, et al., 2018. Exceptional TcO_4^- sorption capacity and highly efficient ReO_4^- luminescence sensing by Zr^{4+} MOFs. Journal of Materials Chemistry A, 6(42): 20813-20821.

Schulte E H, Scoppa P, 1987. Sources and behavior of technetium in the environment. Science of the Total Environment, 64(1-2): 163-179.

Schwochau K, 1983. The present status of technetium chemistry. Radiochimica Acta, 32: 139-152.

Seoane B, Zamaro J M, Tellez C, et al., 2012. Sonocrystallization of zeolitic imidazolate frameworks (ZIF-7, ZIF-8, ZIF-11 and ZIF-20). CrystEngComm, 14(9): 3103-3107.

Sharma S, Desai A V, Joarder B, et al., 2020. A water-stable ionic mof for the selective capture of toxic oxoanions of Se(VI) and As(V) and crystallographic insight into the ion-exchange mechanism. Angewandte Chemie International Edition in English, 59(20): 7788-7792.

Sharma S, Let S, Desai A V, et al., 2021. Rapid, selective capture of toxic oxo-anions of Se(IV), Se(VI) and As(V) from water by an ionic metal-organic framework (iMOF). Journal of Materials Chemistry A, 9(10): 6499-6507.

Shen N, Yang Z, Liu S, et al., 2020. $^{99}TcO_4^-$ removal from legacy defense nuclear waste by an alkaline-stable 2D cationic metal organic framework. Nature Communications, 11(1): 5571.

Sheng D, Zhu L, Dai X, et al., 2019. Successful decontamination of $^{99}TcO_4^-$ in groundwater at legacy nuclear sites by a cationic metal-organic framework with hydrophobic pockets. Angewandte Chemie International

Edition in English, 58(15): 4968-4972.

Sheng D, Zhu L, Xu C, et al., 2017. Efficient and selective uptake of TcO_4^- by a cationic metal-organic framework material with open Ag^+ sites. Environmental Science & Technology, 51(6): 3471-3479.

Smith Jr W T, Cobble J W, Boyd G E, 1953. Thermodynamic properties of technetium and rhenium compounds: I. Vapor pressures of technetium heptoxide, pertechnic acid and aqueous solutions of pertechnic acid. Journal of the American Chemical Society, 75: 5773-5776.

Sun X, Luo H, Dai S, 2012. Ionic liquids-based extraction: A promising strategy for the advanced nuclear fuel cycle. Chemical Reviews, 112(4): 2100-2128.

Tanaka K, Kozai N, Yamasaki S, et al., 2019. Adsorption mechanism of ReO_4^- on Ni-Zn layered hydroxide salt and its application to removal of ReO_4^- as a surrogate of TcO_4^-. Applied Clay Science, 182: 105282.

Tannert N, Gokpinar S, Hasturk E, et al., 2018. Microwave-assisted dry-gel conversion-a new sustainable route for the rapid synthesis of metal-organic frameworks with solvent re-use. Dalton Transactions, 47(29): 9850-9860.

Wang R, Xu H, Zhang K, et al., 2019a. High-quality Al@Fe-MOF prepared using Fe-MOF as a micro-reactor to improve adsorption performance for selenite. Journal of Hazardous Materials, 364: 272-280.

Wang X F, Chen Y, Song L P, et al., 2019b. Cooperative capture of uranyl ions by a carbonyl-bearing hierarchical-porous Cu-organic framework. Angewandte Chemie International Edition, 58(52): 18808-18812.

Wang S, Alekseev E V, Diwu J, et al., 2010. NDTB-1: A supertetrahedral cationic framework that removes TcO_4^- from solution. Angewandte Chemie International Edition in English, 49(6): 1057-1060.

Wang Y, Gao H, 2006. Compositional and structural control on anion sorption capability of layered double hydroxides (LDHs). Journal of Colloid and Interface Science, 301(1): 19-26.

Wang Y, Li Y, Bai Z, et al., 2015a. Design and synthesis of a chiral uranium-based microporous metal organic framework with high SHG efficiency and sequestration potential for low-valent actinides. Dalton Transactions, 44(43): 18810-18814.

Wang Y, Liu Z, Li Y, et al., 2015b. Umbellate distortions of the uranyl coordination environment result in a stable and porous polycatenated framework that can effectively remove cesium from aqueous solutions. Journal of the American Chemical Society, 137(19): 6144-6147.

Wei J, Zhang W, Pan W, et al., 2018. Experimental and theoretical investigations on Se(IV) and Se(VI) adsorption to Uio-66-based metal-organic frameworks. Environmental Science: Nano, 5(6): 1441-1453.

World Nuclear Assocication, 2020a. Processing of used nuclear fuel.

World Nuclear Association, 2020b. Supply of uranium.

World Nuclear Association, 2020c. Uranium and depleted uranium.

Wu R, Fan T, Chen J, et al., 2019. Synthetic factors affecting the scalable production of zeolitic imidazolate frameworks. ACS Sustainable Chemistry & Engineering, 7(4): 3632-3646.

Xiong J, Fan Y, Luo F, 2020. Grafting functional groups in metal-organic frameworks for U(VI) sorption from aqueous solutions. Dalton Transactions, 49(36): 12536-12545.

Xu G R, An Z H, Xu K, et al., 2021. Metal organic framework (MOF)-based micro/nanoscaled materials for heavy metal ions removal: The cutting-edge study on designs, synthesis, and applications. Coordination

Chemistry Reviews, 427: 213554.

Xu H, Cao C S, Hu H S, et al., 2019. High uptake of ReO_4^- and CO_2 conversion by a radiation-resistant thorium-nickle [$Th_{48}Ni_6$] nanocage-based metal-organic framework. Angewandte Chemie International Edition in English, 58(18): 6022-6027.

Yang W, Pan Q, Song S, et al., 2019. Metal-organic framework-based materials for the recovery of uranium from aqueous solutions. Inorganic Chemistry Frontiers, 6(8): 1924-1937.

Yao J, Wang H, 2014. Zeolitic imidazolate framework composite membranes and thin films: Synthesis and applications. Chemical Society Reviews, 43(13): 4470-4493.

Yin L, Kong X, Shao X, et al., 2019. Synthesis of $DtBuCH_{18}C_6$-coated magnetic metal-organic framework Fe_3O_4@UiO-66-NH_2 for strontium adsorption. Journal of Environmental Chemical Engineering, 7(3): 103073.

Yu Q, Yuan Y, Wen J, et al., 2019. A universally applicable strategy for construction of anti-biofouling adsorbents for enhanced uranium recovery from seawater. Advanced Science, 6(13): 1900002.

Yuan L, Tian M, Lan J, et al., 2018. Defect engineering in metal-organic frameworks: A new strategy to develop applicable actinide sorbents. Chemical Communications, 54(4): 370-373.

Yuan Y, Feng S, Feng L, et al., 2020. A bio-inspired nano-pocket spatial structure for targeting uranyl capture. Angewandte Chemie International Edition in English, 59(11): 4262-4268.

Zhang W, Dong X, Mu Y, et al., 2021a. Constructing adjacent phosphine oxide ligands confined in mesoporous Zr-MOFs for uranium capture from acidic medium. Journal of Materials Chemistry A, 9(31): 16685-16691.

Zhang J, Chen L, Dai X, et al., 2021b. Efficient Sr-90 removal from highly alkaline solution by an ultrastable crystalline zirconium phosphonate. Chemical Communications, 57(68): 8452-8455.

Zhang J, Chen L, Dai X, et al., 2019a. Distinctive two-step intercalation of Sr^{2+} into a coordination polymer with record high ^{90}Sr uptake capabilities. Chem, 5(4): 977-994.

Zhang J, Tan Y, Song W J, 2020. Zeolitic imidazolate frameworks for use in electrochemical and optical chemical sensing and biosensing: A review. Microchimica Acta, 187(4): 234.

Zhang J, Zhang H, Liu Q, et al., 2019b. Diaminomaleonitrile functionalized double-shelled hollow MIL-101 (Cr) for selective removal of uranium from simulated seawater. Chemical Engineering Journal, 368: 951-958.

Zhang J P, Zhu A X, Lin R B, et al., 2011. Pore surface tailored sod-type metal-organic zeolites. Advanced Materials, 23(10): 1268-1271.

Zhang N, Yuan L Y, Guo W L, et al., 2017. Extending the use of highly porous and functionalized MOFs to Th(IV) capture. ACS Applied Materials & Interfaces, 9(30): 25216-25224.

Zhang W, Bu A, Ji Q, et al., 2019c. pK_a-directed incorporation of phosphonates into MOF-808 via ligand exchange: Stability and adsorption properties for uranium. ACS Applied Materials & Interfaces, 11(37): 33931-33940.

Zhao X, Zhao J, Sun Y, et al., 2022. Selenite capture by MIL-101 (Fe) through Fe-O-Se bonds at free coordination Fe sites. Journal of Hazardous Materials, 424: 127715.

Zhao X, Yu X, Wang X, et al., 2021a. Recent advances in metal-organic frameworks for the removal of heavy metal oxoanions from water. Chemical Engineering Journal, 407: 127221.

Zhao Z, Cheng G, Zhang Y, et al., 2021b. Metal-organic-framework based functional materials for uranium recovery: Performance optimization and structure/functionality-activity relationships. ChemPluschem, 86(8): 1177-1192.

Zheng T, Yang Z, Gui D, et al., 2017. Overcoming the crystallization and designability issues in the ultrastable zirconium phosphonate framework system. Nature Communications, 8: 15369.

Zhu L, Sheng D, Xu C, et al., 2017a. Identifying the recognition site for selective trapping of $^{99}TcO_4^-$ in a hydrolytically stable and radiation resistant cationic metal-organic framework. Journal of the American Chemical Society, 139(42): 14873-14876.

Zhu L, Xiao C, Dai X, et al., 2017b. Exceptional perrhenate/pertechnetate uptake and subsequent immobilization by a low-dimensional cationic coordination polymer: Overcoming the Hofmeister bias selectivity. Environmental Science & Technology Letters, 4(7): 316-322.

Zhu L, Zhang L, Li J, et al., 2017c. Selenium sequestration in a cationic layered rare earth hydroxide: A combined batch experiments and EXAFS investigation. Environmental Science & Technology, 51(15): 8606-8615.

第3章 共价有机框架材料及其对放射性核素的吸附去除

3.1 概　　述

　　世界范围内核电项目的落地、退役及核武器原料生产，伴随着核资源的获得和核污染的问题。首先，核资源获得。海水中含有丰富的核资源，据报道海洋蕴含铀资源约$4.5×10^9$ t，是日益衰竭的陆地铀资源的4 000倍。但是海水中铀的浓度极低，仅为3 mg/t，并且大部分海水呈弱碱性，成分复杂。如何排除基质干扰提取海水中的痕量铀成为可持续能源发展关注的问题。其次，由于在核燃料循环的不同阶段都产生具有放射性和化学毒性的放射性核素，当吸入来自辐射源的放射性核素时，这些放射性核素可直接诱发疾病，如神经系统疾病、出生缺陷、不孕症和不同器官的各种癌症。因此，放射性固体废物、废液、废气的监测和处置成为关乎国计民生的重要问题。因此，迫切需要先进的多用途材料和技术，以便在海水中提铀获取核资源、在污染控制和环境治理方面有效地消除环境介质中的放射性核素。

　　近年来，多孔材料由于其中空结构、比表面积大而广泛应用于水溶液中放射性核素的分离。根据孔径大小，多孔材料分为微孔、中（介）孔、大孔材料三类。孔径大于50 nm的为大孔材料，介于20～50 nm的为中孔或介孔材料，小于2 nm的为微孔材料（Rouquerol et al.，1994）。根据组成成分，多孔材料分为无机多孔材料和有机多孔材料。无机多孔材料有传统的和已经商业化的沸石、活性炭、硅藻土等组成简单、价廉易得的材料，还有各类修饰的复合无机多孔材料。但由于无机多孔材料通常是通过煅烧去除表面活性剂或其他组分以获得中空结构，不利于孔调控，并且高温煅烧易致孔道坍塌，空腔中也不利于形成氢键，所以有机多孔材料蓬勃发展。根据材料的规整度，有机多孔材料分为非晶态有机多孔材料和晶态有机多孔材料。非晶态有机多孔材料包括共轭微孔聚合物（conjugated microporous polymers，CMPs）、多孔芳香骨架（porous aromatic framework，PAFs）等；晶态有机多孔材料包括分子筛、金属有机框架（MOFs）、多孔氢键有机骨架材料（HOFs）、共价有机框架（COFs）等。其中，共价有机框架材料最有亮点。自2005年Yaghi及其同事开创性工作（Côté et al.，2005）以来，COFs材料的研究发展高歌猛进，其结构有二维、三维多孔材料，形状从微晶、单晶到薄膜，孔径从微孔调控到介孔，越来越多的COFs材料如雨后春笋破土而出。

　　共价有机框架材料是由轻元素（C、H、O、N、B、Si、S等）组成的有机小分子构筑单元（linker）通过动态可逆共价键（linkage）组装成具有一定拓扑结构的晶态多孔有机聚合物（Diercks et al.，2017）。选择构筑单元（linker）的尺寸、形状及动态可逆共价键（linkage）的连接性，可以合成所需的拓扑结构及孔径大小、形状和特殊功能的二维、三维等骨架材料。COFs 材料具有三大优点：一是结构可设计、合成可控制、功能可管理；二是稳定性较好、耐高温、耐酸碱、耐辐射，在极端条件下仍能保留其性质；三是有多种合成方法满足不同需求，如高结晶度、直接加工性，或薄膜的形成。因而，COFs 材料成为气体捕获、分离和储存、生物医学、药物输送、催化、储能、光电器件、样品预处理、色谱分离、传感等领域的新兴材料。

本章主要介绍 COFs 材料的合成方法、构筑 COFs 的反应类型、COFs 分类、COFs 吸附放射性核素（特别是铀、碘等）的应用及性能。

3.2 COFs 的合成方法

不同结构、不同形态的 COFs，有不同的合成方法。目前微晶、单晶 COFs 合成方法主要包含溶剂热合成法、离子热合成法、微波加热合成法、机械研磨合成法；薄膜 COFs 的合成方法根据合成策略主要有自上而下策略，如超声剥离法；或自下而上策略，如溶剂热合成法、流动合成法和界面合成法等。

3.2.1 溶剂热合成法

溶剂热合成法是将常温常压下在溶剂中不易溶解、反应的物质，利用高温（100～1 000 ℃）和高压（1～100 MPa）发生化学反应而合成的方法。通常把一种或几种前驱体溶解在非水溶剂中，在液相或超临界条件下，反应物分散在溶液中并且变得比较活泼，发生反应，缓慢生成产物。溶剂热合成法是 COFs 最常见的合成方法，一般在密封的容器中进行，通常借鉴无机沸石的方法合成（Das et al.，2015）。大多数的 COFs 都可通过溶剂热法合成，一般条件是将反应物加入反应釜中，加热至 80～120 ℃，反应 2～9 天。早期报道的 COF-1 和 COF-5（Côté et al.，2005）都是通过溶剂热法合成的。反应体系的压力、温度、反应时间、溶剂组合的体积比及催化剂的用量对 COFs 的产率都会产生一定的影响。溶剂热法合成 COFs 需要的时间长，消耗的能耗大。

Dichtel 课题组用溶剂热法在单层石墨烯上合成二维 COFs 薄膜材料（Colson et al.，2011）。X 射线衍射分析显示，与粉末样品相比，所得 COFs 材料的结晶度有所提高。通过该方法还可以合成其他二维 COFs 薄膜，并表现出独特的性能（Matsumoto et al.，2018）。例如，透明单层石黑烯（single-layer graphene，SLG）/SiO$_2$ 上的 NiPc-PBBA-COF（PBBA 为对苯二硼酸）薄膜显示出强大的可见光吸收能力。该方法不仅首次实现了功能化 COFs 的大平面组装，而且拓宽了 COFs 的应用范围，特别是在光电器件中的潜在应用。

3.2.2 离子热合成法

离子热合成法是将离子液体或低共熔混合物同时作为合成反应的溶剂和模板剂进行合成的方法，其原理与水热/溶剂热合成法相同。其反应条件苛刻，反应温度高，对构建单元的热稳定性要求也高，但这种方法具有蒸气压小、不可燃、溶解范围宽、对有机/

无机化合物均有良好的溶解性和结构可设计性强等特点，近年来作为绿色、安全的反应介质受到广泛关注。

离子热合成法最早用于共价三嗪骨架（covalent triazine skeleton，CTF）的合成，CTF是一种由三嗪环连接的COFs材料，离子热法是继溶剂热法之后应用最广泛的方法之一。Zhu及其团队开发了离子热合成法来生产结晶多孔COFs（Wang et al.，2014）。在400℃、熔融的氯化锌条件下，对腈构建单元进行三聚反应，得到高结晶度的CTF，其具有优越的化学和热稳定性。熔融状态的氯化锌在该过程中不仅作为反应的溶剂条件，还是该反应的催化剂。

基于溶剂热合成过程中闭环反应的可逆性差，Lotsch Bettina及其团队在氯化锌和共晶盐混合物中合成了多孔聚酰亚胺键合共价有机框架（polyimide bonding covalent organic frameworks，PI-COFs）（Maschita et al.，2020），该方法不需要可溶性前体，并且反应时间较溶剂热法短。聚酰亚胺键连接的COFs有较好的耐酸碱、耐高温性能，广泛应用于传感、去污和储能等领域。

3.2.3 微波加热合成法

微波加热是一种依靠材料吸收微波（能量形式）将其转换成热能，使自身整体同时升温的加热方式。传统加热方式是根据热传导、对流和辐射原理使热量从外部传递给材料，热量总是由表及里传递，材料中不可避免存在温度差，因此加热的材料不均匀，易出现局部过热。微波加热法是通过被加热体内部偶极分子高频往复运动，产生"内摩擦热"而使被加热体温度升高，不须任何热传导过程，就能使加热体内外部同时加热、同时升温，加热速度快且均匀，仅需传统加热方式能耗的几分之一或几十分之一就可达到加热目的。但是微波对材料有选择性，不是所有材料对微波有吸收或部分吸收，也有直接让微波穿透或反射的材料。微波加热法反应时间短，对环境友好，可大量合成，并且可以持续在线监控合成过程。Cooper及其团队在2009年将4-苯二硼酸（1.116 mmol）和2，3，6，7，10，11-六羟基三苯（0.745 mmol）加入20 mL 1∶1（体积比）的三甲基苯和1，4-二氧六烷的混合溶液，密封在35 mL玻璃微波管中，在氮气保护、100℃下以200 W的功率搅拌20 min，微波加热合成了二维的COF-5和三维的COF-102（Campbell et al.，2009）。用微波合成法仅需20 min就可制备，而使用溶剂热法合成则需要72 h。用微波加热合成的COF-5的BET表面积为2 019 m^2/g，显著高于Yaghi课题组2005年合成的COF-5的比表面积（1 590 m^2/g）（Côté et al.，2005）。

微波合成法也可以辅助溶剂热法制备COFs，Ros-Lis及其同事首次使用微波辅助溶剂热法通过席夫碱合成了二维TpPa-COFs（Diaz de Grenu et al.，2021），缩短反应时间的同时还提升了产率。合成的TpPa-COFs有优良的孔隙率、高BET比表面积、高结晶度等优越的性质，可以在低压条件下储存二氧化碳和分离二氧化碳与氮气的混合气体。

3.2.4 机械研磨合成法

机械研磨合成法无须对反应体系进行加热，可以在室温且无溶剂的条件下合成

COFs，所需的时间也相对较短。Chandra 等（2013）使用机械研磨法成功地制备了 TpPa-1、TpPa-2、TpBD。在对反应物进行研磨的过程中，可以看到反应物的颜色变化。机械研磨法虽然所需的条件较容易达到，但其制备的 COFs 材料的结晶度和孔隙度较溶剂热法合成的 COFs 小。

通过简单、高效、环保的机械化学合成法可以克服溶剂热法的局限性。通过研磨法合成的 COFs 有 TpPa-1、TpPa-2、TpPa-F4、TpBD 等（Chandra et al.，2013）。使用机械研磨合成法制备的 COFs 在强酸强碱环境下都非常的稳定，但结晶度和 BET 比表面积都相对不高。为了提高所制备 COFs 的结晶性，可以对研磨法进行优化，在研磨的过程中加入少量催化剂溶液，使反应物混合得更加均匀，从而提高反应速率，获得较高结晶度的 COFs。

3.2.5　界面合成法

不同于其他只能合成 COFs 微晶或单晶的合成方法，界面合成法可以在界面处制备 COFs 薄膜，并可以通过单体浓度等因素控制 COFs 薄膜厚度。界面合成法利用固-液、液-液、气-液、气-固两相界面或三相界面为反应提供场所，使聚合物在界面方向延展生长得到厘米级大小的 COFs 膜。界面合成法获得 COFs 膜的取向性和均一性大幅提高，对无缺陷的控制仍旧面临挑战。

Wang 等（2018）将两种单体分别加入油和水凝胶中，用浸在油里面的水凝胶上的超薄扩散水作为反应器，在油/水/水凝胶三相界面处合成了 COFs 薄膜。具体过程是：首先用 1, 4- 二甲氧基 - 苯和 4- 硝基苯腈合成了 2, 5- 二羟对苯二甲醛（2, 5-dihydroxyterethaldehyde，DHTA）和 4, 4′, 4″(1, 3, 5-三嗪-2, 4, 6-三基)三苯胺（4, 4′, 4″-(1, 3, 5-triazine-2, 4, 6-triyl)trianiline，TTA）；然后将 DHTA 溶解在油相（正十三烷）中，将 TTA 溶于 4 mol/L 乙酸溶液中，再将聚丙烯酰胺水凝胶放入其中浸泡 3 h，得到 TTA-膨胀水凝胶；接着将 TTA-膨胀的水凝胶放入深度 1 cm 的 DHTA 正十三烷溶液中；之后滴 10 μL 的水在水凝胶表面超扩散，形成封闭的水层反应器；静置 12 h 后，得到形貌均匀、比表面积大、4～150 nm 厚度可控和一定取向的 COFs 膜，在纳米过滤膜和光电化学传感器方面有较高的应用潜力。

3.2.6　其他合成方法

除上述介绍的方法外，还有加热回流法、室温合成法、超声剥离法、焙烧法、基底辅助溶剂热法等可以合成 COFs。Zhang 等（2018）以二氧化碳溶解水为溶剂，在室温条件下合成了 COF-LZU1。合成 COF-LZU1 的反应物是 1, 3, 5-三甲酰苯和对苯二胺，反应时间为 24 h。该 COFs 材料通过亚胺键连接，在水和大多数有机溶剂中都比较稳定，可用作载体催化剂。用该方法合成的 COF-LZU1 纳米棒具有纳米尺寸、分级的微孔和介孔结构及大比表面积。

3.3 构筑 COFs 的反应类型

COFs 的合成主要是通过动态可逆的自缩合或者共缩合反应实现的。缩合过程中形成的共价键可逆本质决定了合成的 COFs 是晶体结构而不是非晶态聚合物，因为它允许晶格内部通过键的分裂和重整来进行错误校正和网格重排，所以最后形成具有最低自由能的热力学产物。目前报道的构筑 COFs 的反应类型有十多种（图 3.1），其中由可逆共价键形成的硼氧烷（boroxines）和硼酸酯（boronic esters）比较敏感、易水解，亚胺键（imine）则稳定，肼（hydrazones）、偶氮（azine）、酰胺（imide）更稳定，而 β-酮烯胺（β-ketoenamine）的稳定性更好。

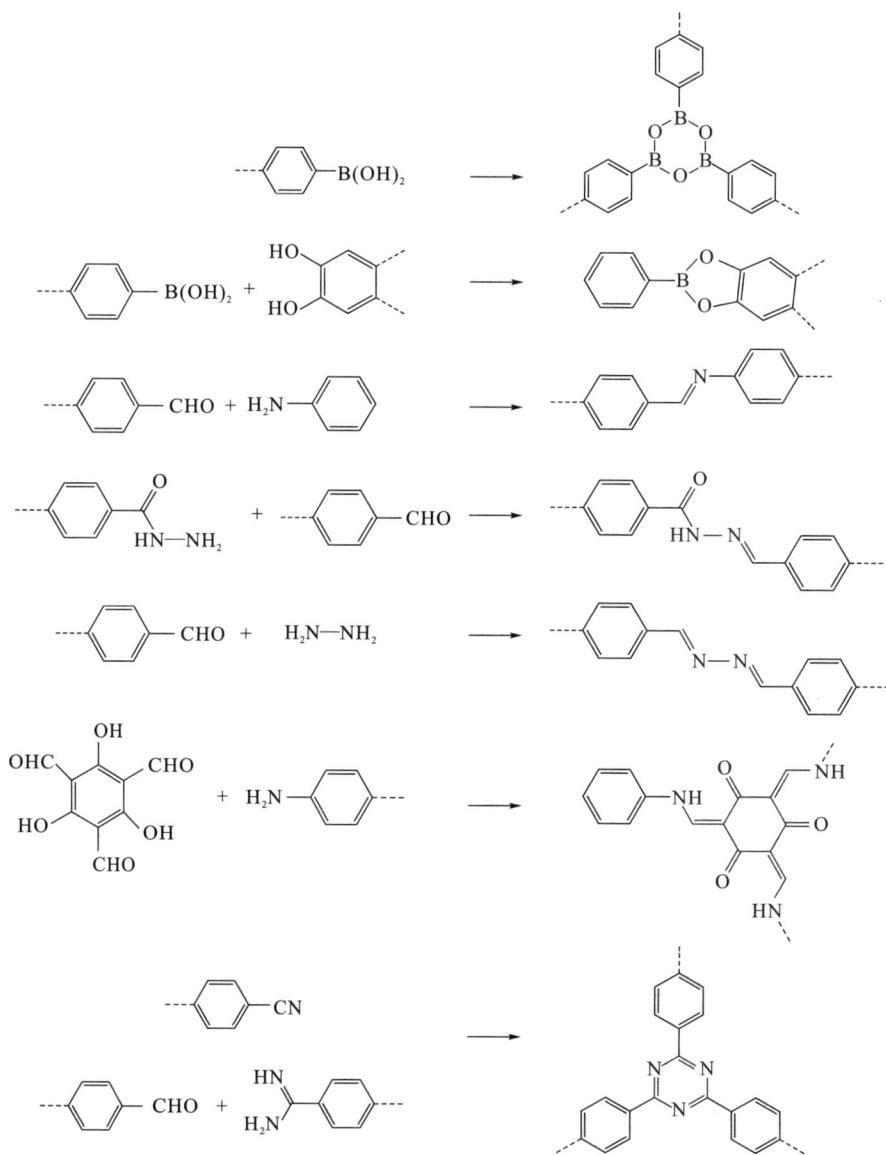

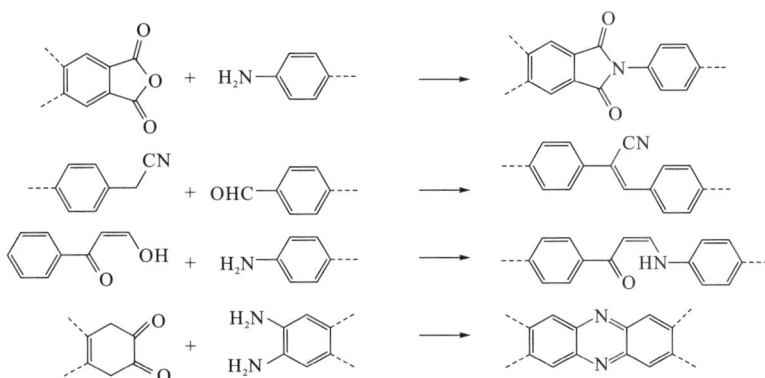

图 3.1　构筑 COFs 的反应类型及成键方式

为了精准控制 COFs 的孔形状、功能，通常选择一定几何形状的反应单体可逆键合成具有特定孔道和几何形状的拓扑结构。例如直线型单体、平面三角形都可以缩合成平面六角形孔，具有蜂窝型（honeycomb，hcb）网格二维拓扑结构。

3.4　COFs 的分类

COFs 按拓扑结构分为二维 COFs、三维 COFs。二维 COFs 通常是由一种或多种平面的构筑单元合成的层状结构材料，只有一维的孔道结构；三维 COFs 主要是由立体的构筑单元来合成，具有贯通的孔道结构和很低的密度。

按连接构筑单元的动态可逆共价键类型，可以分为 B—O 型 COFs、C═N COFs（亚胺、肼），芳香族 C═N COFs（三嗪和非乃嗪），C═C COFs（烯烃），C═N COFs（b-酮烯胺、酰亚胺和酰胺）系列，B═N 环硼氮烷系列，N═N 等。

3.4.1　B—O COFs

B—O COFs 可以根据构筑单元的共价键类型分为硼酸酐、硼酸酯、硼硅酸盐和螺旋硼酸盐。

2005 年，Yaghi 及其团队最早合成了硼酸酐 COFs，他们通过三个对苯二硼酸分子脱水缩合形成 B_3O_3 六环，接着在 120℃下加热 72 h，使 1, 4-对苯二硼酸（BDBA）延伸形成 COF-1（图 3.2），COF-1 是二维六方的平面拓扑构型，层之间采取 AB 堆积模式（每层晶格结构是相同的，且相邻两层的晶格结构是相同的）（Côté et al.，2005）。此外，Yaghi 团队等通过对苯二硼酸和 2, 3, 6, 7, 10, 11-六羟基苯并菲脱水缩合成一个平面五元环 C_2O_2B 硼酸，最后形成 COF-5（Côté et al.，2005）。COF-5 是二维六方的平面拓扑，层间采取完全重叠的 AA 堆积模式（每层晶格结构是相同的，但是相邻两层的晶格结构是相对的）（图 3.2）。

2007 年，Yaghi 及其团队通过具有 Td 对称性的正四面体构型单体四（4-硼酸苯基）甲烷（tetra-(4-boronic phenyl) methan，TBPM）和四（4-硼酸苯基）硅烷（tetra-(4-boronic phenyl) silan，TBPS）自缩合合成了 C_3N_4 三维网格拓扑构型 COF-102 和 COF-103；用 TBPM 和 TBPS 分别与具有 C3 对称性的三角形六羟基苯并菲（HHTP）共缩合得到 bor 三维拓扑构型 COF-105，C_3N_4 三维网格拓扑构型的 COF-108，如图 3.3 所示。

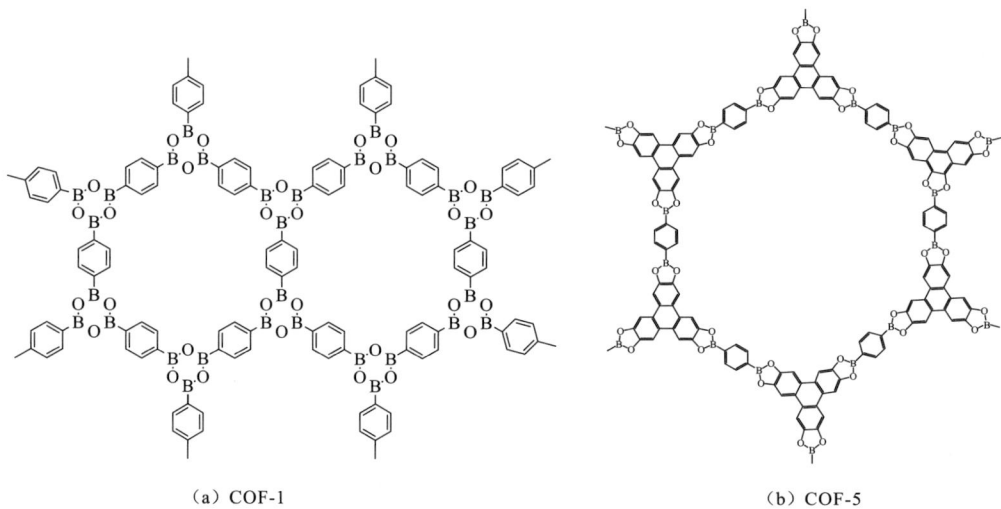

(a) COF-1

(b) COF-5

图 3.2　二维 COF-1 和 COF-5 的结构式

引自 Côté 等（2005）

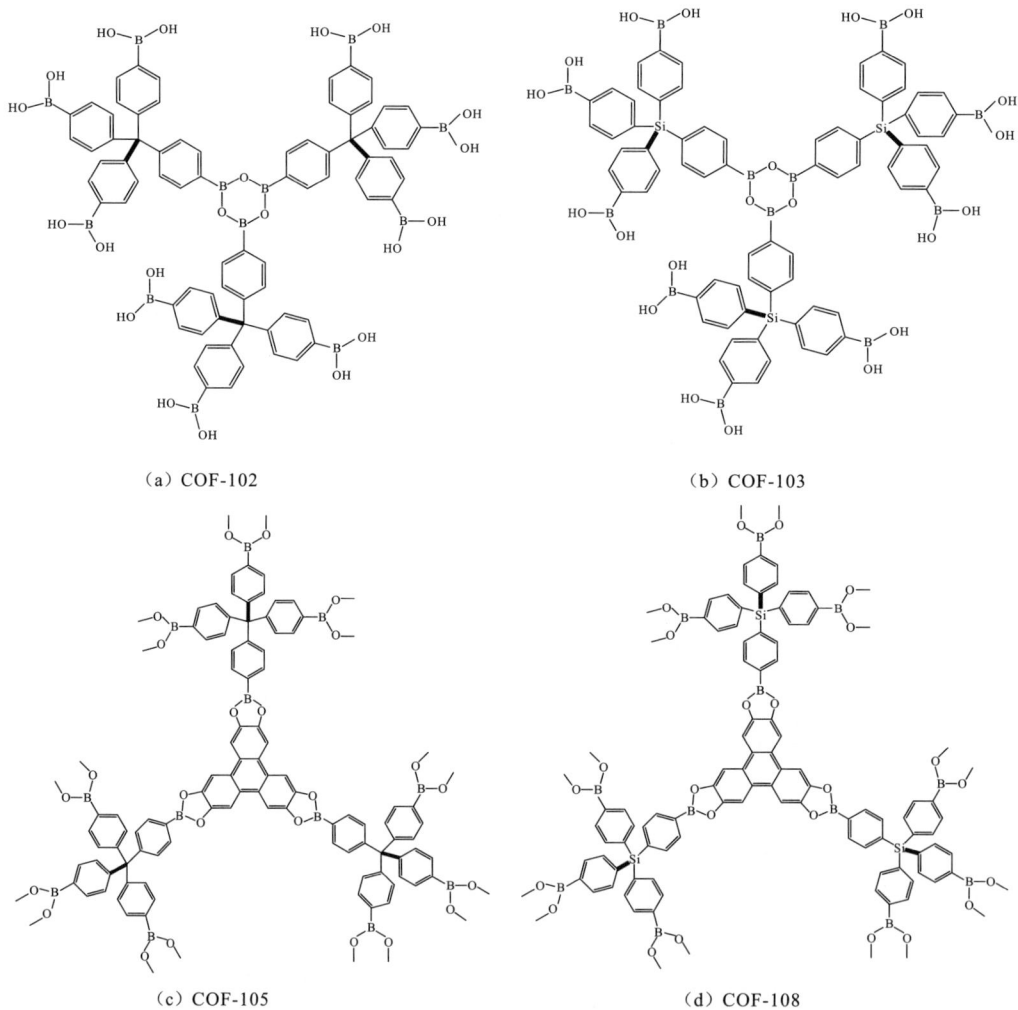

(a) COF-102

(b) COF-103

(c) COF-105

(d) COF-108

图 3.3　三维 COF-102、COF-103、COF-105 和 COF-108 的结构式

引自 El-Kaderi 等（2007）

硼酸还可以与硅醇化合物反应，缩合成立体六面体硼酸硅脂。Yaghi 及其团队将四(4-(二羟基)硼基苯基)甲烷和叔丁基（三羟基）硅烷、二噁烷/甲苯溶液装在试管中（Hunt et al.，2008），在 77 K 下瞬间冷冻，抽真空，然后用火焰密封。混合物在 120℃下加热 3 天，得到白色沉淀，过滤分离，并用无水四氢呋喃洗涤。室温真空脱除溶剂，得到白色粉末 COF-202，其组成为 $C_{107}H_{120}B_{12}O_{24}Si_8 \equiv [C(C_6H_4)_4]_3[B_3O_6(^tBuSi)_2]_4$。

使用不同形状和大小的硼酸单元可制备不同孔隙和结构的 COFs，从而实现对 COFs 材料孔径的精密设计。含硼 COFs 是最早被合成的共价有机框架，但其应用存在较大的局限性，这是因为其在水和空气中不稳定，结构容易坍塌。

3.4.2 亚胺基 COFs

亚胺基 COFs 由芳香胺和醛通过席夫碱反应脱水缩合得到，Yaghi 及其团队合成了第一个由亚胺键连接的三维共价有机框架 COF-300（Uribe-Romo et al.，2009）（图 3.4），COF-300 具有较好的热稳定性和化学稳定性，且在水及常见的有机溶剂中能够保持结构的稳定，因此亚胺基 COFs 材料有更为广泛的应用。

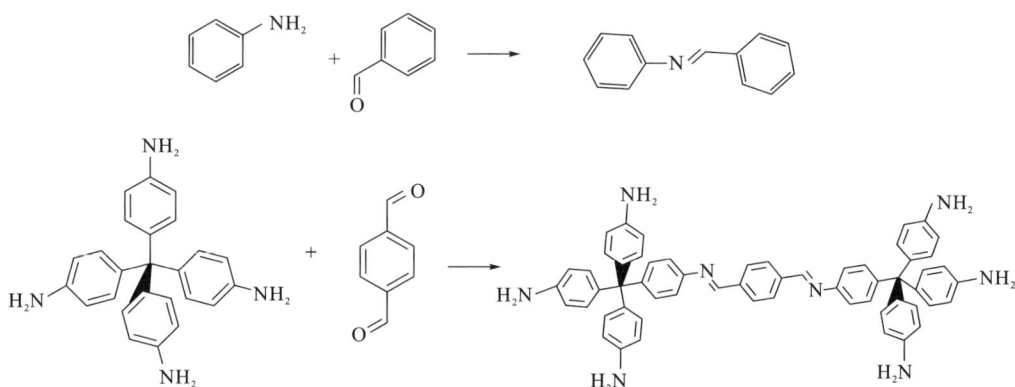

图 3.4　苯胺与苯甲醛缩合成 N-苄烯苯胺、四（4-氨基苯基）甲烷和对苯二甲醛组成双亚胺

引自 Uribe-Romo 等（2009）

典型的亚胺基 COFs 如 COF-300、COF-303、LZU-79、LZU-111 等，在合成中直接沉淀导致 COFs 固体始终为非晶或多晶。Ma 等（2018）通过亚胺交换策略提高亚胺基 COFs 合成反应的可逆性，这一方式通过在反应物中添加过量的苯胺实现。亚胺键从根本上解决了硼氧键对水不稳定的问题，亚胺基 COFs 在水相中能够得到广泛应用。这一优势凸显后，研究人员大量投入亚胺基 COFs 的研究，极大地丰富了亚胺基 COFs 的种类（Guo et al.，2020b）。亚胺基 COFs 中存在不饱和键，这使其成为容易改性的材料。

3.4.3 肼键 COFs

酰肼和醛的共缩合反应得到肼键，由此合成了一系列的 COFs。例如，COF-42 和 COF-43 是 Yaghi 课题组在 2011 年首次报道的酰肼键连接的 COFs，他们采用 2, 5-二乙氧基对苯二甲酰肼与 1, 3, 5-三甲酰基苯或 1, 3, 5-三（4-甲酰苯基）苯缩合生成，其中有机构筑单元通过肼连接形成扩展的二维多孔框架（Uribe-Romo et al.，2011）。这两种 COFs 都是结晶的，表现出良好的热稳定性和化学稳定性，孔结构稳定。重要的是，与亚胺相比，肼更不容易水解，这可以扩大 COFs 在医疗保健领域的应用。

3.4.4 偶氮键 COFs

Dalapati 等（2013）在溶剂热的反应条件下，将肼（联胺）与 1, 3, 6, 8-四（4-甲酰基苯基）芘缩合，得到高结晶的二维吡嗪共价有机框架（Py-Azine COF），如图 3.5 所示。芘单元占据顶点，重氮丁二烯（—C＝N—N＝C—）在边缘，进一步以 AA 堆积模式堆叠，构成周期性有序的芘柱和一维微孔通道。位于边缘的—C＝N—N＝C—键的形成可以将与目标分子的氢键相互作用引入孔隙空间。这些顶点和边缘单元的协同功能使偶氮键 COFs 在化学传感中具有极高的灵敏度和选择性，可用于对 2, 4, 6-三硝基苯酚爆炸的选择性检测。

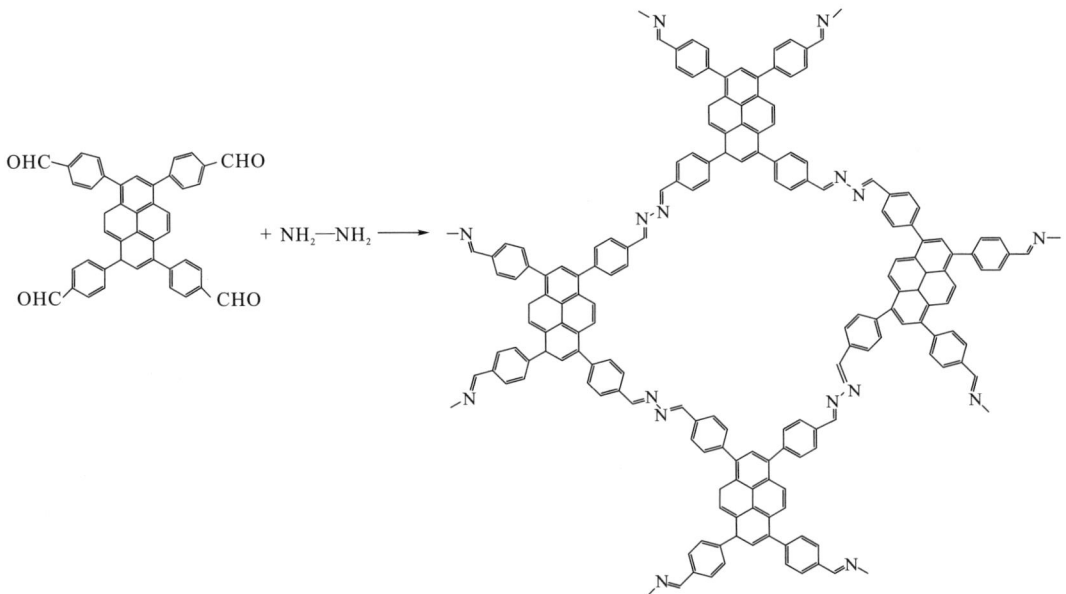

图 3.5　吡嗪共价有机框架合成
引自 Dalapati 等（2013）

3.4.5 烯酮-胺键 COFs

Banerjee 及其团队用研磨法由 1, 3, 5-三甲酰间苯三酚与苯二胺和 2, 5-二甲基对苯二胺合成了 TpPa-1、TpPa-2（Biswal et al.，2013）。上述烯酮-胺键 COFs 在水中有较好的稳定性，这是因为烯醇与酮的互变异构具有不可逆性质。TpPa-1 和 TpPa-2 不仅在水中有较好的稳定性，在强酸强碱的环境下也有较好的稳定性。随后 Banerjee 及其团队用界面合成的方法合成了烯酮-胺键系列的纳米多孔薄膜，在二氯甲烷和水的界面由 1, 3, 5-三甲酰基间苯三酚（1, 3, 5-Triformylphloroglucino，Tp）和 2, 2'-联吡啶-5, 5'-二胺（2, 2'-Bipyridine]-5, 5'-diamine，Bpy），4, 4'-偶氮二苯胺（4, 4'-diaminoazobenzene，Azo），

4, 4′, 4′(1, 3, 5-三嗪-2, 4, 6-三酰基)三(1, 1′-联苯)三苯胺(1, 3, 5-Triazine-2, 4, 6-triamine, Ttba)、4, 4′, 4″-(1, 3, 5-三嗪-2, 4, 6-三酰基)三苯胺(4, 4″, 4″-(1, 3, 5-triazine-2, 4, 6-triacyl) triphenylamine, Tta)制备 TpBpy、Tp-Azo、Tp-Ttba 和 Tp-Tta(Dey et al., 2017)。这些 COFs 薄膜在多数溶剂中表现出较强的渗透性和较好的选择性。

Yaghi 及其团队在溶剂热的反应条件下,由对三联苯-2′, 5′二羧酸-4, 4′-二甲醛和 1, 1, 2, 2-四苯乙烯合成了 COF-616(Guo et al., 2020a)。COF-616 中有羧基,可对羧基进行转化,引入多种官能团,一系列螯合功能被引入框架中。这一方式合成的共价有机框架可以作为吸附水中污染物的有效材料。

3.4.6 酰胺 COFs

Yaghi 及其团队通过 1, 3, 5-三甲酰基间苯三酚分别与 1, 4-亚苯基二脲)和 1, 1′-(3, 3′-二甲基-[1, 1′-联苯]-4, 4′-二酰基)二脲缩合分别生成了 COF-117 和 COF-118(Zhao et al., 2018)。COF-118 在沸水及强酸中表现出较强的稳定性,在沸水及强酸中 24 h 仍保持结晶度不变。

3.5 COFs 吸附放射性核素的应用及性能

核能作为一种安全、清洁、可持续的能源,受到广泛的关注。在核裂变过程中产生大量锕系元素和裂变产物。近年来,从核工业流出液中分离出放射性元素受到重视。吸附是提取水中的放射性元素的一种高效方式,有机共价框架是优异的吸附材料。

3.5.1 对铀的吸附

1. 原始 COFs

2016 年,Li 及其团队报道了一种新的立体二维超微孔磷腈共价有机框架(microporous phosphazene-based covalent organic framework, MPCOF)(Zhang et al., 2016)。MPCOF 由六氯环三磷腈和对苯二胺合成,该化合物有较高的结晶度、较好的热稳定性和酸稳定性。间歇吸附实验结果表明,MPCOF 不仅具有较高的铀分离效率,而且吸附容量为 0.71 mmol/g,在弱酸条件下(pH 为 4.5)的选择性为 76%。即使在 1 mol/L HNO$_3$ 的强酸性条件下,MPCOF 在铀的选择性分离方面仍显示出未报道的高实用能力。

Li 等(2019a)通过 1, 3, 5-三甲酰间苯三酚和肼合成了叠氮键合共价有机框架(azide bonded covalent organic framework, ACOF)。ACOF 有较高的结晶度和较好的化学稳定性。ACOF 对铀的吸附量为 169 mg/g,对铀的选择性随着溶液 pH 的降低而升高,当 pH 为 1.5 时选择性达到 96.2%。这是由在酸性条件下化合物的酮式和烯醇式的互变异构(图 3.6)产生的尺寸匹配效应引起的。

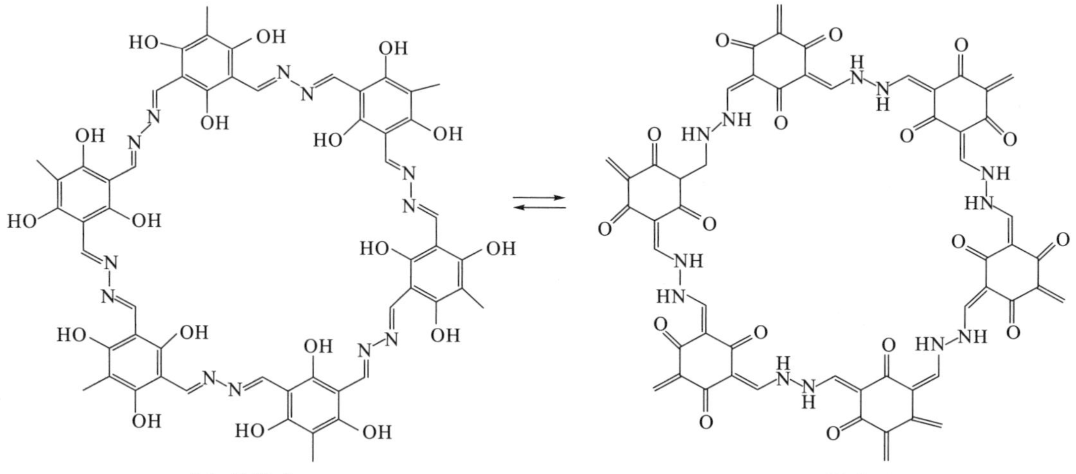

（a）烯醇式　　　　　　　　　　　　（b）酮式

图 3.6　ACOF 的烯醇式和酮式的互变异构

引自 Li 等（2019a）

2019 年，Shi 及其团队合理设计并合成了磷酸盐修饰共价有机框架 COF-IHEP1 和 COF-IHEP2（Yu et al.，2019）。带负电的有机框架在极端条件下还有较好的稳定性，磷酸盐修饰的 COFs 在强酸溶液中对铀有良好的吸附能力和选择性。在 1 mol 的硝酸溶液中 COF-IHEP1 对铀的吸附量为 112 mg/g。COF-IHEP1 和 COF-IHEP2 中磷酸基团部分具有很强的螯合能力，这使得该材料对铀有较强的吸附能力，水中的 U(VI) 与磷酸基团的氧位点结合，这一研究也为合理设计共价有机框架提供了新的思路。

Luo 及其团队经实验研究发现经氨化的磺酸修饰的 COFs 表现出优异的铀萃取性能（Xiong et al.，2019）。原始磺酸修饰 COFs（COF-SO$_3$H）对铀的吸附量为 360 mg/g；氨化的 COF-SO$_3$H（[NH$_4$]+[COF-SO$_3^-$]）对铀的吸附量高达 851 mg/g。经氨化后的 COFs 对铀的吸附能力增强了约 2.4 倍。[NH$_4$]+[COF-SO$_3^-$] 有很高的分配系数，对金属离子有很强的亲和力，对多种金属离子都表现出较强的选择性吸附能力。该材料在强酸条件下有较好的稳定性，能够被广泛应用于海水中金属离子的吸附。

Qiu 及其团队开发了亲水性苯并噁唑基 COFs（Tp-DBD、Bd-DBD 及 Hb-DBD），如图 3.7 所示（Cui et al.，2021b）。亲水性的 Tp-DBD 有优异的稳定性，π 共轭骨架中羟基和苯并噁唑环的协同作用降低了光学带隙，增强了与铀的亲和力。Tp-DBD 在 pH 为 6 时表现出对铀的最大吸附，当接近海水的酸碱度时，仍有较高的吸附量。在模拟太阳光照射时，Tp-DBD 对铀的吸附量从 653.9 mg/g 升至 1 006.5 mg/g，这是因为 Tp-DBD 有良好的光活性。

Qiu 及其团队报道了一种共价有机框架海绵，命名为 BHMS（Cui et al.，2021a）。在天然的海水中，BHMS 表现出较高的蒸发率和对铀的吸附能力，这是由于材料内部的弹性大孔提供了足够的水传输通道，增加了海水的蒸发位点和铀的结合位点。通过光热增强促进铀酰离子的热运动和太阳能脱盐可以实现铀回收和淡水收集的协同作用。

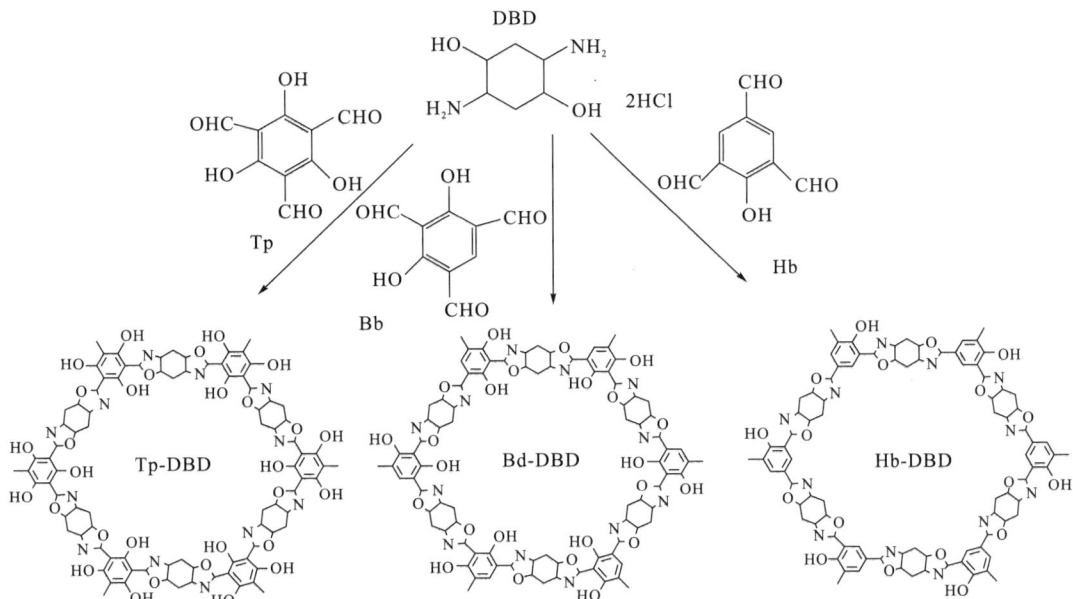

图 3.7　Tp-DBD、Bd-DBD 及 Hb-DBD 结构示意图

引自 Cui 等（2021b）

Qiu 及其团队报道了通过未取代烯烃键连接的共价有机框架（Tp-TMT、Hb-TMT、Tb-TMT、DHBD-TMT 及 HBD-TMT）（Cui et al.，2021c；Xu et al.，2021），如图 3.8 所示，这一系列的 COFs 是通过克脑文格尔（Knoevenagel）反应合成碳碳双键，形成 π 共轭有机框架。Tp-TMT 骨架中含有大量的羟基，能将部分 U(VI) 还原为 U(IV)，很好地为铀提供选择性结合位点，从而表现出优异的铀吸附能力（2 362.4 mg/g）。Tp-TMT 的结构特性和光催化活性使其可以通过三种协同机制进行光增强铀吸附。三嗪结构与碳碳双键形成高度共轭的框架，羟基与共轭框架的协同效应明显降低了 Tp-TMT 的光学带隙，在光照条件下可以发生额外的铀光催化还原过程，从而进一步增加了吸附量。DHBD-TMT 表现出突破性的铀吸附能力（2 640.8 mg/g），这是由于该材料有规则多孔通道结构和暴露在外的亲水性活性位点，促进电子转移，从而大大提高捕获容量和效率。DHBD-TMT 的特殊结构非常适合作为选择性配体络合、高效化学还原和光催化还原铀的捕获平台，在光照条件下，可以发生额外的 U(VI) 光催化还原，从而获得更高的吸附量和更快的吸附效率。

2. 功能化 COFs

大量研究证实，与其他离子相比，酰胺肟是铀酰离子的高效特征螯合基团。它对铀酰离子具有高效的选择性吸附和很强的亲和力（Cheng et al.，2021；Yang et al.，2021；Cui et al.，2020a，2020b；Li et al.，2020a；Zhang et al.，2020；Sun et al.，2018）。经过酰胺肟化的 COFs 通过碳碳双键连接，形成大的共轭效应，增强了 COFs 的化学稳定性，具有较好的耐酸耐碱性能。即使在海水的实验条件下，酰胺肟化 COFs 仍表现出优异的吸附能力。近年研究的酰胺肟化 COFs 对铀的最大吸附量可达到 436 mg/g，表 3.1 列出了部分酰胺肟化 COFs 的最大吸附量及结构式。

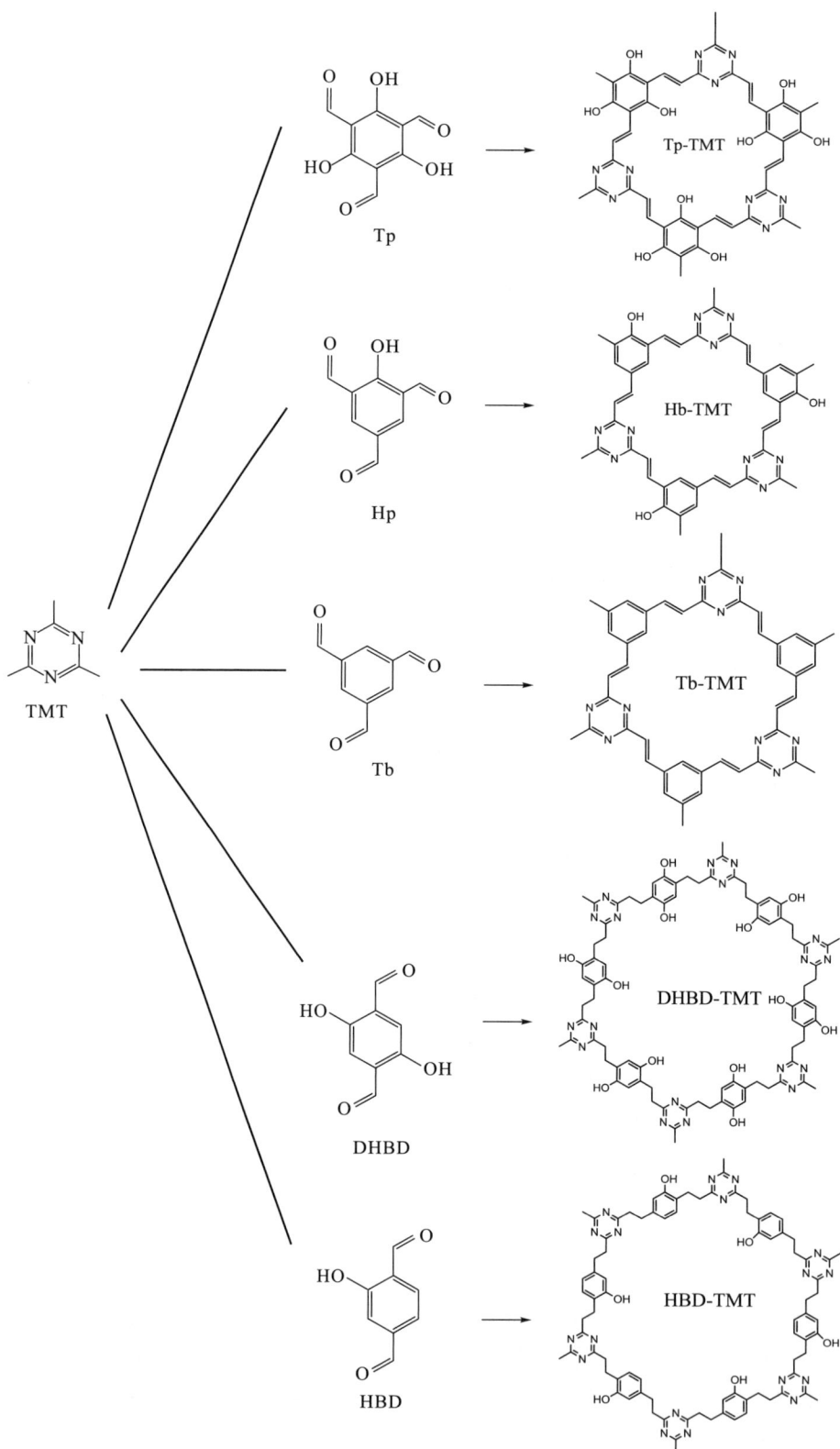

图 3.8 Tp-TMT、Hb-TMT、Tb-TMT、DHBD-TMT 及 HBD-TMT 结构示意图

引自 Xu 等（2021）和 Cui 等（2021c）

表 3.1 酰胺肟化 COFs 最大吸附量及结构式

COFs 类型	最大吸附量/（mg/g）	结构式	参考文献
COF-TpAb-AO	127		Sun 等（2018）
TFPT-BTAN-AO	427		Cui 等（2020b）
TP-COF-AO	436		Zhang 等（2020）

经肟化的共价有机框架分子中含有氮、氧原子，氮和氧原子能够与铀酰离子形成配位键，酰胺肟化 COFs 与铀酰离子形成螯合物（图 3.9），这使得肟化 COFs 对铀有优异的吸附性能和较好的选择性。

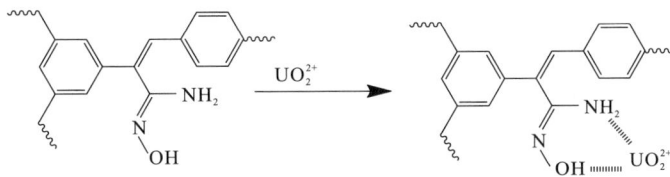

图 3.9 酰胺肟化 COFs 吸附铀的原理示意图

3. COFs 化合物

大多数核工业中的吸附剂在强酸和强辐射条件下难以保持结构的稳定。Ma 及其团队提出了相互促进策略，在石墨烯片上原位生长共价有机框架（in-situ loading of a covalent organic framework，TDCOF），得到了石墨烯协同二维共价有机框架（graphene-synergized 2D covalent organic framework，GS-COF）（Wen et al.，2018）。该团队对两种 COFs 进行肟化，得到相应的肟化产物 o-GS-COF 和 o-TDCOF 并比较其性能，结果表明 o-GS-COF 有更强的耐酸稳定性和辐照稳定性。o-GS-COF 对铀的吸附量为 144.2 mg/g，高于 GO 的吸附量 92.5 mg/g 和 o-TDCOF 的吸附量 105.0 mg/g。这一研究成功地实现了吸附材料稳定性和功能性的提高，在设计和制备优异的吸附材料领域有较大的应用价值。

Qiu 及其团队制备了具有三维多孔结构的还原氧化石墨烯基（rGO 基）共价有机框架水凝胶（KTG）（Zhang et al.，2022）。KTG 在光照条件下对铀的吸附量可达 521.6 mg/g，这是由于在光照条件下，KTG 会产生局部热，用于产生蒸汽，内部的蜂窝结构使其有较好的水传输性能，促进铀在水凝胶中快速扩散，从而提高吸附的效率和吸附量。KTG 有较好的抗生物污染性和可重复使用性，在处理废水领域有广泛的应用。

Zhai 等（2021）通过溶剂热法将氧化石墨烯（GO）接入共价有机框架中得到 GO@COF(TpPa-1)。GO 纳米片与 TpPa-1 骨架耦合框架具有大比表面积、丰富的官能团和较好的稳定性，这一体系的协同效应使 GO@TpPa-1 在 pH 为 6.5 时对铀的吸附量达到 1 532.35 mg/g。氧化石墨烯的引入减少了 TpPa-1 的聚集，吸附空间和接触面积增大，更多的螯合官能团暴露在外表面，这使得 GO@TpPa-1 复合材料对铀有超高的吸附容量。这一材料有蓬松的结构、优异的热稳定性、大的比表面积和丰富的官能团等优点，使其在水中放射性核素的处理中有较好的应用前景。

3.5.2 对碘蒸气的吸附

1. 原始 COFs

Jiang 及其团队报道了三维共价有机框架（Wang et al.，2018），该 COFs 通过金刚烷单元连接，具有高度多孔性。COFs 能够通过与孔壁形成电荷转移络合物来去除碘蒸气，从而获得对碘的高吸附量。由 1, 3, 5, 7-四（4-氨基苯基）-金刚烷（TAPA）和 1, 4-苯甲醛（PTA）在溶剂热条件下缩合反应合成 COF-DL229，其对碘的吸附量达到 2.3 g/g。该材料有较好的化学稳定性，在保持高吸附能力的同时能够多次循环使用。

Li 及其团队用 1, 3, 5-三甲基-2, 4, 6-三（4-氨基苯基）苯作为三连接的构建单元，设计并合成了两种新的二维共价有机框架（TJNU-201 和 TJNU-202，如图 3.10 所示）（Li et al.，2020b），两种材料都表现出对碘的高吸附能力（TJNU-201 吸附量为 5.625 g/g，TJNU-202 吸附量为 4.820 g/g）。1, 3, 5-三甲基-2, 4, 6-三（4-氨基苯基）苯的结构特性使芳香环和亚胺基团暴露于材料的孔通道中，与客体分子形成有效的相互作用。实验研究证明，这两种 COFs 有较好的循环利用性，至少能循环利用 5 次。

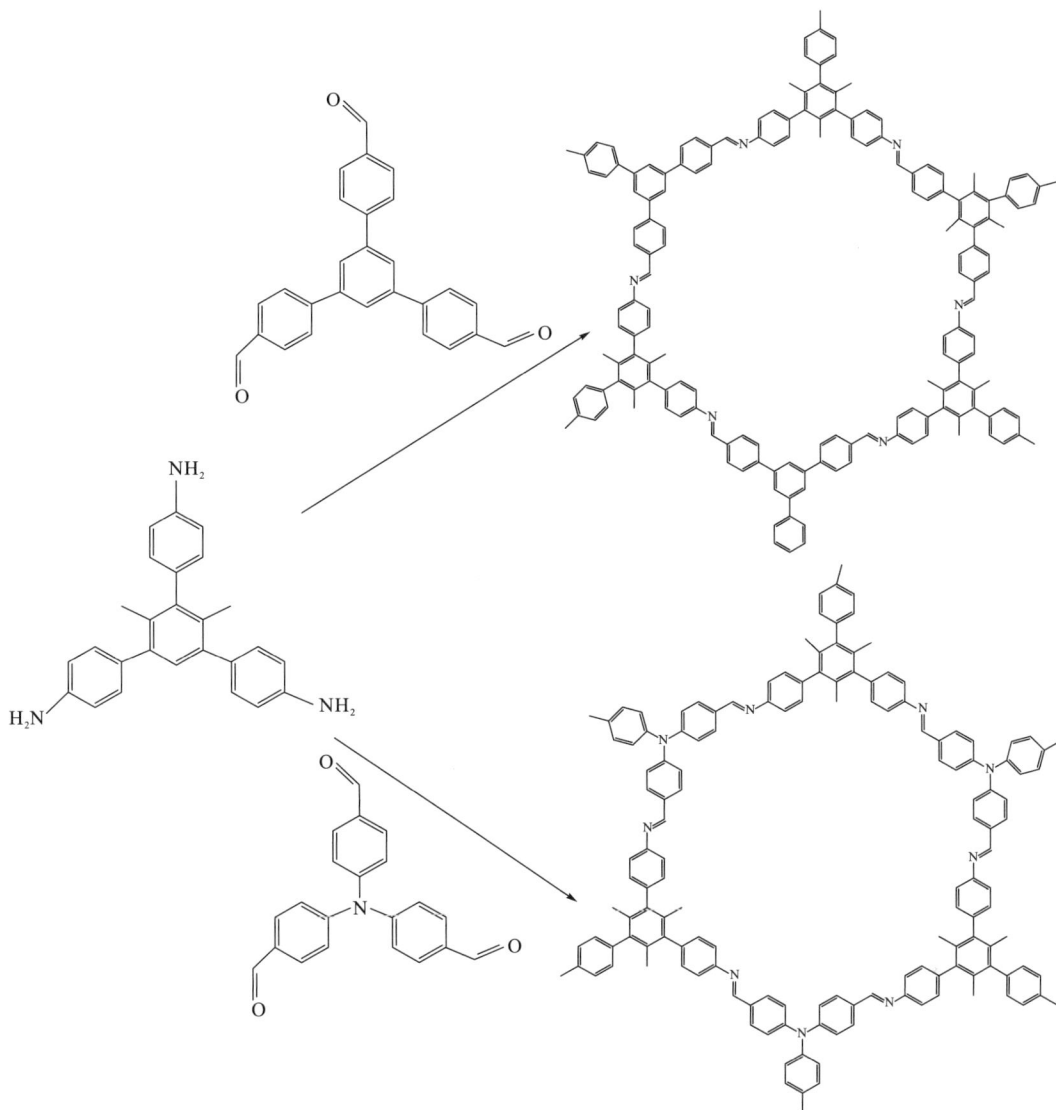

图 3.10 TJNU-201 和 TJNU-202 合成示意图

引自 Li 等（2020b）

　　Ma 及其团队使用六（4-甲酰基-苯氧基）环三磷腈（CTP-6-CHO）制备了磷腈 COFs 材料（QTD-COF）（Guo et al.，2020b），这一 COFs 对碘有超高吸附量，达到 6.29 g/g。这一 COFs 的结构是具有准三维结构的柱状晶体二维 COFs，具有独特的三角形孔隙、大的层间距和灵活的结构单元，使得孔隙具有弹性适合客体分子的运输。该研究成功地在二维材料上构建了三维结构特征，极大地提高了二维 COFs 的渗透性和传质速率。QTD-COF 独特的孔结构使客体分子能够通过正面和侧面路径进入材料框架，从而使主体-客体分子之间的相互作用更加有序和有效。

　　Luo 及其团队用 1，3，5-三甲酰间苯三酚和系列二苯胺合成了系列共价有机框架（COF-TpgDB、COF-TpgBD 和 COF-TpgTd）（Xiong et al.，2020）。该系列 COFs 是通过 C—N 键连接的，有较大的比表面积和较强的耐酸、耐碱、耐水性，都对碘有比较可观的吸附性能（表 3.2）。这是因为这类 COFs 不仅吸收碘分子，还吸收离子态的碘。该系列 COFs 吸附的碘很难脱附，还能够重复使用来吸附碘。通过 X 射线光电子能谱分析 COFs 对不同形态的碘的捕获，明确了不同官能团与不同碘物种之间的关系。

表 3.2　COF-TpgDB、COF-TpgBD 和 COF-TpgTd 对碘的吸附量

COFs 种类	吸附量/（g/g）
COF-TpgDB	2.71
COF-TpgBD	1.81
COF-TpgTd	1.66

Liu 及其团队通过理论计算、筛选出三种吸附碘性能优秀和选择性好的 COFs，并用 1，3，5-三甲醛苯和系列二苯胺合成了系列 COFs（TFB-DB-COF、TFB-BD-COF 和 TFB-Td-COF）（Song et al.，2021）。理论计算说明，COFs 对碘的吸附不仅受孔径大小的影响，还受多孔有机材料在特定位点结合能的显著影响，结合能越大，吸附碘性能越好（表 3.3）。实验证实筛选出的三种 COFs 吸附碘性能优秀且选择性好，也证实了具有介孔的二维共价有机多孔材料的构建单元有利于吸附碘分子这一碘吸附理论。

表 3.3　TFB-DB-COF、TFB-BD-COF 和 TFB-Td-COF 对碘的吸附量

COF 种类	吸附量/（g/g）
TFB-DB-COF	6.40
TFB-BD-COF	6.23
TFB-Td-COF	4.97

2. 功能化 COFs

Mi 及其团队对共价有机框架进行功能化设计，合成了两种阳离子 COFs（C-TP-PDA-COF 和 C-TP-BPDA-COF，如图 3.11 所示），以实现对碘的更大吸附量（Zhai et al.，2021）。先通过席夫碱反应制备中性 COFs（TP-PDA-COF 和 TP-BPDA-COF），再用溴乙烷作为修饰试剂合成具有离子框架的 COFs 材料。C-TP-BPDA-COF 对碘的最大吸附量达到 6.11 g/g，与中性 COFs 相比，吸附量提高了 1.3 倍，这一吸附过程通过 COFs 材料与碘分子之间的静电作用捕获碘。

Li 及其团队用棉花对 COFs 进行修饰得到 COFs@cotton，通过快速低温反应用 1，3，5-三（4 氨基苯基）苯与对苯二甲酸之间的亚胺缩合反应合成了亚胺连接的二维共价有机框架，然后用棉纤维对其进行功能化（Li et al.，2019b）。大量亚胺官能团与分散的介孔相结合，使该材料对碘有较高的吸附效率和吸附容量。对碘的最大吸收容量可达 533.9 mg/g，并且吸附的碘也可通过乙醇将其洗出，从而使材料能够重复使用。COFs@cotton 有大的比表面积、永久多孔结构和良好的热稳定性，这一功能化的方式可用于其他亚胺基 COFs 的功能化。该研究中的 COFs 材料可用于生产从核废物中吸附放射性碘的功能性纺织品。

Li 等（2020b）通过一种新型的棉纤维（cotton fiber，CF）和共价有机框架（COFs）制备了用于捕获水蒸气和溶液中碘的材料。利用（3-氨基丙基）三甲氧基硅烷对棉纤维

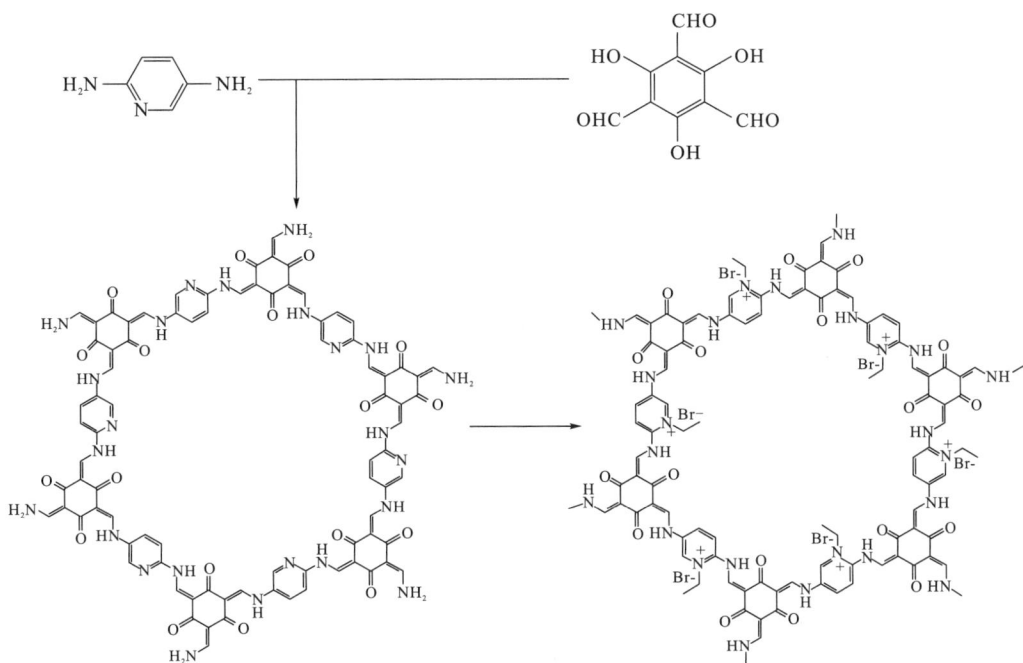

图 3.11 C-TP-PDA-COF 的合成示意图

引自 Zhai 等（2021）

进行改性，在纤维表面生成氨基，然后接入 COFs 中，得到 CF/COF 整体柱。CF/COF 整体柱对碘有良好的吸附能力，吸附容量达到 823.9 mg/g。整体柱中吸附的碘可通过甲醇清洗，使整体柱能够重复利用。CF/COF 整体柱在环己烷溶液中也有着可观的碘吸附能力，表现出良好的热稳定性，分解温度高于 300 ℃，这一材料能广泛应用于核废物处理过程中放射性碘的吸附。

3. COFs 化合物

超分子有机框架（supramolecular organic frameworks，SOFs）和共价有机框架（COFs）由于其规律的周期性结构和良好的结晶形态，得到研究者的广泛关注。SOFs 的稳定性比较有限，COFs 的性能存在不足。Wang 及其团队首次报道了基于三嗪 COFs 和双苯并咪唑 SOFs 的 COF&SOF 双晶复合材料（Zhu et al.，2021）。这一材料结合了 COFs 的稳定性和 SOFs 丰富的结合位点，与单一的 SOFs 和 COFs 材料相比，该复合材料有更好的稳定性和对碘的吸附性能。COF&SOF 双晶复合材料对碘的最大吸附容量为 4.46 g/g，这是由于 SOFs 中含有较多的结合位点。在吸附过程中，客体碘分子与复合材料的电子富集基团之间发生电荷转移，形成电荷转移复合物，使碘以 I_5 的形式被吸附。

3.5.3 对其他放射性核素的吸附

钍（Th）作为一种可裂变核素，在实验室研究和核工业中广泛用于为反应堆制备核燃料，核反应堆的废物中含有钍的同位素及其衰变产物。钍具有较长的半衰期和较强的放射性，还具有较强的化学毒性。一旦人体摄入钍，它就会以氢氧化物的形式在肝脏、脾脏和骨髓中生物累积，从而危害人体健康。吸附法吸附钍有成本低、效率高、操作简单等优点。Luo 及其团队制备了一种共价有机框架（$[NH_4]^+[COF\text{-}SO_3]^-$）用于从铀和稀土元素中选择性吸附钍（Xiong et al.，2020），其对钍的选择性好，吸附容量大，对钍的最大吸附量达到 395 mg/g。该材料循环利用好，制作成本低，在选择性吸附钍的领域有较好的应用前景。

钚（Pu）是一种具有放射性的超铀元素，钚产生的α射线并不会穿透人体的皮肤而进入人体，但钚可能被吸入或消化而进入人体从而对内脏造成不利影响。α射线会造成细胞损伤、染色体损伤，理论上可能导致癌症发病率的升高。Shi 及其团队制备磷酸盐修饰共价有机框架 COF-IHEP1 和 COF-IHEP2（Yu et al.，2019），磷酸部分有很强的螯合能力，对钚有较好的吸附能力。两种材料对钚的去除率高达 90%。由于通道中有高度稳定的带负电表面和磷酸基团，COF-IHEP1 可在较宽的 pH 范围内高效去除钚。

3.6　本　章　小　结

COFs 材料是一种新兴多孔纳米材料，现在还处于发展的早期阶段，已发展一些典型的合成方法、合成反应的类型或策略，也得到了不同类型、结构的 COFs，并发现其有一些应用。本章对 COFs 的合成方法、分类、构筑 COFs 的反应类型及 COFs 在吸附铀、碘、钚等放射性核素方面的应用做了介绍，COFs 的未来发展前景良好。

（1）在合成方面。首先，通过共价拼接有机分子来构建框架依然是最重要的，因为这一过程可以精确控制分子按特定几何和空间排列放置。而且这种合成策略已经在分析、气体储存和分离及电子领域作为特殊材料应用。从原子、分子到组装，再到框架的发展，也使材料结构从二维发展到三维的多样化结构。其次，对合成的 COFs 进行合成后修饰也是一种通用的方法，可以绕过结构或合成上官能团和大体积基团的合并限制。目前现有 COFs 的合成的成本较高、不利于规模化，未来 COFs 发展的关键挑战是对 COFs 结晶的控制和高结晶性 COFs 合成的一般规则的发展。

（2）在应用方面。随着 COFs 结构功能、形貌的多样，其应用也在扩大。例如单层、薄膜、纳米粒、纳米纤维、中空结构等形貌或不同功能键等，使得 COFs 的应用不仅局限在放射性核素吸附、气体吸附分离方面，还可以在催化、电化学、生物传感、光电子、药物运输等方面有更广泛的应用。

因此，设计多孔纳米晶体有机框架，使其具有能容纳功能广泛的任意分子的可变孔径的大空间结构，将为 COFs 的应用打开崭新的大门。

参 考 文 献

Biswal B P, Chandra S, Kandambeth S, et al., 2013. Mechanochemical synthesis of chemically stable isoreticular covalent organic frameworks. Journal of the American Chemical Society, 135(14): 5328-5331.

Campbell N L, Clowes R, Ritchie L K, et al., 2009. Rapid microwave synthesis and purification of porous covalent organic frameworks. Chemistry of Materials, 21(2): 204-206.

Chandra S, Kandambeth S, Biswal B P, et al., 2013. Chemically stable multilayered covalent organic nanosheets from covalent organic frameworks via mechanical delamination. Journal of the American Chemical Society, 135(47): 17853-17861.

Cheng G, Zhang A, Zhao Z, et al., 2021. Extremely stable amidoxime functionalized covalent organic frameworks for uranium extraction from seawater with high efficiency and selectivity. Science Bulletin, 66(19): 1994-2001.

Côté A P, Benin A I, Ockwig N W, et al., 2005. Porous, crystalline, covalent organic frameworks. Science, 310: 1166.

Colson J W, Woll A R, Mukherjee A, et al., 2011. Oriented 2D covalent organic framework thin films on single-layer graphene. Science, 332(6026): 228-231.

Cui W R, Li F F, Xu R H, et al., 2020a. Regenerable covalent organic frameworks for photo-enhanced uranium adsorption from seawater. Angewandte Chemie-International Edition, 59(40): 17684-17690.

Cui W R, Zhang C R, Jiang W, et al., 2020b. Regenerable and stable sp^2 carbon-conjugated covalent organic frameworks for selective detection and extraction of uranium. Nature Communications, 11(1): 436.

Cui W R, Zhang C R, Liang R P, et al., 2021a. Covalent organic framework sponges for efficient solar desalination and selective uranium recovery. ACS Applied Materials & Interfaces, 13(27): 31561-31568.

Cui W R, Zhang C R, Xu R H, et al., 2021b. Low band gap benzoxazole-linked covalent organic frameworks for photo-enhanced targeted uranium recovery. Small, 17(6): 2006882.

Cui W R, Zhang C R, Xu R H, et al., 2021c. Rational design of covalent organic frameworks as a groundbreaking uranium capture platform through three synergistic mechanisms. Applied Catalysis B: Environmental, 294: 120250.

Dalapati S, Jin S, Gao J, et al., 2013. An azine-linked covalent organic framework. Journal of the American Chemical Society, 135(46): 17310-17313.

Das G, Biswal B P, Kandambeth S, et al., 2015. Chemical sensing in two dimensional porous covalent organic nanosheets. Chemical Science, 6(7): 3931-3939.

Dey K, Pal M, Rout K C, et al., 2017. Selective molecular separation by interfacially crystallized covalent organic framework thin films. Journal of the American Chemical Society, 139(37): 13083-13091.

Diaz De Grenu B, Torres J, Garcia-Gonzalez J, et al., 2021. Microwave-assisted synthesis of covalent organic frameworks: A review. ChemSusChem, 14(1): 208-233.

Diercks C, Yaghi O M, 2017. The atom, the molecule, and the covalent organic framework. Science, 355: 923.

El-Kaderi H M, Hunt J R, Mendoza-Cortes J L, et al., 2007. Designed synthesis of 3D covalent organic frameworks. Science, 316(5822): 268-272.

Guo L, Jia S, Dierckse S, et al., 2020a. Amidation, esterification, and thioesterification of a carboxyl-functionalized covalent organic framework. Angewandte Chemie-International Edition, 59(5): 2023-2027.

Guo X, Li Y, Zhang M, et al., 2020b. Colyliform crystalline 2D covalent organic frameworks (COFs) with quasi-3D topologies for rapid I_2 adsorption. Angewandte Chemie-International Edition, 59(50): 22697-22705.

Hao Q, Zhao C, Sun B, et al., 2018. Confined synthesis of two-dimensional covalent organic framework thin films within superspreading water layer. Journal of the American Chemical Society, 140(38): 12152-12158.

Hunt J R, Doonan C J, Le Vangie J D, et al., 2008. Reticular synthesis of covalent organic borosilicate frameworks. Journal of the American Chemical Society, 130: 11872-11873.

Li F F, Cui W R, Jiang W, et al., 2020a. Stable sp^2 carbon-conjugated covalent organic framework for detection and efficient adsorption of uranium from radioactive wastewater. Journal of Hazardous Materials, 392: 122333.

Li L, Chen R, Li Y, et al., 2020b. Novel cotton fiber-covalent organic framework hybrid monolith for reversible capture of iodine. Cellulose, 27(10): 5879-5892.

Li X, Qi Y, Yue G, et al., 2019a. Solvent- and catalyst-free synthesis of an azine-linked covalent organic framework and the induced tautomerization in the adsorption of U(VI) and Hg(II). Green Chemistry, 21(3): 649-657.

Li Y, Li Y, Zhao Q, et al., 2019b. Cotton fiber functionalized with 2D covalent organic frameworks for iodine capture. Cellulose, 27(3): 1517-1529.

Ma T, Kapustin E A, Yin S X, et al., 2018. Single-crystal X-ray diffraction structures of covalent organic frameworks. Science, 361(6397): 48-52.

Maschita J, Banerjee T, Savasci G, et al., 2020. Ionothermal synthesis of imide-linked covalent organic frameworks. Angewandte Chemie-International Edition, 59: 15750-15758.

Matsumoto M, Valentino L, Stiehl G M, et al., 2018. Lewis-acid-catalyzed interfacial polymerization of covalent organic framework films. Chem, 4(2): 308-317.

Rouquerol J, Abnir D, Fairbridge C W, et al., 1994. Recommendations for the characterization of porous solids (Technical Report). Pure and Applied Chemistry, 66(8): 1739-1758.

Song S, Shi Y, Liu N, et al., 2021. Theoretical screening and experimental synthesis of ultrahigh-iodine capture covalent organic frameworks. ACS Applied Materials & Interfaces, 13(8): 10513-10523.

Sun Q, Aguila B, Earl L D, et al., 2018. Covalent organic frameworks as a decorating platform for utilization and affinity enhancement of chelating sites for radionuclide sequestration. Advanced Materials, 30(20): 1705479.

Uribe-Romo F J, Doonan C J, Furukawa H, et al., 2011. Crystalline covalent organic frameworks with hydrazone linkages. Journal of the American Chemical Society, 133: 11478-11481.

Uribe-Romo F J, Furukawa H, Klöck C, et al., 2009. A crystalline imine-linked 3-D porous covalent organic framework. Journal of the American Chemical Society, 131(13): 4570-4571.

Wang C, Wang Y, Ge R, et al., 2018. A 3D covalent organic framework with exceptionally high iodine capture capability. Chemistry, 24(3): 585-589.

Wang T, Kailasam K, Xiao P, et al., 2014. Adsorption removal of organic dyes on covalent triazine framework (CTF). Microporous and Mesoporous Materials, 187: 63-70.

Wen R, Li Y, Zhang M, et al., 2018. Graphene-synergized 2D covalent organic framework for adsorption: A mutual promotion strategy to achieve stabilization and functionalization simultaneously. Journal of Hazardous Materials, 358: 273-285.

Xiong X H, Tao Y, Yu Z W, et al., 2020. Selective extraction of thorium from uranium and rare earth elements using sulfonated covalent organic framework and its membrane derivate. Chemical Engineering

Journal, 384: 123240.

Xiong X H, Yu Z W, Gong L L, et al., 2019. Ammoniating covalent organic framework (COF) for high-performance and selective extraction of toxic and radioactive uranium ions. Advance Science, 6(16): 1900547.

Xu R H, Cui W R , Zhang C R, et al., 2021. Vinylene-linked covalent organic frameworks with enhanced uranium adsorption through three synergistic mechanisms. Chemical Engineering Journal, 419: 129550.

Yang T, Tian C, Yan X, et al., 2021. Rational construction of covalent organic frameworks with multi-site functional groups for highly efficient removal of low-concentration U(VI) from water. Environmental Science: Nano, 8(5): 1469-1480.

Yu J P, Wang S, Lan J H, et al., 2019. Phosphonate-decorated covalent organic frameworks for actinide extraction: A breakthrough under highly acidic conditions. CCS Chemistry, 3: 2096-5745.

Zhai L, Sun S, Chen P, et al., 2021. Constructing cationic covalent organic frameworks by a post-function process for an exceptional iodine capture via electrostatic interactions. Materials Chemistry Frontiers, 5(14): 5463-5470.

Zhang C R, Cui W R, JIANG W, et al., 2020. Simultaneous sensitive detection and rapid adsorption of UO_2^{2+} based on a post-modified sp^2 carbon-conjugated covalent organic framework. Environmental Science: Nano, 7(3): 842-850.

Zhang C R, Cui W R, Niu C P, et al., 2022. rGO-based covalent organic framework hydrogel for synergistically enhance uranium capture capacity through photothermal desalination. Chemical Engineering Journal, 428: 131178.

Zhang F, Zhang J, Zhang B, et al., 2018. Room-temperature synthesis of covalent organic framework (COF-LZU1) nanobars in CO_2 /water solvent. ChemSusChem, 11(20): 3576-3580.

Zhang S, Zhao X, Li B, et al., 2016. "Stereoscopic" 2D super-microporous phosphazene-based covalent organic framework: Design, synthesis and selective sorption towards uranium at high acidic condition. Journal of Hazardous Materials, 314: 95-104.

Zhao C, Diercks C S, Zhu C, et al., 2018. Urea-linked covalent organic frameworks. Journal of the American Chemical Society, 140(48): 16438-16441.

Zhu Y, Qi Y, Guo X, et al., 2021. A crystalline covalent organic framework embedded with a crystalline supramolecular organic framework for efficient iodine capture. Journal of Materials Chemistry A, 9(31): 16961-16966.

第4章 MXene 及其对水体中放射性核素离子的去除

4.1 概　述

核能作为一种高密度低碳能源，能够满足世界范围内不断增长的能源需求，有助于减少温室气体排放，从而延缓能源使用对全球气候变化的影响。我国目前处于核能发展的稳步推进阶段，2020 年底核电总装机容量达到 52 GW，同时还有 17 座在建核电机组，预计 2025 年装机容量将突破 70 GW。然而应当看到，在核能利用快速发展的同时，由核燃料循环活动产生的负面环境影响，如铀矿开采冶炼引起的低水平放射性污染，以及强放射性核废物的大量累积与妥善处置等问题逐渐凸显。

在核燃料循环的前端，每生产 1 t 浓缩核燃料（UO_2）将在矿山尾矿中遗留约 1.2 TBq 的放射性活度。尾矿中的主要放射性核素（^{238}U、^{230}Th 等）及它们的衰变子体极易随降雨迁移到附近的泥土和地表水中，从而对生态环境造成长期的中低水平放射性危害。核燃料芯块经过反应堆燃烧变为乏燃料时，由于生成了众多裂变与活化产物，其放射性活度提高了 5～6 个数量级。其中，^{137}Cs 和 ^{90}Sr 是典型的短寿命、强放射性核素，它们主导了乏燃料自然冷却前 100 年的放射毒性，必须以稳定的处置形式与生物圈保持隔离；以 ^{99}Tc、^{79}Se 和 ^{129}I 为代表的长寿命裂变产物主要以弱吸附的阴离子形态存在，很难被黏土和岩石滞留，通常在遗留核设施周围可能存在大范围的放射性污染；而 ^{239}Pu、^{237}Np 和 ^{241}Am 等长寿命次锕系核素的放射毒性也将持续至上万年，由于可以通过累积内照射的方式显著增加人体器官的健康风险，它们在环境中的释放已引起公众的广泛关注。此外，5f 电子构型所致的锕系离子复杂多变的氧化态、配位模式及络合物形态，给准确理解锕系元素在环境中的迁移行为带来困难，也给相应的放射性污染管控与修复带来挑战。综上，环境放射性污染具有浓度低、面积大、易迁移、难以被转化消除及长期辐照效应等特点，对这些放射性核素的环境污染风险控制已成为制约我国核能利用快速推进的关键因素。因此，开展基于新材料、新技术的环境放射性污染治理与核废物处置研究对消除公众担忧、修复生态环境、可持续发展核电及满足我国安全战略需求均具有重要意义。

近年来随着纳米技术和纳米材料的不断发展，科研工作者针对水体中的放射性污染治理应用合成了一系列结构新颖、功能独特的环境修复材料，可用于放射性核素离子的快速高效富集分离，其中比较有代表性的功能纳米材料包括石墨烯、碳纳米管、介孔硅、金属有机框架材料、共价有机框架材料等。二维过渡金属碳/氮化物（MXene）是近年来新兴的一类无机层状材料，其由美国德雷克塞尔（Drexel）大学 Gogotsi 教授和 Barsoum 教授在 2011 年首次发现，因具有类似于石墨烯的片层结构，故得名 MXene（迈克烯），其中 M 指过渡金属，X 为碳或氮。MXene 拥有独特的层状结构和优异的离子交换能力，并且具有良好的电学、光学和热电性质，目前已被广泛应用于能源存储、光电催化、电磁屏蔽、环境治理和化学传感等诸多领域。相较于其他功能纳米材料，MXene 用于水体中放射性核素去除及核废物处置主要具有 4 项优势：①MXene 具有亲水性和层间距可调性，放射性核素水合离子能够在层间自由进出，阳离子的自发插层特性和层间大量过渡金属端基活性位点可保证 MXene 具有较高的核素吸附容量和良好的离子选择性；②作为一种无机材料，MXene 具有良好的导热和抗辐照性能，除能够处理普通放射性废物外，还可用于高释热、强辐照场等极端条件下的核素分离与核废物处置；③MXene 具有优异的导电特性，因此可以将其制备成电极材料，用于核素离子的电吸附分离及电化学检测研究；④MXene 表面富含各种功能性基团，便于进行后续的修饰、接枝及复合处理，能够通过多功能增效技术获得性能优异的 MXene 基衍生物或复合材料。

本章将在简要介绍 MXene 结构、性质和制备方法的基础上，详细梳理 MXene 基材料的设计合成及其对多种放射性核素离子的去除行为，同时对它们之间的相互作用机理进行归纳总结。此外，还对 MXene 材料在放射性核素去除领域所面临的关键挑战、未来应用前景和主要发展趋势进行展望，希望能够为我国放射性核素污染防治事业提供高效的分离材料和先进的分离理念。

4.2 MXene 的结构与性质

4.2.1 MXene 的结构

MXene 通常由非范德瓦耳斯键合的 MAX 相层状化合物经选择性刻蚀制备而得。MAX 相是一族具有层状六方结构和 $M_{n+1}AX_n$ 化学通式的三元金属陶瓷材料，其中 M 为前过渡金属元素（如 Ti、V、Cr、Sc、Zr、Nb、Mo、Hf、Ta、W 等），A 主要为第三或第四主族元素（如 Al、Si、Ga、Ge、In、Sn、Tl、Pb 等），X 为 C 或 N，n 为 1、2、3 或 4。在 MAX 相结构中，M 原子以近乎密堆积的形式排列，X 原子则占据 6 个近邻 M 原子的八面体间隙位，由此组成 M_6X 八面体基本单元。M_6X 八面体根据层数 n 进行堆叠，形成不同厚度的 MX 层（即 $M_{n+1}X_n$），该 MX 层与 A 层原子交替排列最终组成了 MAX 相的晶体结构。MAX 相中不同原子之间的成键性质差异较大，其中 M—X 键具有共价/金属/离子键的混合特性，相互作用较强，而 M—A 键及 A—A 键则具有金属键特性，键合力相对较弱，这也为从 MAX 相中剥离相对活泼的 A 层原子以得到结构稳定的 MX 层提供了理论依据。选择性刻蚀 A 层后剩余的 MX 层即为 MXene，其良好地继承了母体材料（MAX 相）的六方密堆积结构特性，并具有 $P6_3/mmc$ 的空间群对称性。根据 n 的不同，理想状态下能够得到的 MXene 类型包括 M_2X、M_3X_2、M_4X_3 和 M_5X_4。在实际反应条件下，MAX 相 A 层原子的移除过程总是伴随着 MXene 表面 M 原子的功能化，因此一般将 MXene 的化学通式写为 $M_{n+1}X_nT_x$，此处 T_x 代表最外层 M 原子所连接的表面端基（如—O，—OH，—F，—Cl，—Br，—S 等）。图 4.1 给出了最为常见的 M_3AX_2 型 MAX 相及其所对应的表面功能化 $M_3X_2T_x$ MXene 的结构示意图。

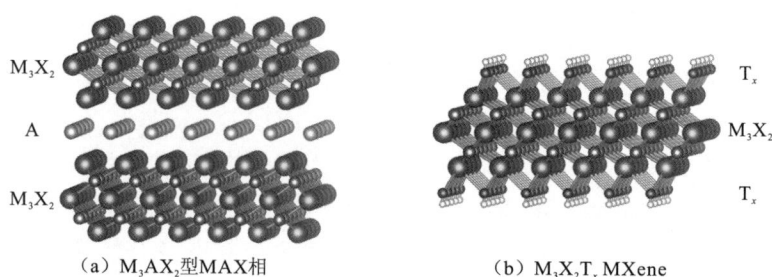

（a）M₃AX₂型MAX相　　　　　　　（b）M₃X₂Tₓ MXene

图 4.1　M_3AX_2 型 MAX 相与相应 $M_3X_2T_x$ MXene 的结构示意图

MAX 相元素组成的多变性与层结构的可调性意味着基于其庞大家族能够衍生出众多结构及性质各异的 MXene 材料。截至目前，理论预期能够稳定存在的 MXene 种类大于 100 种，而经实验证实已成功合成的 MXene 也超过了 30 种。除前述的常规 MXene 类型外，近期的前沿研究表明，通过对 M 原子进行适当掺入和精确调控，可以衍生出结构独特的新型 MXene（Mohammadi et al.，2021）。例如，当 M 位被两种过渡金属原子以固溶体的形式随机占据，形成的 MXene 可以写作$(M', M'')_{n+1}X_nT_x$，如$(Ti, V)_2XT_x$。若在同一 M 层中，两种过渡金属原子以面内（in-plane）有序的形式交替排列，所形成的 MXene 被称为 i-MXene。目前所有已报道的 i-MXene 都遵循$(M'_{4/3}M''_{2/3})XT_x$的结构组成，它们中大多数的 M″能够被选择性刻蚀，从而得到具有有序空位的 $M'_{4/3}XT_x$型 MXene。如果两种过渡金属原子在不同 M 层间呈有序分布，即具有面外（out-of-plane）有序性，所形成的 MXene 被称为 o-MXene，如$(M'_2M'')X_2T_x$和$(M'_2M''_2)X_3T_x$，其中 M′为外层过渡金属原子，M″为内层过渡金属原子。

4.2.2　MXene 的性质

1. 表面性质

对于给定化学组成的 MXene，其物理化学性质在很大程度上受到表面端基的影响。根据合成策略的不同，MXene 的表面能够被一种或多种端基所覆盖，例如氯化物熔盐条件下刻蚀可以得到全氯端基 MXene，浓碱水热条件下可以制备全氧端基 MXene，而在含氟和氯的酸性水溶液中制备的 MXene 表面则呈现出多种端基的混合状态，T_x 可具体描述为$(OH)_mO_xF_yCl_z$。目前大部分实验合成的 MXene 都具有相对复杂且随机分布的混合表面端基，各端基所占比例取决于 MXene 的制备及处理条件。针对特定应用可通过调控 MXene 的表面端基组成以提高其性能，例如高温处理和真空退火能够有效促进 $Ti_3C_2T_x$ 和 Ti_3CNT_x 表面含氟端基的去除，从而显著提升它们的电导率（Hart et al.，2019）。

对于环境吸附应用，MXene 的含氧基团可作为有效吸附位点，其相互作用能力要优于卤素端基，因此应尽量降低 MXene 制备时所选用的 HF 浓度并使用碱溶液对 MXene 进行后处理，以提高表面富氧基团的含量。研究表明干燥过程将促使 MXene 表面—OH 向—O 转化（Wang et al.，2016a），层间相互作用变强将导致 MXene 溶胀特性丧失，不利于客体进入多层 MXene 的层间，故宜选取新鲜制备的 MXene 作为吸附剂，并尽量避免对其进行高温处理。由于表面羟基等含氧基团的存在，MXene 材料的水接触角通常介于 15°~75°（Zhou et al.，2021），表明 MXene 具有良好的亲水性。此外 MXene 在水溶液中的零电荷点一般在 pH 1~3，在非强酸性条件下，其表面的 M—OH 基团通过电离 H^+ 而形成[Ti—O]，因而材料表现出本征的负表面电荷。以常见的 $Ti_3C_2T_x$、V_2CT_x 和 Ti_3CNT_x 为例，它们在近中性水溶液中的 Zeta 电位为 -30~-70 mV。MXene 良好的亲水性能够保证该材料在水溶液中均匀分散及与水合离子相互作用，而其表面电负性则可为阳离子的吸附提供静电作用驱动力，上述这些性质对水溶液中核素离子的吸附分离十分有利。

2. 层间特性

MXene 独特的二维结构及表面性质使其层间能够容纳众多分子或离子，这些客体在 MXene 层间的有序嵌入与排布过程称为插层。由于 MXene 带有负的表面电荷，溶液中的一价、多价金属阳离子及阳离子型表面活性剂与之接触时将发生自发插层。此外 MXene 的层间相互作用通常较弱，许多极性溶剂分子和有机小分子（如水、二甲基亚砜、水合肼、尿素、有机碱等）在较高浓度梯度下均能对其实现插层。客体插层会引起 MXene 层间距和层间相互作用力的显著变化，进而影响多层 MXene 的堆积状态及相关性质，因而成为 MXene 性能设计调控的重要手段。例如水分子和表面活性剂的插层可以显著增加层间距，从而促进 MXene 层间的物质输运和扩散，以及提高层间活性位点的利用率。通过测量 140 ℃ 真空干燥、70 ℃ 真空干燥和湿润条件下 MXene 的层间距变化，研究发现 $Ti_3C_2T_x$ 薄膜的层间分别存留了 1 层、2 层和 3 层水分子（Ren et al.，2015），湿润状态下 MXene 层间的多层水分子有效提升了跨膜输运性能，因此对应着超快的水渗透通量。利用十六烷基三甲基溴化铵（cetyltrimethylammonium bromide，CTAB）预插层处理合成的 CTAB-Sn(IV)@Ti_3C_2 纳米复合物具有超大层间距（27.1 Å），有利于离子在 MXene 层间的快速传输，相应的电极材料也表现出优异的电化学性能（Luo et al.，2017）。此外，插层处理还可以进一步弱化多层 MXene 层间的相互作用，进而显著提升超薄 MXene 纳米片的剥离效率，例如 Naguib 等（2015）使用大位阻的四丁基氢氧化铵（tetrabutylammonium hydroxide，TBAOH）插层处理多层 V_2CT_x，清洗过程中 MXene 出现了显著的溶胀现象，其层间距也由 10 Å 增大到 19.3 Å，仅通过温和的手摇处理即可得到大量 MXene 胶体溶液，剥层产率可达 30%。

3. 稳 定 性

MXene 的稳定性通常与其化学组成、层结构、表面缺陷及所处环境条件相关。对于固定的元素组成，n 越大 MXene 稳定性越好，如 Ti_3AlC_2 的稳定性优于 Ti_2AlC；而对于相同的层结构，理论研究表明 $M_{n+1}N_n$ 的结合能低于 $M_{n+1}C_n$，这意味着二维氮化物的稳定性低于其对应的二维碳化物。MXene 超薄片层的高表面能及富含自由电子的特性使其处于热力学亚稳态，因而仅具有中等的抗氧化能力。研究表明富含缺陷的 $Ti_3C_2T_x$ 纳米片水溶液在空气中仅能保存数天，而高质量的单晶 $Ti_3C_2T_x$ 纳米片在相同条件下需要 1 个月才能彻底氧化降解为 TiO_2 和无定形碳（Zhang et al.，2017a）。MXene 纳米片保存时应尽量避免强酸、高温、浓度过低及与水和空气同时接触。采用共价接枝技术将稳定的功能基团修饰到 MXene 表面以保护 $M_{n+1}X_n$ 层，是提高 MXene 纳米片稳定性的有效策略。相较于单层 MXene，多层 MXene 的表面暴露位点较少，并且层间客体分子/离子的插层作用能够提高其稳定性，因此抗氧化能力显著增强，在实际应用中的使用也更为广泛。

在热稳定性方面，多层 $Ti_3C_2T_x$ 在空气气氛中 400 ℃ 以下能够稳定存在，超过 450 ℃ 时氧化产物为锐钛矿和金红石。惰性条件下 MXene 的热稳定性显著提高，研究表明当气体氛围为 Ar 时，$Ti_3C_2T_x$、Nb_2CT_x 和 Mo_2CT_x 在 800 ℃ 以下能够保持结构稳定，在更高温度下会发生相转变，例如 $Ti_3C_2T_x$ 将转化为更加稳定的立方相 TiC（Seredych et al., 2019）。此外，将 $Zr_3C_2T_x$ 在惰性气氛下加热到 1 000 ℃，其(002)晶面衍射峰位仍清晰可见，即使加热到 1 200℃，相应的热重曲线也未显现出明显的质量损失，这表明相较于 Ti 基 MXene，Zr 基 MXene 表现出更加优秀的热稳定性（Zhou et al., 2016）。

MXene 的前体 MAX 相材料因兼具金属和陶瓷所特有的耐高温、高强度、抗热震等优异性能，目前已被广泛用于各种极端条件下的应用研究。在辐射抗性研究方面，相较于传统无机材料（如 TiC、Al_2O_3 等），MAX 相表现出更为优异的抗辐照性能（Tallman et al., 2016），可作为先进核能系统的候选结构材料和燃料包壳防护涂层材料。如前所述，MXene 完整保留了 MAX 相中 MX 层的结构，并且 M—X 的结合能较强，因此能够较好地继承 MAX 相的抗辐照能力。$Ti_3C_2T_x$ 及其插层处理产物的辐照抗性测试结果见图 4.2，原始 MXene、Na^+ 插层 MXene 及二甲基亚砜（dimethyl sulfoxide, DMSO）插层 MXene 在分别经过 100 kGy 和 400 kGy 的强 γ 场辐照后，它们的基本结构未发生显著变化，这表明 MXene 材料具有良好的辐照稳定性，有望用于强辐照场下核素分离及核废物处置等实际应用。

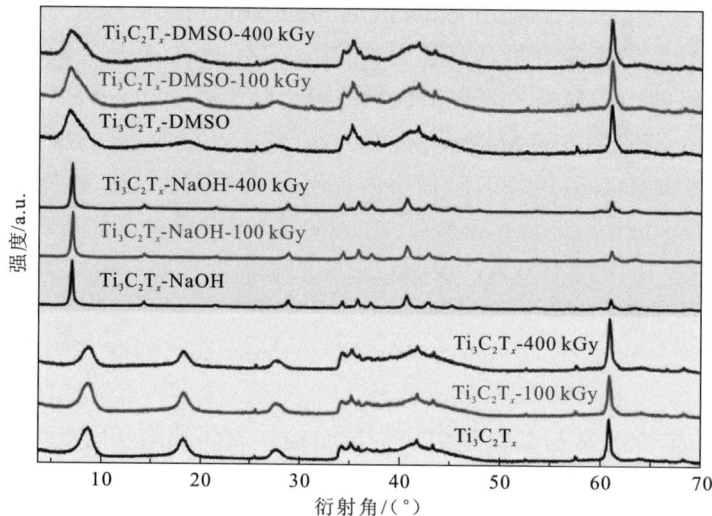

图 4.2　$Ti_3C_2T_x$ 及其插层处理产物经强 γ 场辐照前后的 XRD 图谱

4. 其他性质

MXene 材料通常具有良好的导电特性，其中大部分 MXene 的电子传导行为与金属类似，即电阻率随着温度的降低而下降。MXene 材料的近自由电子态距离费米面很近，因此能够通过掺杂和结构调控使其表现出半导体导电特性。例如 $Ti_3C_2T_x$ 具有金属导电特性，而将其最外层的过渡金属原子置换为 Mo 后得到的 $Mo_2TiC_2T_x$ 型 o-MXene 则表现出类似于半导体的导电行为。MXene 的导电性还受层间客体性质的影响，层间插入尺寸较小的金属阳离子有助于提高电导率，而水和大的有机阳离子（如四丁基铵，TBA^+）会阻碍 MXene 层间的电子传递能力，因而降低薄膜的导电性。MXene 优异的导电能力在环境污染物去除领域具有潜在的应用价值，如可将其制备成电极材料用于污染物的电化学吸附及电化学检测。另外，MXene 片层良好的电子传输特性和可控的电荷分离能力有助于构建性能优异的光/电催化复合材料，进一步可用于特定环境污染物的去除（如通过催化还原清除高氧化态放射性核素离子）。MXene 还表现出较好的力学性能，如高弹性模量和高断裂韧性，这些特性使 MXene 材料在膜分离应用中具有良好的机械强度。此外，MXene 材料在光学、磁性、光热转换等方面还表现出诸多特有的物理化学性质，但因与本章所关注的应用领域关系不大，故不再赘述。

4.3 MXene 的制备方法

经过近十年的探索，人们已经成功发展了多种 MXene 材料的合成方法。除极少数研究尝试采用化学气相沉积法制备高质量薄层状过渡金属碳化物外（Xu et al.，2015），其余均采用自上而下的合成策略，即通过对前体材料进行选择性刻蚀制备 MXene。虽然 MAX 相中 M—A 的键能相对较弱，但其强度仍显著高于其他二维材料层间的弱相互作用力，采用相对温和的传统剥层方法直接处理 MAX 相材料总是难以奏效，这意味着 MXene 的制备一般要求较为苛刻的化学反应条件。目前已报道的 MXene 制备方法包括 HF 刻蚀、原位 HF 刻蚀、熔盐刻蚀、电化学刻蚀、水热浓碱刻蚀等。各合成方法制得的 MXene 材料的微观形貌、层间距、表面功能基团及缺陷程度均有所不同，因此需要根据特定应用对性能和表面基团的要求选择合适的刻蚀方案。

4.3.1 HF 刻蚀法

利用 HF 水溶液在室温下选择性刻蚀 MAX 相是最早被报道的 MXene 制备方法。2011年美国德雷克塞尔大学的 Gogotsi 教授和 Barsoum 教授首次通过 HF 与 Ti_3AlC_2 反应得到 $Ti_3C_2T_x$（Naguib et al.，2011），随后他们将这一方法扩展到 Ti_2CT_x、$Ta_4C_3T_x$、$TiNbCT_x$ 和 Ti_3CNT_x 等其他多种 MXene 的制备（Naguib et al.，2012）。由于 HF 的高渗透性和强腐蚀能力，该方法适用于绝大多数 MXene 的合成，使用较为广泛。以 Ti_3AlC_2 的刻蚀为例，HF 首先选择性地刻蚀掉 Ti_3AlC_2 中的 Al，随后表面洁净的 Ti_3C_2 与溶液中的 HF 和 H_2O 进一步反应生成带有表面端基的 $Ti_3C_2T_x$，具体反应过程见式（4.1）～式（4.3）。

$$Ti_3AlC_2(s) + 3HF(aq) = Ti_3C_2(s) + AlF_3(aq) + \frac{3}{2}H_2(g) \qquad (4.1)$$

$$Ti_3C_2(s) + 2HF(aq) = Ti_3C_2F_2(s) + H_2(g) \qquad (4.2)$$

$$Ti_3C_2(s) + 2H_2O(aq) = Ti_3C_2(OH)_2(s) + H_2(g) \qquad (4.3)$$

对于不同的 MAX 相材料，它们的刻蚀条件有所差异，但通常所选用的 HF 质量分数为 10%～50%，反应温度控制在 20～50 ℃。提高 HF 浓度和反应温度能够加快反应速率，使刻蚀更为彻底，但过浓的 HF 将引起 MXene 表面缺陷和含氟端基比例的升高，甚至会导致某些 MXene 结构坍塌（发生相转变）和溶解。对于某些特殊的非 MAX 相三元金属陶瓷材料，由于其同样包含相互作用较强的六方 MX 层结构，也可使用该法制备 MXene。例如 HF 可以选择性地刻蚀 $Hf_3[Al(Si)]_4C_6$ 中的 $[Al(Si)]_4$ 层，从而得到 $Hf_3C_2T_x$（Zhou et al.，2017）。高浓度 HF 刻蚀制备的 MXene 一般呈现出手风琴状的多层结构[图 4.3（a）]，这可能与刻蚀过程中 H_2 的剧烈释放有关。因干燥样品中仅残留少量的吸附水，层间距较小且层间相互作用较强，通过该法不能直接得到较薄的 MXene 纳米片。一般使用 DMSO、TBAOH 等试剂对 HF 刻蚀法制备的多层 MXene 进行插层以弱化层间作用力，在此基础上辅以超声处理，可获得单层或寡层 MXene 纳米片，但剥层产率一般较低。

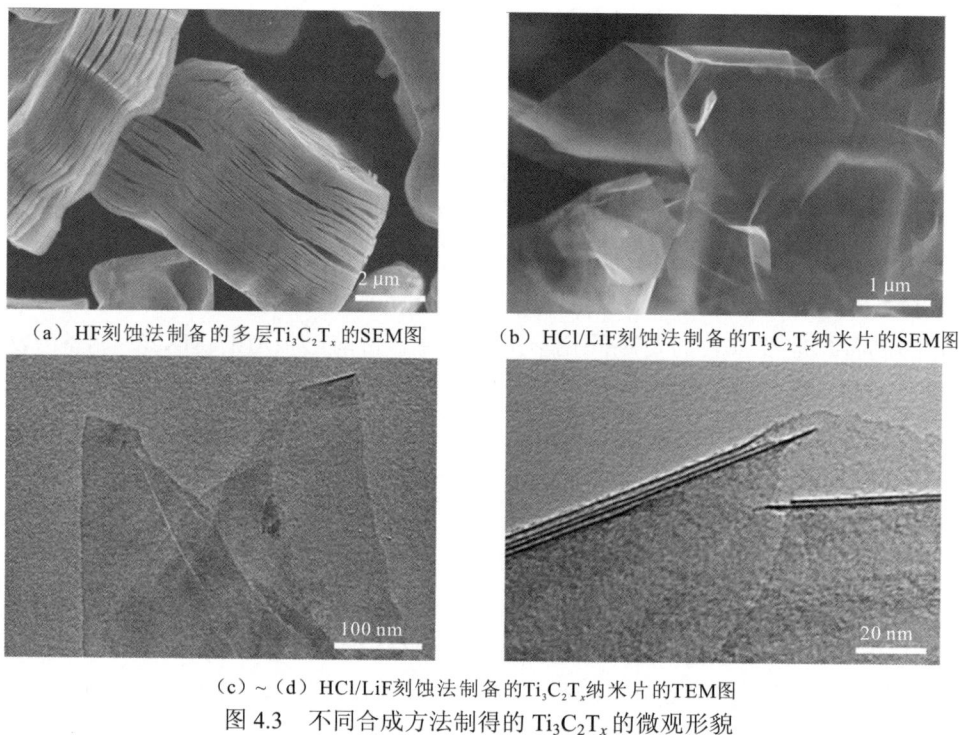

（a）HF 刻蚀法制备的多层$Ti_3C_2T_x$的SEM图　　（b）HCl/LiF刻蚀法制备的$Ti_3C_2T_x$纳米片的SEM图

（c）～（d）HCl/LiF刻蚀法制备的$Ti_3C_2T_x$纳米片的TEM图

图 4.3　不同合成方法制得的 $Ti_3C_2T_x$ 的微观形貌

4.3.2　原位 HF 刻蚀法

由于高浓度氢氟酸（HF）的毒害作用较强，逐渐发展了相对温和的原位 HF 刻蚀方法。该方法主要采用向 HCl 水溶液中加入少量氟化物无机盐（如 LiF、NaF、KF、NH_4F 等）或者直接使用 NH_4HF_2 作为刻蚀剂，通过体系中原位生成 HF 并适度提高反应温度和延长反应时间实现对 MAX 的刻蚀。由于体系中的 HF 浓度相对较低（3%～5%），原位 HF 刻蚀法制备得到的 MXene 表面缺陷和含氟量较少，该方法相较于 HF 刻蚀法也更为环保，但在开展实验时仍需采取必要的安全防护措施。HCl 的使用会将氯引入 MXene 的表面，因此该方法制得的 MXene 材料主要包含—OH、—O、—F 和—Cl 4 种端基。原位 HF 刻蚀法的最大优势是 MXene 在形成的同时即完成了金属离子插层，水合金属离子的嵌入能够显著增大层间距和削弱 MXene 的层间相互作用，从而促使其自发剥层，这对高产率、高质量制备 MXene 纳米片非常重要。如在 6 mol/L HCl 溶液中加入 5 倍以上 Ti_3AlC_2 摩尔当量的 LiF 时，在产物清洗过程中能够明显观察到 MXene 的溶胀现象，从而得到黏土状的 Li^+ 插层 $Ti_3C_2T_x$，随后通过温和超声即可获得大量单层 $Ti_3C_2T_x$ 纳米片（Ghidiu et al.，2014）。值得注意的是，上述体系中 MXene 的自发剥层倾向与插入的 Li^+ 数量正相关，当继续提高 HCl 浓度和 LiF 加入量进一步提高体系中的 Li^+ 浓度后（如 9 mol/L HCl 中加入 12.5 倍摩尔当量 LiF），在清洗过程中将会出现自发剥层现象，此时只需要通过简单地加水手摇即可收集到较浓的 MXene 胶体溶液（Alhabeb et al.，2017）。图 4.3（b）~（d）给出了利用 HCl/LiF 刻蚀法制备的 $Ti_3C_2T_x$ 纳米片的微观形貌。

4.3.3 熔盐刻蚀法

熔盐体系具有高反应活性、宽调温窗口、强极化环境和结构导向性等优点，是开展低维纳米材料尤其是新型无机层状材料设计制备的理想体系。熔盐体系中由 MAX 相制备氮化物 MXene 的研究最早报道于 2016 年，然而使用的三元氟化物熔盐具有强腐蚀性，安全环保性差。中国科学院宁波材料技术与工程研究所黄庆等选取具有强路易斯酸性与不饱和配位特性的 $ZnCl_2$ 熔盐对 Ti_3AlC_2 进行刻蚀，MAX 相中的 Al 转化为低沸点的 $AlCl_3$ 挥发，同时形成 Zn 替位的 Ti_3ZnC_2；在 $ZnCl_2$ 过量条件下 Ti_3ZnC_2 中的 Zn 原子被进一步刻蚀，最终得到全 Cl 取代基团的 $Ti_3C_2Cl_2$（Li et al.，2019a）。随后该研究团队选取了一系列具有更高氧化还原电势的路易斯酸性熔盐（如 $CuCl_2$、$CdCl_2$、$NiCl_2$、$FeCl_2$），利用它们成功实现了 A 位为 Si 和 Ga 的 MAX 相材料的刻蚀，并提出了一种基于氧化还原电位熔盐置换反应合成 MXene 的普适策略（Li et al.，2020）。上述熔盐置换法获得的 MXene 产物并非纯相，其表面一般会被置换出的金属颗粒覆盖，因此需要进行后续的酸洗或氧化步骤去除金属颗粒，该处理过程会影响表面功能基团的分布。Kamysbayev 等（2020）基于 MXene 表面含卤端基键能较小、易于断键的特点，在熔盐体系中通过取代和消除反应成功制备了含有—Cl、—Br、—O、—S、—NH、—Se 和—Te 端基的 MXene，实现了该材料的表面可控共价接枝。

4.3.4 电化学刻蚀法

鉴于 MAX 相材料良好的导电性和 M—A 相对较弱的键能，将 MAX 作为电极进行阳极氧化以选择性移除 A 层在理论上是可行的。目前的研究报道了在酸性水溶液、碱性水溶液和熔盐介质中利用电化学刻蚀法制备 MXene。在 2 mol/L HCl 溶液中对多孔 Ti_2AlC 施加+0.6 V 的电位，经过 5 天刻蚀可以制备出无氟端基的 Ti_2CT_x（Sun et al.，2017）。由氯化铵和四甲基氢氧化铵（Tetramethylammonium hydroxide，TMAOH）组成的二元碱性电解液对 MAX 的电化学刻蚀具有协同促进作用，其中 Cl⁻在阳极氧化条件下能够破坏 Ti—Al 键，TMAOH 有利于插层和表面含氧端基的功能化，因此能够在 5 h 内实现富氧端基 $Ti_3C_2T_x$ 的合成（Yang et al.，2018）。而采用熔盐辅助电化学刻蚀的方法，在 450 ℃ 的 LiCl-KCl 共晶盐和 2.0 V 的偏压下（+0.365 V vs Ag/AgCl 电极）也可得到全氯端基的 $Ti_3C_2Cl_2$，由于刻蚀过程中氧化反应与还原反应分别独立发生在阳极和阴极，该法能够得到无金属颗粒覆盖的 MXene 材料（Shen et al.，2021）。电化学刻蚀法具有普适性、绿色环保、表面端基易于调控等优点，但目前报道的合成方法也存在电解效率低、刻蚀周期长及电解过程中易出现不完全刻蚀或过度刻蚀等问题，需要对电解条件和电解体系进行深入优化。

4.3.5 其他方法

考虑金属 Al 及其氧化物能够有效地溶解在高浓度碱液中，研究者发展了一种碱辅助的水热刻蚀法，该法使用的高浓度 NaOH（27.5 mol/L）溶液在 270 ℃水热温度下能够有效移除 MAX 相中的铝层，合成表面只含—O 和—OH 端基的多层 MXene，产率为 92%（Li et al.，2018）。该方法制备的 MXene 富含全氧端基，能够提供较多的活性吸附/表面功能化位点，但缺点是合成条件需要高温高压环境。

除熔盐介质外，目前大部分 MAX 相刻蚀时使用的反应媒介都有水的参与，由此制备出的 MXene 层间会留存部分插层水和吸附水，在一些要求无水环境的应用中无法直接使用，因此也发展了一些在非水有机溶剂中制备 MXene 的方法。Natu 等（2020）在极性有机溶剂和 NH_4HF_2 的无水情况下，实现了对 MXene 材料的刻蚀和剥层，解决了 MXene 水敏性材料的制备，通过该方法得到了富含氟端基的 $Ti_3C_2T_z$，由其制得的钠离子电池阳极的容量是在水相中刻蚀的两倍。Jawaid 等（2021）将 Br_2、I_2、ICl、IBr 溶解在非水溶剂中，利用自由基反应实现了对 Ti_3AlC_2 的刻蚀，该方法具有无水合成、表面化学可调性强、层间距可控等特点。

4.4 MXene 材料对放射性核素离子的去除

MXene 材料具有优异的辐射抗性、可调的化学组成、良好的亲水性、较高的离子交换容量，以及可控的层间距和表面端基等特点，在环境放射性污染防治领域具有广阔的应用前景。目前科研工作者开发了一系列 MXene 材料及其复合衍生物，用于从放射性废水中有效清除中低浓度的放射性核素离子。现有研究报道涉及的核素种态包括 U(VI)、Th(IV)、Eu(III)、Cs(I)、Sr(II)、Ba(II)、Pd(II)、Re(VII)（Tc(VII)模拟物）、I⁻和 I 单质，MXene 材料对这些核素的主要吸附行为与作用机理如表 4.1 所示。以下将按核素种类进行分别介绍。

表 4.1 MXene 材料对不同核素的去除行为与作用机理

核素种态	吸附材料	面间距/Å	去除容量/(mg/g)	平衡时间/h	pH	吸附剂用量/(g/L)	温度	吸附行为及作用机理	参考文献
U(VI)	V_2CT_x	11.9	174.0	4.5	5.0	0.4	室温	多层吸附；双齿内配位络合	Wang 等（2016b）
	$Ti_3C_2T_x$-DMSO-H	19.3	214.0	6.0	5.0	0.4	室温	多层吸附；离子交换、配位作用	Wang 等（2017）
	胺肟功能化 $Ti_3C_2T_x$ 纳米片	12.6	294.0	0.3	5.0	0.2	298 K	单层吸附；双齿内配位络合	Zhang 等（2020b）
	胺肟功能化 $Ti_3C_2T_x$ 电极	—	636.0	24.0	5.0	—	298 K	电吸附	Zhang 等（2020b）
	羧基功能化 $Ti_3C_2T_x$ 纳米片	12.6	344.8	0.1	5.0	0.2	室温	单层吸附；内层配位	Zhang 等（2020a）
	$Ti_3C_2T_x$-PANI	10.1	102.8	2.0	5.0	0.1	298 K	单层吸附；配位作用	Gu 等（2018）
	nZVI/Alk-$Ti_3C_2T_x$	14.7	1315.0	12.0	3.5	0.08	298 K	化学还原；内层配位、水解沉淀	Wang 等（2021b）
	Ti_2CT_x	11.3	470.0	48.0	3.0	0.4	298 K	化学还原；配位作用	Wang 等（2018）
Th(IV)	Ti_2CT_x-H	11.38	213.2	12.0	3.0	0.4	室温	多层吸附；内层配位	Li 等（2019b）
	$Ti_3C_2T_x$-DMSO-H	19.1	112.0	5.0	3.0	0.4	室温	多层吸附；外层配位、内层配位	Wang 等（2021a）
	$Ti_3C_2T_x$-H	13.0	86.0	1.5	3.0	0.4	室温	多层吸附；外层配位、内层配位	Wang 等（2021a）
	$Ti_3C_2T_x$-D	10.0	17.0	0.5	3.0	0.4	室温	多层吸附；外层配位、内层配位	Wang 等（2021a）
Eu(III)	Ti_2CT_x衍生钛酸盐（HTNs）	8.6	222.0	10.0	4.0	0.2	298 K	单层吸附；离子交换、内层配位	Zhang 等（2019）
	羧基功能化 $Ti_3C_2T_x$ 纳米片	12.6	97.1	0.1	5.0	0.2	室温	单层吸附；内层配位、离子交换	Zhang 等（2020a）
	$Ti_3C_2T_x$-Na	12.3	54.1	1/12	4.0	0.4	298 K	单层吸附；离子交换、配位络合	Song 等（2020）

核素种态	吸附材料	面间距/Å	去除容量/(mg/g)	平衡时间/h	pH	吸附剂用量/(g/L)	温度	吸附行为及作用机理	参考文献
Cs(I)	Ti$_3$C$_2$T$_x$	11.5	25.4	1/6	6.0	1.0	室温	多层吸附；离子插层，表面附着	Khan 等（2019）
	Ti$_3$C$_2$T$_x$	—	148.0	1.0	7.0	0.1	室温	多层吸附；静电作用，离子交换	Jun 等（2020a）
	PBMX	10.1	315.9	3.33	—	2.0	室温	多层吸附；离子交换，配位作用	Shahzad 等（2020）
	Ti$_3$C$_2$T$_x$/POSS-NH$_2$	11.7	148.0	0.5	7.0	0.2	室温	多层吸附；静电作用，离子交换，表面络合	Rethinasabapathy 等（2021）
Sr(II)	Ti$_3$C$_2$T$_x$	—	225.2	1.0	7.0	1.0	293 K	多层吸附；表面配合物离子交换	Jun 等（2020b）
	Alk-Ti$_3$C$_2$C	—	296.5	—	—	0.33	室温	多层吸附；离子交换，表面络合	Shahzad 等（2021）
	Ti$_3$C$_2$T$_x$/POSS-NH$_2$	11.7	172.0	0.5	7.0	0.2	室温	多层吸附；静电吸附，离子交换，表面络合，封装作用	Rethinasabapathy 等（2021）
Ba(II)	Ti$_3$C$_2$F$_2$	13.4	9.3	2.0	7.0	5.0	室温	多层吸附；表面络合化学沉淀	Fard 等（2017）
	Alk-Ti$_3$C$_2$T$_x$	10.5	46.5	24.0	7.0	0.1	293 K	单层吸附；离子交换，配位作用	Mu 等（2018）
	Ti$_3$C$_2$T$_x$	—	180.0	1.0	7.0	1.0	293 K	多层吸附；配位作用，离子交换	Jun 等（2020b）
Pd(II)	Ti$_3$C$_2$T$_x$-45	—	184.6	10.0	1.0	0.1	293 K	单层吸附；化学吸附；	Mu 等（2019）
Re(VII)	Ti$_2$CT$_x$-PDDA	14.5	363.0	1.0	4.0	0.4	303 K	单层吸附；静电作用，化学还原	Wang 等（2019）
I$^-$/I$_2$	MXene-PDA-IL	—	695.4	1.0	—	0.2	室温	单层吸附；配位作用	Sun 等（2021b）
	MXene-PIL	—	170.0	1/6	—	0.2	室温	单层吸附；	Sun 等（2021a）
	MXene-PDA-Ag$_2$O$_x$	—	80.0	—	5.6	0.2	室温	多层吸附；化学沉淀，氧化还原，加成反应	Huang 等（2020）

4.4.1 对 U(VI)的去除

铀作为核燃料循环中最重要的元素之一，具有化学毒性与放射毒性。在铀矿开采、核燃料生产、乏燃料后处理及核废物处置等一系列核工业活动中，将产生数量可观的含铀废物。铀在有氧条件下通常以六价酰氧根（UO_2^{2+}）（又称 U(VI)）的形式存在，其在水体和土壤中具有较高的迁移能力，容易造成大面积的环境放射性污染，因此开展 U(VI) 相关的放射性污染防治研究非常重要。目前，人们已通过层间调控、表面修饰及物理复合等手段构筑了多种 MXene 基先进功能材料，并根据不同作用机制实现了水溶液中 U(VI) 的去除，此外通过理论计算与实验研究相结合的方式揭示了相应的微观作用机理。

1. 理论计算

利用第一性原理和密度泛函理论（DFT）等方式建模计算，能够在原子/分子水平上探究体系的吸附构象、能量信息、电荷密度分布，从而有助于筛选设计高性能的 MXene 吸附材料，以及深入理解 MXene 材料与放射性核素离子之间的作用机制。Zhang 等（2016）构建了羟基化的 $Ti_3C_2T_x$ 纳米片，并从理论上预测了其与铀酰离子具有较强的相互作用。该研究构建了三种不同表面羟基位的 $Ti_3C_2(OH)_2$ 纳米片，计算发现当羟基位于邻近三个碳原子所形成的空位中心时整个片层材料的能量最高。随后选取上述模型研究 MXene 与$[UO_2(H_2O)_5]^{2+}$的相互作用，分别对内配位和外配位情况下的构象进行优化，同时考察 $Ti_3C_2(OH)_2$ 表面羟基质子化及去质子化的影响。计算结果表明当铀酰离子与去质子化 MXene 表面上的两个氧原子以共价键的形式相结合时，整个结构的能量最低，即 $[UO_2(H_2O)_5]^{2+}$首先脱去两个内配位的水分子，然后与去质子化的 $Ti_3C_2(OH)_2$ 纳米片表面端氧原子形成稳定的双齿内层配合物。新形成的两个 U—O 键长分别为 2.380 Å 和 2.321 Å，远小于铀酰离子与水的配位键长（2.6 Å），而对应的投影态密度图中可以发现氧原子的 p 轨道分别与铀原子的 d 轨道和 f 轨道在-6～-2 eV 形成了显著的轨道杂化，表明铀酰离子与羟基 $Ti_3C_2T_x$ 表面上的去质子化羟基形成了很强的共价相互作用。此外，在其他阴离子（如 OH^-、Cl^-和 NO_3^-）存在情况下，该双齿配位构型能够稳定保持，并且溶剂化效应对羟基化 $Ti_3C_2T_x$ 吸附铀酰离子没有显著的影响。

Zhang 等（2017b）还通过理论计算研究了 V_2CT_x 层状材料吸附 U(VI)的作用机理。研究首先采用第一性原理分子动力学方法模拟了表面裸露的 V_2C 层状材料在水溶液中的表面功能化过程。在室温下，V_2C 表面在 1 ps（$1\ ps=1×10^{-12}\ s$）内即被—OH 基团功能化饱和，表面功能化过程中伴随着 H_2 分子的形成。然后考察了 $UO_2(L_1)_x(L_2)_y(L_3)_z$（$L_1$、$L_2$ 和 L_3 为 H_2O、OH 和 CO_3）与 $V_2C(OH)_2$ 层状材料相互作用过程，发现 U(VI)的各种态与 $V_2C(OH)_2$ 层状材料的结合能都分布在-3.3～-4.6 eV，这表明 $V_2C(OH)_2$ 层状材料在不同环境介质中对 U(VI)均存在较强的相互作用。基于电子态密度、差分电荷密度等手段分析，该研究还揭示了 $V_2C(OH)_2$ 主要通过化学键作用和氢键作用与 U(VI)稳定结合。此外对 V_2C 层状材料表面功能基团的影响研究表明—F 端基的存在会抑制 U(VI)的吸附性能。

Wang 等（2020）通过 DFT 计算比较了三种 M_2CT_x 型 MXene 与铀的相互作用，发现 Ti$_2$CT$_x$ 和 V$_2$CT$_x$ 相较于 Cr$_2$CT$_x$ 对铀具有更优的吸附效果。在不同的表面功能基团中，—O端基的 MXene 具有最高的吸附容量，其中 Ti$_2$CO$_2$ 的理论铀吸附容量达到 1.890 mg/g。但需要指出的是，该研究并未考虑 U(VI)在水溶液中的存在种态（通常为五配位水合铀酰离子），对酰氧结构与空间位阻的忽略可能会导致计算结果出现偏差及吸附容量高出预期。

2. 静态吸附分离

中国科学院高能物理研究所核能放射化学实验室利用 MXene 材料开展了较为系统的 U(VI)去除行为研究，该团队于 2016 年以二维碳化钒（V$_2$CT$_x$）吸附铀酰离子作为示范，首次证实了 MXene 材料可用于锕系元素的高效去除（Wang et al.，2016b）。通过 HF 刻蚀 V$_2$AlC 制备了形貌呈手风琴状、纯度约为 68%（原子百分数）的多层 V$_2$CT$_x$，粉末 X 射线衍射（powder X-ray diffraction，PXRD）显示其(002)晶面特征衍射峰出现在 $2\theta = 7.45°$，对应的层间距为 11.9 Å。吸附实验表明 V$_2$CT$_x$ 具有较快的吸附动力学（4.5 h 达到平衡），且 U(VI)吸附性能随 pH 的升高而升高，pH 为 5.0 时 U(VI)吸附容量达到 174 mg/g。采用不同的模型对吸附等温线数据进行拟合，发现 Freundlich（弗罗因德利希）模型能够较好地描述 V$_2$CT$_x$ 对 U(VI)的吸附，这可能与 V$_2$CT$_x$ 的多层结构及表面存在多种功能基团有关。在 pH 为 4.5 和 5.0 的条件下，该材料对 U(VI)和其他竞争性金属离子的分配系数比值（K_d^U/K_d^M）始终大于 10，表明 V$_2$CT$_x$ 能够选择性吸附 U(VI)。随后利用扩展 X 射线吸收精细结构（EXAFS）谱对铀原子周围的配位结构信息进行解析，发现铀酰离子与该片层材料钒活性位点上的两个羟基结合形成了稳定的二齿配合物（图 4.4），从而实现对 U(VI)快速高效吸附。利用第一性原理进行理论计算，得到的 V$_2$CT$_x$-U(VI)配合物的能量最优构象和配位模式均与 EXAFS 谱结果保持一致。此外，还通过 X 射线吸收近边结构（X-ray absorption near edge structure，XANES）光谱对 V$_2$CT$_x$ 及母体材料 V$_2$AlC 中 V 的价态进行了估算，发现母体材料 V$_2$AlC 中 V 主要以+2 价的形式存在，经刻蚀制备成 MXene 后 V 的价态变为+3 价，这主要与 MXene 制备时表面形成了羟基/氟基等悬挂键有关，而吸附 U 前后 V$_2$CT$_x$ 中 V 的氧化态无显著变化。尽管存在 V$_2$CT$_x$ 制备成本较高及 MAX 相刻蚀不完全等问题，但该研究首次报道了 MXene 对核素离子的吸附行为，并研究了其微观作用机理，因此开启了 MXene 材料在环境放射性污染治理、核素分离及核废物处置等领域应用的新篇章。

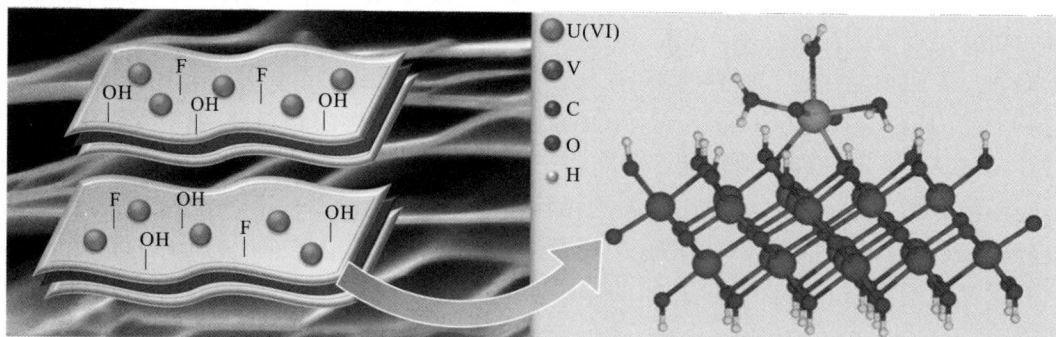

（a）V$_2$CT$_x$吸附U（VI）的示意图 　　　　（b）分子层面V$_2$CT$_x$吸附U（VI）的双齿配位结构

图 4.4　基于同步辐射技术和理论计算得到的 U(VI)与 V$_2$CT$_x$ 的相互作用机理示意图

$Ti_3C_2T_x$ 是目前制备技术最成熟、性质和应用研究也最为广泛的一种 MXene，将其用于放射性核素分离能够有效降低 MXene 基吸附剂的制备成本。如前所述，已有理论研究预测羟基化 $Ti_3C_2T_x$ 是一种潜在的 U(VI) 吸附剂，理论最大吸附容量为 393 mg/g。然而 HF 刻蚀法制备的干燥 $Ti_3C_2T_x$ 样品（$Ti_3C_2T_x$-D）的层间距为 10 Å，仅比 Ti_3AlC_2 的层间距增大了约 0.7 Å，其过小的层间距显然不利于溶液中放射性核素水合离子的进入，而通过吸附实验得到的干燥 $Ti_3C_2T_x$ 吸附容量仅为 26 mg/g，也证实了以上分析。Wang 等（2017）在 $Ti_3C_2T_x$ 层间引入水、DMSO 及水合钠离子等客体，大幅扩大了 MXene 的层间距，进而实现 U(VI) 核素离子的增强吸附。由于水分子的插层水化作用，HF 刻蚀法制备的新鲜湿润（储存于水中，未干燥处理）$Ti_3C_2T_x$（$Ti_3C_2T_x$-H）的层间距为 13 Å；上述 MXene 经过 NaOH 处理后得到水合钠离子插层的水化 $Ti_3C_2T_x$（$Ti_3C_2T_x$-Na-H），其层间距进一步扩大为 15.4 Å；而经 DMSO 处理水洗后则得到 DMSO 插层的水化 $Ti_3C_2T_x$（$Ti_3C_2T_x$-DMSO-H），由于 DMSO 和水分子的共插层极大削弱了 $Ti_3C_2T_x$ 纳米片的层间相互作用，该材料的层间距达到 19.4 Å。$Ti_3C_2T_x$-H、$Ti_3C_2T_x$-Na-H 与 $Ti_3C_2T_x$-DMSO-H 在相同吸附条件下对 U(VI) 的吸附容量分别达到 97 mg/g、118 mg/g 和 160 mg/g，均显著高于干燥样品的吸附性能，并且层间距越大，MXene 材料的 U(VI) 去除性能越好。以上结果表明水化条件下较大的层间距有利于核素离子在 MXene 层间的扩散与输运，从而使层间活性吸附位点得到充分利用。此外，三种水化 MXene 吸附铀后的干燥样品（$Ti_3C_2T_x$-U）均表现出相同的 (002) 晶面间距，这意味着铀酰离子在吸附过程中与层间客体进行了交换。通过比较 $Ti_3C_2T_x$-U 与 $Ti_3C_2T_x$-D 的晶面间距可知，铀酰离子插入引起的层间距变为 3.94 Å，它介于水合铀酰离子轴向尺寸（O=U=O，3.56 Å）与赤道面尺寸（2 倍 U—O 键长，4.82 Å）之间，表明水合铀酰离子可能以一种倾斜的方式插入 $Ti_3C_2T_x$ 层间。

相关研究进一步考察了 $Ti_3C_2T_x$-DMSO-H 样品的吸附行为和实际应用前景。$Ti_3C_2T_x$-DMSO-H 对 U(VI) 的最大吸附容量为 214 mg/g，达到了理论预测吸附容量的 54.5%，其性能显著优于常见的吸附剂材料（如黏土和商用树脂）。竞争性吸附实验及离子强度影响实验表明在过渡金属离子、稀土离子及高浓度常见金属阳离子（如 Na^+、Mg^{2+}、Ca^{2+}）的存在下，$Ti_3C_2T_x$-DMSO-H 对 U(VI) 仍表现出较好的离子选择性，这一结果与 MXene 表面的 Ti—OH 官能团对铀酰离子具有较强的亲和力有关。$Ti_3C_2T_x$-DMSO-H 在不同的固液比条件下对 U(VI) 的去除率变化不大，表明其可用于水体中大量低浓度 U(VI) 的快速净化。使用含铀模拟放射性废水进行水处理应用测试，发现 1 kg $Ti_3C_2T_x$-DMSO-H 可有效净化 5 000 kg 铀污染废水，净化后水体中残余的铀质量浓度低于 15 μg/L。以上结果证实了水化插层 MXene 在放射性核素净化领域具有广阔的应用前景。

根据 MXene 的层间特性进行层间距的合理调控，还能够实现放射性核素在层间的封存固定（图 4.5）。鉴于核素离子及水分子在干燥 $Ti_3C_2T_x$ 层间的不可通过特性，Wang 等（2017）发展了一种预吸附-快烧策略，通过有效减小层间距从而将被吸附的铀高效因禁在 $Ti_3C_2T_x$ 多层结构中。研究表明在空气氛围下 400 ℃煅烧的样品表现出优异的核素封装效果，其在纯水中 U(VI) 的浸出率小于 1%，在 0.5 mol/L HNO_3 介质中浸出率小于 6%。煅烧温度过低或过高均会导致 MXene 结构不稳定，从而加速 U(VI) 从煅烧产物中的释放。实验还考察了煅烧样品在环境条件下对铀的固定能力，将其在模拟地下水中浸泡 10 天，发现 U(VI) 的浸出率低至 3%，并且大部分浸出发生在第 1 天，主要为 MXene 外表面吸附铀的释放。若将该部分铀通过短时浸泡的方式进行先期移除，煅烧体在核废物处置应用中将会表现出更好的核素封存效果。

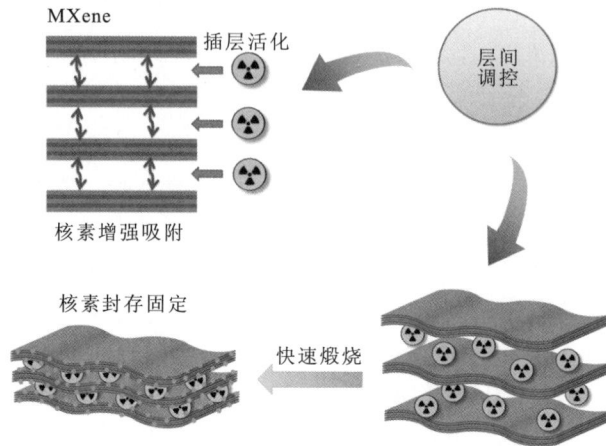

图 4.5　通过层间调控策略实现多层 MXene 材料对放射性核素离子的增强吸附与封存固定示意图

　　原始 MXene 表面的主要活性吸附位点为过渡金属含氧端基，功能基团相对单一，利用表面复合与共价接枝等手段对 MXene 进行改性有助于提高其吸附核素性能和选择性。Gu 等（2018）通过原位聚合法制备了聚苯胺改性的多层 $Ti_3C_2T_x$（$Ti_3C_2T_x$-PANI），并将其用于 U(Ⅵ)的吸附研究。$Ti_3C_2T_x$-PANI 的层间距为 10.1 Å，其相较于 $Ti_3C_2T_x$ 具有更粗糙的表面和更大的比表面积，并且还负载了大量的氨基活性基团。在 298 K、pH 为 5 时 $Ti_3C_2T_x$-PANI 对 U(Ⅵ)的最大吸附容量为 103 mg/g，远高于 $Ti_3C_2T_x$ 的 37 mg/g。由于聚苯胺的修饰包裹作用，$Ti_3C_2T_x$-PANI 对 U(Ⅵ)的吸附为单层吸附，更适合用 Langmuir 模型进行描述。相应的吸附机理研究表明，这种新型无机-有机复合材料表面的含氧官能团及氨基基团与 U(Ⅵ)发生了络合配位作用，从而提高了其吸附性能。

　　相较于多层 MXene，超薄 MXene 纳米片包含更多的表面暴露原子与活性位点，并且因不受层间扩散的限制而具有更快的吸附动力学，因此在放射性核素富集分离中显现出更好的应用前景。然而放射性核素的清除过程通常是在含有溶解氧（与空气接触）的水溶液中进行，此环境条件下处于亚稳态的 MXene 纳米片会出现一定程度的氧化分解，从而导致吸附剂失效。尽管表面化学接枝是提高低维纳米材料稳定性的有效策略，但常用的接枝方法对 MXene 材料均不适用，这是由于略微苛刻的反应条件都将引起 MXene 纳米片结构的坍塌与分解。因此，当前绝大多数 MXene 的表面修饰研究工作都局限于较为稳定的多层结构材料。

　　中国科学院高能物理研究所石伟群等发展了一种简单、普适、相对温和的重氮盐接枝策略用于构建多种稳定的功能化 $Ti_3C_2T_x$ 纳米片，并将它们用于 U(Ⅵ)的高效去除（Zhang et al.，2020a，2020b）。以羧基功能化 $Ti_3C_2T_x$（$Ti_3C_2T_x$-C）的制备为例，图 4.6 所示为 MXene 重氮盐化学接枝的反应机理。$Ti_3C_2T_x$ 首先将电子转移至重氮盐，重氮盐得电子后释放 N_2 生成羧酸芳香自由基（Ⅰ），该自由基与 MXene 表面 Ti—OH 上的 H 原子反应将氢取代，MXene 表面形成的 Ti—O 自由基（Ⅱ）与另一个新生成的羧酸芳香自由基结合则形成 Ti—O—C 共价键，从而将苯甲酸以共价接枝的形式修饰到 $Ti_3C_2T_x$ 纳米片的表面。利用类似的重氮盐修饰法还可以将芳香氰基官能团接枝到 $Ti_3C_2T_x$ 表面，随后通过碱性条件下的水解反应得到胺肟功能化 Ti$_3$C$_2$T$_x$ 纳米片（Ti$_3$C$_2$T$_x$-A）。对功能化的 MXene 纳米片进行分析表征，发现其薄层结构能够保持，并且功能化基团均匀分布在 MXene 片层表面，利用热重分析计算出 Ti$_3$C$_2$T$_x$-C 和 Ti$_3$C$_2$T$_x$-A 材料中功能化基团所占比例分别为 51.2% 和 19.6%。水氧稳定性测试表明 Ti$_3$C$_2$T$_x$-C 和 Ti$_3$C$_2$T$_x$-A 具有良好的抗氧化能力，纳米片水溶液暴露在空气中连续搅拌 7 天，其微观结构与形貌未发生显著改变。上述水氧稳定性的显著提升保证了薄层 MXene 吸附剂材料的重复使用性能，因此对实际应用非常重要。

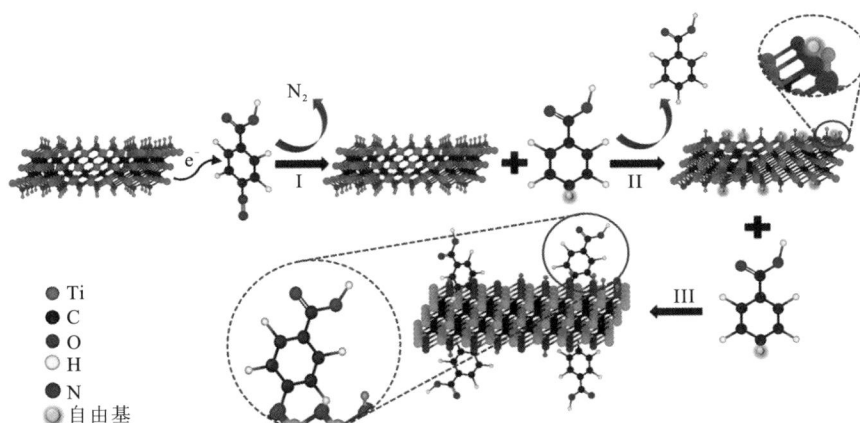

图 4.6　重氮盐法合成羧基功能化 MXene 示意图

引自 Zhang 等（2020a）

　　进一步的吸附实验表明，Ti$_3$C$_2$T$_x$-C 和 Ti$_3$C$_2$T$_x$-A 在 5 min 内即可达到吸附平衡，对 U(VI) 的最大吸附容量分别达到 345 mg/g 和 294 mg/g。二者对 U(VI) 的吸附量随 pH 升高而增加，但不受离子强度影响，并且经过循环使用 5 次后相应的吸附容量和层状结构均得到了很好的保持。此外得益于表面的胺肟功能基团，Ti$_3$C$_2$T$_x$-A 在去除 90% 以上 U(VI) 的同时对 Eu(III) 的吸附率低于 10%，其对应的 U(VI)/Eu(III) 分离因子达到了 13，而作为对比，无机的二氧化钛及未经修饰的 TC 纳米片对二者的分离因子仅为 2 左右，这表明 Ti$_3$C$_2$T$_x$-A 具有优异的镧锕分离效果。以上结果证实了功能化 MXene 纳米片能够快速、高效、选择性地清除放射性废水中的 U(VI)，并且可以重复利用，因此具有很强的实际应用价值。在吸附机理方面，Ti$_3$C$_2$T$_x$ 纳米片原有端基在修饰后被羧基和胺肟基团覆盖，等温线拟合结果显示 U(VI) 在两种功能化材料的表面主要发生单层吸附过程。研究还利用 EXAFS 谱解析了 Ti$_3$C$_2$T$_x$-C 和 Ti$_3$C$_2$T$_x$-A 高效富集 U(VI) 的微观机理，在吸附了 U(VI) 的 Ti$_3$C$_2$T$_x$-C 上发现了 U—C（2.94 Å）相互作用，而对于 Ti$_3$C$_2$T$_x$-A，则在 3.41 Å 处发现了 U—N/C 相互作用，相关拟合结果表明铀酰离子分别与 Ti$_3$C$_2$T$_x$-C 和 Ti$_3$C$_2$T$_x$-A 上的羧基和胺肟基团产生了较强的内层配位作用，从而形成稳定的双齿螯合配合物。

　　此外，二维 Ti$_3$C$_2$T$_x$ 纳米片具有大的比表面积与活性吸附位点，因此可作为理想的基体材料以构建结构新颖、性能优异的纳米复合物吸附剂，用于放射性核素的去除。Wang 等（2021b）首先对 Ti$_3$C$_2$T$_x$ 纳米片进行碱化处理以增强其表面活性位点及与离子相互作用的亲和力。随后利用该大比表面积、强结合能力的 Ti$_3$C$_2$T$_x$ 纳米片作为基底负载纳米零价铁（nZVI），显著提高了 nZVI 分散均匀性并增加了有效作用位点，从而使复合物

（Ti$_3$C$_2$T$_x$-nZVI）对 U(VI)的吸附量达到 1 315 mg/g，这显著优于 Ti$_3$C$_2$T$_x$ 及 nZVI 对 U(VI)的吸附性能。在较宽的铀初始浓度范围内，Ti$_3$C$_2$T$_x$-nZVI 对 U(VI)的去除率接近 100%；模拟地下水中该材料对 U(VI)的去除率仍保持在较高水平（95%）。基于傅里叶变换红外光谱（Fourier transform infrared spectrometry，FTIR）、XANES、XPS 和 XRD 分析，进一步明确了 U(VI)与 Ti$_3$C$_2$T$_x$-nZVI 之间的复杂作用机理，包括以 UO$_2$ 形式的还原固定、表面络合和水解沉淀，其中复合物中的 nZVI 对 U(VI)的去除起主要贡献。

3. 电化学吸附与检测

MXene 材料具有良好的电学性能，在能源存储和化学传感领域有着广泛的应用。对于放射性污染防治应用，可利用 MXene 材料良好的导电和吸附特性将其做成电极，用于放射性核素离子的电化学吸附和电化学检测。

Zhang 等（2020b）通过滴涂的方式将前述的胺肟功能化 MXene 纳米片负载到碳布基底上，从而构筑了稳固的 Ti$_3$C$_2$T$_x$-A-碳布复合电极。随后对复合电极进行电吸附性能测试，并与空白碳布电极及商用胺肟基高分子材料（polyamidoxime，PAO）制备的 PAO-碳布复合电极的电吸附性能进行对比。研究发现偏压诱导的电场有利于铀酰阳离子向复合电极（阴极）移动，从而显著提升了 U(VI)的富集能力，然而恒电位模式下的电吸附会带来严重的电容去离子（capacitive deionization，CDI）效应，即使是空白的碳布电极，相比于静态吸附也具有显著的电吸附增益效果。为消除 CDI 效应并进一步提高 Ti$_3$C$_2$T$_x$-A-碳布复合电极对 U(VI)的选择性和吸附容量，研究人员使用了一种周期性电位施加方式，通过电场的交替施加与撤除将吸附在电极上的竞争性阳离子不断释放，而只保留结合能力较强的 U(VI)，有效提升了 Ti$_3$C$_2$T$_x$-A 表面活性位点的利用率，使复合电极对 U(VI)的最大吸附容量由静态吸附的 294 mg/g 提升至电吸附的 636 mg/g。对于空白碳布电极，由于其在电场作用下与铀酰离子的结合不具有选择性，CDI 效应所致铀的非特异性吸附在周期性电压施加下得以消除。此外，在同样的测试条件（周期性电位模式）下还对 Ti$_3$C$_2$T$_x$-A 和商用 PAO 材料进行电吸附去除铀的性能进行了比较，发现 PAO 只能达到 Ti$_3$C$_2$T$_x$-A 修饰电极富集能力的 60%。以上研究结果表明，胺肟功能化的 MXene 纳米片可作为新型电吸附材料实现放射性核素的选择性富集与增强吸附。

Fan 等（2019）使用 KOH 处理多层 Ti$_3$C$_2$T$_x$，随后将钾插层的 Ti$_3$C$_2$T$_x$（K-Ti$_3$C$_2$T$_x$）负载到玻碳电极（glassy carbon electrode，GCE）上得到 K-Ti$_3$C$_2$T$_x$/GCE 修饰电极，并进一步研究了 K-Ti$_3$C$_2$T$_x$/GCE 对低浓度 U(VI)的电化学检测性能。循环伏安（cyclic voltammetry，CV）曲线结果显示，K-Ti$_3$C$_2$T$_x$ 对玻碳电极的修饰可以显著提高 U(VI)的电化学响应，这是由于 Ti$_3$C$_2$T$_x$ 本身具有良好的导电性、较大的比表面积及负的表面电荷，并且对铀酰离子具有较强的亲和力。同时碱化过程使 Ti$_3$C$_2$T$_x$ 表面 Ti-O/Ti-OH 端基含量升高，并且生成了部分 TiO$_2$ 纳米颗粒，从而进一步增加 U(VI)活性配位位点。此外，K$^+$ 在 Ti$_3$C$_2$T$_x$ 层间的稳定插层消除了 Ti$_3$C$_2$T$_x$ 自身电容效应的干扰。进一步使用差分脉冲伏安法进行扫描，发现 pH=4 时，K-Ti$_3$C$_2$T$_x$/GCE 修饰电极对 U(VI)在铀质量浓度 0.5～10 mg/L 时呈现良好的线性检测关系。该方法对 U(VI)的检测限为 0.083 mg/L，具有良好的稳定性和重复性，有望应用于水体中痕量铀的定量检测。

4. 还原固定

铀在环境中的迁移行为与其氧化态和化学种态直接相关，除常规的吸附去污外，将高氧化态、易迁移的 U(VI) 还原为低氧化态、难溶的 U(IV) 已成为降低铀对环境影响的有效方法。然而除常见的 Fe 基化合物和微生物外，目前用于还原固定 U(VI) 的固相候选材料鲜有报道。另外，过渡金属元素 Ti 在还原地质环境中能够与 U 形成结构稳定的原生铀矿石（如钛铀矿，UTi_2O_6），这表明含钛化合物在铀的迁移、固定与沉积过程中扮演着重要角色。基于此，Wang 等（2018）从 Ti 基 MXene 中筛选出具有高反应活性的 Ti_2CT_x，首次通过吸附-还原策略实现了 MXene 材料对 U(VI) 的原位固定与高效清除。研究使用的 MXene 为水化的多层 Ti_2CT_x（Ti_2CT_x-H），由于使用了 HCl/LiF 的原位刻蚀法制备，其表面被—OH、—F 和—Cl 等多种端基覆盖，同时层间可能存在 Li^+ 的插层，该材料的零电荷点在 pH 为 2.75 左右。批次吸附实验表明 Ti_2CT_x-H 的吸附动力学平衡时间为 48 h，当 pH 为 3～10 时表现出优异的 U(VI) 去除能力。特别是该材料在酸性条件下 Ti_2CT_x-H 仍表现出可观的 U(VI) 去除容量（470 mg/g），并且对初始浓度低于 160 mg/L 的 U(VI) 溶液可实现 100% 去除。此外由于表面电荷为负，Ti_2CT_x-H 易于吸附阳离子，竞争性阴离子（如氯离子、硝酸根和高氯酸根）的存在对 U(VI) 的去除没有显著影响。

随后通过 X 射线吸收谱、光电子能谱及其他光谱学表征对 Ti_2CT_x-H 去除 U(VI) 的微观作用机理研究发现，低 pH 时 U(VI) 被还原为单核的 U(IV)，并以双齿的形式配位到 Ti 基基体材料上，而高 pH 时 U(VI) 被还原为 UO_{2+x} 纳米颗粒；同时 MXene 的腐蚀产物为无定形 TiO_2。相关结果表明 Ti_2CT_x-H 对 U(VI) 呈现出十分有趣的 pH 依赖性还原固定机制，这一发现为抑制酸性环境中铀的迁移提供了新思路。进一步通过含铀模拟酸矿废水处理测试评估 Ti_2CT_x-H 的实际应用性，发现该材料在酸性厌氧条件下对废水中铀的固定效率接近 100%，而对 6 倍浓度的模拟酸矿废水（pH 为 2.1）中铀的去除率仍大于 95%。Ti_2CT_x-H 在大量竞争性阳离子的存在下仍能对酸性溶液中的 U(VI) 实现高效去除，因此是一种优秀的可渗透反应墙候选材料。此外考虑到 Fe(III)/Fe(II) 常存在于矿山废水中，还考察了 Fe(III) 的影响，发现其在无氧条件下几乎不影响 U(VI) 的去除，而在有氧条件下 Fe(III)/Fe(II) 氧化还原电对的存在会在初期加速 MXene 的氧化及 U(VI) 的再释放。有氧条件下暴露 30 天后，吸附剂对 U(VI) 仍保留了约 40% 的吸附效率，这主要归因于 Ti_2CT_x MXene 氧化形成的晶态 TiO_2 及非晶态氧化产物与 U(VI) 作用，形成了稳定的表面络合物。

相比于传统化学还原法，光催化技术是一种在环境领域有着重要应用前景的绿色方法，具有操作简单、循环利用率高、无二次污染等优点。以 $Ti_3C_2T_x$ 为代表的 MXene 已被证明是一种良好的光催化助剂，可用于构建高效的光催化异质结材料及调控光催化剂的电荷转移性质。Deng 等（2019）通过水热反应，利用原位氧化外延生长的方法合成了具有高导电性和片层结构的 MXene-钙钛矿复合材料 $Ti_3C_2T_x$-$SrTiO_3$，并将其用于光催化还原去除 U(VI)。研究结果表明，少量 $Ti_3C_2T_x$ 的掺入有利于 $SrTiO_3$ 上光生电子的快速转移，进而提高电荷分离效率。在模拟太阳光的激发下，掺入 2% MXene 的 $Ti_3C_2T_x$-$SrTiO_3$ 复合材料对 U(VI) 表现出极强的光催化还原去除能力，去除率可达约 80%，高于 $SrTiO_3$ 原材料性能的 33 倍。$Ti_3C_2T_x$-$SrTiO_3$ 复合材料的可控组装在粒子间电荷转移和延长电荷寿命方面起着关键作用，从而显著地提高光催化性能，该研究结果为新型光催化复合材料的设计及核素光催化还原去除机理分析提供了新思路。

4.4.2 对 Th(IV)的去除

钍是一种具有天然放射性的锕系元素，其在自然界和水溶液中主要以 Th(IV)的形式存在。由于钍化合物通常与稀土矿伴生，稀土采矿和加工工业会产生大量的含钍放射性废物。此外，发电厂大量燃煤及农业化肥的使用也会引起钍的放射性污染。环境中的 Th(IV)能够沉积在骨骼、肾脏和肝脏中，对公众健康具有较大危害，因此需要开发相应的高效去除材料进行防治。研究人员报道了多种钛基水化 MXene 材料对 Th(IV)的吸附行为，并对相关的去除机理进行了探究。Li 等（2019b）发现水化 Ti_2CT_x（Ti_2CT_x-H）含有大量的插层水分子，使二维材料具有更大的层间距，更易与 Th(IV)发生作用，因此其吸附性能要远高于真空干燥的 MXene 样品。批次吸附实验表明 Th(IV)在水化 Ti_2CT_x 上的吸附遵循准二级动力学模型及 Freundlich 多层吸附模型，当 pH 为 3 时最大吸附容量为 213 mg/g，并且具有良好的离子选择性。热动力学结果表明 Th(IV)在 Ti_2CT_x-H 上的吸附为自发吸热过程。通过 XPS 及离子强度影响实验确定了吸附机理为 Th(IV)与 MXene 表面的羟基作用，生成了稳定的内配位络合物。此外，吸附过程中 Th(IV)的价态未发生改变，表明 Ti_2CT_x-H 无法像对 U(VI)那样对 Th(IV)进行还原去除。因此，对于水溶液中无法还原的核素离子，Ti_2CT_x-H 主要通过较强的内配位作用实现高效清除。

Wang 等（2021a）通过前述的水化插层策略制备了具有不同层间距的 $Ti_3C_2T_x$ 样品，随后系统研究了它们对 Th(IV)的吸附行为，并与 Ti_2CT_x 吸附 Th(IV)的作用机理进行了比较。与 U(VI)的吸附类似，具有更大层间距的水化插层 $Ti_3C_2T_x$ 表现出更高的 Th(IV)吸附容量，再次证明了层间调控所引起的增强吸附效应。吸附动力学结果发现层间距越大，MXene 达到动力学吸附平衡所需的时间越长，这是由于层间吸附对应着较慢的扩散过程，多层 MXene 的层间限域空间决定了核素离子需要充分地扩散才能到达其内部较深处的吸附位点。虽然热力学计算结果显示 $Ti_3C_2T_x$ 吸附 Th(IV)依然是自发吸热过程，但当 pH 为 3 时 $Ti_3C_2T_x$-H 吸附对应的焓变仅为 9.58 kJ/mol，远低于 Ti_2CT_x-H 吸附 Th(IV)的焓变（43.1 kJ/mol）。Th(IV)在 $Ti_3C_2T_x$ 上的吸附受离子强度的影响，并且吸附机理表明，在强酸性条件下 Th(IV)主要通过静电作用的方式进行吸附，而 pH 大于 3 时其去除则由静电作用和内层配位共同决定。上述结果表明，尽管两种钛基 MXene 的表面功能基团类似，但 $Ti_3C_2T_x$ 与 Th(IV)的相互作用强度显著低于 Ti_2CT_x，这与前者 Ti—C 层数较多（n 较大）、结构相对稳定有关。此外还利用 XRD 研究了 Th(IV)在多层 $Ti_3C_2T_x$ 中的离子插层特性，发现 pH 为 3.4 时 $Ti_3C_2T_x$-Th 的特征(002)峰稳定在 $2\theta=6.6°$，据此可计算 Th(IV)插入引起的层间距变化为 3.4 Å，该值略小于 U(VI)的 3.9 Å，这可能与两种水合离子自身的配位构型不同有关，其中 Th(IV)水合离子为球形配位模式，而 U(VI)水合离子为赤道面配位模式。研究还发现 Th(IV)对 $Ti_3C_2T_x$ 的插层行为还受溶液 pH 的影响，吸附后材料的层间距随 pH 的降低而减小，这表明 pH 改变所引起的吸附容量与化学种态的变化能够显著影响锕系离子在 MXene 层间的插层特性。

4.4.3 对 Eu(III)的去除

由于具有相近的物理化学性质及环境迁移行为，Eu(III)通常作为三价次锕系元素及其他镧系元素的化学模拟物，被用来开展相应的宏观吸附行为和光谱学性质研究。Song 等（2020）使用 1 mol/L NaOH 对多层 $Ti_3C_2T_x$ 进行碱化处理，成功制备了碱化碳化钛（$Ti_3C_2T_x$-Na），用于对 Eu(III)的快速去除。采用固液比、溶液 pH 和离子强度、动力学、等温线、热力学等批次实验方法对 $Ti_3C_2T_x$-Na 去除 Eu(III)的行为进行系统研究。研究结果表明，整个吸附过程受溶液 pH 和离子强度影响较大，在很短的时间（5 min）就达到了吸附平衡，该过程更符合 Langmuir 吸附模型，在 298 K 时最大吸附容量可达 54.05 mg/g。热力学结果表明 $Ti_3C_2T_x$-Na 对 Eu(III)的吸附为自发吸热反应过程。使用能量色散 X 射线光谱（X-ray energy dispersive spectrum，EDS）、PXRD 和扩展 X 射线吸收精细结构（EXAFS）光谱对吸附机理进行分析，结果表明酸性条件下主要的吸附机理是 Eu(III)与 MXene 层间的 Na^+ 发生了离子交换，吸附后的 Eu(III)主要以外层配位络合物的形式存在，而近中性条件下则出现了内层配位络合作用。鉴于 Na-$Ti_3C_2T_x$ 具有较低的合成成本与优异的吸附性能，该材料有望应用于放射性废水中三价次锕系核素与镧系核素的快速高效清除。

利用 Ti_2CT_x 易氧化转化的特性，Zhang 等（2019）制备了结构新颖的 MXene 钛酸盐衍生物用于对 Eu(III)的高效吸附。将具有高反应活性的 Ti_2CT_x 纳米片作为前体材料，在碱性条件下经过温和的水热反应使 MXene 发生原位氧化转化，可以得到海胆状的新型层状钛酸盐纳米多级结构（hierarchical titanate nanostructures，HTNs）。经过多种分析表征和理论建模确定了该钛酸盐的化学组分为 $Na_2/K_2Ti_2O_4(OH)_2$。吸附实验表明 HTNs 对 Eu(III)具有高效的去除能力，最大吸附容量可达 222 mg/g，该材料有望用于三价锕系和镧系核素放射性污染的环境修复。随后通过 XRD、FTIR、XPS、EXAFS 等多种光谱学技术及理论计算对 Eu(III)的去除机理进行深入研究，发现 HTNs 对 Eu(III)的吸附过程涉及两个阶段：初始阶段主要由离子交换驱动（吸附容量受离子强度影响）；而当 Eu(III)进入 HTNs 的层间后，二维材料的纳米空间限域效应则进一步诱导 Eu(III)的稳定内配位络合物的生成。

4.4.4 对 Cs(I)和 Sr(II)的去除

^{137}Cs 是一种半衰期为 30.17 年的强 β 和 γ 辐射源，具有较强的放射性、很强的水溶性和流动性、较高的挥发性和活性，并可进入食物链，在生物体内富集，取代人体内的钾，破坏细胞并可引发癌症。此前，对水中铯的去除方法包括同位素稀释沉淀法、絮凝、砂滤、沉淀、电渗析、吸附、离子交换和溶剂萃取等，其中吸附是一种被广泛研究的低成本、高效的放射性核素去除方法。

Khan 等（2019）首次研究了原位 HF 蚀刻所得的 $Ti_3C_2T_x$ 对 Cs 的吸附行为，研究表明，其吸附遵循伪二级动力学模型、吸附曲线符合 Freundlich 等温线，表明 $Ti_3C_2T_x$ 对 Cs 的吸附为化学吸附和多层吸附；$Ti_3C_2T_x$ 在室温下 1 min 之内就达到了最大吸附容量

25.4 mg/g；研究表明吸附机理为 Cs$^+$ 在 MXene 层间和孔隙中的表面附着。当 pH 为 2~12 时，Ti$_3$C$_2$T$_x$ 对 Cs 的去除率先升后降，当 pH 为 10 时达到最大值。由于 Ti$_3$C$_2$T$_x$ 可以在孔隙和层间中容纳不同大小的离子，在其他竞争离子存在的情况下 Ti$_3$C$_2$T$_x$ 仍保持较高的 Cs 去除率。经过 5 次吸附-解吸循环后，去除率仍大于 91%。

Jun 等（2020a）的实验结果表明，在 Ti$_3$C$_2$T$_x$ 吸附剂质量浓度为 5 mg/L、吸附质质量浓度为 2 mg/L、pH 为 7 时，Ti$_3$C$_2$T$_x$ 对 Cs$^+$ 的吸附容量达到 148 mg/g，远高于比表面积约为 MXene 47 倍的多孔碳的 80 mg/g；并且在 4 个循环中去除率变化不大，表明其可重复利用性较好。研究发现 MXene 材料的高吸附能力是由于其表面较多的负电荷，MXene 对 Cs$^+$ 的吸附机理为其表面负电荷产生的静电吸附作用和离子交换作用。其吸附曲线符合准二级模型和 Freundlich 等温线。热力学研究表明该吸附是自发的吸热反应；随着温度升高，Cs$^+$ 扩散增强，MXene 边界层减少，表面活性位点数量增加，其吸附性能提高。但是有机酸的存在会降低 MXene 的吸附性能，因为 Cs$^+$ 与带负电荷的有机酸结合力较强。

Shahzad 等（2020）制备了内部结构独特、孔隙率较高的普鲁士蓝-MXene 气凝胶球（MXene incorporated with Prussian blue aerogel spheres，PBMX），通过 SEM、SEM-EDS 表征了其布满孔隙的球形外壳、独特的碎花状结构和微孔隙共存的内部结构。超高的孔隙率使 3.5 mg/mL PBMX 纳米复合材料所制备出的气凝胶球对 Cs$^+$ 的吸附量达到当前相关研究的最大值 315.91 mg/g，通过 PXRD、FTIR、场发射扫描电镜（field emission scanning electron microscope，FESEM）和 XPS 等分析技术证明该吸附为 MXene 和普鲁士蓝的共同作用，相关的吸附机制有三个：①Ti$_3$C$_2$T$_x$ 表面基团与金属离子发生离子交换反应，Cs$^+$ 与 Fe^{2+} 发生离子交换；②Ti-O、Ti-OH 与 Cs$^+$ 结合；③普鲁士蓝的笼状结构能够捕获 Cs$^+$，Cs$^+$ 与 Fe$_4$[Fe(CN)$_6$]$_3$ 形成络合物。即使在 pH 为 2 的高酸性环境和 pH 为 12 的高碱性环境下，其吸附能力都较强；即使在不同浓度的多种离子竞争体系中，其去除率均能达到 99% 以上。唯一不足之处是 PBMX 在 HNO$_3$ 中不稳定，1 h 后出现降解，若用酸进行洗脱则影响其重复使用性。

Rethinasabapathy 等（2021）通过插层策略将氨基修饰的笼形聚倍半硅氧烷（aminopropylisobutyl polyhedral oligomeric silsesquioxane，POSS-NH$_2$）插入 Ti$_3$C$_2$T$_x$ 层间，得到 Ti$_3$C$_2$T$_x$/POSS-NH$_2$ 复合材料。层间距的增大有利于核素离子快速扩散，从而使 Ti$_3$C$_2$T$_x$/POSS-NH$_2$ 表现出良好的吸附性能，其对 Cs$^+$ 的最大吸附量为 148 mg/g，30 min 便可达到吸附平衡；在其他离子与 Cs$^+$ 共存时，Ti$_3$C$_2$T$_x$/POSS-NH$_2$ 对 Cs$^+$ 的选择性吸附率为 89%；三个循环中，Cs$^+$ 的去除率基本保持不变。其吸附数据与动力学拟二级模型拟合度高，表明 Ti$_3$C$_2$T$_x$/POSS-NH$_2$ 上的吸附主要受化学吸附控制；吸附实验数据符合 Freundlich 等温线模型，揭示了 Cs$^+$ 在 Ti$_3$C$_2$T$_x$/POSS-NH$_2$ 的—OH、—F、—O 和—NH$_2$ 吸附位点上的多层吸附。随后通过光谱学分析等表征手段对吸附机理进行研究，发现复合物中 POSS-NH$_2$ 的—NH$_2$ 及 Ti$_3$C$_2$T$_x$ 的表面官能团（如—OH、—F 和—O）可通过静电作用、离子交换和表面络合等机制有效结合 Cs$^+$。

基于 MXene 易于热降解且 MXene 吸附剂的可循环使用次数总是有限的，废弃 MXene 吸附剂的回收处理问题也受到高度重视。Hassan 等（2021）采用低温（200℃）冷烧结工艺，用羟基磷灰石（hydroxyapatite，HAp）陶瓷基体对吸附 Cs$^+$ 后的 MXene 进行绿色固定形成了具有高度致密结构、融合完美、机械强度和热稳定性高、化学稳定性好的 MX-HAp 基体;通过 XPS 和热重法证明了干燥的 MXene-HAp 复合材料的氧化温度高达 317℃（与 MXene 相比,升高了 67℃）,该复合材料能有效防止 MXene 的氧化和降解。研究说明了 MXene 氧化减少的机制:①HAp 中游离的 OH^- 通过与 MXene 的表面基团发生反应形成保护层来阻止 MXene 的氧化;②MXene 体系内部存在原子缺陷形成的电场,HAp 中 OH^- 的存在会削弱该电场,从而减少 Ti^{4+} 和 O^{2-} 结合。当吸附剂使用量为 0.2 g/10 mL 时,Cs 的吸附容量为 0.496 mg/g,去除率高达 99%。吸附 Cs 后的 MXene 与 HAp 冷烧结过程前后 Cs 含量的变化不大;且烧结成品在浸出实验中 Cs 的浸出率为 $2.02(\pm 0.09) \times 10^{-4}$ g/(m²·d),符合长期处置废弃物标准,说明该方法处理 MXene 基吸附剂废弃物是可行的。

^{90}Sr 也是一种常见的易对生物体和自然环境产生严重危害的放射性核素,其半衰期为 29 年,会发射出很强的 β 射线。此外,人体过量摄入锶元素时,会导致贫血和缺氧。Jun 等（2020b）首次将 MXene 用于模型水力压裂回流系统中吸附 Sr^{2+}。通过 Zeta 电位分析发现 MXene 表面具有负电荷,可以通过静电吸引来吸附 Sr^{2+},其吸附量可达 225 mg/g。随着 pH 升高,MXene 表面的负电荷增加,其吸附性能也有所提升。随着溶液温度升高,Sr^{2+} 的扩散速率加快,MXene 表面的活性位点数量增加,其吸附量也相应增加。Sr^{2+} 主要通过与 MXene 形成内表面配合物及与 Na^+ 进行离子交换而被去除。Shahzad 等（2021）采用无氟的水热碱化法/NaOH-刻蚀 Ti_2AlC 得到富含含氧端的 $Alk-Ti_2C$ 片,其吸附性能优于 HF 刻蚀法得到的 MXene 片。$Alk-Ti_2C$ 片吸附 Sr^{2+} 的主要机制是离子交换和表面络合作用。其吸附动力学与拟二级模型高度拟合,吸附等温线与 Langmuir 等温线和雷德利希-彼得森（Redlich-Peterson）等温线拟合得较好。当 pH 为 3～11 时,$Alk-Ti_2C$ 片能完全去除 Sr^{2+};其最大吸附容量为 296.46 mg/g;在自来水和去离子水中,$Alk-Ti_2C$ 片对 Sr^{2+} 的去除率高达 99% 以上,在模拟海水情况下仍有高达 95% 的去除率。Rethinasabapathy 等（2021）还研究了 $Ti_3C_2T_x/POSS-NH_2$ 对锶的吸附行为,发现复合材料对 Sr^{2+} 的吸附量约为 172 mg/g,该吸附剂具有富集速度快、选择性好、可循环利用等优点。进一步研究表明复合材料主要通过离子交换、内配位络合、静电作用和层间封存 4 种机制实现对 Sr^{2+} 的高效清除。

4.4.5 对 Ba(II)的去除

钡（Ba）作为一种有毒重金属元素,其常见化合物具有较高的水溶性,因此易随水体扩散而形成大范围的环境污染。此外钡的放射性同位素,如 ^{133}Ba 和 ^{140}Ba,它们作为重要裂变产物也常见于核废水中。MXene 作为一种高效的吸附材料,在除钡方面也得到了广泛的研究。Fard 等（2017）利用 HF 刻蚀 Ti_3AlC_2 得到 $Ti_3C_2T_x$,以其为吸附剂研究对钡的去除。研究发现,$Ti_3C_2T_x$ 对钡的吸附容量为 9.3 mg/g（钡的初始质量分数为 55 mg/g）,在实验的前 10 min 内就去除了 90% 的钡;在优化条件下能达到 100% 的去除率,吸附性能优于活性炭和碳纳米管。$Ti_3C_2T_x$ 的吸附机制包括物理吸附和化学吸附（—O、—OH、—F 等表面基团与钡结合形成化学键,生成氢氧化钡和氟化钡）。随着 pH 升高,$Ti_3C_2T_x$ 对钡的吸附量呈现先增加后减少的趋势,当 pH 为 6 时,吸附量达到最大值。在多种金属离子存在的情况下，Ti$_3$C$_2$T$_x$对钡的去除率仍能到98%。Mu 等（2018）采用氢氧化钠对 Ti$_3$C$_2$T$_x$ 进行表面改性和插层，使其表面官能团增加、吸附位点增加、层间距增大（c 晶格参数达到 2.09 nm），进而提升 Ti$_3$C$_2$T$_x$ 对钡的吸附量。研究结果表明，碱化处理之后 Ti$_3$C$_2$T$_x$ 的抗氧化性增强；比表面积也增大了 6 倍；Ti$_3$C$_2$T$_x$ 对钡的吸附容量达到 46.46 mg/g，是未碱化 Ti$_3$C$_2$T$_x$ 吸附容量的 3 倍。吸附动力学和吸附等温线模型研究表明，对钡的吸附为化学吸附和单层吸附。在其他混合离子存在的情况下，碱化后的 Ti$_3$C$_2$T$_x$ 对 Ba^{2+} 的去除效率也高于未碱化处理的 Ti$_3$C$_2$T$_x$，去除率高达 99%。通过深入分析吸附机理，发现碱化后的 Ti$_3$C$_2$T$_x$ 对钡的吸附为表面络合和离子交换的协同作用。Jun 等（2020b）研究的 Ti$_3$C$_2$T$_x$ 对钡的吸收能力进一步提高，吸附量达到 180 mg/g，吸附量随着 pH 和溶液温度的升高而增加。Sr^{2+} 的去除机理主要是与 MXene 形成内配位表面络合物，以及与 Na$^+$ 进行离子交换。

4.4.6　对 Pd(II)的去除

钯是一种广泛应用于催化、电子器件及医药等领域的贵金属元素，分离提取钯对资源利用和环境保护均具有重要意义。铀裂变过程会产生一些钯同位素，如 ^{107}Pd 和 ^{105}Pd，它们自身的放射性危害并不高。然而钯易在核废物玻璃固化过程中以单相形式析出，进而影响固化体的稳定性和均匀性，因此从核废物的安全处置出发，有必要对核废水中钯的同位素进行分离去除。Mu 等（2019）通过在不同温度（25 ℃、35 ℃和 45 ℃）下采用 HF 刻蚀 Ti$_3$AlC$_2$ 得到具有大比表面积和宽层间距的 Ti$_3$C$_2$T$_x$（MXene-25、MXene-35 和 MXene-45），并用于在硝酸体系中除钯。结果表明，随着温度从 25 ℃升高到 45 ℃，Ti$_3$C$_2$T$_x$ 的层间距也增大（相应 MXene 层间距分别为 0.216 nm、0.278 nm 和 0.313 nm），对钯的吸附容量也随之提高，其中，MXene-45 的吸附容量达到 184.56 mg/g。动力学与拟二级模型高度拟合，说明 MXene 对钯的吸附为化学吸附；吸附等温线与 Langmuir 吸附等温模型拟合得更好，表明 MXene 对钯的吸附为单层吸附；根据热力学分析，MXene 对钯的吸附过程是自发的和不可逆的反应；温度越低，MXene 对钯的吸附容量越大。MXene 在高酸度环境下具有稳定性；而且在加入多种竞争离子之后，MXene 对钯的吸附性能几乎不变，说明其对钯具有高选择性。经过 5 次吸附-解吸循环之后，MXene 的吸附容量虽然略有下降，但仍具有良好的吸附性能。

4.4.7　对 Re(VII)/Tc(VII)的去除

对于阴离子种态的放射性核素（如 TcO$_4^-$ 及其模拟物 ReO$_4^-$），由于 MXene 负的本征表面电荷与之相斥，还原去除效果并不理想，例如 pH 为 4 时多层 Ti$_2$CT$_x$ 对 Re(VII)的去除容量仅为 22 mg/g。Wang 等（2019）首先改变刻蚀条件制备了较薄的 Ti$_2$CT$_x$ 纳米片，有效增加了还原活性位点；其次加入阳离子型聚电解质对 MXene 表面进行修饰，得到呈三维网状结构的复合物材料（Ti$_2$CT$_x$-poly(diallyldimethylammonium chloride)，Ti$_2$CT$_x$-PDDA）。Ti$_2$CT$_x$-PDDA 在实验测试的 pH 范围内表现出稳定的正表面电荷，因此能够为核素阴离子种态的吸附去除提供静电作用驱动力。批次吸附实验表明，与未修饰样品及多层 MXene 修饰的样品相比，Ti$_2$CT$_x$-PDDA 对 Re(VII)的去除效果至少提升了 5 倍，最大吸附容量可达 363 mg/g。由于复合物中的 Ti$_2$CT$_x$ 对 Re(VII)存在持续还原，该材料在大量 SO$_4^{2-}$ 和 Cl$^-$ 等阴离子存在下仍表现出良好的选择性。进一步的机理分析表明，Ti$_2$CT$_x$-PDDA 是通过初期的快速吸附及随后的缓慢还原过程实现对 Re(VII)的有效固定。EXAFS 数据分析发现，TCNS-P 对 Re(VII)的还原活性呈现出显著的 pH 依赖性：pH≤4 时可将 80%以上 Re(VII)还原为 ReO$_2$；pH 为 7 时约 20%的 Re(VII)被还原；pH 为 10 时 ReO$_4^-$ 则通过静电作用吸附到复合物上；并且随着 pH 的升高，Re 原子的第一配位层配位数逐渐由六配位的八面体结构转变为四配位的四面体结构。由于 Tc(VII)/Tc(IV) 电对比 Re(VII)/Re(IV)电对具有更高的氧化还原电势，相同的溶液条件下 Tc(VII)更易被还原，所以 Ti$_2$CT$_x$-PDDA 可以用于环境中 Tc(VII)污染物的还原去除。该研究结果为未来开展 MXene 基材料还原固定 Tc(VII)的研究优化了实验参数，并且指明了方向。

4.4.8 对 I 的去除

放射性碘是铀在核裂变反应过程中生成的碘的放射性核素，主要以 ^{131}I、^{129}I 等形式存在。放射性碘也被广泛用于临床应用，如 ^{131}I 可用于治疗甲状腺功能亢进和甲状腺癌，^{125}I 可用于甲状腺肿瘤活检、甲状腺扫描和放射免疫分析。放射性碘在人体内长期积累会引起甲状腺癌、白血病和代谢紊乱。核能生产过程产生的放射性废物中含有一定量的长寿命 ^{129}I，超量排放将会带来环境放射性污染并危害人体健康。

Sun 等（2021b）通过贻贝启发化学和迈克尔（Michael）加成反应相结合的方法将离子液体引入 MXene 制备成具有多个吸附位点的吸附剂 MXene-PDA-IL。首先根据多巴胺（dopamine，DA）的黏附特性用良性溶剂使多巴胺在 MXene 表面进行自聚合，生成聚多巴胺（polydopamine，PDA）涂层，PDA 涂层可作为二次反应平台。PDA 涂层使 MXene 表面形成沟槽，而引入离子液体之后，原本粗糙的表面又变得光滑。MXene-PDA-IL 样品中 O 含量进一步降低，C 含量升高。以上两个变化表明，离子液体是通过 Michael 加成反应引入 MXene-PDA 表面的。MXene-PDA-IL 上的高比例离子液体不仅可以大大提高 MXene-PDA-IL 的分散性，而且可以提供大量的吸附活性位点。MXene-PDA-IL 吸附剂的吸附量在前 10 min 显著增加，10 min 后基本达到平衡，最大吸附量为 695.4 mg/g，去除率可达 90%。动力学结果表明，吸附过程遵循拟二级模型吸附规律，说明 MXene-PDA-IL 对碘的吸附是化学吸附。吸附等温线模型拟合结果表明，MXene-PDA-IL 的吸附数据与 Langmuir 吸附等温线模型拟合得较好，吸附为单层吸附。热力学研究表明，碘在 MXene-PDA-IL 上的吸附是自发的吸热反应。但是美中不足的是，随着 MXene-PDA-IL 循环次数增加，碘的去除率降低。第 3 个循环降至 60%左右；第 4 个循环降至 10%，可能是由于碘在前 3 次循环中占据了吸附活性位点。

Sun 等（2021a）又通过微波辅助多组分反应快速合成了聚咪唑功能化、多离子液体功能化 MXene（polyionic liquid functionalized MXene，简称 MXene-PIL）。MXene-PIL 对碘的吸附容量高达 170 mg/g，高于未改性的 MXene 和其他大多数吸附剂。反应中形成的 MXene-PIL 上的咪唑环与碘有配位，离子液体中的卤素离子与碘之间存在卤素键，因此 MXene-PIL 可以去除碘。动力学结果表明，物理吸附和化学吸附共同存在于

MXene-PIL 对碘的吸附过程中。吸附等温线模型与 Langmuir 模型拟合得较好，表明吸附是一种相对均匀的单原子层吸附。热力学研究表明，ΔG 和 ΔH 随温度的升高而增加，说明吸附反应是自发的吸热反应。当温度为 283～313 K 时，MXene-PIL 对碘的吸附量随着温度的升高而增加。

Huang 等（2020）利用多巴胺自聚合形成 PDA 并将其包裹在 MXene 上，再将纳米银粒子均匀沉积在 MXene-PDA 表面，Ag_2O_x 可以作为活性吸附位点与碘结合形成 AgI 沉淀。MXene-PDA-Ag_2O_x 对碘的最大吸附量为 80 mg/g，去除率为 80%。其吸附动力学与拟一级模型、拟二级模型和粒子内扩散模型均拟合得较好；吸附过程以化学吸附为主，伴随少量物理吸附作用。各影响因素实验表明 pH 为 5 时 MXene-PDA-Ag_2O_x 对碘的吸附效果最好；随着温度升高，吸附剂的吸附性能逐渐降低；吸附剂对 Cl⁻ 的抗干扰能力基本稳定，而对 HCO_3^-、CO_3^{2-} 和 SO_4^{2-} 的抗干扰能力较差。

4.5 本 章 小 结

MXene 作为一种新型纳米层状固相吸附剂，能够快速、高效地去除水溶液中的放射性核素离子，目前已在水处理和环境放射性污染修复领域展现出广阔的应用前景。MXene 的种类、结构、化学性质和溶液环境条件不同，决定了该类材料可通过多种机制与放射性核素离子发生相互作用，如静电作用/离子交换、配位作用、化学还原固定及层间限域效应等。大多数未经修饰的 MXene 材料对核素离子表现出非均质吸附的特点，这主要归因于其固有的多层结构及表面具有混合吸附位点；而经过表面修饰的 MXene 基复合材料的表面基团较为单一，因此多呈现均质的单层吸附行为。通过层间调控、共价接枝、杂化复合及化学转化等策略能够显著提升 MXene 及其复合衍生物对核素离子的富集能力和选择性。然而应当看到，MXene 材料在环境放射性污染治理和核废物处置领域的实际应用中仍面临一些挑战，主要体现在：MXene 材料的制备方法不够绿色环保，成本较高；MXene 材料的稳定性有待进一步提高；目前的研究仅局限于 $Ti_3C_2T_x$、Ti_2CT_x 和 V_2CT_x 等几种常见的 MXene 材料；MXene 材料在复杂环境条件下的核素分离能力需要进一步评估；MXene 材料自身的环境影响尚不清楚。

基于上述挑战，本小节给出 MXene 及其复合衍生材料在放射性核素富集分离领域未来发展的几点趋势。

（1）在选择性刻蚀方面，现有的 MXene 合成方法大多涉及强腐蚀、高酸、高碱或高温等较为苛刻的条件，不利于 MXene 材料的绿色生产制备。未来亟须发展安全、环境友好、效费比高并且可宏量制备的 MXene 合成新策略，例如可研发较为温和的无氟刻蚀剂，以及探索低温熔盐化学和常温电化学刻蚀技术。

（2）在稳定性方面，由于 MXene 的元素组成和层结构具有可调性，可尝试将化学稳定性更好的新型 MXene 材料用于核素吸附分离应用。例如 $Zr_3C_2T_x$ 具有较好的耐高温和耐氧化能力，并且含有较重的锆元素，相应的辐照抗性优于常见的钛基 MXene，未来有望用于锶、铯等释热核素的分离与固定。单层 MXene 纳米片相较于多层材料具有更大的比表面积和更多的活性暴露位点，因此在核素离子富集性能的提升方面极具吸引力；

然而由于 M 位元素为不饱和化学价态，拥有更多表面原子的 MXene 纳米片在水氧条件下更容易发生氧化降解，因此需要进一步发展简便易行的化学共价接枝方法，对 MXene 纳米片进行修饰保护，以增强其水氧稳定性和耐候性。

（3）在核素分离材料的制备方面，未来应根据不同的应用需求和 MXene 独特的物理化学性质设计构筑多功能增效的吸附剂材料，以及开发基于 MXene 材料的核素分离新技术。例如，构筑磁性三维多孔 MXene 宏观体用于低浓度放射性废水的快速、低成本、磁分离净化；利用 MXene 良好的层间调控和成膜特性，可设计制备具有特定宽度层间通道的 MXene 薄膜，用于放射性核素水合离子的截留及放射性氚、氡气体的选择性分离。

（4）在吸附行为研究方面，核燃料循环中的一些关键放射性元素，如 Am、Pu、Np 等，是环境放射化学的重点研究对象，研究这些元素的常见种态与 MXene 的作用机制具有重要意义。对于这些超铀核素离子，可在理论计算的指导下开展相关的吸附实验研究。目前 MXene 清除放射性核素的研究大多局限于人工模拟水溶液，实际环境系统中存在的复杂介质可能会严重干扰纳米吸附剂的去污性能，因此有必要进一步研究 MXenes 在实际环境条件中的吸附行为，并揭示相关的微观作用机制。

（5）在环境影响方面，MXene 在吸附放射性核素后将成为放射性污染物的载带基体，在不考虑回收利用的前提下，MXene 材料自身在环境介质中的长期行为（如聚集、固定、迁移和转化等）将会极大地影响放射性污染的治理效果。基于以上考虑，考察 MXene 材料与放射性核素在环境中的协同迁移行为，以评价放射性核素在环境中的迁移转化性质，以及评估 MXene 材料在环境修复中的实际应用前景非常重要。

参 考 文 献

Alhabeb M, Maleski K, Anasori B, et al., 2017. Guidelines for synthesis and processing of two-dimensional titanium carbide ($Ti_3C_2T_x$ MXene). Chemistry of Materials, 29(18): 7633-7644.

Deng H, Li Z J, Wang L, et al., 2019. Nanolayered Ti_3C_2 and $SrTiO_3$ composites for photocatalytic reduction and removal of uranium(VI). ACS Applied Nano Materials, 2(4): 2283-2294.

Fan M, Wang L, Pei C X, et al., 2019. Alkalization intercalation of MXene for electrochemical detection of uranyl ion. Journal of Inorganic Materials, 34(1): 85-90.

Fard A K, Mckay G, Chamoun R, et al., 2017. Barium removal from synthetic natural and produced water using MXene as two dimensional (2-D) nanosheet adsorbent. Chemical Engineering Journal, 317: 331-342.

Ghidiu M, Lukatskaya M R, Zhao M Q, et al., 2014. Conductive two-dimensional titanium carbide 'clay' with high volumetric capacitance. Nature, 516(7529): 78-81.

Gu P C, Song S, Zhang S, et al., 2018. Enrichment of U(VI) on polyaniline modified MXene composites studied by batch experiment and mechanism investigation. Acta Chimica Sinica, 76(9): 701-708.

Hart J L, Hantanasirisakul K, Lang A C, et al., 2019. Control of MXenes' electronic properties through termination and intercalation. Nature Communications, 10: 522.

Hassan M, Lee S, Mehran M T, et al., 2021. Post-decontamination treatment of Mxene after absorbing Cs from contaminated water with the enhanced thermal stability to form a stable radioactive waste matrix. Journal of Nuclear Materials, 543: 152566.

Huang H Z, Sha X F, Cui Y, et al., 2020. Highly efficient removal of iodine ions using MXene-PDA-Ag$_2$O$_x$ composites synthesized by mussel-inspired chemistry. Journal of Colloid and Interface Science, 567: 190-201.

Jawaid A, Hassan A, Neher G, et al., 2021. Halogen etch of Ti$_3$AlC$_2$ MAX phase for MXene fabrication. ACS Nano, 15(2): 2771-2777.

Jun B M, Jang M, Park C M, et al., 2020a. Selective adsorption of Cs$^+$ by MXene (Ti$_3$C$_2$T$_x$) from model low-level radioactive wastewater. Nuclear Engineering and Technology, 52(6): 1201-1207.

Jun B M, Park C M, Heo J, et al., 2020b. Adsorption of Ba^{2+} and Sr^{2+} on Ti$_3$C$_2$T$_x$ MXene in model fracking wastewater. Journal of Environmental Management, 256: 109940.

Kamysbayev V, Filatov A S, Hu H C, et al., 2020. Covalent surface modifications and superconductivity of two-dimensional metal carbide MXenes. Science, 369(6506): 979-983.

Khan A R, Husnain S M, Shahzad F, et al., 2019. Two-dimensional transition metal carbide (Ti$_3$C$_2$T$_x$) as an efficient adsorbent to remove cesium (Cs$^+$). Dalton Transactions, 48(31): 11803-11812.

Li M, Lu J, Luo K, et al., 2019a. Element replacement approach by reaction with Lewis acidic molten salts to synthesize nanolaminated MAX phases and MXenes. Journal of the American Chemical Society, 141(11): 4730-4737.

Li S X, Wang L, Peng J, et al., 2019b. Efficient thorium(IV) removal by two-dimensional Ti$_2$CT$_x$ MXene from aqueous solution. Chemical Engineering Journal, 366: 192-199.

Li T F, Yao L L, Liu Q L, et al., 2018. Fluorine-free synthesis of high-purity Ti$_3$C$_2$T$_x$ (T=OH, O) via Alkali Treatment. Angewandte Chemie-international Edition, 57(21): 6115-6119.

Li Y B, Shao H, Lin Z F, et al., 2020. A general Lewis acidic etching route for preparing MXenes with enhanced electrochemical performance in non-aqueous electrolyte. Nature Materials, 19(8): 894-899.

Luo J M, Zhang W K, Yuan H D, et al., 2017. Pillared structure design of MXene with ultralarge interlayer spacing for high-performance lithium-ion capacitors. ACS Nano, 11(3): 2459-2469.

Mohammadi A V, Rosen J, Gogotsi Y, 2021. The world of two-dimensional carbides and nitrides (MXenes). Science, 372(6547): eabf1581.

Mu W J, Du S Z, Li X L, et al., 2019. Removal of radioactive palladium based on novel 2D titanium carbides. Chemical Engineering Journal, 358: 283-290.

Mu W J, Du S Z, Yu Q H, et al., 2018. Improving barium ion adsorption on two-dimensional titanium carbide by surface modification. Dalton Transactions, 47(25): 8375-8381.

Naguib M, Kurtoglu M, Presser V, et al., 2011. Two-dimensional nanocrystals produced by exfoliation of Ti$_3$AlC$_2$. Advanced Materials, 23(37): 4248-4253.

Naguib M, Mashtalir O, Carle J, et al., 2012. Two-dimensional transition metal carbides. ACS Nano, 6(2): 1322-1331.

Naguib M, Unocic R R, Armstrong B L, et al., 2015. Large-scale delamination of multi-layers transition metal carbides and carbonitrides "MXenes". Dalton Transactions, 44(20): 9353-9358.

Natu V, Pai R, Sokol M, et al., 2020. 2D Ti$_3$C$_2$T$_z$ MXene synthesized by water-free etching of Ti$_3$AlC$_2$ in polar organic solvents. Chem, 6(3): 616-630.

Ren C E, Hatzell K B, Alhabeb M, et al., 2015. Charge- and size-selective ion sieving through Ti$_3$C$_2$T$_x$ MXene membranes. Journal of Physical Chemistry Letters, 6(20): 4026-4031.

Rethinasabapathy M, Hwang S K, Kang S M, et al., 2021. Amino-functionalized POSS nanocage-intercalated titanium carbide ($Ti_3C_2T_x$) MXene stacks for efficient cesium and strontium radionuclide sequestration. Journal of Hazardous Materials, 418: 126315.

Seredych M, Shuck C E, Pinto D, et al., 2019. High-temperature behavior and surface chemistry of carbide MXenes studied by thermal analysis. Chemistry of Materials, 31(9): 3324-3332.

Shahzad A, Moztahida M, Tahir K, et al., 2020. Highly effective Prussian blue-coated MXene aerogel spheres for selective removal of cesium ions. Journal of Nuclear Materials, 539: 152277.

Shahzad A, Oh J M, Rasool K, et al., 2021. Strontium ions capturing in aqueous media using exfoliated titanium aluminum carbide (Ti_2AlC MAX phase). Journal of Nuclear Materials, 549: 152916.

Shen M, Jiang W Y, Liang K, et al., 2021. One-pot green process to synthesize MXene with controllable surface terminations using molten salts. Angewandte Chemie-international Edition, 60(52): 27013-27018.

Song H, Wang L, Wang H Q, et al., 2020. Adsorption of Eu(III) on alkalized $Ti_3C_2T_x$ MXene studied by batch experiment and its mechanism investigation. Journal of Inorganic Materials, 35(1): 65-72.

Sun S Y, Sha X F, Liang J, et al., 2021a. Rapid synthesis of polyimidazole functionalized MXene via microwave-irradiation assisted multi-component reaction and its iodine adsorption performance. Journal of Hazardous Materials, 420: 126580.

Sun S Y, Sha X F, Liang J, et al., 2021b. Construction of ionic liquid functionalized MXene with extremely high adsorption capacity towards iodine via the combination of mussel-inspired chemistry and Michael addition reaction. Journal of Colloid and Interface Science, 601: 294-304.

Sun W, Shah S A, Chen Y, et al., 2017. Electrochemical etching of Ti_2AlC to Ti_2CT_x (MXene) in low-concentration hydrochloric acid solution. Journal of Materials Chemistry A, 5(41): 21663-21668.

Tallman D J, He L F, Garcia-Diaz B L, et al., 2016. Effect of neutron irradiation on defect evolution in Ti_3SiC_2 and Ti_2AlC. Journal of Nuclear Materials, 468: 194-206.

Wang H W, Naguib M, Page K, et al., 2016a. Resolving the structure of $Ti_3C_2T_x$ MXenes through multilevel structural modeling of the atomic pair distribution function. Chemistry of Materials, 28(1): 349-359.

Wang L, Yuan L Y, Chen K, et al., 2016b. Loading actinides in multilayered structures for nuclear waste treatment: The first case study of uranium capture with vanadium carbide MXene. ACS Applied Materials & Interfaces, 8(25): 16396-16403.

Wang L, Song H, Yuan L Y, et al., 2018. Efficient U(VI) reduction and sequestration by Ti_2CT_x MXene. Environmental Science & Technology, 52(18): 10748-10756.

Wang L, Song H, Yuan L, et al., 2019. Effective removal of anionic Re(VII) by surface-modified Ti_2CT_x MXene nanocomposites: Implications for Tc(VII) sequestration. Environmental Science & Technology, 53(7): 3739-3747.

Wang L, Tao W Q, Ma E Z, et al., 2021a. Thorium(IV) adsorption onto multilayered $Ti_3C_2T_x$ MXene: A batch, X-ray diffraction and EXAFS combined study. Journal of Synchrotron Radiation, 28: 1709-1719.

Wang L, Tao W Q, Yuan L Y, et al., 2017. Rational control of the interlayer space inside two-dimensional titanium carbides for highly efficient uranium removal and imprisonment. Chemical Communications, 53(89): 12084-12087.

Wang S Y, Wang L, Li Z J, et al., 2021b. Highly efficient adsorption and immobilization of U(VI) from aqueous solution by alkalized MXene-supported nanoscale zero-valent iron. Journal of Hazardous Materials, 408: 124949.

Wang Y H, Xue J M, Nie G, et al., 2020. Uranium adsorption on two-dimensional irradiation resistant MXenes from first-principles calculations. Chemical Physics Letters, 750: 137444.

Xu C, Wang L B, Liu Z B, et al., 2015. Large-area high-quality 2D ultrathin Mo_2C superconducting crystals. Nature Materials, 14(11): 1135-1141.

Yang S, Zhang P P, Wang F X, et al., 2018. Fluoride-free synthesis of two-dimensional titanium carbide (MXene) using a binary aqueous system. Angewandte Chemie-international Edition, 57(47): 15491-15495.

Zhang C J, Pinilla S, Mcevoy N, et al., 2017a. Oxidation stability of colloidal two-dimensional titanium carbides (MXenes). Chemistry of Materials, 29(11): 4848-4856.

Zhang P, Wang L, Yuan L Y, et al., 2019. Sorption of Eu(III) on MXene-derived titanate structures: The effect of nano-confined space. Chemical Engineering Journal, 370: 1200-1209.

Zhang P C, Wang L, Du K, et al., 2020a. Effective removal of U(VI) and Eu(III) by carboxyl functionalized MXene nanosheets. Journal of Hazardous Materials, 396: 122731.

Zhang P C, Wang L, Huang Z W, et al., 2020b. Aryl diazonium-assisted amidoximation of MXene for boosting water stability and uranyl sequestration via electrochemical sorption. ACS Applied Materials & Interfaces, 12(13): 15579-15587.

Zhang Y J, Lan J H, Wang L, et al., 2016. Adsorption of uranyl species on hydroxylated titanium carbide nanosheet: A first-principles study. Journal of Hazardous Materials, 308: 402-410.

Zhang Y J, Zhou Z J, Lan J H, et al., 2017b. Theoretical insights into the uranyl adsorption behavior on vanadium carbide MXene. Applied Surface Science, 426: 572-578.

Zhou H, Wang F Q, Wang Y W, et al., 2021. Study on contact angles and surface energy of MXene films. RSC Advances, 11(10): 5512-5520.

Zhou J, Zha X H, Chen F Y, et al., 2016. A two-dimensional zirconium carbide by selective etching of Al_3C_3 from nanolaminated $Zr_3Al_3C_5$. Angewandte Chemie-international Edition, 55(16): 5008-5013.

Zhou J, Zha X H, Zhou X B, et al., 2017. Synthesis and electrochemical properties of two-dimensional hafnium carbide. ACS Nano, 11(4): 3841-3850.

第 5 章　nZVI 及其复合材料对废水中有毒和放射性金属离子的吸附和还原性去除

5.1　概　　述

近几十年来，纳米材料的发展在环境修复方面显示出巨大潜力。在可能的纳米粒子系统中，纳米零价铁（nZVI）是在修复地下水和受污染土壤中最普遍使用的工程纳米材料之一。1994 年，Gillham 和 O'Hannesin 首次证明了块状零价铁技术在还原性去除地下水中的一组卤代脂肪族化合物方面的效用。与块状或微观的铁颗粒相比，纳米级（1～100 nm）的零价铁已被广泛研究（Kiss et al.，1999），因为它具有更大的比表面积、更强的吸附性能、更强的还原能力和更高的流动性等潜在优势（Ken et al.，2020）。这些特性使零价铁能够作为一种有效的修复剂来处理各种类型的污染物，如有毒和放射性金属离子［如 Cr(VI)（Ravikumar et al.，2016）、As(V/III)[①]（Tuček et al.，2017；Kanel et al.，2005）、U(VI)（Ling et al.，2015）和 Tc(VII)（Fan et al.，2014，2013）］，非金属无机物［如硝酸盐（Jiang et al.，2011）、亚硝酸盐（Alowitz et al.，2002）、溴酸盐（Lu et al.，2020）和高氯酸盐（Xie et al.，2016）］、卤代脂肪族和芳香族（如氯代甲烷和乙烯、溴代甲烷、氯代苯酚和联苯）（Bae et al.，2015，2014，2010；Cheng et al.，2007），以及其他有机化合物（如染料、炸药和农药）（Shih et al.，2011；Wang et al.，2011，2010；Keum et al.，2004）。与有机污染物不同，那些有毒和放射性的金属离子极难降解为无害的物质。此外，金属离子可以在生物体内积累，对人类健康和周围环境构成巨大威胁。除继承重金属离子的毒性外，锕系核素及其裂变产物还可以进一步产生伽马和高能 β 粒子，这些粒子可能扰乱生物系统的新陈代谢，甚至诱发 DNA 损伤或癌变（Zhang et al.，2018）。然而，将 nZVI 应用于有毒和放射性金属的处理和回收仍然是一个巨大的挑战，特别是 nZVI 和金属离子在超低浓度下的快速氧化转化。

迄今为止，在污染田中大规模实施 nZVI 的应用都是通过重力或加压进料将 nZVI 直接注入土壤和地下水中（Yan et al.，2013）。但对原位修复而言，nZVI 在地下的流动性在科学和技术上都很重要。诚然，nZVI 被认为是一种中等强度的还原剂或电子供体，具有标准氧化还原电位（$E_h^0 = -0.44$ V）（Peng et al.，2017）。在水溶液中，根据式（5.1）和式（5.2），nZVI 可能发生氧化作用。此外，根据式（5.3），Fe(II)可以被氧化成 Fe(III)（Ling et al.，2018）。

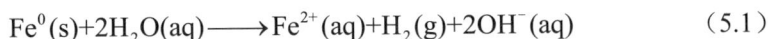

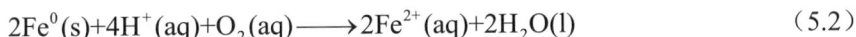

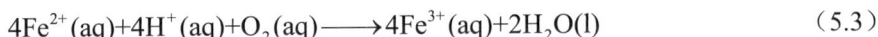

$$Fe^0(s) + 2H_2O(aq) \longrightarrow Fe^{2+}(aq) + H_2(g) + 2OH^-(aq) \qquad (5.1)$$

$$2Fe^0(s) + 4H^+(aq) + O_2(aq) \longrightarrow 2Fe^{2+}(aq) + 2H_2O(l) \qquad (5.2)$$

$$4Fe^{2+}(aq) + 4H^+(aq) + O_2(aq) \longrightarrow 4Fe^{3+}(aq) + 2H_2O(l) \qquad (5.3)$$

---

① 砷（As）属于类金属元素，因其具有与某些金属类似的毒性和放射性，本书将其视作有毒和放射性重金属

因此，在 nZVI-水系统中存在三种主要的还原剂（Fe^0、Fe^{2+}和 H_2），其中 nZVI 的腐蚀将导致核壳(Fe(0)-Fe(oxyhydr)氧化物)结构。球形的 nZVI 颗粒大小从 20 nm 到 100 nm 不等，由于磁和静电的吸引，容易形成链状的聚合体（图 5.1）（Nurmi et al., 2005）。显然，单个的铁纳米粒子（nanoparticles，NPs）由金属铁芯和 Fe(oxyhydr)氧化物外壳组成，其外壳层（Fe—O 层）为 2~4 nm（Ling et al., 2014a）。nZVI 的核壳结构通过 X 射线能量色散光谱（XEDS）图进一步得到证实（Ling et al., 2017）。在量化的基础上，壳层包括一个混合的 Fe^{2+}/Fe^{3+}相，包括 FeOOH、Fe_2O_3 和 FeO 成分。据报道，水溶液中这些表面基团可能在污染物的吸附和配位方面起着关键作用。然而，弱的范德瓦耳斯力、高的表面能和内在的磁性相互作用加剧了未改性 nZVI 的自我聚集，使其成为与各种污染物结合的障碍，这大大限制了其实际应用。为了解决这些问题，人们广泛研究将 nZVI 固定在支撑材料上，如活性炭，用于有毒和放射性金属离子的还原和固定。

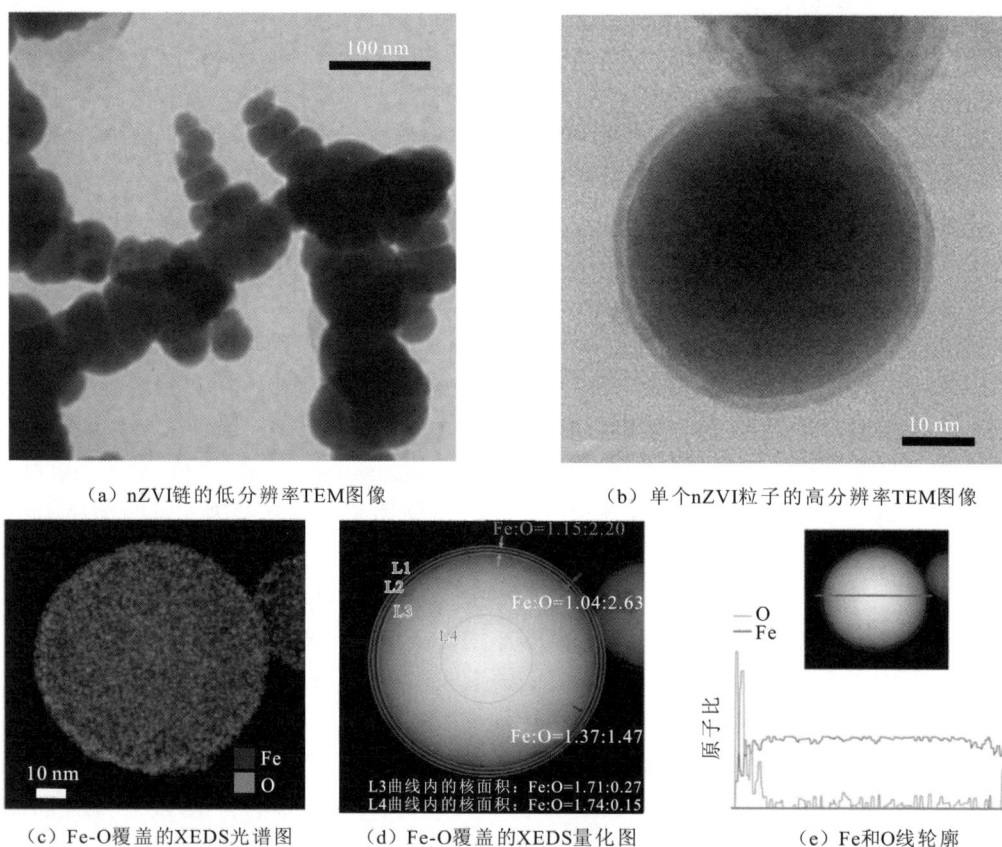

（a）nZVI链的低分辨率TEM图像

（b）单个nZVI粒子的高分辨率TEM图像

（c）Fe-O覆盖的XEDS光谱图

（d）Fe-O覆盖的XEDS量化图

（e）Fe和O线轮廓

图 5.1　纳米级零价铁（nZVI）的表征

（a）引自 Nurmi 等（2005）；（b）引自 Ling 等（2014a）；（c）引自 Ling 等（2017）

本章主要关注基于纳米材料的氮氧化物的进展及其在某些环境条件下处理有毒和放射性金属离子的应用。因此，总结基于 nZVI 的纳米材料的合成策略及其在不同操作条件下去除代表性有毒和放射性金属离子（如 U(VI)、Tc(VII)、Se(IV)/Se(VI)、Cr(VI)、As(III)/As(V)、Hg(II)、Cu(II)、Ni(II)、Pb(II)等）的性能。此外，通过先进的表征技术具体指出 nZVI 的基本机制和观察到的结构转变，还进一步简要地讨论 nZVI 在生物组织内的行为和毒理。本章旨在为基于 ZVI 技术的相关工程挑战提供一个前瞻性的展望。

5.2 nZVI 及其复合材料的合成与性质

5.2.1 纳米零价铁

nZVI 在水处理中的应用前景，促进了各种合成技术的发展。这些制备方法可以系统地分为自上而下和自下而上两种方法。不同 nZVI 合成方法的主要特性和局限性如表 5.1（Yan et al.，2013）所示。对于大规模的原位环境修复应用，nZVI 可以通过精密球磨技术制成，该技术依靠不锈钢微珠在高速旋转室中的机械冲击来粉碎铁颗粒。通过这种自上而下的方法，Li 等（2009）获得了直径为 $10\sim50$ nm、比表面积为 39.2 m^2/g 的 nZVI，然后将其用于处理各种氯化污染物。与化学方法相比，这种精密的球磨工艺不需要使用大量的有毒化学品。然而，所生产的 nZVI 颗粒形状不规则，并且由于其高表面能而表现出强烈的聚集趋势。

表 5.1 不同纳米零价铁合成方法的特性和局限性

合成方法	特性	局限性
机械球磨	• 无化学毒性，适合大规模应用 • 处理时间短 • 能耗低	• nZVI 尺寸不均一 • 易发生团聚机械磨损
氢气还原	• 结构设计容易 • 环境友好	• 高温处理
化学还原	• 高效和简单 • 可以控制 nZVI 的尺寸 • 构建 nZVI 复合物	• 消耗大量的 NaBH$_4$
电化学还原	• 高效的氧化剂 • 建立大规模的场地	• 需要额外的能耗
植物提取	• 尺寸分布窄 • 环境友好 • 易于操作	• 活性低 • 生成副产物

从化学的角度来看，自下而上的方法已经显示出合成 nZVI 的巨大潜力。一般而言，湿化学合成的 nZVI 是通过硼氢化钠在真空或惰性气体条件下还原铁或铁盐来完成的 [式（5.4）]。这种化学还原方法可以追溯到 Wang 等（1997）的研究，他们合成了直径为 $10\sim100$ nm 的 nZVI。因此，通过液相还原法，可以很容易地在支撑材料上固定 ZVI NPs。为了控制 ZVI NPs 的生长和聚集时间，有报道称超声波辅助法可以生产 $10\sim30$ nm 的针状铁 NPs（Jamei et al.，2013）。此外，Chen 等（2005）提出了一种结合电化学和超声波方法的新型 nZVI 制造技术。简而言之，铁离子通过电镀被还原成 nZVI 颗粒并附着在阴极上。然而，所得到的产品有很强的聚集倾向，因此有必要添加稳定剂和超声波。自下而上的电化学还原和在适当温度下的 H$_2$ 还原铁氧化物有望成为大规模生产 nZVI 的方法（Lee et al.，2016；Zieliński et al.，2010；Jozwiak et al.，2007；Nurmi et al.，2005）。

$$4Fe^{3+}+3BH_4^-+9H_2O \longrightarrow 4Fe^0(S)+3H_2BO_3^-+12H^++6H_2(g) \qquad (5.4)$$

由于传统方法的局限性，通过植物提取法合成 nZVI（即绿色合成）因其环境友好、操作简便、成本低廉而受到广泛关注。就绿色化学原理而言，值得称道的 nZVI 的合成特点在于：①溶剂的选择；②采用的还原剂；③采用的封端剂（Hoag et al.，2009）。有趣的是，通过注入地下的植物提取物（多酚类）与溶解的铁发生反应，可以在原地轻易地获得 nZVI。这些多酚类化合物在合成铁 NPs 的过程中被用作还原剂和封端剂。结合结构表征，研究人员发现，多酚还原的颗粒由大量的 α-Fe_2O_3 或氢氧化铁组成，并伴有少量的 Fe(0)（Njagi et al.，2011；Nadagouda ct al.，2010）。除了作为类芬顿氧化有机污染物的催化剂，绿色 ZVI NPs 还有利于与重金属离子反应，与不同的植物提取物表现出不同的反应性（Wen et al.，2017a，2017b；Machado et al.，2014）。这种新的合成方法将成为环境修复中处理有毒污染的一种有效方法。

5.2.2 表面改性纳米零价铁

研究表明，原始的 nZVI 对很多污染物具有高反应性。然而，由于 nZVI 在水溶液中的强烈聚集，大大降低了其反应性和迁移能力，原始 nZVI 的流动性和稳定性较差，限制了其广泛的应用。此外，nZVI 的快速氧化会使其表面覆盖一层氧化铁/氢氧化铁膜，从而降低其反应性。为了克服上述缺点，人们应用各种表面修饰方法来提高 nZVI 的流动性和稳定性，包括金属掺杂、表面涂层和硫化方法。

研究表明，在原始的 nZVI 中掺入 Pd、Pt、Ag、Cu 和其他贵金属，可以大大减少 nZVI 的聚集，提高其反应性（Yan et al.，2010b；Kanel et al.，2008，2007b）。双金属/三金属纳米颗粒的形成可以有效解决 nZVI 的聚集和瞬间氧化问题。因此，在 nZVI 中掺入少量贵金属，可以进一步提高反应活性，并形成先进的失活防御。同时，其他金属的加入起到催化活性中心的作用，从而保护 nZVI 的核心不被快速氧化。到目前为止，大多数研究都集中在双金属/三金属-ZVI NPs 在去除有机污染物方面的应用或实施。然而，Su 等（2014）在新制的 nZVI 中引入了微量的 Cu、Ag 或 Au，以同时去除地下水中的 Cd 和硝酸盐。在三种类型的纳米颗粒（nZVI-Cu、nZVI-Ag 和 nZVI-Au）中，沉积了 1%Au 的 nZVI 似乎能显著减少亚硝酸盐的产生，同时保持较高的 Cd(II) 去除能力。将 nZVI 与其他金属混合，可以为处理含有重金属的废水提供经济有效的解决方案。

nZVI 的表面化学修饰是朝着制备具有分子静电吸引和结块的 nZVI 材料的一个重要发展。为此，学者已经研究了各种改性剂或稳定剂，包括卡波西姆甲基纤维素（Kanel et al.，2007a）、聚丙烯酸（Kanel et al.，2008）、黄原胶（Sirk et al.，2009）、聚乙烯醇（Zhao et al.，2014）、壳聚糖（Jin et al.，2016）、三嵌体共聚物（Li et al.，2011）等。基于其高分子量，各种聚电解质（聚氯乙烯吡咯、聚苯乙烯磺酸钠等）在最近的研究中被广泛报道。Zhao 等（2014）用聚乙烯醇（PVA）稳定了 nZVI，进一步呈现出良好的稳定性和功能。此外，Sb(III) 和 Sb(V) 被有效地固定在 PVA-nZVI 基体中。Dong 等（2015）用不同的表面稳定剂（即聚丙烯酸、吐温-20 和淀粉）修饰原始的 nZVI，并研究了 Cu^{2+} 与表面修饰的 nZVI 之间的相互作用。另外，Qiu 等（2012）测试了羧甲基纤维素（carboxymethyl cellulose，CMC）稳定的 nZVI 用于紧急修复 Cr(VI)污染的河流。他们发现，CMC 稳定的 nZVI 表现出低聚集性、对微生物无毒、对重金属有良好的去除能力等特点，有着良好的实际应用前景。据观察，3-氨基丙基三乙氧基硅烷（APS）在 nZVI 的抗氧化中发挥了关键作用（Liu et al.，2009）。这种氨基官能化的 nZVI 可以快速去除水溶液中的 Pb(II)，并形成一种新型的可分散 nZVI 吸附剂。

nZVI 的硫化也是形成核壳结构 nZVI 的一种替代策略。换句话说，硫化的 nZVI 通常被认为是一个带有 FeS 外壳的 Fe^0 核心（Kim et al.，2011）。硫化的 nZVI 可以有效地抑制过硫酸盐的再氧化（Fan et al.，2013）。nZVI 对过硫酸盐（$^{99}TcO_4^-$）的固相表征显示，随着 S/Fe（物质的量比，后同）的升高，Tc(IV)的形成从 $TcO_2 \cdot nH_2O$ 转移到 Tc 硫化物相。不幸的是，在高 S/Fe 条件下，过多的 HS^- 抑制了 Tc 的去除。分层的 $FeS@Fe^0$ 混合颗粒可以有效缓解 nZVI 在处理含 Cr(VI)废水和地下水时的快速钝化（Du et al.，2016）。此外，FeS 在 Fe^0 表面的包覆（Fe/FeS）可以显著防止 Fe^0 的聚集（Gong et al.，2017）。当 S/Fe 为 0.207 时，FeS 涂层的铁显示出最大的比表面积（62.1 m^2/g）和对 Cr(VI)的最大吸附容量（69.7 mg/g）。这些发现表明，不同组分的 nZVI 杂化物的硫化处理比单一组分的 nZVI 有优势。

5.2.3　多孔材料支撑的 nZVI

原始的 ZVI NPs 的聚集和易氧化的问题一直受到批评。此外，nZVI 的超细粒径使其在制备后难以分离。多孔材料因其大比表面积、独特的孔隙结构和优异的性能而在许多领域引起广泛关注。几十年来，各种多孔材料（如活性炭、聚合物、黏土矿物、基于二氧化硅的分子筛、树脂和碳基材料家族）已经被开发出来，以防止聚集并进一步改善原始 nZVI 的分散性和反应性。

典型的硅基分子筛具有孔径均匀、比表面积大的多孔结构，在制备杂化吸附剂方面具有广阔的应用前景。研究人员已经成功地报道了将 nZVI 包裹在最佳尺寸范围的多孔二氧化硅中，如 SBA-15（Sun et al.，2014；Saad et al.，2010）、MCM-14（Guo et al.，2017；Shevtsov et al.，2016）和硅烟（Yao et al.，2016；Li et al.，2011）。在这些多孔模板中，六方 SBA-15 被认为是常用的载体之一，可用于整合许多纳米粒子。对于 ZVI NPs，通过"双溶剂"还原技术，ZVI NPs 被沉积在 SBA-15 棒的通道内（Sun et al.，2014）。此外，硅灰上的可调 ZVI NPs（直径为 20~100 nm）是通过简单地将商业硅灰与水基铁盐浸渍在一起，然后进行硼氢化还原获得的（Li et al.，2011）。除多孔二氧化硅外，一些天然黏土由于具有高孔隙率、易获得性和低成本也被用作 nZVI 的纳米颗粒载体。沸石是一种微孔铝硅酸盐矿物，通常作为吸附剂用于去除几种污染物。在沸石基质中以链状结构分散的 nZVI 显示了从水溶液中去除 Pb(II)的良好潜力。研究发现，沸石/nZVI 样品的平均比表面积为 80.37 m^2/g，远远高于 nZVI（12.25 m^2/g）或单独的沸石（1.03 m^2/g）（Kim et al.，2013）。结合沸石的性能，nZVI 的还原能力显著提高。

在支持 nZVI 的材料中，多孔碳材料由于具有优异的机械强度、丰富的多孔结构和良好的渗透性，对开发高分散性的 nZVI 具有潜在的技术意义，超过其他常见的微孔材料。研究人员将 nZVI 固定在各种多孔碳基材料上，如活性炭（Xiao et al.，2015）、介孔碳（Baikousi et al.，2015）、多壁碳纳米管（Sheng et al.，2016a；Lv et al.，2011）、还原氧化石墨烯（Li et al.，2015a，2015c）等。Zhou 等（2014）开发了一种简单的方法，以壳聚糖为分散剂和黏合剂，将 nZVI 吸附在竹炭上，合成生物炭负载的 nZVI。该方法合成的复合材料具有环保和经济效益。Hoch 等（2008）开发的另一种替代工艺，采用简单而廉价的碳热还原工艺，通过吸附的 Fe^{3+} 与炭黑反应来制造活性 Fe^0。近年来，氧化石墨烯因其碳片中丰富的含氧基团（如羧基、羟基）而进入人们的视野。合成 nZVI 修饰的石墨烯片可以增加结合位点，抑制颗粒的聚集。石墨烯的存在也提高了 nZVI 的稳定性，延缓了 nZVI 的钝化。

5.2.4 材料包裹的 nZVI

将 nZVI 包裹到特定的材料中也是改善原始 nZVI 稳定性和分散性的一种替代策略。Hu 等（2018）用可溶性的 $Mg(OH)_2$ 外壳包裹 nZVI，形成 $Mg(OH)_2$ 涂层的 nZVI（nZVI@$Mg(OH)_2$）颗粒。$Mg(OH)_2$ 外壳的存在避免了 nZVI 的快速氧化，并减少了 nZVI 颗粒之间的磁性吸引力。当 $Mg(OH)_2$ 外壳溶解在水中时，nZVI 的反应活性逐渐释放。正如 Kuang 等（2015）所报道，Ni/Fe 双金属 NPs 成功地被嵌入绿色可生物降解的海藻酸钙珠中，用于同时去除水中的 Cu(II) 和一氯代苯。与 Ni/Fe 双金属颗粒相比，海藻酸钙包覆的 Ni/Fe 纳米颗粒对 Cu(II) 和一氯代苯的去除率有一定程度的提高。同样，Luo 等（2014）将 nZVI 固定在海藻酸盐微胶囊中，只要干燥就能在空气中稳定。对于 nZVI 的包覆，Pirsaheb 等（2019）通过原位水热还原法开发了新的包裹 nZVI 复合材料，无须利用 N_2 气氛和高成本的硼氢化物。简而言之，利用黄芪胶（gum tragacanth，GT）的碳点作为还原物质，将 Fe^{3+} 转化为 Fe^0，同时作为封端剂来保护 Fe^0 纳米颗粒不被快速氧化，从而制备碳点包裹的 nZVI。此外，Gupta 等（2012）报告了一种新的吸附剂，通过硼氢化物还原壳聚糖水溶液中的 Fe^{3+}，用壳聚糖包覆 nZVI，并应用这种复合材料去除水溶液中的 As(III) 和 As(V)。结果显示，壳聚糖的氨基可以作为螯合位点，明显改善 nZVI 的稳定性和结合能力。这些材料包裹的 nZVI 旨在改善稳定性、分散性和吸附能力，从而促进 nZVI 在大规模应用中的使用。

5.3 重金属与 nZVI 基纳米材料的相互作用机制

nZVI 基纳米材料的多功能性体现在它们捕获各种有毒和放射性金属离子的强大能力上。探索重金属与 nZVI 基纳米材料之间的反应过程对设计和制造高效纳米吸附剂至关重要。迄今为止，已发表的大量文献都讨论 nZVI 基纳米材料对目标金属离子的去除机理，对反应前后的 nZVI 基纳米材料进行全面的实验和光谱研究，以深入了解相应的去除机理。因此，本节介绍关于 nZVI 核-壳结构的知识现状，讨论重金属固定途径（图 5.2）。

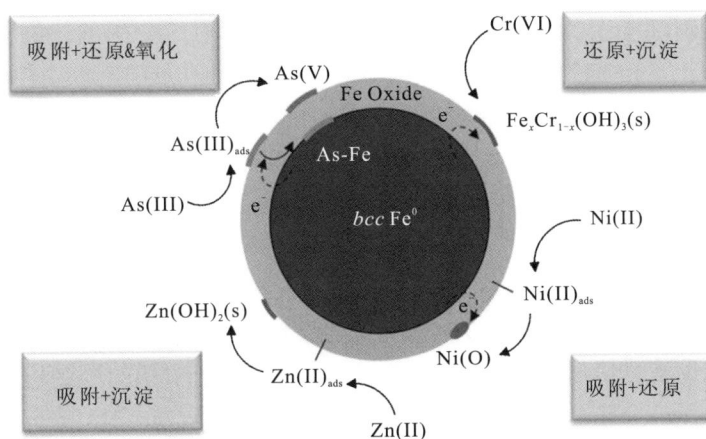

图 5.2 重金属固定中 nZVI 的核壳结构

5.3.1 吸附机理

吸附技术因操作简单、经济有效而被认为是一种很有前途的重金属去除方法。在众多吸附剂中，nZVI 基纳米材料引起了学者的广泛关注。负载 nZVI 的基底因其更大的比表面积，提高了 nZVI 的分散性，从而防止 nZVI 粒子的聚集，进一步提高 nZVI 对各种重金属的吸附性能。因此，nZVI 复合材料通常表现出比纯 nZVI 更高的污染物去除能力。Li 等（2019）比较了 U(VI)在原始 nZVI 和 nZVI 锚定金属-有机框架（nZVI@Zn-MOF-74）复合材料上的吸附性能。U(VI) 在 nZVI@Zn-MOF-74 上的最大吸附量达到 348 mg/g，明显高于 Zn-MOF-74 和原始 nZVI。nZVI 的多功能性使其能够捕获多种重金属和放射性核素。废水处理过程涉及的常见作用机制包括吸附、还原、共沉淀和氧化。在这些相互作用机制中，nZVI 的氧化铁/氢氧化铁可以为吸附过程提供各种结合位点。在用 nZVI 去除 Ni(II)和 Pb(II)的过程中，45.5% $Fe(OH)_3$ 和 54.5%FeOOH 的氧化物壳有助于 nZVI 对 Ni(II)和 Pb(II)的吸附（Li et al.，2006）。总体而言，氧化铁/氢氧化铁层在重金属阳离子的吸附中起关键作用，使重金属从颗粒外表面渗透或扩散到 Fe^0 内部以进一步进行还原过程。

5.3.2 还原机理

基于上述表面结合的—OH 基团［铁（氢）氧化物外壳］与重金属的吸附途径，nZVI 的核心进一步提供电子以触发还原反应。作为重金属与 nZVI 表面之间的一个重要过程，还原反应可以影响废水中重金属的价态和表面电学性能。这些过渡金属离子［Tc(VII)、V(V)、Cr(VI)、Au(III)、Cu(II)、Hg(II)等］在表面或近表面的氧化还原环境中呈现多种价态。在还原过程中，nZVI 可以通过直接或间接途径向金属离子提供电子。例如，Zhao 等（2017）报道了 Cr(VI)与负载在大孔硅泡沫复合材料（Mx-nZVI）孔隙中的 nZVI 之间的相互作用机制。一方面，Cr(VI)被内部的 nZVI 还原成 Cr(III)，同时 Fe^0 直接氧化成 Fe(III)。另一方面，有一条间接途径是 Cr(VI) 和 Fe(II)之间的还原反应。Li 等（2015b）

研究了一种柱状膨润土上负载的 nZVI（nZVI/Al-bent）对 Se(VI)的协同去除效果。发现在 nZVI/Al-bent 上 Se(VI)的还原率和吸附率为 95.7%，比以还原为主的 nZVI（62.1%）和以吸附为主的 Al-bent（9.86%）的总和（72.0%）高得多。EXAFS 研究进一步证实了 Al-bent 将一些不溶性的还原产物（FeSe）从铁表面转移出去。

5.3.3 氧化机理

在水溶液中存在溶解氧（O_{2aq}）的情况下，nZVI 可以激活溶解氧生成 H_2O_2，并触发基于芬顿的氧化反应来降解污染物。在 Fe^0-H_2O 混合体系中铁的腐蚀可以产生许多活性氧（reactive oxygen species，ROS），包括羟基（•OH）和过氧（•O_2^-）自由基及过氧化氢（H_2O_2）。其基本的氧化机制经历了一系列的化学反应（Yan et al.，2013）。观察到电子可以从 nZVI 转移到 O_{2aq}，产生 H_2O_2[式（5.5）]。H_2O_2 的生成也可能获得两个电子从 Fe^0 转移到 H_2O[式（5.6）]。在酸性条件下，Fe^{2+} 可能催化 H_2O_2 进一步形成羟基自由基[式（5.7）]。当 pH>5 时，反应主要产生一种选择性更强的氧化剂，如 Fe^{4+}[式（5.8）]。当 pH 接近中性时，Fe^{2+} 可以与溶解的 O_{2aq} 直接作用，形成超氧自由基[式（5.9）]。研究表明，通过产生不同的铁衍生物，nZVI 对各种有机污染物表现出良好的氧化能力，有利于目标污染物的去除。然而，这种氧化反应通常被认为是 nZVI 应用于重金属去除的一个限制因素。在 nZVI 固定 As(V)的过程中，多项研究显示，由于 nZVI 独特的核-壳结构，As(III)可以被还原成 As^0 或被氧化成 As(V)（Ling et al.，2014a；Yan et al.，2012；Ramos et al.，2009）。因此，nZVI 能够氧化和还原具有活性价态的重金属。

$$Fe^0 + O_2 + 2H^+ \longrightarrow Fe^{2+} + H_2O_2 \qquad (5.5)$$

$$Fe^0 + H_2O_2 + 2H^+ \longrightarrow Fe^{2+} + H_2O \qquad (5.6)$$

$$Fe^{2+} + H_2O_2 \longrightarrow Fe^{3+} + •OH + OH^- （酸性 pH） \qquad (5.7)$$

$$Fe^{2+} + H_2O_2 \longrightarrow Fe_{(IV)} = O^{2+} + H_2O （pH>5） \qquad (5.8)$$

$$Fe^{2+} + O_2 \longrightarrow Fe^{3+} + O_2^- （pH 约为 7） \qquad (5.9)$$

5.3.4 其他特殊的相互作用机制

在不同的环境下，其他的相互作用机制也参与了 nZVI 基材料对重金属的固定。Wu 等（2017）研究了 pH 对 nZVI 吸附 As(V)能力的影响机制。结果表明，与静电相互作用相比，nZVI 腐蚀相变化的正面影响可以抵消静电排斥力的负面影响，使 nZVI 具有在较宽 pH 范围内去除 As(V)的独特优势（图 5.3）。在某些情况下，去除过程是由磁排斥力和吸引力、范德瓦耳斯力、离子交换、沉淀和特定的表面键合控制的。值得注意的是，通过综合的实验观测、先进的光谱技术（如 EXAFS）甚至 DFT 计算模型，可以确定去除机理。

从复杂真实的环境来看，吸附剂与目标金属之间可能存在吸附、还原、氧化甚至其他特殊的相互作用。然而，根据环境介质，主要的去除机制可以归结为一到两种相互作用。因此，重金属离子与 nZVI 基材料之间的真正相互作用机制需要进一步探讨，从而为实际应用提供指导。

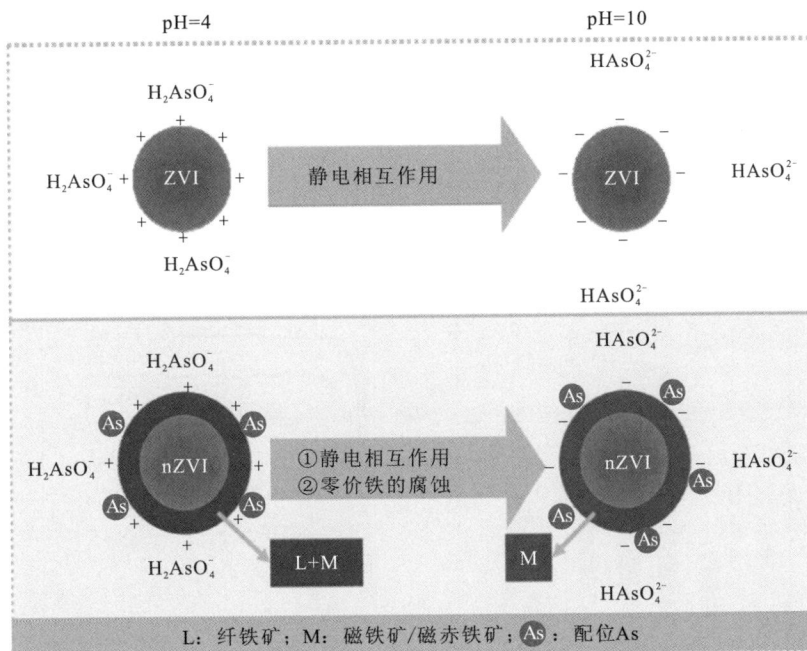

图 5.3 pH 对 nZVI 和 ZVI 吸附 As(V)的不同影响机制

引自 Wu 等（2017）

5.4 影响 nZVI 基纳米材料性能的因素

许多因素被认为会影响 nZVI 对有毒和放射性金属离子的吸附和还原性能。本节将重点介绍 pH、离子强度、反应时间、温度和天然有机物（natural organic matter，NOM）对 nZVI 基纳米材料去除有毒和放射性金属离子的影响。

5.4.1 pH

溶液的 pH 被认为是重金属去除过程中重要的参数之一。材料的表面特性和重金属离子的种类都与溶液的 pH 有关。例如，Li 等（2013）研究了当 pH 为 2.5~7 时，溶液 pH 对 nZVI 去除 U(VI)的影响。在极酸性的条件下（初始 pH 为 2.1），H^+ 和 U(VI)对 nZVI 的竞争吸附降低了 U(VI)的去除率。同时，铁的溶解率（约 92.9%）和 Fe(II)浓度的升高导致水溶液中 U(VI)的显著减少。因此，去除率随着 pH 的升高而升高，在 pH 为 5.5 时达到最大值。当 pH 大于 6 时，由于静电排斥作用，nZVI 对 U(VI)的去除效率迅速下降。当使用基于 nZVI 的材料去除 Cr(VI)或 As(III)时，随着 pH 的升高，去除效率明显下降(Zhu et al.，2017，2009)。因为 Cr(VI)或 As(III)在溶液中通常以含氧阴离子的形式存在，在低 pH 下，吸附剂表面由于质子化反应而变得带正电，这对阴离子的吸附是非常有利的。此外，在酸性条件下，nZVI 表面的氧化物/氢化物外壳可以被有效地去除，而作为活性中心的 Fe^0 核则与 Cr(VI)或 As(III)直接作用，显著提高了去除效率。显然，nZVI 的 Zeta 电位随着溶液 pH 的升高而升高（图 5.4）。当 pH 低于等电点（isoelectric point，IEP）时，固体表面带正电，能吸附阴离子物种，如 TcO_4^-、SeO_3^{2-}/SeO_4^{2-}、AsO_4^{3-}/AsO_2^-、$Cr_2O_7^{2-}$ 等。当溶液的 pH 高于 IEP 时，带负电的表面可以促进重金属阳离子的有效互动，形成表面络合物。铁腐蚀引起的 pH 的显著升高和 E_h 的下降作为反应时间的函数，创造了重金属的还原条件。此外，nZVI 对各种重金属离子表现出很高的去除率（1 h 内去除率为 94%~99%），尤其是比水溶液中高 2~3 个数量级。

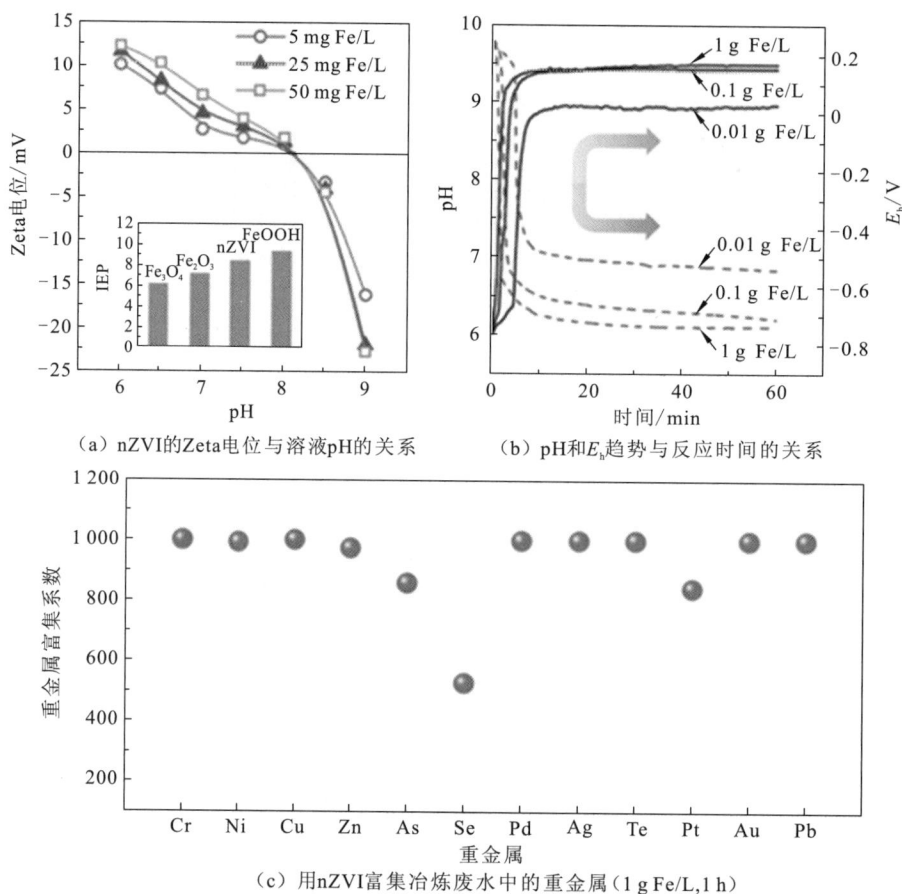

（a）nZVI的Zeta电位与溶液pH的关系　　（b）pH和E_h趋势与反应时间的关系

（c）用nZVI富集冶炼废水中的重金属（1 g Fe/L，1 h）

图 5.4　nZVI 的 Zeta 电位和 E_h 关系及对各种重金属的去除研究

引自 Ling 等（2018）

5.4.2　共存离子

由于天然水和废水的复杂性，其中存在的各种电解质离子可能会对 nZVI 基材料对重金属的去除效率产生一定影响。在含有 U(VI)（1 mg/L）、$NaHCO_3$（0~100 mg/L）、$CaCl_2$ 或 NaCl（625~719 mg/L）的溶液中，测试了 Na^+、Ca^{2+} 和 HCO_3^- 对 nZVI 去除 U(VI) 的影响（Crane et al.，2015b）。研究发现，上述离子对 nZVI 去除 U(VI) 的能力没有明显的抑制作用，在 0.5 h 内，去除率均保持在 95.7% 以上。对于 Cr(VI) 和 As(V)，共存的 Na^+、K^+、Mg^{2+}、Ca^{2+} 和其他常见阳离子并不影响其去除效率。在 Zhao 等（2017）的研究中，这些阳离子的存在甚至可以提高 Cr(VI)的去除效率。然而，溶液中的含氧阴离子如 PO_4^{3-}、SO_4^{2-}、NO_3^- 和 CO_3^{2-} 可能会阻碍 Cr(VI)和 As(V)的去除。CO_3^{2-} 和 PO_4^{3-} 都可以吸附在 nZVI 的表面，然后消耗铁离子并占据活性位点，形成内球体表面复合物（Bhowmick et al.，2014；Kanel et al.，2006）。SO_4^{2-} 是与 $HCrO_4^-$ 结构和离子尺寸相似的竞争性阴离子，导致 Cr(VI)在活性位点上的结合下降。值得注意的是，NO_3^- 在酸性条件下很容易被氧化，同时，它可以在 nZVI 的还原反应中作为反应物和钝化剂，从而降低重金属离子的去除效率[式（5.10）]（Su et al.，2014）。

$$3Fe^0 + NO_3^- + 3H_2O \longrightarrow Fe_3O_4 + NH_4^+ + 2OH^- \tag{5.10}$$

一般认为共存的电解质离子可以压缩双电层的厚度，减弱固体颗粒的静电吸引力（Filius et al.，2000）。Ma 等（2017）发现，当溶液中存在过多的 Cl^- 时，Cl^- 很容易与 Pb(II)结合形成 $PbCl_3^-$ 和 $PbCl_4^{2-}$，从而抑制 nZVI 与 Pb(II)的反应。此外，溶液中一些常见的金属阳离子（如 Mg^{2+} 和 Ca^{2+}）可能会与 Cd(II)、Pb(II)、Hg(II)或其他重金属阳离子竞争活性位点，从而抑制重金属的去除。进一步研究表明，低浓度的 Mg^{2+}（<30 mg/L）对硫化的 nZVI 去除 Cd(II)具有竞争作用（Liang et al.，2020）。

5.4.3 反应时间

对 nZVI 和基于 nZVI 的材料进行动力学研究，了解其去除率和平衡时间。研究发现，基于 nZVI 的材料具有很高的活性，由于 nZVI 的腐蚀，在很短的时间内金属表面形成铁的氧化物。一般来说，重金属的去除效率随着接触时间的延长而升高。在实验室研究中，Sheng 等（2014）研究了 U(VI)在一系列铁样品上的去除动力学，包括块状 ZVI、nZVI、Al-bent 支持的 nZVI（nZVI/Al-bent）和 Na^+ 饱和膨润土（nZVI/Na-bent）[图 5.5（a）]。结果表明，U(VI)在 nZVI/Na-bent 上的去除率为 99.2%，高于 nZVI 上的还原（48.3%）加上 Na-bent 上的吸附（16.9%）之和（65.2%）。Langmuir-Hinshelwood（L-H）模型可以很好地模拟还原性去除过程。从实际应用的角度来看，如图 5.5（b）所示，Jing 等（2017）

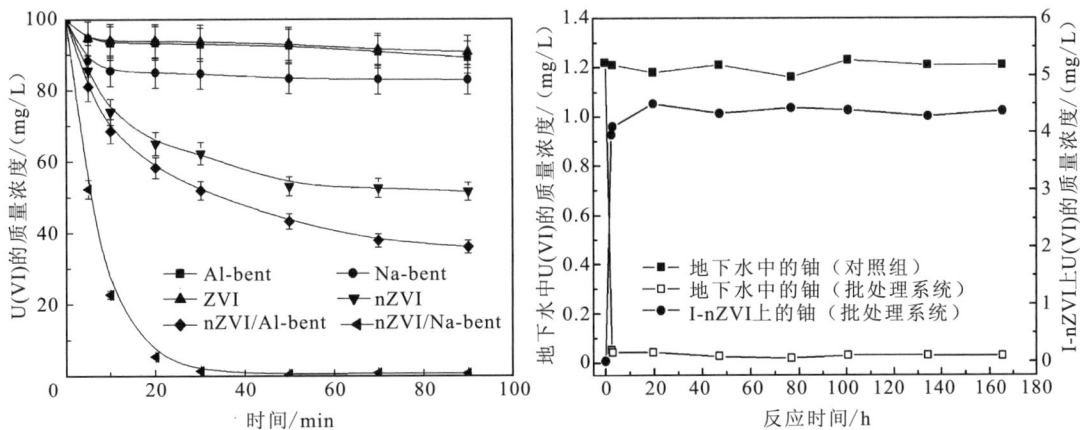

（a）一系列铁样品去除 U(VI)的动力学

（b）I-nZVI批处理系统中地下水和固体中铀浓度的变化

图 5.5 膨润土负载的 nZVI 对 U(VI)去除动力学研究

（a）引自 Sheng 等（2014）；（b）引自 Jing 等（2017）

采用伊利石支撑的 nZVI（I-nZVI）来处理铀污染废水。对不含 I-nZVI 的对照组地下水的分析显示，7 天内铀的质量浓度稳定在 1.2 mg/L 左右，证明了地下水中的铀没有吸附在反应瓶上。在地下水中加入 0.5 g I-nZVI/L 后，地下水中的 U(VI)浓度在最初的 30 min 反应中从 1.22 mg/L 迅速下降到 52.9 µg/L，处理 7 天后地下水中 99.9%的 U(VI)被去除。

重金属离子在基于 nZVI 的材料上的吸附和还原过程可以进一步用两种典型的动力学模型（准一级动力学模型和准二级动力学模型）表示。Shi 等（2011）评估了膨润土支撑的 nZVI 上 Cr(VI)的还原速率，发现在各种条件下，Cr(VI)和膨润土支撑的 nZVI 的固-液相间反应可以用准一级动力学模型很好地拟合。此外，Bhowmick 等（2014）对蒙脱石支撑的 nZVI 进行了原位去除 As(III)和 As(V)的可行性研究，蒙脱石支撑的 nZVI（M-nZVI）对 As(III)和 As(V)的整体去除分为三个不同阶段：①吸附物从地下水转移到 M-nZVI 的外表面；②扩散到 M-nZVI 的内部；③在 M-nZVI 的内部位点累积。相反，As(III)和 As(V)在 M-nZVI 上的吸附过程被拟二阶动力学模型很好地拟合。因此，具有可观的反应速率和高去除率的 nZVI 基材料对重金属离子污染的场地修复应用至关重要。

5.4.4　温度

温度是影响化学反应速率和反应体系能量的关键因素。通常，反应温度的升高有利于 nZVI 基材料对重金属离子的吸附过程。迄今为止，Langmuir、Freundlich、Temki 和 Dubinin-Radush 4 种代表性的吸附等温线可以描述吸附过程。根据上述吸附等温线，可由相关方程计算出热力学参数（自由能变化 ΔG^{θ}、焓变 ΔH^{θ}、熵变 ΔS^{θ}）。Li 等（2013）研究了不同温度（303 K、308 K、313 K、318 K）下 U(VI)在 nZVI 上的还原行为。结果显示，在 303 K、308 K、313 K 和 318 K 下，U(VI)在 nZVI 上的去除率分别达到 89.08%、95.22%、97.41%和 98.05%，说明通过升高反应温度可以提高去除率。Zhu 等（2018）的实验结果表明，GT-nZVI/Cu 在 293 K、303 K 和 313 K 时对 Cr(VI)的去除率分别为 93.4%、94.7%和 98.8%。这一现象表明，温度越高，GT-nZVI/Cu 对 Cr(VI)的还原能力越强。当温度升高时，吸附反应会获得更多的能量，导致分子的活化程度和在溶液中的流动性升高。同样，Arshadi 等（2017）发现，当温度从 298 K 升高到 353 K 时，制备的吸附剂对 Hg(II)和 Pb(II)的吸附能力相应增强，热力学参数表明，对 Pb(II)和 Hg(II)的吸附是可行的、自发的和吸热的。

5.4.5　天然有机物

天然有机物（NOM）主要来源于水生和陆生系统中广泛存在的动植物的分解。许多研究表明，NOM 对水中的重金属的溶解、迁移和毒性变化发挥着关键作用。含有羟基、羧基和羰基等活性官能团的 NOM 与重金属阳离子有很强的结合能力，从而对 nZVI 体系中的重金属去除产生一定影响。在处理地下水过程中，NOM 可能会带来一些意想不到的问题，因此在去除重金属时需要考虑 NOM 因素。腐殖酸（humic acid，HA）是 NOM 的主要成分，可以与 nZVI 发生反应，形成球内表面络合物。换句话说，HA 对活性位点的重金属阳离子具有很强的结合能力，从而导致 nZVI 对重金属去除率的降低。例如，

Giasuddin 等（2007）发现，在 HA（质量浓度为 20 mg/L）存在下，As(III)和 As(V)在 nZVI 上的吸附率从 100%分别降低到 43%和 68%。Dries 等（2005）也报告了类似的结果，在 HA（质量浓度为 20 mg/L）存在的情况下，Ni(II)和 Zn(II)阳离子在 nZVI 上的去除率比不存在 HA 时降低了 58.3%和 64.3%。在间歇式和连续流柱体系中，腐殖酸-重金属络合物的形成抑制了 nZVI 表面的去除反应。此外，上述结果表明，NOM 与重金属离子具有竞争效应，在应用基于 nZVI 的材料处理污染废水时应予以考虑。

5.5 nZVI 及复合材料在环境修复中的应用

5.5.1 在放射性核素固定化中的应用

随着工业化、人口和农业活动的几何级数增长，环境生态系统和人类健康受到各种污染物的严重威胁，如有机污染物、重金属和放射性核素。在这些污染物中，核废料中的放射性核素可以发出 α、β 或 γ 射线或中子，对人类有危害。冶金、采矿、核能和化工的发展不可避免地将大量的放射性核素（如铀、锝、锶、裂变产物等）释放到自然环境中，对人类和环境构成严重威胁。因此，开发高效和有选择性的方法来去除废水中的放射性核素是非常重要的。nZVI 是一种有效的从废水中分离出微量放射性离子的吸附剂，同时满足大规模实施的要求。

1. 对铀的去除

根据国际能源机构（International Energy Agency，IEA）的预测，到 2030 年，全球核工业产能可能会扩大 40%以上，这将促进对 U(VI)的巨大需求，从而导致大量有毒放射性核素释放到环境中。用 nZVI 进行铀的富集可以追溯到 Cantrell 等（1995）的研究，他们在 1995 年首次报道了 nZVI 可以有效地去除地下水中的 U(VI)。此后，nZVI 基处理铀污染废水的材料逐渐成为一个研究热点。结合光谱研究，Gu 等（1998）认为，U(VI)被 Fe^0 还原成 U(IV)，随后 U(IV)被氢氧化铁吸附是去除 U(VI)的主要反应途径。此外，Fiedor 等（1998）研究了 nZVI 在好氧和厌氧条件下对铀的去除。结果发现，在有氧条件下，U(VI)被迅速而强烈地吸附在水态氧化铁颗粒上。然而，当溶解氧被排除时，由于 U(VI)在铁表面被部分还原成稀少可溶的 U(IV)物种，铀的去除缓慢而不完全。第二年，Farrell 等（1999）进一步研究了 nZVI 去除 U(VI)时，表面沉淀物的积累对 U(VI)去除的影响。水化学的强烈影响表明，铀对模拟铁腐蚀产物的吸附高度依赖溶液的 pH、背景电解质溶液的浓度和形态。相比之下，Riba 等（2008）研究了 pH 为 3～7、轻度氧化条件（1.2% O_2 和 0.001 7% CO_2）下 nZVI 对过饱和铀酰溶液（1 000 mg/L）的影响。同样，UO_2 产物的还原沉淀是首选的去除机制。此外，微生物的存在也会影响 nZVI 对 U(VI)的去除。Tan 等（2009）发现，共存的硫酸盐还原菌（sulfate reducing bacteria，SRB）和 nZVI 可以协同去除废水中的 U(VI)和 SO_4^{2-}。并且含铀废水的 pH 可以被碱化至中性。因此，Yi 等（2009）发现，nZVI+SRB 组合系统中 U(VI)的去除率明显高于 nZVI 系统和 SRB 系统的总去除率。U(VI)在 nZVI 上的固定受反应温度的影响很小，这表明该过程是由化学控制的反应主导的。Zhang 等（2010）

进行的批量实验中，系统地研究了 nZVI 用量、初始 U(VI)浓度、初始溶液 pH、反应时间和温度对 nZVI 从废水中去除 U(VI)的影响。当 nZVI 用量为 1 g/L、pH 为 4 时，去除率为 98.3%，而温度的影响则相当小。迄今为止，大多数研究只考察了 nZVI 在单一污染物系统中的反应性。这些系统没有考虑环境水域的复杂性和众多的竞争反应。为了研究 nZVI 的实际应用，Klimkova 等（2011）首次应用 nZVI 来处理含有各种污染物混合物的真实酸性矿井水系统。加入含有 1 g/L Fe^0 的 nZVI 悬浮液后，检测到的多种污染物（即 Al、U、V、Cu、Ni、Cr 和 As）的浓度明显下降。推测这些微量污染物的滞留是由这些重金属离子以较低的氧化态析出及与形成的氢氧化铁共沉淀所致。此外，Scott 等（2011）在宽 pH 范围内使用间歇式反应器系统比较了单污染物体系和多污染物体系中 U(VI)的去除行为。结果表明，当 pH≤6.8 时，多污染物体系中 U(VI)的去除率明显低于单污染物体系中 U(VI)的去除率，表明形成了高溶稳定的污染物复合物。然而，与单一的 U(VI)体系相比，在多污染物体系中反应 168 h 没有观察到明显的 U(VI)再溶解。因此，环境水的复杂性很可能有助于提高使用 nZVI 进行无机污染治理的长期性能。

近年来，随着对核能的巨大需求，人们开始从海水中开采铀（Sarma et al.，2016；Manos et al.，2012）。海洋中 45 亿 t 的巨大铀储量使其成为支持核电可持续发展的潜在的丰富资源。然而，现有的材料仍然面临一些挑战，如超低浓度（3.3 μg/L）、高盐度背景和竞争性金属离子。Fe^0 表面的直接电子转移使 U(VI)在 nZVI 上的固定化越来越受到关注。Ling 等（2015）研究了 nZVI 从模拟水（0.46 mol/L NaCl、0.20 mol/L $MgCl_2$、0.03 mol/L $MgSO_4$ 和 0.01 mol/L $CaCl_2$）中分离出 2.32～882.68 μg/L 的微量铀。通过电感耦合等离子体质谱法（inductively coupled plasma-mass spectrometry，ICP-MS）测定，残留的 U(VI)质量浓度在 2 min 内迅速降低到 1 μg/L 以下（图 5.6）。当溶液 pH 为 3.5～8 时，pH 对 U(VI)分离效率无明显影响。随着表征技术的进步，研究人员进一步提供了 U(VI)扩散在单个 Fe^0 纳米粒子上的精确和接近原子分辨率的元素图谱。对于反应 1 h 后的 Fe^0，扫描透射电子显微镜（scanning transmission electron microscope，STEM）与 X 射线能量色散光谱（XEDS）线谱图显示，铀从表面氧化层向内渗透，并在反应 24 h 后进一步占据了 Fe^0 纳米粒子的中心，而铀只是附着在废弃的 Fe_2O_3 表面。这些发现为后续研究人员提供了 U(VI)扩散、化学还原成 U(IV)，并最终沉积在 Fe^0 核心区的直接证据。

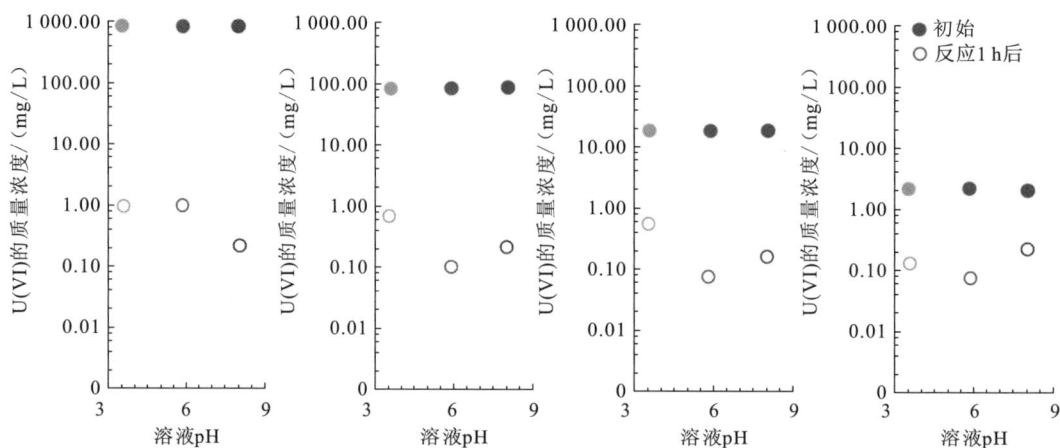

（a）使用nZVI从水中去除U(VI)

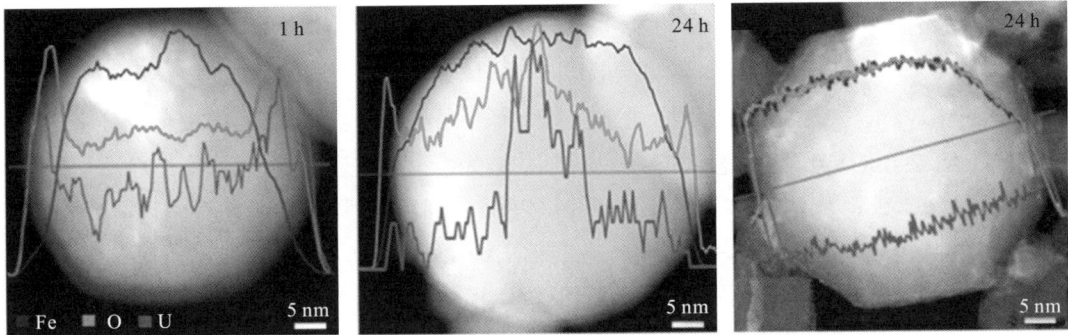

（b）U(VI)在nZVI上反应的
STEM-XEDS线谱图（1 h）   （c）U(VI)在nZVI上反应的
STEM-XEDS线谱图（24 h）   （d）U(VI)在赤铁矿（Fe$_2$O$_3$）上反
应24 h的STEM-XEDS线谱图

图5.6   nZVI去除水体中不同浓度的U(VI)及不同反应时间的表征

初始U(VI)质量浓度为2.32～882.68 μg/L且m/V=1.0 g/L；引自Ling等（2015）

2. 对锝的去除

锝-99（^{99}Tc）是^{235}U和^{239}Pu裂变过程的副产品之一，具有较长的半衰期，$\tau_{1/2}=2.13\times10^5$年，产生高能β粒子。锝主要以两种稳定的氧化状态存在，即$Tc^{VII}O_4^-$和$Tc^{IV}\cdot nH_2O$。一般来说，高锝酸氧阴离子（TcO_4^-）对人们构成重大风险，主要是因为它具有高辐射毒性和流动性。目前，一种降低Tc(VII)浓度的替代策略是使用nZVI将高可溶性Tc(VII)还原成低可溶性Tc(IV)。因此，许多研究人员试图探索基于nZVI的材料，以改善其氧化还原反应性和分散性。Boglaienko等（2019）比较了11种商业ZVI材料从模拟水中（80 mmol/L NaCl和中性pH）还原去除TcO_4^-的效果。结果表明，75 μm的ZVI表现出最快的Tc(VII)到Tc(IV)的还原速率，其速率常数为0.077 min^{-1}。由于Re(VII)与Tc(VII)的化学性质相似，通常采用Re(VII)作为去除Tc(VII)的模拟剂。Ji等（2019）提出利用羧甲基纤维素（CMC）或淀粉稳定的nZVI在有氧和无氧条件下对放射性Tc(VII)进行还原固定化。研究表明，CMC稳定的nZVI比淀粉稳定的nZVI具有更高的反应活性。当pH为5～8时，质量分数为0.2%的CMC稳定的nZVI对Tc(VII)还原率仍然很高（约99%）。Fu等（2019）利用D001树脂的多孔结构和廉价的优势，支撑nZVI（D001-nZVI）去除Re(VII)。根据D001-nZVI对Re(VII)的去除结果，当pH为3、固液比约为20 g/L时，对Re(VII)的吸附效率高达94%。而通过托马斯（Thomas）模型模拟的D001-nZVI上Re(VII)的最大吸附量为0.291 mg/g。与传统的化学还原法不同，Li等（2016）报道了用H$_2$/Ar等离子体技术将nZVI固定在还原氧化石墨烯（nZVI/rGOs）上以去除高铼酸盐（ReO_4^-）。nZVI/rGOs对ReO_4^-的最大吸附量为85.77 mg/g，且在50 min内具有快速的动力学特性，使其成为有效的去除Tc(VII)/Re(VII)的还原剂。此外，Sheng等（2016b）研究了Re(VII)在层状双氢氧化物负载的nZVI(nZVI/LDH)上的固定化，其中LDH作为pH缓冲剂及良好的阴离子交换剂。所制备的nZVI/LDH显示出很高的去除效率（约91.4%），优于单一nZVI还原和LDH吸附之和。通过对扩展X射线吸收精细结构（EXAFS）和穆斯堡尔光谱（Mossbauer specturm，MBS）进行表征，揭示了nZVI/LDH上Tc/ReO_4^-的去除作用机制。研究发现，吸附在LDH上的Fe^{0}和Fe^{2+}都能协同将Re(VII)还原成Re(IV)。具体的化学还原反应可以用式（5.11）和式（5.12）表示。

$$3Fe^0+2Tc/ReO_4^-+8H^+ \longrightarrow 3Fe^{2+}+2Tc/ReO_2+4H_2O \qquad (5.11)$$

$$3Fe^{2+}+Tc/ReO_4^-+4H^+ \longrightarrow 3Fe^{3+}+Tc/ReO_2+2H_2O \qquad (5.12)$$

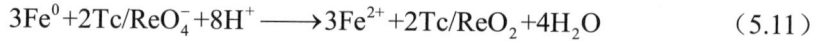

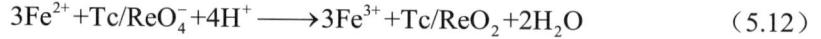

基于 nZVI 体系的 Tc(VII) 还原通常在缺氧条件下进行。然而，EXAFS 光谱分析表明，还原的不溶性 Tc(IV) 作为水态 TcO_2 极易被氧气或硝酸盐重新氧化，导致 TcO_4^- 释放回水溶液中（McBeth et al.，2007）。Lukens 等（2005）研究表明，在富含硫化物的环境中，再氧化过程可以被有效地抑制。通过严格的 EXAFS 拟合，可以准确地表征 Tc_2S_7 的沉淀。在 nZVI 和硫化条件共存的研究中，纳米晶 FeS 相的形成对 Tc(VII) 的亲和力高于 Fe_2O_3。Fan 等（2013）发现，Tc(IV) 在硫化 nZVI 上的还原固定发生在三个阶段：①硫酸盐预还原阶段；②硫酸盐还原的初始阶段；③硫酸盐还原的结束阶段（图 5.7）。还原动力学表明，随着 S/Fe 物质的量比从 0 升至 0.224，水溶液 Tc(VII) 的去除率升高，但在 S/Fe 物质的量比约为 1.12 的情况下，去除率有所下降。过量的硫化物可能会导致对吸附位点的竞争，甚至导致 Mo-S 复合物的形成。正如 MBS 所示，体相由残留的无定形 nZVI 和麦饭石组成。从 S/Fe 物质的量比为 1.12 的 EXAFS 光谱来看，Tc 在 2.30 Å 处与 2 个 S 原子配位，其他 4 个 S 原子在 2.47 Å 处配位，表明从 $TcO_2 \cdot nH_2O$ 转变为 TcS_2。上述发现为修复被 Tc(VII) 污染的地下水提供了一种更优的固定途径。

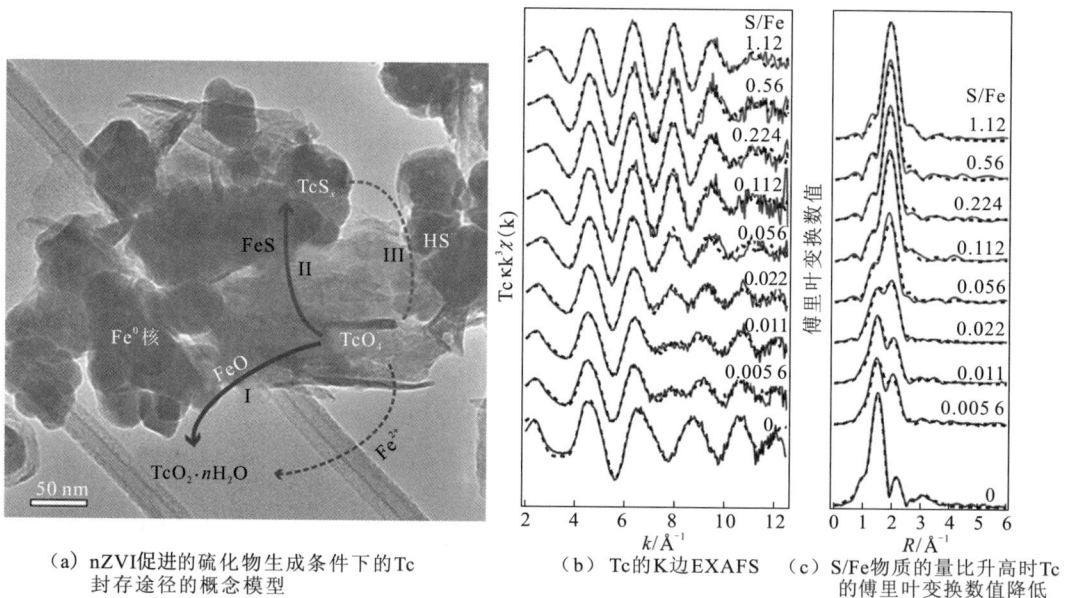

（a）nZVI 促进的硫化物生成条件下的 Tc 封存途径的概念模型　（b）Tc 的 K 边 EXAFS　（c）S/Fe 物质的量比升高时 Tc 的傅里叶变换数值降低

图 5.7　Tc(IV) 在硫化的 nZVI 上的还原固定及光谱表征

（b）中横坐标 k 为电子波矢，纵坐标为 k 空间的权重；（c）中横坐标 R 为对应配位原子间距；引自 Fan 等（2013）

3. 对其他放射性核素的去除

除主要的 U(VI) 和 Tc(VII) 之外，基于 nZVI 的材料已经实现了对锕系元素和其他放射性核素的有效去除。接下来将综述基于 nZVI 的材料在去除 Pu(VI)、Se(IV)/Se(VI)、Sr(II) 和 Cs(I) 中的应用研究进展。

非裂变 ^{238}U 的嬗变可以产生钚（Pu(VI)），有助于能源输出，也导致了一些环境问题。

Crane 等（2015a）对 nZVI 上的水体 Pu(VI)和 U(VI)吸收进行了初步研究。反应 1 h 后，Pu(VI)和 U(VI)的去除率分别达到 77%和 99%。X 射线光电子能谱（XPS）检测到以 439 eV 和 427 eV 为中心的 Pu 4f 谱线信号，这可能是 PuO$_2$ 的特征峰，表明 Pu(VI)的去除是在 Pu(VI)化学还原为 Pu(IV)之后的吸附的综合效应。此外，Tan 等（2019）评价了多种因素对生物炭负载的 nZVI（BC-nZVI）和活性炭负载的 nZVI（AC-nZVI）去除 Se(IV)和 Se(VI)的影响。BC-nZVI 对 Se(IV)（约 62.52 mg/g）和 Se(VI)（约 35.39 mg/g）表现意料外的高吸附能力，优于 AC-nZVI。PO$_4^{3-}$ 的存在对 BC-nZVI 和 AC-nZVI 材料对 Se(IV)/Se(VI) 的吸附构成强有力的竞争。结合光谱分析，水中的 SeO$_3^{2-}$/SeO$_4^{2-}$ 很容易被还原成毒性更小的可溶性 Se^0/Se^{2-}。Qiu 等（2020）在 MnO$_2$ 纳米线的表面沉积 nZVI，结果在 2~6 的酸性 pH 范围内实现了适当的 Se(VI)分离，保留效率高达 85%以上。Qiao 等（2018）利用最先进的 XAFS 技术分析了溶液化学对 nZVI 去除 Se(VI)的反应性和电子选择性的影响，揭示了溶液 pH 和共存离子可以影响 nZVI 腐蚀产物的转化，并促进电子从 nZVI 转移到 Se 物种。此外，^{137}Cs(I)和 ^{90}Sr(II)是核乏燃料储存罐中的主要长寿命裂变产物。Shubair 等（2019）测试了磁性 nZVI-沸石纳米复合材料对污染水域中 Sr(II)的有效性。当 pH 为 6 时，nZVI-沸石对 Sr(II)的最大吸收量为 88.74 mg/g。有趣的是，碱性溶液的 pH 和高温有利于 nZVI-沸石对 Sr(II)的吸附。高吸附能力和磁分离特性使 nZVI-沸石成为处理 Sr(II) 污染水源的潜力吸附剂。Ling 等（2017）使用先进的超高分辨率 STEM 技术结合增强 X 射线能量色散光谱，定性和定量地研究了单个 nZVI 颗粒上的 Cs(I)反应。在固定过程中，非特异性吸附或表面络合作用取代还原作用。这些结果表明，nZVI 及其衍生物对各种放射性核素的去除具有明显的优势。

5.5.2 在去除重金属离子方面的应用

由于人类的采矿、冶炼等活动，大量的重金属（如 Cr、Pb、Ni、Cd、Cu、Zn、Hg、As 等）被释放到环境中，超出正常范围，对大气、水和土壤造成严重污染。环境中的重金属具有毒性大、易积累、难降解的特点，会对生物体造成不可弥补的危害。

在 nZVI 的核-壳结构中，铁氧化物/氢氧化物外壳通过静电作用或表面络合作用吸附重金属离子，而铁芯则提供还原力以永久地稳定/固定重金属离子。研究表明，基于 nZVI 的纳米材料对重金属的去除机制主要与金属的标准电极电位（$E_h^\ominus$）有关。Fe^{2+}/Fe^0 的低标准氧化还原电位为-0.44 V。根据不同的 $E_h^\ominus$ 值，nZVI 去除金属的机制可以总结为以下几点（概念模型见图 5.8）。①对于 $E_h^\ominus$ 高于 $E_h^\ominus$（Fe^0）的金属[如 Cr(VI)、Hg(II)、Cu(II)、U(VI)等]，其去除机制以还原反应为主。②对于 $E_h^\ominus$ 低于 $E_h^\ominus$（Fe^0）的金属[如 Zn(II)、Cd(II)、Ba(II)、Co(II)等]，吸附和沉淀是去除这些金属的主要作用机制，而非还原反应。③对于 $E_h^\ominus$ 介于上述两种金属标准电极电位之间的金属阳离子[如 Ni(II)和 Pb(II)]，在固定过程中涉及双重吸附和还原机制。④对于 As(V)和 As(III)，nZVI 对砷的去除有多种机制（吸附、还原、氧化和表面络合物形成）（Mu et al.，2017；Li et al.，2007）。

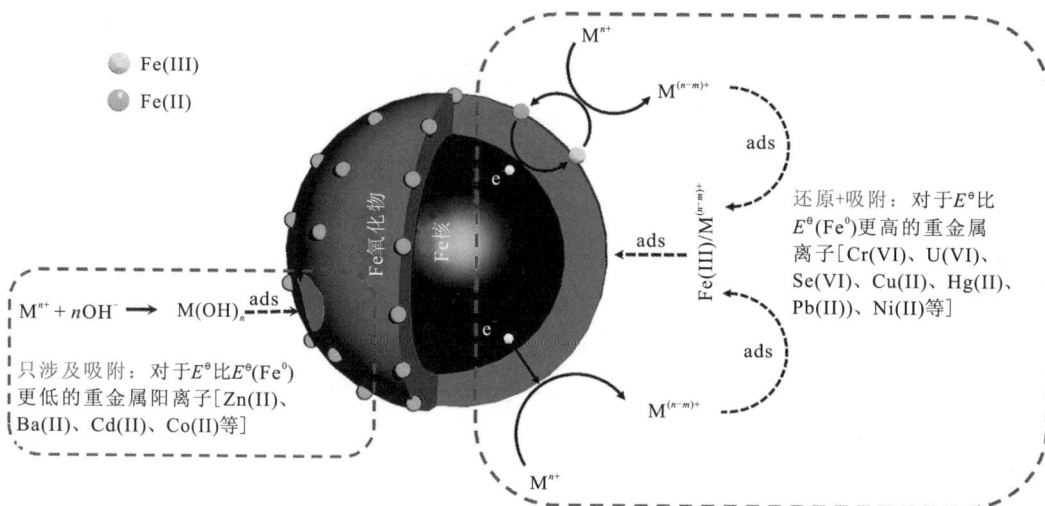

图 5.8　nZVI 去除重金属的概念模型
引自 Mu 等（2017）

Fe(III)
Fe(II)

Fe 氧化物
Fe 核

M^{n+}
$M^{(n-m)+}$
ads
ads
$M^{(n-m)+}$
ads
M^{n+}

$Fe(III)/M^{(n-m)+}$

还原+吸附：对于 $E^{\ominus}$ 比 $E^{\ominus}(Fe^0)$ 更高的重金属离子[Cr(VI)、U(VI)、Se(VI)、Cu(II)、Hg(II)、Pb(II))、Ni(II)等]

$M^{n+} + nOH^- \longrightarrow M(OH)_n$ ads

只涉及吸附：对于 $E^{\ominus}$ 比 $E^{\ominus}(Fe^0)$ 更低的重金属阳离子[Zn(II)、Ba(II)、Cd(II)、Co(II)等]

1. 对铬的去除

铬广泛存在于地表水和地下水中，会对人类造成长期危害。由于 Cr(VI)的毒性远大于 Cr(III)，将 Cr(VI)还原成毒性较低的 Cr(III)，然后再还原为 Cr(OH)$_3$ 是目前已知的最有效的处理技术之一。Cr^{6+}/Cr^{3+}的 $E_h^{\ominus}$ 为 1.36 eV，远远高于 $E_h^{\ominus}$(Fe^0)（Huang et al.，2013）。因此，nZVI 是一种合适的纳米材料，可用于还原废水中的 Cr(VI)。

为了缓解 nZVI 的团聚和氧化，对其进行大量的改性，以提高其稳定性和对重金属离子的去除效率。通过在 nZVI 体系中掺入另一种金属（如 Cu、Pd、Ni、Au 等）来合成双金属 nZVI，是减缓 nZVI 表面氧化速率和提高反应活性的有效方法。Zhou 等（2014）发现，与单一的 nZVI 相比，Ni/Fe 双金属纳米粒子在酸性 pH 条件下能有效地去除 Cr(VI)。同时，镍成分的存在不仅抑制了 nZVI 的氧化，而且催化了活性 H·物种的生成，促进了还原过程中电子从铁向铬的转移。Zhu 等（2018）将绿茶提取物作为还原剂和稳定剂，制备了 nZVI/Cu 复合材料，用于修复 Cr(VI)污染的地下水。结果表明，在 pH 为 5 和 T 为 303 K 的条件下，Cr(VI)的去除率约为 94.7%。同样，Cu-Fe 电化学电池促进了电子的产生和转移，从而使 Cr(VI)高效地还原为 Cr(III)。在其他材料上负载 nZVI 或用其他材料包覆 nZVI 是提高其反应活性的另一个有效解决方案。特别是生物炭，作为一种低成本的绿色基质，与 nZVI 结合后可以减少 Fe^0 纳米粒子的使用和泄漏。例如，Zhu 等（2017）以湿地植物芦苇为前驱体，合成了磁性 nZVI 辅助生物炭（nZVI-BCs）。结果表明，nZVI-BCs 对多种重金属离子[Pb(II)、Cd(II)、Cr(VI)、Cu(II)、Ni(II)和 Zn(II)]表现出优秀的去除能力，nZVI-BCs 可以促进大量的 Fe^0 纳米粒子进入生物炭的通道，从而抑制 Fe^0 纳米粒子的聚集。此外，铁晶体和碳基体的紧密结合增强了 nZVI 的抗氧化性。从图 5.9（a）可以看出，Wang 等（2018）报道了一步碳热还原法将磁性 nZVI 包裹在由 MIL-100 (Fe)衍生的多孔碳基体（nZVI@C）中，其中 MIL-100(Fe)中的有机配体在高温下转化为多孔碳基体，而 Fe-O 团簇则在原位还原为 nZVI。受益于封闭效应，稳定在多孔碳基质中的铁纳米粒子的粒径只有 7.2 nm（加热温度约为 700 ℃）。因此，从 Cr(VI)

还原为 Cr(III)，然后形成$(Cr_xFe_{1-x})(OH)_3$沉淀物的综合效应促成了 nZVI@C 出色的吸附能力（206 mg/g）。Xie 等（2012）发现，Cr(VI)的去除率（mg Cr/g nZVI）表现出长期性和显著的 pH 依赖性[图 5.9（b）]。通过 EXAFS[图 5.5（c）]进一步测定了经 Cr(VI)和 Cr(III)处理的 nZVI 的结构，表明反应产物是一种不良的 Cr(OH)₃ 结晶沉淀或是 $(Cr_xFe_{1-x})(OH)_3$ 的混合相（Manning et al.，2007）。

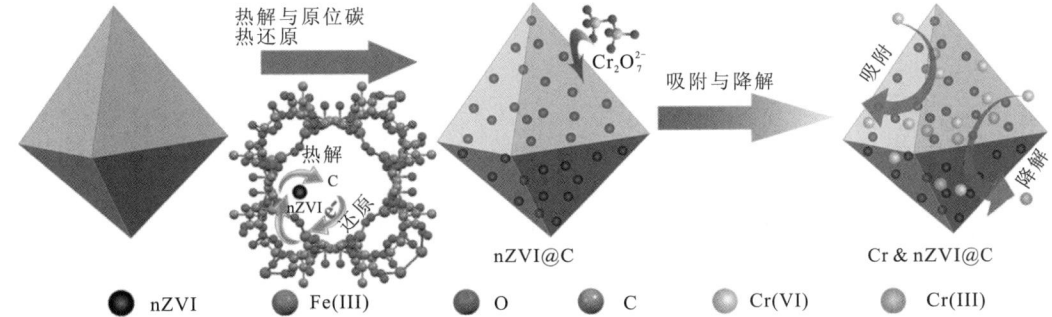

（a）一步碳热还原法制备nZVI@C示意图

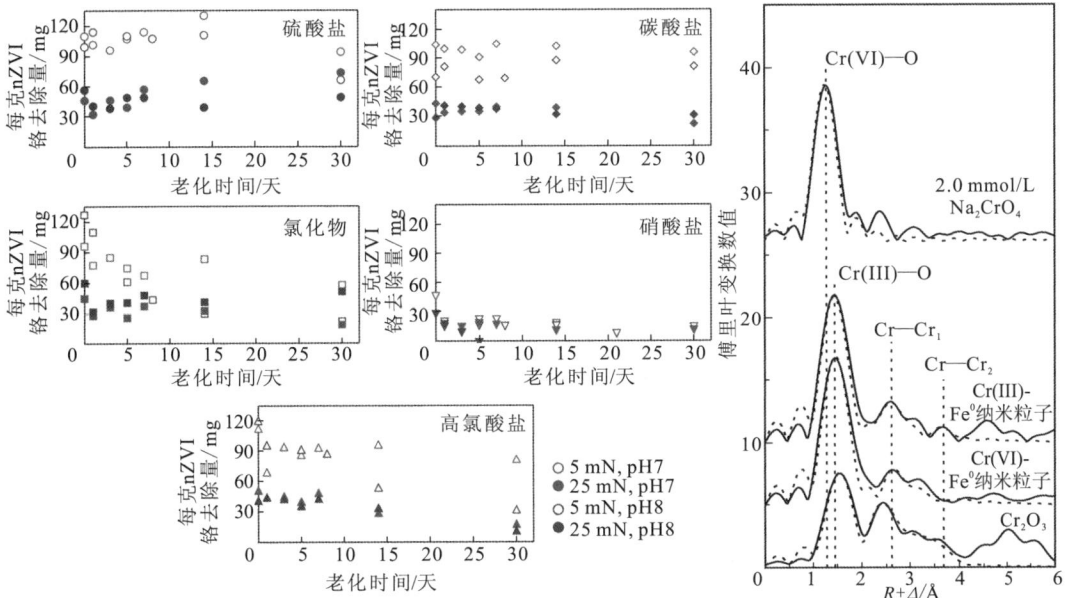

（b）Cr(VI)去除率随老化时间的变化

（c）2.0 mmol/L Na₂CrO₄溶液、Cr(III)和Cr(VI)处理的nZVI和试剂级Cr₂O₃（未校正相移）的EXAFS傅里叶变换

图 5.9 一种 nZVI 的制备及对水体中 Cr(VI)的去除研究

（a）中磁性 nZVI 包裹在由 MIL-100 (Fe)衍生的多孔碳基体中，随后降解和吸附去除有毒 Cr(VI)，引自 Wang 等（2018）；
（b）中 pH 为 7 和 8，在 5 mN 和 25 mN 的 Cl⁻、SO₄²⁻、ClO₄⁻、HCO₃⁻ 和 NO₃⁻ 悬浮液中，引自 Xie 等（2012）；
（c）中，Δ为实验与拟合不完全符合时的误差；引自 Manning 等（2007）

基于上述实验和光谱调查，nZVI 对 Cr(VI)的去除过程可以总结为以下几点（Fang et al.，2011；Liu et al.，2010）：①Cr(VI)首先通过静电作用和表面络合作用吸附在 nZVI 的氧化物/氢氧化物外壳上，然后被 Fe⁰ 还原成 Cr(III)，如式（5.13）和式（5.14）所示；②Cr(III)可以与 Fe(III)共沉淀形成$(Cr_xFe_{1-x})(OH)_3$ 或$(Cr_xFe_{1-x})OOH$ 化合物，如式（5.15）和式（5.16）所示。因此，这些络合物将在 nZVI 的表面积累，Cr(VI)的还原率逐渐下降，直到氧化还原反应结束。

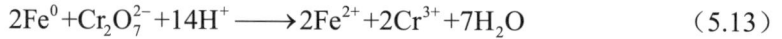

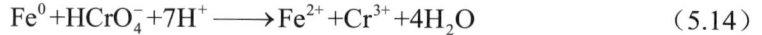

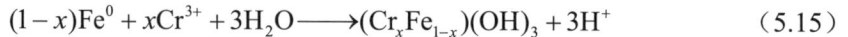

$$2Fe^0 + Cr_2O_7^{2-} + 14H^+ \longrightarrow 2Fe^{2+} + 2Cr^{3+} + 7H_2O \qquad (5.13)$$

$$Fe^0 + HCrO_4^- + 7H^+ \longrightarrow Fe^{2+} + Cr^{3+} + 4H_2O \qquad (5.14)$$

$$(1-x)Fe^0 + xCr^{3+} + 3H_2O \longrightarrow (Cr_xFe_{1-x})(OH)_3 + 3H^+ \qquad (5.15)$$

$$(1-x)Fe^{3+} + xCr^{3+} + 2H_2O \longrightarrow (Cr_xFe_{1-x})OOH + 3H^+ \qquad (5.16)$$

2. 对砷的去除

砷是一种广泛分布于环境中的非金属元素。无机砷主要以砷酸盐[As(V)：H_3AsO_4、$H_2AsO_4^-$、$HAsO_4^{2-}$]和亚砷酸盐[As(III)：H_3AsO_3、$H_2AsO_3^-$、$HAsO_3^{2-}$]形式存在。As(III)比 As(V)具有更高的毒性和迁移率，因此水溶液中 As(III)的去除备受关注。众所周知，铁氧化物/氢氧化物对砷有很强的亲和力，相关材料已被广泛用于处理含砷污染物（Mohan et al.，2007）。由于 As(V)到 As(0)反应的正电势为 0.499 V（Tuček et al.，2017），nZVI 被公认为是去除砷物种的有力材料。Kanel 等（2006，2005）研究了 As(III)/As(V)浓度和地下水化学性质（竞争阴离子和 pH）对 nZVI 去除 As(III)/As(V)的影响。在去除 As(III)/As(V)的过程中，nZVI 逐渐转化为磁赤铁矿/磁铁矿腐蚀产物，并与鳞屑白云石混合。然而 nZVI 对砷的去除机制相对复杂。Tuček 等（2017）使用无氧化壳的 nZVI 来处理砷/砷酸盐污染的地下水。在缺氧条件下，nZVI 在 Fe/As 物质的量比约为 10:1 时能完全去除水中砷，最大吸附量超过 150 mg/g。Bhowmick 等（2014）将 nZVI 负载在蒙脱石的表面有利于其分散，并明显减少其团聚。Yan 等（2010c）利用高分辨率 XPS 研究 nZVI 与砷酸盐之间的反应机制，并首次证明了 As 物种在铁纳米粒子中的多层分布。As(V)出现在 nZVI 的外表面，而 As(0)则集中在核-壳界面。As(III)可以与 nZVI 的（氢）氧化物外壳形成内层络合物，并可以进一步浸渍到 nZVI 的固相中。在先进的球差校正 STEM 的帮助下（图 5.10），As(V)在 nZVI 中的近原子分辨率的扩散和反应被可视化。Ling 等（2014a）比较了单个 nZVI 颗粒与 1.3 mmol/L As(V)反应 24 h 和 48 h 后的 STEM-EDS 图像，提供了关于反应机制最详细的信息：①水态 As(V)从体溶液扩散到 nZVI-水界面；②表面结合的羟基[铁（氢）氧化物外壳]与 As(V)配体交换；③As(V)从颗粒外表面进一步渗透或扩散到 Fe^0 内部；④完成从 As(V)到 As(III)和 As(0)的还原。同时，As(III)到 As(0)的平行还原和 As(III)到 As(V)的氧化在核壳 Fe^0 结构中进行。因此，占主导地位的静电作用和化学还原作用负责在 nZVI 上固定砷酸盐。

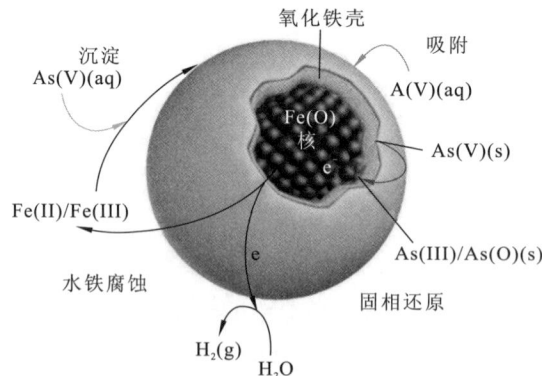

图 5.10　砷酸盐在核壳结构的 nZVI 中的反应概念模型

引自 Ling 等（2014a）

3. 对汞/铜和铅/镍的去除

Hg^{2+}/Hg^0（$E_h^\ominus$ =+0.86 V）和 Cu^{2+}/Cu^0（$E_h^\ominus$ =+0.16 V）的标准氧化还原电位比 Fe^{2+}/Fe^0 的标准氧化还原电位要高得多，因此 nZVI 具有强大的还原能力。Yan 等（2010a）发现，加入 2 g/L 的吸附剂后，nZVI 可在 2 min 内将 98%的 Hg(II)还原。Liu 等（2014）报道浮石支撑的 nZVI 对 Hg(II)的去除量达到 332.1 mg/g，并进一步证明低成本的浮石支撑的 nZVI 是一种理想的再生材料。对于 Cu(II) 的去除，批量实验结果表明，nZVI 对 Cu(II)的去除量为 250 mg/g，在振荡 1 min 后可将 100 mg/L 的水溶液 Cu(II)完全去除（Karabelli et al.，2008）。X 射线光电子能谱（XPS）和 X 射线衍射（XRD）研究发现，在 nZVI 的表面出现了 Hg^0 和 Cu$_2$O/Cu^0 的信号，推断出 nZVI 通过快速的物理吸附进而以还原过程为主进行 Hg(II)/Cu(II)的固定。

Pb^{2+}/Pb^0（$E_h^\ominus$ =−0.13 V）和 Ni^{2+}/Ni^0（$E_h^\ominus$ =−0.25 V）的 $E_h^\ominus$ 比铁的 $E_h^\ominus$ 略高，nZVI 的活性电子可以从 Fe^0 转移到 Pb^{2+} 或 Ni^{2+}。研究表明，nZVI 对 Pb(II)/Ni(II)的去除机制是吸附、还原和沉淀的共同作用（Liu et al.，2019；Li et al.，2006）。Li 等（2020）制备了有利于 Pb(II)扩散和吸附的 nZVI-多孔生物炭（nZVI-HPB）复合材料。受益于较强的 Fe—C—O 共价键，nZVI-HPB 对 Pb(II)的吸附量达到 480.9 mg/g。大部分吸附的 Pb(II)被 Fe^0 还原成 Pb^0。由于 nZVI 可以与 H$_2$O 反应形成 OH$^-$，部分解离的 Pb(II)会与 OH$^-$结合形成 Pb(OH)$_2$ 沉淀。随后，Pb(OH)$_2$ 不断与溶解在水中的 CO$_2$ 反应，形成 Pb$_3$(CO$_3$)$_2$(OH)$_2$ 或脱水后形成 PbO。随着 nZVI 的老化，产生的铁（氢）氧化物/氧化物为 Pb(II)提供了替代的吸附位点[图 5.11（a）]。Liu 等（2015）的研究表明，nZVI 也可以与 Mg(OH)$_2$ 复合形成花状结构的 nZVI@Mg(OH)$_2$ 复合材料。实验结果表明，nZVI@Mg(OH)$_2$ 对 Pb(II) 的最大吸附量达到 1 986.6 mg/g，其快速的动力学速率体现在 15 min 内去除效率达到 94%。nZVI 与 Mg(OH)$_2$ 之间的协同效应导致了 nZVI 对 Pb(II)的卓越去除性能，在整个 Pb(II)固定过程中，吸附与离子交换、还原和沉淀共同参与。同样，在相同的条件下，对单一的 nZVI、钠饱和膨润土（Na-bent）和 nZVI/Na-bent 复合材料去除 Ni(II)的数据集进行了比较（Li et al.，2017b）。nZVI/Na-bent 复合材料的去除率最高，达到 98.5%，而 nZVI 和 Na-bent 的去除率分别为 41.9%和 6.9%。通过球差校正的 STEM，可以直观地观察到 nZVI 与 Ni(II)的相互作用（Ling et al.，2014b）。从 Fe(Kα)、Ni(Kα)和 O(Kα)的元素映射 [图 5.11（b）]可以看出，用 nZVI 处理 Ni(II)后，Fe 信号在核心区消失了，而在表层周围出现了两个富氧带。值得注意的是，Ni 元素分布在单个颗粒的表面，主要聚集在外壳附近，形成一个空心的环状结构，说明 Fe^0 与 Ni(II)之间发生了氧化还原反应。此外，Li 等（2006）采用高分辨率 XPS 来研究 Ni(II)在 nZVI 上的沉积。从图 5.11（c）来看，Ni(II) 首先通过物理吸附结合到 nZVI 的表面，然后通过化学吸附迅速形成表面络合物，最后被还原成 Ni^0。主要反应可以通过以下公式描述：

$$\equiv FeOH + Ni^{2+} \longrightarrow \equiv FeO - Ni^+ + H^+ \tag{5.17}$$

$$\equiv FeO - Ni^+ + H_2O \longrightarrow \equiv FeONi - OH + H^+ \tag{5.18}$$

$$\equiv FeO - Ni^+ + Fe^0 + H^+ \longrightarrow \equiv FeOHNi + Fe^{2+} \tag{5.19}$$

（a）nZVI-HPB复合材料去除Pb(II)的可能机制示意图

（b）与1.7 mmol/LNiCl₂反应24 h后，Fe(0)-Ni(II)反应的STEM-EDS元素图

（c）Ni(II)在核壳结构nZVI上沉积的步骤

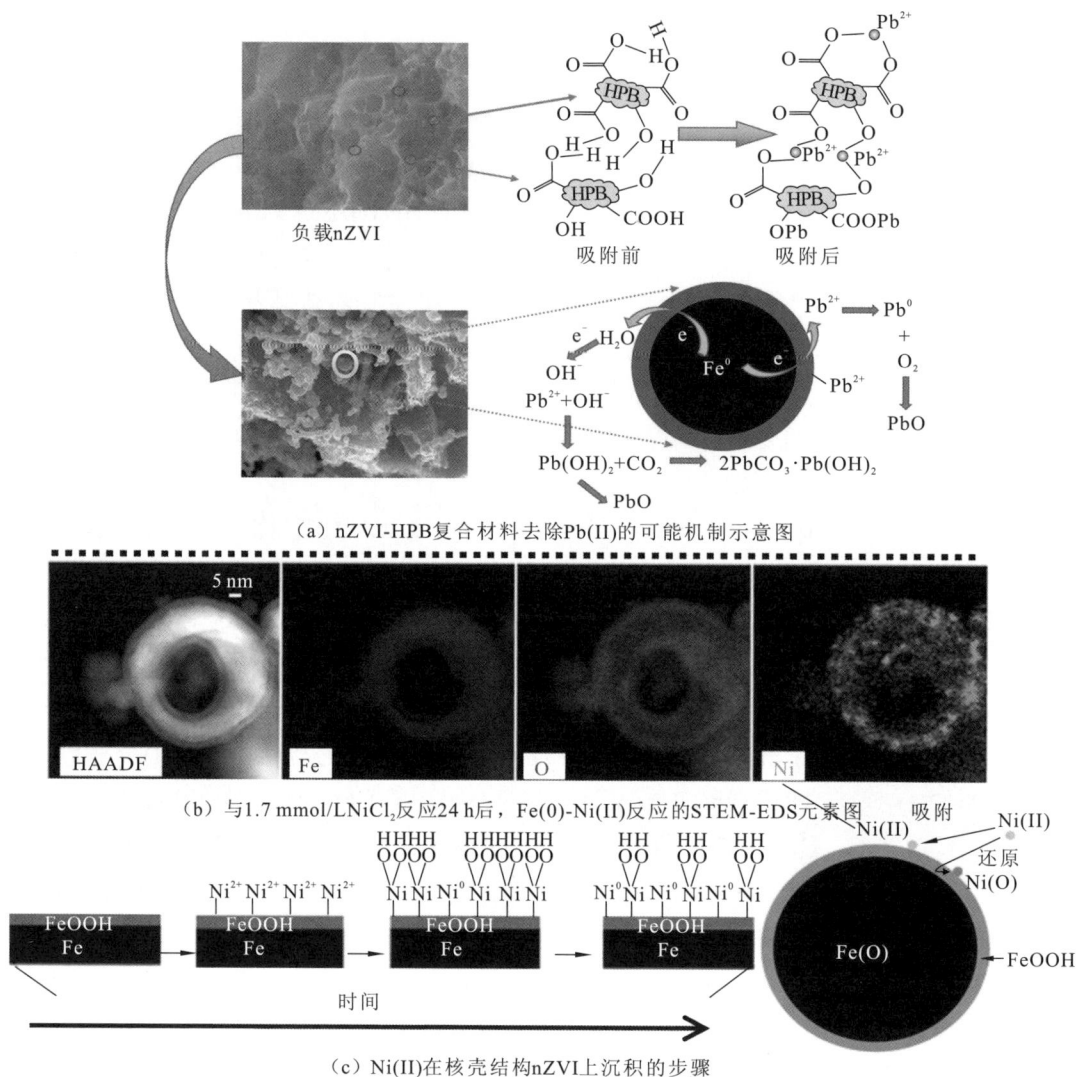

图 5.11　nZVI 对水体中 Pb(II)和 Ni(II)的去除研究

（a）引自 Li 等（2020），（b）引自 Ling 等（2014b），（c）引自 Li 等（2006）

氧化铁层作为还原的先决条件，提供了吸附位点和沉淀的初始表面，而铁芯作为重金属离子还原固定的电子源，进一步提供了还原力。

4. 对其他重金属离子的去除

除了上述重金属离子，其他重金属离子在基于 nZVI 的材料上的去除也被广泛报道。与以往不同，Cd(II)、Zn(II)和 Ba(II)的去除主要以吸附和沉淀为主，因为它们的 $E_h^\ominus$（Cd^{2+}/Cd^0 为-0.44 V，Zn^{2+}/Zn^0 为-0.86 V，Ba^{2+}/Ba^0 为-2.90 V）比铁的 $E_h^\ominus$ 更负。没有价态的变化，表明还原反应不是 Cd(II)、Zn(II)和 Ba(II)的去除机制。Boparai 等（2011）发现，当温度为 297 K 时，nZVI 对 Cd(II)的吸附量为 769.2 mg/g。有趣的是，Cd(II)通过化学吸附过程固定在 nZVI 上，速度受到表面吸附限制。XPS 分析表明，由于 Cd^0 的信号缺失，Cd(II)主要通过吸附去除。此外，nZVI 辅助生物炭对 Cd(II)和 Zn(II)的去除率

都很高（98.8%），这主要归因于较高的铁含量和表面功能团的存在（断裂的 C—O/COO）（Zhu et al.，2017）。

一般来说，电镀、金属合金和电子产品的废水中含有多种重金属离子，而不是单一的。事实上，这些基于 nZVI 的材料对多种共存的重金属离子具有良好的去除能力（Liu et al.，2020；Azzam et al.，2016）。nZVI 的现场应用是处理含重金属废水的一个关键部分。处理真实废水应满足三个条件：①稳定可靠的处理系统；②能够同时去除多种重金属；③快速分离反应产物。Li 等（2017a）报道了一种去除废水中重金属的 nZVI 处理工艺，包括氧化还原电位（oxidation-reduction potential，ORP）控制的 nZVI 反应器、nZVI 快速重力分离和高效再循环，如图 5.12 所示。pH 探针和氧化还原电位探针在线监测溶液 pH 和 E_h。根据溶液 E_h 的快速变化，计量泵可及时输送 nZVI，保持 nZVI 的高度还原状态和低剂量。特别是，2012 年建立了一个使用 nZVI 的全面污水处理厂。实践证明，整个 nZNI 处理设施设计巧妙、有效，它可以同时去除复杂多样的重金属离子[如 Cu(II)、Zn(II)、Ni(II)、As(III)/As(V)等]，其总容量可以高于 500 mg/g。

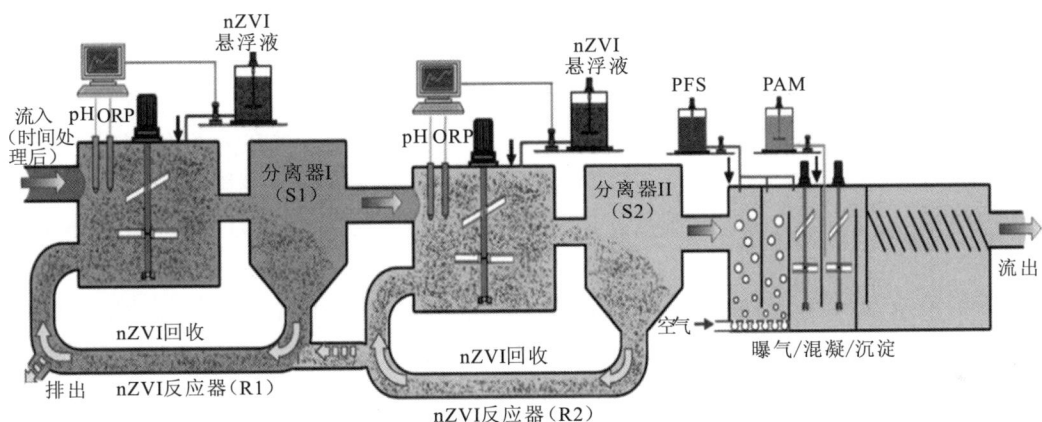

图 5.12　采用 nZVI 处理重金属废水的工艺流程示意图

PFS 为聚合硫酸铁，PAM 为聚丙烯酰胺；引自 Li 等（2017a）

总之，nZVI 比传统材料具有更优秀的处理和固定各种重金属离子的能力。根据理论上的 $E_h^{\ominus}$ 和光谱特征，可以得出重金属离子在 nZVI 上的不同去除机制。虽然 nZVI 对重金属离子的去除已经取得了相当大的进展，但在 nZVI 的大规模制备、长期储存、nZVI 的老化、成本等问题上仍有一定的发展空间。从实际应用的角度来看，针对不同环境介质的可行技术和相关设备的开发还需要进一步研究。最后，也是最重要的一点，nZVI 作为一种强效纳米材料，在环境中具有潜在的生态风险，相应的规避方法值得深思。

5.6　nZVI 基纳米材料的行为和毒性

到目前为止，nZVI 基纳米材料已被广泛用于处理地下水和废水中的有毒污染物。尽管 nZVI 基纳米材料在有毒污染物治理方面取得了相当大的成就，但纳米材料对人类健康和环境的潜在危害也是不容忽视的。nZVI 的高反应活性使其容易向环境中释放铁离子和铁氧化物，对生物体和生态系统造成不可预测的毒害。最近，一些研究集中在 nZVI 对微生物的毒性。然而，nZVI 基纳米材料对生物体（如大麦、蚯蚓和鱼类）的毒理学研究少有报道。在大规模使用 nZVI 之前，有必要全面评估其对环境的毒性影响。

学者已经提出了一些关于纳米毒理学方面有意义的见解（Auffan et al.，2006；Limbach et al.，2005）。一旦分布和表面钝化，ZVI NPs 可以被细胞内化，而不会产生任何细胞毒性结果。因此，纳米颗粒是一个与生物化合物大小相当的单位，这一实际情况似乎并不是这些颗粒毒性的关键部分。值得注意的是，纳米粒子的化学特性及在纳米粒子/细胞界面发生的化学反应与生物效应有关（Adams et al.，2006；Thill et al.，2006）。近年来，学者对 nZVI 对多种生物和环境的生态效应进行了深入的研究。目前，大部分研究结果都是在实验室条件下得出的。

微生物对 nZVI 或 Fe 纳米颗粒的反应是非常显著的。先前的研究证实，微生物群落会受到 nZVI 的影响。Wang 等（2012）以大肠杆菌为研究对象，通过检测 20 nm 粒径的 nZVI 对大肠杆菌的形态、生长和胞内酶活性的影响，研究了 nZVI 对大肠杆菌的毒性作用，并探讨了其可能的毒性机制。通过比较大肠杆菌与 nZVI 接触前后的 TEM 图像，细菌通常呈现规则清晰的椭圆形，而与 nZVI 接触后，细胞膜变得凹凸不平，形状不规则。结果表明 nZVI 粒子明显吸附在细菌表面。此外，Ma 等（2013）在不同浓度的 nZVI 中培育香蒲和杂交杨树的幼苗，评估了单一 nZVI 对两种常见植物的毒性和积累。用药 4 周后，暴露在较高浓度（>200 mg/L）的 nZVI 中的香蒲植物明显表现出一些毒性作用迹象[图 5.13（a）]，这些植株明显比对照组更矮[图 5.13（b）]；而受低浓度（<50 mg/L）nZVI 影响的植物比对照组生长得更好。当 nZVI 剂量超过 200 mg/L 时，植株出现大量干叶，生物量也比对照组植株少。与枝干的发育相反，用高剂量 nZVI 处理的植物根部比低剂量 nZNI 处理的植物根部更容易生长。随着 nZVI 浓度的升高，杨树插条的蒸腾速率逐渐下降，而对照组的蒸腾速率最高。El-Temsah 等（2012）确定了涂有羧甲基纤维素的 nZVI 对两种蚯蚓（*Essenia Fetida* 和 Red worms）的生态毒理学影响。他们比较了在含有不同浓度 nZVI 土壤中蚯蚓的回避行为，评估了暴露于 nZVI 14～28 天的蚯蚓死亡率，

（a）香蒲幼苗暴露于不同浓度nZVI后4周的图像　（b）暴露4周后植物重量和芽叶长度变化的百分比

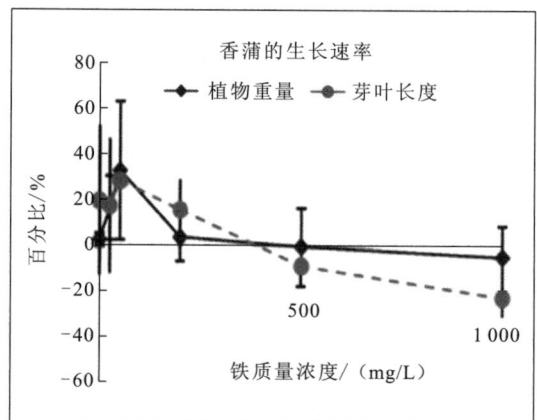

图 5.13　nZVI 在香蒲植物体内的毒理学研究

引自 Ma 等（2013）

以及 nZVI 对蚯蚓的繁殖和生长的影响。结果表明，nZVI 对蚯蚓有潜在的负面影响。nZVI 对生物细胞的毒性主要分为两类：一是 nZVI 进入细胞后产生活性氧，干扰细胞功能，最终导致细胞死亡；二是环境中的 nZVI 会在细胞器和组织中扩散和积累，阻碍细胞的正常代谢活动，最终改变细胞的形态和功能（Toh et al.，2014；Long et al.，2012）。在实际应用中，环境因素复杂多变，nZVI 的毒性作用会受到多种因素的影响，如有机物、土壤质地、水、矿物质、溶解氧等，而且这些因素处于动态变化之中。因此，有必要提供系统的评价以考察现场应用 nZVI 的环境效益和风险。

5.7　本　章　小　结

本章概述基于 nZVI 的纳米材料作为吸附剂的潜力及在处理有毒和放射性金属离子方面的应用进展。正在进行的合成策略研究推动了 nZVI 基纳米材料的构建。同时，将 nZVI 固定基底上可以有效地缓解 ZVI NPs 的自聚集现象。在这方面，已经报道了大量基于 nZVI 的纳米材料在实验室和现场应用于从废水中分离有毒和放射性金属离子的研究。nZVI 独特的核-壳结构对各种金属，如 U(VI)、Tc(VII)、Cr(VI)、As(V/III)、Ni(II)、Pb(II) 具有良好的去除能力。铁氧化物/氢氧化物外壳可以通过静电作用或表面络合作用吸收重金属，而金属铁芯可以作为电子源，赋予 nZVI 还原能力，使其永久稳定/固定重金属离子。综合实验观察、先进的光谱技术及 DFT 计算模型，可以得到重金属在 nZVI 基材料上固定的作用机制。基于上述成果，工程化的 nZVI 系统被视为用于环境修复和可持续发展一种很有前景的技术。

尽管 nZVI 具有良好的表面表征，但重金属在 nZVI 基纳米材料上的原位反应为未来的研究提供了可视化的思路，这对理解其相互作用机制具有重要意义。此外，许多 nZVI 基纳米材料已在实验室中应用于废水处理。在今后的研究中，应将间歇式吸附模式转变为柱式操作，进一步转化为现场规模化应用。因此，开发氧化还原电位控制的 nZVI 反应器有望用于处理高浓度重金属工业废水。同时，nZVI 与环境中其他物质的相互作用毒性尚不清楚，加强这方面的研究，有助于确定 nZVI 在环境中的演变和优化 nZVI 在实际环境中的性能。

参 考 文 献

Adams L K, Lyon D Y, Alvarez P J, 2006. Comparative eco-toxicity of nanoscale TiO_2, SiO_2, and ZnO water suspensions. Water Research, 40(19): 3527-3532.

Alowitz M J, Scherer M M, 2002. Kinetics of nitrate, nitrite, and Cr(VI) reduction by iron metal. Environmental Science & Technology, 36(3): 299-306.

Arshadi M, Abdolmaleki M K, Mousavinia F, et al., 2017. Nano modification of NZVI with an aquatic plant *Azolla filiculoides* to remove Pb(II) and Hg(II) from water: Aging time and mechanism study. Journal of Colloid and Interface Science, 486: 296-308.

Auffan M, Decome L, Rose J, et al., 2006. In vitro interactions between DMSA-coated maghemite nanoparticles and human fibroblasts: A physicochemical and cyto-genotoxical study. Environmental Science & Technology, 40(14): 4367-4373.

Azzam A M, El-Wakeel S T, Mostafa B B, et al., 2016. Removal of Pb, Cd, Cu and Ni from aqueous solution using nano scale zero valent iron particles. Journal of Environmental Chemical Engineering, 4(2): 2196-2206.

Bae S, Hanna K, 2015. Reactivity of nanoscale zero-valent iron in unbuffered systems: Effect of pH and Fe(II) dissolution. Environmental Science & Technology, 49(17): 10536-10543.

Bae S, Lee W, 2010. Inhibition of nZVI reactivity by magnetite during the reductive degradation of 1, 1, 1-TCA in nZVI/magnetite suspension. Applied Catalysis B: Environmental, 96(1-2): 10-17.

Bae S, Lee W, 2014. Influence of riboflavin on nanoscale zero-valent iron reactivity during the degradation of carbon tetrachloride. Environmental Science & Technology, 48(4): 2368-2376.

Baikousi M, Georgiou Y, Daikopoulos C, et al., 2015. Synthesis and characterization of robust zero valent iron/mesoporous carbon composites and their applications in arsenic removal. Carbon, 93: 636-647.

Bhowmick S, Chakraborty S, Mondal P, et al., 2014. Montmorillonite-supported nanoscale zero-valent iron for removal of arsenic from aqueous solution: Kinetics and mechanism. Chemical Engineering Journal, 243: 14-23.

Boglaienko D, Emerson H P, Katsenovich Y P, et al., 2019. Comparative analysis of ZVI materials for reductive separation of ^{99}Tc(VII) from aqueous waste streams. Journal of Hazardous Materials, 380: 120836.

Boparai H K, Joseph M, O'carroll D M, 2011. Kinetics and thermodynamics of cadmium ion removal by adsorption onto nano zerovalent iron particles. Journal of Hazardous Materials, 186(1): 458-465.

Cantrell K J, Kaplan D I, Wietsma T W, 1995. Zero-valent iron for the in situ remediation of selected metals in groundwater. Journal of Hazardous Materials, 42(2): 201-212.

Chen S S, Hsu H D, LI C W, 2005. A new method to produce nanoscale iron for nitrate removal. Journal of Nanoparticle Research, 6(6): 639-647.

Cheng R, Wang J L, Zhang W X, 2007. Comparison of reductive dechlorination of p-chlorophenol using Fe^0 and nanosized Fe^0. Journal of Hazardous Materials, 144(1-2): 334-339.

Crane R A, Dickinson M, Scott T B, 2015a. Nanoscale zero-valent iron particles for the remediation of plutonium and uranium contaminated solutions. Chemical Engineering Journal, 262: 319-325.

Crane R A, Pullin H, Scott T B, 2015b. The influence of calcium, sodium and bicarbonate on the uptake of uranium onto nanoscale zero-valent iron particles. Chemical Engineering Journal, 277: 252-259.

Dong H, Zeng G, Zhang C, et al., 2015. Interaction between Cu^{2+} and different types of surface-modified nanoscale zero-valent iron during their transport in porous media. Journal of Environmental Sciences, 32: 180-188.

Dries J, Bastiaens L, Springael D, et al., 2005. Effect of humic acids on heavy metal removal by zero-valent iron in batch and continuous flow column systems. Water Research. 39(15): 3531-3540.

Du J, Bao J, Lu C, et al., 2016. Reductive sequestration of chromate by hierarchical FeS@Fe(0) particles. Water Research, 102: 73-81.

El-Temsah Y S, Joner E J, 2012. Ecotoxicological effects on earthworms of fresh and aged nano-sized zero-valent iron (nZVI) in soil. Chemosphere, 89(1): 76-82.

Fan D, Anitori R P, Tebo B M, et al., 2013. Reductive sequestration of pertechnetate ^{99}(TcO$_4^-$) by nano zerovalent iron (nZVI) transformed by abiotic sulfide. Environmental Science & Technology, 47(10): 5302-5310.

Fan D, Anitori R P, Tebo B M, et al., 2014. Oxidative remobilization of technetium sequestered by sulfide-transformed nano zerovalent iron. Environmental Science & Technology, 48(13): 7409-7417.

Fang Z, Qiu X, Huang R, et al., 2011. Removal of chromium in electroplating wastewater by nanoscale zero-valent metal with synergistic effect of reduction and immobilization. Desalination, 280(1-3): 224-231.

Farrell J, Bostick W D, Jarabek R J, et al., 1999. Uranium removal from ground water using zero valent iron media. Groundwater, 37(4): 618-624.

Fiedor J N, Bostick W D, Jarabek R J, et al., 1998. Understanding the mechanism of uranium removal from groundwater by zero-valent iron using X-ray photoelectron spectroscopy. Environmental Science & Technology, 32(10): 1466-1473.

Filius J D, Lumsdon D G, Meeussen J C L, et al., 2000. Adsorption of fulvic acid on goethite. Geochimica et Cosmochimica Acta, 64(1): 51-60.

Fu L, Zu J, He L, et al., 2019. An adsorption study of ^{99}Tc using nanoscale zero-valent iron supported on D001 resin. Frontiers in Energy, 14(1): 11-17.

Giasuddin A B M, Kanel S R, Choi H, 2007. Adsorption of humic acid onto nanoscale zerovalent iron and its effect on arsenic removal. Environmental Science & Technology, 41(6): 2022-2027.

Gillham R W, Ohannesin S F, 1994. Enhanced degradation of halogenated aliphatics by zero-valent iron. Ground Water, 32: 958-967.

Gong Y, Gai L, Tang J, et al., 2017. Reduction of Cr(VI) in simulated groundwater by FeS-coated iron magnetic nanoparticles. Science of the Total Environment, 595: 743-751.

Gu B, Liang L, Dickey M J, et al., 1998. Reductive precipitation of uranium(VI) by zero-valent iron. Environmental Science & Technology, 32(21): 3366-3373.

Guo Y, Huang W, Chen B, et al., 2017. Removal of tetracycline from aqueous solution by MCM-41-zeolite A loaded nano zero valent iron: Synthesis, characteristic, adsorption performance and mechanism. Journal of Hazardous Materials, 339: 22-32.

Gupta A, Yunus M, Sankararamakrishnan N, 2012. Zerovalent iron encapsulated chitosan nanospheres: A novel adsorbent for the removal of total inorganic Arsenic from aqueous systems. Chemosphere, 86(2): 150-155.

Hoag G E, Collins J B, Holcomb J L, et al., 2009. Degradation of bromothymol blue by 'greener' nano-scale zero-valent iron synthesized using tea polyphenols. Journal of Materials Chemistry, 19(45): 8671.

Hoch L B, Mack E J, Hydutsky B W, et al., 2008. Carbothermal synthesis of carbon-supported nanoscale zero-valent iron particles for the remediation of hexavalent chromium. Environmental Science & Technology, 42(7): 2600-2605.

Hu Y B, Zhang M, Qiu R, et al., 2018. Encapsulating nanoscale zero-valent iron with a soluble Mg(OH)$_2$ shell for improved mobility and controlled reactivity release. Journal of Materials Chemistry A, 6(6): 2517-2526.

Huang P, Ye Z, Xie W, et al., 2013. Rapid magnetic removal of aqueous heavy metals and their relevant mechanisms using nanoscale zero valent iron (nZVI) particles. Water Research, 47(12): 4050-4058.

Jamei M R, Khosravi M R, Anvaripour B, 2013. Investigation of ultrasonic effect on synthesis of nano zero valent iron particles and comparison with conventional method. Asia-Pacific Journal of Chemical Engineering, 8(5): 767-774.

Ji H, Zhu Y, Duan J, et al., 2019. Reductive immobilization and long-term remobilization of radioactive pertechnetate using bio-macromolecules stabilized zero valent iron nanoparticles. Chinese Chemical Letters, 30(12): 2163-2168.

Jiang Z, Lv L, Zhang W, et al., 2011. Nitrate reduction using nanosized zero-valent iron supported by polystyrene resins: Role of surface functional groups. Water Research, 45(6): 2191-2198.

Jin X, Zhuang Z, Yu B, et al., 2016. Functional chitosan-stabilized nanoscale zero-valent iron used to remove acid fuchsine with the assistance of ultrasound. Carbohydrate Polymers. 136: 1085-1090.

Jing C, Landsberger S, Li Y L, 2017. The application of illite supported nanoscale zero valent iron for the treatment of uranium contaminated groundwater. Journal of Environmental Radioactivity, 175-176: 1-6.

Jozwiak W K, Kaczmarek E, Maniecki T P, et al., 2007. Reduction behavior of iron oxides in hydrogen and carbon monoxide atmospheres. Applied Catalysis A: General, 326(1): 17-27.

Kanel S R, Goswami R R, Clement T P, et al., 2008. Two dimensional transport characteristics of surface stabilized zero-valent iron nanoparticles in porous media. Environmental Science & Technology, 42(3): 896-900.

Kanel S R, Choi H, 2007a. Transport characteristics of surface-modified nanoscale zero-valent iron in porous media. Water Science and Technology, 55(1-2): 157-162.

Kanel S R, Gren Che J M, Choi H, 2006. Arsenic(V) removal from groundwater using nano scale zero-valent iron as a colloidal reactive barrier material. Environmental Science & Technology, 40(6): 2045-2050.

Kanel S R, Manning B, Charlet L, et al., 2005. Removal of arsenic(III) from groundwater by nanoscale zero-valent iron. Environmental Science & Technology, 39(5): 1291-1298.

Kanel S R, Nepal D, Manning B, et al., 2007b. Transport of surface-modified iron nanoparticle in porous media and application to arsenic(III) remediation. Journal of Nanoparticle Research, 9(5): 725-735.

Karabelli D, Uzum C, Shahwan T, et al., 2008. Batch removal of aqueous Cu^{2+} ions using nanoparticles of zero-valent iron: A study of the capacity and mechanism of uptake. Industrial & Engineering Chemistry Research, 47(14): 4758-4764.

Ken D S, Sinha A, 2020. Recent developments in surface modification of nano zero-valent iron (nZVI): Remediation, toxicity and environmental impacts. Environmental Nanotechnology, Monitoring & Management, 14: 100344.

Keum Y S, Li Q X, 2004. Reduction of nitroaromatic pesticides with zero-valent iron. Chemosphere, 54(3): 255-263.

Kim E J, Kim J H, AZAD A M, et al., 2011. Facile synthesis and characterization of Fe/FeS nanoparticles for environmental applications. ACS Applied Materials & Interfaces, 3(5): 1457-1462.

Kim S A, Kamala-Kannan S, Lee K J, et al., 2013. Removal of Pb(II) from aqueous solution by a zeolite-nanoscale zero-valent iron composite. Chemical Engineering Journal, 217: 54-60.

Kiss L B K, Soderlund J, Niklasson G A, et al., 1999. New approach to the origin of lognormal size distributions of nanoparticles. Nanotechnology, 10: 25-28.

Klimkova S, Cernik M, Lacinova L, et al., 2011. Zero-valent iron nanoparticles in treatment of acid mine water from in situ uranium leaching. Chemosphere, 82(8): 1178-1184.

Kuang Y, Du J, Zhou R, et al., 2015. Calcium alginate encapsulated Ni/Fe nanoparticles beads for simultaneous removal of Cu(II) and monochlorobenzene. Journal of Colloid and Interface Science, 447: 85-91.

Lee G Y, Song J L, Lee J S, 2016. Reaction kinetics and phase transformation during hydrogen reduction of spherical Fe_2O_3 nanopowder agglomerates. Powder Technology, 302: 215-221.

Li J, Chen C, Zhang R, et al., 2015a. Nanoscale zero-valent iron particles supported on reduced graphene oxides by using a plasma technique and their application for removal of heavy-metal ions. Chemistry: An Asian Journal, 10(6): 1410-1417.

Li J, Chen C, Zhang R, et al., 2016. Reductive immobilization of Re(VII) by graphene modified nanoscale zero-valent iron particles using a plasma technique. Science China Chemistry, 59(1): 150-158.

Li J, Li H, Zhu Y, et al., 2011. Dual roles of amphiphilic triblock copolymer P123 in synthesis of alpha-Fe nanoparticle/ordered mesoporous silica composites. Applied Surface Science, 258(2): 657-661.

Li J H, Yang L X, Li J Q, et al., 2019. Anchoring nZVI on metal-organic framework for removal of uranium(VI) from aqueous solution. Journal of Solid State Chemistry, 269: 16-23.

Li S, Wang W, Liang F, et al., 2017a. Heavy metal removal using nanoscale zero-valent iron (nZVI): Theory and application. Journal of Hazardous Materials, 322: 163-171.

Li S, Yan W, Zhang W X, 2009. Solvent-free production of nanoscale zero-valent iron (nZVI) with precision milling. Green Chemistry, 11(10): 1618-1626.

Li S, Yang F, Li J, et al., 2020. Porous biochar-nanoscale zero-valent iron composites: Synthesis, characterization and application for lead ion removal. Science of the Total Environment, 746: 141037.

Li X, Zhang M, Liu Y, et al., 2013. Removal of U(VI) in aqueous solution by nanoscale zero-valent iron(nZVI). Water Quality, Exposure and Health, 5(1): 31-40.

Li X Q, Zhang W X, 2006. Iron nanoparticles: The core-shell structure and unique properties for Ni(II) sequestration. Langmuir, 22(10): 4638-4642.

Li X Q, Zhang W X, 2007. Sequestration of metal cations with zerovalent iron nanoparticles a study with high resolution X-ray photoelectron spectroscopy (HR-XPS). The Journal of Physical Chemistry C, 111(19): 6939-6946.

Li Y, Cheng W, Sheng G, et al., 2015b. Synergetic effect of a pillared bentonite support on Se(VI) removal by nanoscale zero valent iron. Applied Catalysis B: Environmental, 174: 329-335.

Li Y, Li T, Jin Z, 2011. Stabilization of Fe^0 nanoparticles with silica fume for enhanced transport and remediation of hexavalent chromium in water and soil. Journal of Environmental Sciences, 23(7): 1211-1218.

Li Z, Dong H, Zhang Y, et al., 2017b. Enhanced removal of Ni(II) by nanoscale zero valent iron supported on Na-saturated bentonite. Journal of Colloid and Interface Science, 497: 43-49.

Li Z J, Wang L, Yuan L Y, et al., 2015c. Efficient removal of uranium from aqueous solution by zero-valent iron nanoparticle and its graphene composite. Journal of Hazardous Materials, 290: 26-33.

Liang L, Li X, Lin Z, et al., 2020. The removal of Cd by sulfidated nanoscale zero-valent iron: The structural, chemical bonding evolution and the reaction kinetics. Chemical Engineering Journal, 382: 122933.

Limbach L K, Li Y, Grass R N, et al., 2005. Oxide nanoparticle uptake in human lung fibroblasts: Effects of particle size, agglomeration, and diffusion at low concentrations. Environmental Science & Technology, 39(23): 9370-9376.

Ling L, Huang X, Li M, et al., 2017. Mapping the reactions in a single zero-valent iron nanoparticle. Environmental Science & Technology, 51(24): 14293-14300.

Ling L, Huang X Y, Zhang W X, 2018. Enrichment of precious metals from wastewater with core-shell nanoparticles of iron. Advanced Materials, 30(17): 1705703.

Ling L, Zhang W X, 2014a. Sequestration of arsenate in zero-valent iron nanoparticles: Visualization of intraparticle reactions at angstrom resolution. Environmental Science & Technology Letters, 1(7): 305-309.

Ling L, Zhang W X, 2014b. Reactions of nanoscale zero-valent iron with Ni(II): Three-dimensional tomography of the "hollow out" effect in a single nanoparticle. Environmental Science & Technology Letters, 1(3): 209-213.

Ling L, Zhang W X, 2015. Enrichment and encapsulation of uranium with iron nanoparticle. Journal of the American Chemical Society, 137(8): 2788-2791.

Liu K, Li F, Cui J, et al., 2020. Simultaneous removal of Cd(II) and As(III) by graphene-like biochar-supported zero-valent iron from irrigation waters under aerobic conditions: Synergistic effects and mechanisms. Journal of Hazardous Materials, 395: 122623.

Liu M, Wang Y, Chen L, et al., 2015. Mg(OH)$_2$ supported nanoscale zero valent iron enhancing the removal of Pb(II) from aqueous solution. Acs Applied Materials & Interfaces, 7(15): 7961-7969.

Liu Q, Bei Y, Zhou F, 2009. Removal of lead(II) from aqueous solution with amino-functionalized nanoscale zero-valent iron. Central European Journal of Chemistry, 7(1): 79-82.

Liu T, Wang Z L, Yan X, et al., 2014. Removal of mercury(II) and chromium(VI) from wastewater using a new and effective composite: Pumice-supported nanoscale zero-valent iron. Chemical Engineering Journal, 245: 34-40.

Liu T, Zhao L, Sun D, et al., 2010. Entrapment of nanoscale zero-valent iron in chitosan beads for hexavalent chromium removal from wastewater. Journal of Hazardous Materials. 184(1-3): 724-730.

Liu X, Lai D, Wang Y, 2019. Performance of Pb(II) removal by an activated carbon supported nanoscale zero-valent iron composite at ultralow iron content. Journal of Hazardous Materials, 361: 37-48.

Long Z, Ji J, Yang K, et al., 2012. Systematic and quantitative investigation of the mechanism of carbon nanotubes' toxicity toward algae. Environmental Science & Technology, 46(15): 8458-8466.

Lu J, Zhang C, Wu J, 2020. One-pot synthesis of magnetic algal carbon/sulfidated nanoscale zerovalent iron composites for removal of bromated disinfection by-product. Chemosphere, 250: 126257.

Lukens W W, Bucher J J, Shuh D K, et al., 2005. Evolution of technetium speciation in reducing grout. Environmental Science & Technology, 39(20): 8064-8070.

Luo S, Lu T, Peng L, et al., 2014. Synthesis of nanoscale zero-valent iron immobilized in alginate microcapsules for removal of Pb(II) from aqueous solution. Journal of Materials Chemistry A, 2(37): 15463-15472.

Lv X, Xu J, Jiang G, et al., 2011. Removal of chromium(VI) from wastewater by nanoscale zero-valent iron particles supported on multiwalled carbon nanotubes. Chemosphere, 85(7): 1204-1209.

Ma K, Wang Q, Rong Q, et al., 2017. Preparation of magnetic carbon/Fe_3O_4 supported zero-valent iron composites and their application in Pb(II) removal from aqueous solutions. Water Science and Technology, 76(9-10): 2680-2689.

Ma X, Gurung A, Deng Y, 2013. Phytotoxicity and uptake of nanoscale zero-valent iron (nZVI) by two plant species. Science of the Total Environment, 443: 844-849.

Machado S, Grosso J P, Nouws H P A, et al., 2014. Utilization of food industry wastes for the production of zero-valent iron nanoparticles. Science of the Total Environment, 496: 233-240.

Manning B A, Kiser J R, Kwon H, et al., 2007. Spectroscopic investigation of Cr(III)- and Cr(VI)- treated nanoscale zerovalent iron. Environmental Science & Technology, 41(2): 586-592.

Manos M J, Kanatzidis M G, 2012. Layered metal sulfides capture uranium from seawater. Journal of the American Chemical Society, 134(39): 16441-16446.

Mcbeth J M, Lear G, Lloyd J R, et al., 2007. Technetium reduction and reoxidation in aquifer sediments. Geomicrobiology Journal, 24(3-4): 189-197.

Mohan D, Pittman C U, 2007. Arsenic removal from water/wastewater using adsorbents: A critical review. Journal of Hazardous Materials, 142(1-2): 1-53.

Mu Y, Jia F, Ai Z, et al., 2017. Iron oxide shell mediated environmental remediation properties of nano zero-valent iron. Environmental Science: Nano, 4(1): 27-45.

Nadagouda M N, Castle A B, Murdock R C, et al., 2010. In vitro biocompatibility of nanoscale zerovalent iron particles (NZVI) synthesized using tea polyphenols. Green Chemistry, 12(1): 114-122.

Njagi E C, Huang H, Stafford L, et al., 2011. Biosynthesis of iron and silver nanoparticles at room temperature using aqueous sorghum bran extracts. Langmuir, 27(1): 264-271.

Nurmi J T, Tratnyek P G, Sarathy V, et al., 2005. Characterization and properties of metallic iron nanoparticles: Spectroscopy, electrochemistry, and kinetics. Environmental Science & Technology, 39(5): 1221-1230.

Peng X, Liu X, Zhou Y, et al., 2017. New insights into the activity of a biochar supported nanoscale zerovalent iron composite and nanoscale zero valent iron under anaerobic or aerobic conditions. RSC Advances, 7(15): 8755-8761.

Pirsaheb M, Moradi S, Shahlaei M, et al., 2019. A new composite of nano zero-valent iron encapsulated in carbon dots for oxidative removal of bio-refractory antibiotics from water. Journal of Cleaner Production, 209: 1523-1532.

Qiao J, Song Y, Sun Y, et al., 2018. Effect of solution chemistry on the reactivity and electron selectivity of zerovalent iron toward Se(VI) removal. Chemical Engineering Journal, 353: 246-253.

Qiu X, Fang Z, Yan X, et al., 2012. Emergency remediation of simulated chromium(VI)-polluted river by nanoscale zero-valent iron: Laboratory study and numerical simulation. Chemical Engineering Journal, 193-194: 358-365.

Qiu Z, Tian Q, Zhang T, et al., 2020. Fabrication of dynamic zero-valent iron/MnO_2 nanowire membrane for efficient and recyclable selenium separation. Separation and Purification Technology, 230: 115847.

Ramos M A V, Yan W, Li X Q, et al., 2009. Simultaneous oxidation and reduction of arsenic by zero-valent iron nanoparticles: Understanding the significance of the core-shell structure. Journal of Physical Chemistry C, 113(33): 14591-14594.

Ravikumar K V G, Kumar D, Kumar G, et al., 2016. Enhanced Cr(VI) removal by nanozerovalent iron-immobilized alginate beads in the presence of a biofilm in a continuous-flow reactor. Industrial & Engineering Chemistry Research, 55(20): 5973-5982.

Riba O, Scott T B, Ragnarsdottir K V, et al., 2008. Reaction mechanism of uranyl in the presence of zero-valent iron nanoparticles. Geochimica Et Cosmochimica Acta, 72(16): 4047-4057.

Saad R, Thiboutot S, Ampleman G, et al., 2010. Degradation of trinitroglycerin (TNG) using zero-valent iron nanoparticles/nanosilica SBA-15 composite (ZVINs/SBA-15). Chemosphere, 81(7): 853-858.

Sarma D, Malliakas C D, Subrahmanyam K S, et al., 2016. $K_{2x}Sn_{4-x}S_{8-x}$ ($x = 0.65$-1): A new metal sulfide for rapid and selective removal of Cs^+, Sr^{2+} and UO_2^{2+} ions. Chemical Science, 7(2): 1121-1132.

Scott T B, Popescu I C, Crane R A, et al., 2011. Nano-scale metallic iron for the treatment of solutions containing multiple inorganic contaminants. Journal of Hazardous Materials, 186(1): 280-287.

Sheng G, Alsaedi A, Shammakh W, et al., 2016a. Enhanced sequestration of selenite in water by nanoscale zero valent iron immobilization on carbon nanotubes by a combined batch, XPS and XAFS investigation. Carbon, 99: 123-130.

Sheng G, Shao X, Li Y, et al., 2014. Enhanced removal of uranium(VI) by nanoscale zerovalent iron supported on Na-bentonite and an investigation of mechanism. Journal of Physical Chemistry A, 118(16): 2952-2958.

Sheng G, Tang Y, Linghu W, et al., 2016b. Enhanced immobilization of ReO_4^- by nanoscale zerovalent iron supported on layered double hydroxide via an advanced XAFS approach: Implications for TcO_4^- sequestration. Applied Catalysis B: Environmental, 192: 268-276.

Shevtsov M A, Parr M A, Ryzhov V A, et al., 2016. Zero-valent Fe confined mesoporous silica nanocarriers (Fe(0) @ MCM-41) for targeting experimental orthotopic glioma in rats. Scientific Reports, 6(1): 29247.

Shi L N, Zhang X, Chen Z, L, 2011. Removal of Chromium (VI) from wastewater using bentonite-supported nanoscale zero-valent iron. Water Research, 45(2): 886-892.

Shih Y H, Chen M Y, Su Y F, 2011. Pentachlorophenol reduction by Pd/Fe bimetallic nanoparticles: Effects of copper, nickel, and ferric cations. Applied Catalysis B-Environmental, 105(1-2): 24-29.

Shubair T, Eljamal O, Tahara A, et al., 2019. Preparation of new magnetic zeolite nanocomposites for removal of strontium from polluted waters. Journal of Molecular Liquids, 288: 111026.

Sirk K M, Saleh N B, Phenrat T, et al., 2009. Effect of adsorbed polyelectrolytes on nanoscale zero valent iron particle attachment to soil surface models. Environmental Science & Technology, 43(10): 3803-3808.

Su Y, Adeleye A S, Huang Y, et al., 2014. Simultaneous removal of cadmium and nitrate in aqueous media by nanoscale zerovalent iron (nZVI) and Au doped nZVI particles. Water Research, 63: 102-111.

Sun X, Yan Y, Li J, et al., 2014. SBA-15-incorporated nanoscale zero-valent iron particles for chromium(VI) removal from groundwater: Mechanism, effect of pH, humic acid and sustained reactivity. Journal of Hazardous Materials, 266: 26-33.

Tan G, Mao Y, Wang H, et al., 2019. Comparison of biochar- and activated carbon-supported zerovalent iron for the removal of Se(IV) and Se(VI): Influence of pH, ionic strength, and natural organic matter.

Environmental Science and Pollution Research, 26(21): 21609-21618.

Tan K, Zeng S, Yi Z, 2009, Column experimental study on synergetic treatment of uranium-bearing wastewater with sulfate reducing bacteria and zero-valent iron. 2009 3rd International Conference on Bioinformatics and Biomedical Engineering: 1-5.

Thill A, Zeyons O, Spalla O, et al., 2006. Cytotoxicity of CeO_2 nanoparticles for *Escherichia coli*. physicochemical insight of the cytotoxicity mechanism. Environmental Science & Technology, 40(19): 6151-6156.

Toh P Y, Ng B W, Chong C H, et al., 2014. Magnetophoretic separation of microalgae: The role of nanoparticles and polymer binder in harvesting biofuel. RSC Advances. 4(8): 4114-4121.

Tuček J, Prucek R, Kolař K J, et al., 2017. Zero-valent iron nanoparticles reduce arsenites and arsenates to As(0) firmly embedded in core-shell superstructure: Challenging strategy of arsenic treatment under anoxic conditions. ACS Sustainable Chemistry & Engineering, 5(4): 3027-3038.

Wang C B, Zhang W X, 1997. Synthesizing nanoscale iron particles for rapid and complete dechlorination of TCE and PCBs. Environmental Science & Technology, 31: 2156.

Wang K S, Lin C L, Wei M C, et al., 2010. Effects of dissolved oxygen on dye removal by zero-valent iron. Journal of Hazardous Materials, 182(1): 886-895.

Wang X, Li Y C, Li T L, et al., 2012. Toxicity effects of nano-Fe^0 on *Escherichia coli*. Asian Journal of Ecotoxicology, 7(1): 49-56.

Wang Y, Zhou D, Wang Y, et al., 2011. Humic acid and metal ions accelerating the dechlorination of 4-chlorobiphenyl by nanoscale zero-valent iron. Journal of Environmental Sciences, 23(8): 1286-1292.

Wang Z, Yang J, LI Y, et al., 2018. In situ Carbothermal synthesis of nanoscale zero-valent iron functionalized porous carbon from metal-organic frameworks for efficient detoxification of chromium(VI). European Journal of Inorganic Chemistry, 2018(1): 23-30.

Wen T, Wang J, Li X, et al., 2017a. Production of a generic magnetic Fe_3O_4 nanoparticles decorated tea waste composites for highly efficient sorption of Cu(II) and Zn(II). Journal of Environmental Chemical Engineering, 5(4): 3656-3666.

Wen T, Wang J, Yu S, et al., 2017b. Magnetic porous carbonaceous material produced from tea waste for efficient removal of As(V), Cr(VI), humic acid, and dyes. ACS Sustainable Chemistry & Engineering, 5(5): 4371-4380.

Wu C, Tu J, Liu W, et al., 2017. The double influence mechanism of pH on arsenic removal by nano zero valent iron: Electrostatic interactions and the corrosion of Fe^0. Environmental Science: Nano, 4(7): 1544-1552.

Xiao J, Gao B, Yue Q, et al., 2015. Characterization of nanoscale zero-valent iron supported on granular activated carbon and its application in removal of acrylonitrile from aqueous solution. Journal of the Taiwan Institute of Chemical Engineers, 55: 152-158.

Xie Y, Cwiertny D M, 2012. Influence of anionic cosolutes and pH on nanoscale zerovalent iron longevity: Time scales and mechanisms of reactivity loss toward 1,1,1,2-tetrachloroethane and Cr(VI). Environmental Science & Technology, 46(15): 8365-8373.

Xie Y, Yi Y, Qin Y, et al., 2016. Perchlorate degradation in aqueous solution using chitosan-stabilized zero-valent iron nanoparticles. Separation and Purification Technology, 171: 164-173.

Yan W, Herzing A A, Kiely C J, et al., 2010a. Nanoscale zero-valent iron (nZVI): Aspects of the core-shell structure and reactions with inorganic species in water. Journal of Contaminant Hydrology, 118(3-4): 96-104.

Yan W, Herzing A A, Li X Q, et al., 2010b. Structural evolution of Pd-doped nanoscale zero-valent iron (nZVI) in aqueous media and implications for particle aging and reactivity. Environmental Science & Technology, 44(11): 4288-4294.

Yan W, Lien H L, Koel B E, et al., 2013. Iron nanoparticles for environmental clean-up: Recent developments and future outlook. Environmental Science: Processes & Impacts, 15(1): 63-77.

Yan W, Ramos M A, Koel B E, et al., 2010c. Multi-tiered distributions of arsenic in iron nanoparticles: Observation of dual redox functionality enabled by a core-shell structure. Chemical Communications, 46(37): 6995-6997.

Yan W, Ramos M A V, Koel B E, et al., 2012. As(III) sequestration by iron nanoparticles: Study of solid-phase redox transformations with X-ray photoelectron spectroscopy. Journal of Physical Chemistry C, 116(9): 5303-5311.

Yao H, DIng Q, Zhou H, et al., 2016. An adsorption-reduction synergistic effect of mesoporous Fe/SiO_2-NH_2 hollow spheres for the removal of Cr(VI) ions. RSC Advances, 6(32): 27039-27046.

Yi Z J, Lian B, Yang Y Q, et al., 2009. Treatment of simulated wastewater from in situ leaching uranium mining by zerovalent iron and sulfate reducing bacteria. Transactions of Nonferrous Metals Society of China, 19: 840-844.

Yi Z J, Lian B, Yang Y Q, 2010. Effect of environmental factors on the removal of uranyl by elemental iron. 4th International Conference on Bioinformatics and Biomedical Engineering, iCBBE 2010: 1-4.

Zhang C, Li X, Jiang Z, et al., 2018. Selective immobilization of highly valent radionuclides by carboxyl functionalized mesoporous silica microspheres: Batch, XPS, and EXAFS Analyses. ACS Sustainable Chemistry & Engineering, 6(11): 15644-15652.

Zhang Z Q, Chen D Y, Song G, 2010. Removal of uranium from uranium-containing wastewater by zero-valent iron (ZVI). Conference on Environmental Pollution and Public Health: 1101-1104.

Zhao C, Yang J, Wang Y, et al., 2017. Well-dispersed nanoscale zero-valent iron supported in macroporous silica foams: Synthesis, characterization, and performance in Cr(VI) removal. Journal of Materials, 2017: 1-13.

Zhao X, Dou X, Mohan D, et al., 2014. Antimonate and antimonite adsorption by a polyvinyl alcohol-stabilized granular adsorbent containing nanoscale zero-valent iron. Chemical Engineering Journal, 247: 250-257.

Zhou S, Li Y, Chen J, et al., 2014. Enhanced Cr(VI) removal from aqueous solutions using Ni/Fe bimetallic nanoparticles: Characterization, kinetics and mechanism. RSC Advances, 4(92): 50699-50707.

Zhou Y, Gao B, Zimmerman A R, et al., 2014. Biochar-supported zerovalent iron for removal of various contaminants from aqueous solutions. Bioresource Technology, 152: 538-542.

Zhu F, Li L, Ren W, et al., 2017. Effect of pH, temperature, humic acid and coexisting anions on reduction of Cr(VI) in the soil leachate by nZVI/Ni bimetal material. Environmental Pollution, 227: 444-450.

Zhu F, Ma S, Liu T, et al., 2018. Green synthesis of nano zero-valent iron/Cu by green tea to remove hexavalent chromium from groundwater. Journal of Cleaner Production, 174: 184-190.

Zhu H, Jia Y, Wu X, et al., 2009. Removal of arsenic from water by supported nano zero-valent iron on activated carbon. Journal of Hazardous Materials, 172(2-3): 1591-1596.

Zhu S, Ho S H, Huang X, et al., 2017. Magnetic nanoscale zerovalent iron assisted biochar: Interfacial chemical behaviors and heavy metals remediation performance. ACS Sustainable Chemistry & Engineering, 5(11): 9673-9682.

Zieliński J, Zglinicka I, Znak L, et al., 2010. Reduction of Fe_2O_3 with hydrogen. Applied Catalysis A: General, 381(1): 191-196.

第6章 碳基纳米材料与环境放射化学

6.1 概 述

近年来，环境与能源问题日益突出，纳米材料及其环境应用已成为目前的研究热点。碳元素是地球上含量最丰富的元素之一。碳元素的电子排布为 $1s^2 2s^2 2p^4$，外层 p 轨道的电子既能以 sp^3 杂化形式与碳或其他元素形成单键，也能通过 sp^2 杂化形式形成双键，或通过 sp 杂化形式形成三键；碳材料既可以由单原子构成，也能在平面或空间无限延展（Bradley et al.，2013；Rówiński，2009；Leder et al.，1960）。碳结构的多样性也决定了碳材料种类繁多、性能优良的特点。其中，碳基纳米材料是指构成材料的三维尺度中至少有一维为纳米尺寸的碳材料。当材料的尺寸达到纳米级别时，表面原子数比例、表面能及表面张力随着粒径的减小而急剧升高，表现出特殊的理化性质，包括小尺寸效应、量子尺寸效应、表面与界面效应、宏观量子隧道效应等（Yin et al.，2021；Yadav et al.，2020）。得益于此，碳基纳米材料在众多领域中有着重要的应用，并有广泛的发展前景。

污染物是指进入环境后会对生物体和环境造成不利影响的有害化学物质。在工业化进程不断加快的背景下，能源消耗速度也越来越快，环境污染愈加严重，尤其是对发展中国家而言（Martin et al.，2016）。因此环境污染物的识别、处理及预防成为保护环境的关键环节。近年来，核电作为一种新能源，有"环境之友"的美称，因其能满足基本能源需求和有效缓解能源压力而广受关注。然而，核能的广泛应用也伴随有毒有害的铀、钚、锶、铯和镅等放射性元素的扩散（Yoshida et al.，2012），从而导致不同程度的环境污染和潜在的毒理学效应（Yap et al.，2020）。因此，开发高效、环境友好的方法来降低环境中的放射性污染已迫在眉睫。近年来，纳米科学在处理环境污染物方面发挥了重要的作用，在放射性核素方面也有很好的应用潜力。

水体中的放射性核素可以通过多种方法去除，如膜过滤法（Mikušová et al.，2014）、吸附法（Upadhyay et al.，2014）、光催化法、电沉积法、离子交换法（Ge et al.，2018）等，其中吸附法被认为是去除环境污染物最简单、最实用的技术之一（Gu et al.，2018）。碳基纳米材料具有大的比表面积，作为吸附剂越来越受欢迎，且来源丰富、环境友好易处理。其中活性炭、石墨烯及其衍生物、碳纳米管、碳纳米纤维等碳基材料在处理放射性核素方面也有较好的应用潜力。本章概括这几类典型的碳基纳米材料应用于水处理和环境修复领域的最新进展，比较不同碳基材料的性质及其对放射性核素的去除效率，主要总结吸附机理包括动力学分析、热力学分析、表面络合模型、光谱技术和理论计算。此外，还归纳碳基纳米材料的分散/聚集行为，这有利于分析核素和悬浮颗粒在环境中的迁移问题。

6.2 碳基纳米材料的理化性质

6.2.1 活性炭

活性炭是废水处理中使用最广泛的吸附剂之一，是一类具有良好内部孔隙结构的碳基材料。活性炭最早由瑞典化学家 Raphael 于 1900 年前后发明，是由金属氯化物炭化植物源原料或将水蒸气与炭化材料反应制得（Bhatnagar et al.，2013），这种制备方法于 1911 年在维也纳附近的工厂首次实现工业生产，产物是粉末状活性炭。第一次世界大战中，有毒气体被投入使用，颗粒状活性炭作为吸附剂被大量生产用于军事用途的防毒面具，活性炭自此进入商业化生产时代。在欧洲，用于制造活性炭的新原料研究取得了很大进展，椰子壳（Arena et al.，2016）、杏仁壳（Zbair et al.，2018）等木质材料都曾作为活性炭生产的原材料，利用此类木质材料生产的活性炭具有较高的机械强度，吸附气体和蒸气的能力也较强（Januszewicz et al.，2020）。

活性炭的结构特性依赖前驱体的性质、原料的炭化、活化和反应的条件调整。原料的选择是影响活性炭性质的一个重要因素，制备活性炭可使用各种类型的碳质材料，来源非常广泛，大体分为几类：①有机高分子聚合物，如酚醛树脂、聚糖醇、萨兰树脂等；②植物类，主要利用植物的坚果壳或核，如核桃壳、杏核、椰壳等；③煤及煤的衍生物，如各种不同煤化程度的煤及其混合物（Gao et al.，2016）。原料的选择一般以低灰分、低挥发分、高含碳量为宜。由于煤的来源广泛、价格低廉、制备工艺相对简单而应用较多，其主要化学成分是碳，表面化学性质活泼，孔隙率高、比表面积大，这样的多孔结构有利于制成活性吸附材料，以煤为原料制备活性炭的工艺发展较为成熟。

活性炭的制备方法主要可以分为碳化法、活化法、碳沉积法、热收缩法等（Heidarinejad et al.，2020）。碳化法是将碳质原料置于稀有气体中，以适当的热解条件得到碳化产品的方法。该方法是基于加热过程中各基团、桥键、自由基和芳环的分解聚合反应，表现为碳化产物的孔隙发展、孔径的扩大和收缩。在碳化过程中，碳质原料中的热不稳定组分以挥发分形式脱出后在碳基原料中留下孔隙（Laginhas et al.，2016）。碳化法适用于挥发分含量高的原料，是所有制备方法的基础。影响碳化过程的主要因素有升温速率、碳化温度与恒温时间。升温速率一般为 5～15 ℃/min，碳化温度在 500～1 100 ℃，恒温时间为 0.5～2.0 h（Macdermid-Watts et al.，2021）。活化法适用于气孔率较低挥发分较少或气孔率较高但孔径较小的碳质原料，是将原料置于活性介质中缓慢加热，以发展其孔径。这种方法是基于碳质原料部分碳的烧失，使封闭的孔得以打开，孔径大小达到所需要的范围，原料孔隙结构得到发展。常用的活化剂有空气、水蒸气、CO_2、H_3PO_4、KOH、NaOH 等（Feng et al.，2020；van Tran et al.，2016），工业实践中多采用简便易得的水蒸气进行活化。碳沉积法是在高温下通过烃类或高分子化合物的裂解，在多孔材料的孔道内沉积碳，以达到堵孔、调孔的作用（Vahedein et al.，2018）。这种方法工艺复杂、操作条件严格、实际生产成本较高，分为气相沉积（chemical vapor deposition，CVD）法与液相沉积（liquid phase deposition，LPD）法两种。对于气相沉积法，气体在反应炉中的浓度较均一，能有效地控制孔径，不足之处是需要外加沉积气源发生装置，还需要调节流量，不利于操作（Liu et al.，2019）；液相沉积法对工艺要求较低，操作较容易。热收缩法（又称热缩聚法）是指碳质材料经碳化、活化后，在 1 000～1 200 ℃的高温条件下进一步热处理以达到缩小孔径的目的（Yano et al.，2017）。除以上传统的制备方法外，还有一些制备活性炭的新方法，如等离子体法（Kuptajit et al.，2019）、微波加热法（Sakemi et al.，2021）等也有广泛的应用。实际生产过程中，结合生产条件及设备，为了获得性能优良的活性炭，通常将以上方法综合使用。一般地，制备活性炭的工艺如图 6.1 所示，其中预处理、活化和碳沉积是选用步骤。

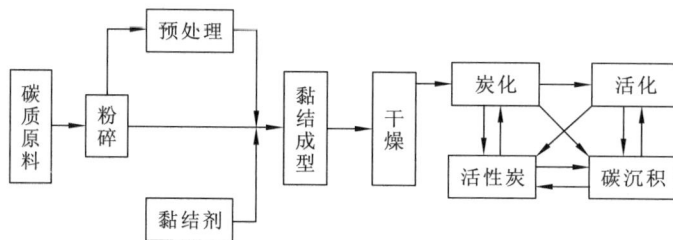

图 6.1 活性炭制备工艺示意图

活性炭的表面化学性质及吸附特性主要由表面的化学官能团和杂原子决定，表面化学官能团主要分为含氧官能团与含氮官能团，含氧官能团又分为酸性官能团与碱性官能团（Montes-Morán et al.，2004）。已经在活性炭表面检测到的含氧官能团有羧基、内酯、苯酚、羰基、吡喃酮、色烯和醌等，含氮官能团有酰胺基、亚酰胺基、内酰胺基、吡咯基和吡啶基等，羧基、内酯和酚羟基等酸性官能团的存在是活性炭表面酸度的重要来源（图 6.2）。

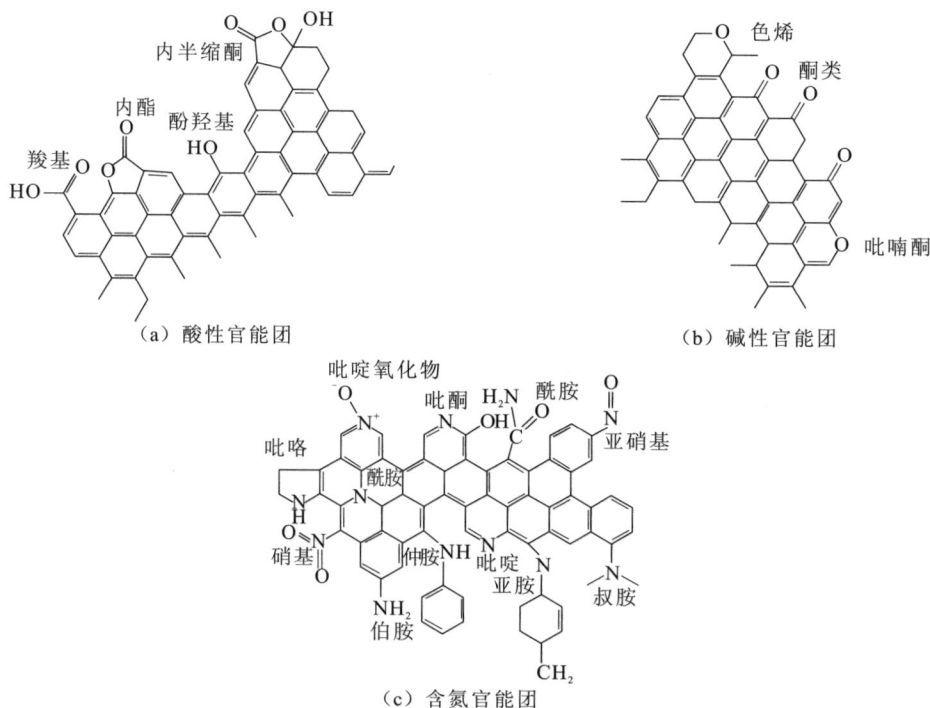

（a）酸性官能团

（b）碱性官能团

（c）含氮官能团

图 6.2 活性炭表面的多种官能团

氧化活性炭表面碳原子的方法主要是气相氧化和湿氧化。气相氧化是用二氧化碳和水蒸气处理原始活性炭；与气相氧化相比，湿氧化能以较低温度将更多的氧引入活性炭表面（Benhamed et al., 2016）。HNO_3 处理活性炭会产生大量的酸性官能团，如羰基、羧基和硝基等含氧官能团，NaOH 处理则会在碳材料表面引入碱性官能团，如色烯、酮和吡喃酮（Pereira et al., 2003）。从本质上而言，活性炭表面化学性质主要取决于碳层的离域 π 电子，这些 π 电子可以充当路易斯碱。在研究活性炭材料基面对活性炭碱度的影响时发现，无氧碳位点可以从溶液中吸附质子，而这些位点正是碳微晶基面上的 π 电子富集区。研究证明，将含氮官能团引入碳基表面可以提高活性炭吸附 UO_2^{2+} 的能力。碳基材料与含氮试剂（如 NH_3、HNO_3 等）反应或利用含氮前体物活化碳基材料可以在活性炭表面引入含氮基团（Pels et al., 1995）。含氮官能团的存在可以增强活性炭表面与酸分子之间的相互作用，如偶极-偶极相互作用、氢键、共价键等。

6.2.2　石墨烯

石墨烯是碳的同素异形体，是自然界中本来就存在的物质，只是难以被剥离出来。天然存在的石墨可以看作石墨烯层层堆叠而成的。用铅笔在纸上轻轻划过，留下的痕迹可能就是一层或多层石墨烯（Shen et al., 2015）。石墨烯是由碳原子以 sp^2 杂化而成的二维片状材料，完美的碳原子连接方式赋予其优异的电学、热学、力学、光学性能（Si et al., 2017）。石墨烯的蜂巢晶格由两个以 δ 键结合在一起的等效亚晶格组成。晶格中的每个碳原子都有一个有助于离域电子运动的 π 键轨道，因而石墨烯电子传输效率高（Thomson et al., 2018），是一种良好的半导体材料。石墨烯还具有很好的导热性能，纯净无缺陷的单层石墨烯导热系数高达 5 300 W/mK（Weerasinghe et al., 2017），是目前为止导热系数最高的碳材料。石墨烯韧性好，可以弯曲，理论杨氏模量达 1 TPa（1 TPa=1×10^{12} Pa），固有的拉伸强度为 130 GPa（1 GPa=1×10^{9} Pa）（Zhong et al., 2019）。同时石墨烯还具有良好的光学特性，在较宽波长范围内吸收率约为 2.3%，看上去几乎是透明的。在少层石墨烯厚度范围内，厚度每增加一层，吸收率升高 2.3%（Si et al., 2017）。大面积的石墨烯薄膜同样具有优异的光学特性，其光学特性随石墨烯厚度的变化而变化。

2004 年，英国科学家 Andre Geim 与 Konstantin 发现了一种可以得到石墨薄片的简单方法（胶带法）：他们利用光刻胶在玻璃衬底上固定了一层高定向热解石墨，然后用普通的透明胶带反复粘贴来剥离石墨片层，再利用石墨烯与单晶硅件间的毛细管力或范德瓦耳斯力作用，将石墨烯从丙酮溶液中分离出来（Molaei, 2021），最后根据石墨烯特殊的光学特性，使用扫描电镜、光学显微镜及原子力显微镜等表征手段观测到单层石墨烯与多层石墨烯的存在。由此他们共同获得了 2010 年的诺贝尔物理学奖。虽然胶带法获得的单层石墨烯具有较少的缺陷，但实际生产周期较长，生产率低下，很难实现工业化生产。为了更高效地获得石墨烯，Tung 等（2016）使用一种借助外力将石墨剥离分散在溶液中的方法即液相剥离法，成功制备了石墨烯。液相剥离法大大提高了石墨烯的制备效率，所得到的石墨烯缺陷较少，但存在的问题是从溶液中分离石墨烯的成本较高。此后 Fronczak 等（2017）利用射流法将石墨烯分散在溶剂中，水、乙二醇、N, N-二甲基甲酰胺等均可作为分散石墨烯的溶剂，这种方法虽然解决了石墨烯的分离问题，但产量不高。化学气相沉积法也可用于生成具有完美晶型结构的石墨烯，基本原理是利用高温裂解碳源形成碳原子，高温碳原子在催化基底上冷却生长形成石墨烯（Luo et al.，2017）。该方法广泛用于生产高质量石墨烯材料，如第三代半导体材料石墨烯晶圆。常用的催化基底有 Cu、Ni、ZnS 等材料（Luo et al.，2017；Wong et al.，2016），但这种方法生产成本极高，对生产设备的要求苛刻，大大限制了其应用。化学剥离法是石墨烯制备产业中最具生产规模的方法之一，首先利用强酸对石墨进行插层和预氧化处理，然后经强氧化剂氧化得到氧化石墨，再经纯化与剥离获得氧化石墨烯，最后经过还原得到石墨烯（Gu et al.，2019）。化学剥离法虽然简单可行，但生产过程中会产生大量废酸与废水，且氧化石墨烯的还原难度较大，在实际应用中还存在一些有待改进的方面。石墨烯材料的制备方法也是多种多样，可根据实际生产条件选择合适的生产路径。

现实生活中，由于剥离单层石墨烯的难度较大，少层（2～5 层）石墨烯、多层（2～10 层）石墨烯和石墨纳米板（横向或纵向尺寸小于 100 nm）等石墨烯纳米材料的应用更多（Zhao et al.，2014）。石墨烯已经越来越成为人们关注的焦点，将石墨剥离成石墨烯的方法也有了很大的突破。氧化石墨烯和还原石墨烯是石墨烯基材料最重要的衍生物，尽管氧化过程破坏了石墨烯高度共轭的结构，但是二者仍保持着特殊的表面性能与层状结构（Mkhoyan et al.，2009）。含氧基团的引入不仅使氧化石墨烯具有一定的化学稳定性，而且为合成石墨烯基复合材料提供了大量表面活性位点（Eigler et al.，2014）。下面分别介绍氧化石墨烯和还原石墨烯的性质。

1. 氧化石墨烯

氧化石墨烯是石墨烯最重要的衍生物之一，是从氧化石墨上剥离出来的单层材料，它保留了二维石墨烯层状结构和较大的比表面积的优点（Shen et al.，2015）。但由于氧化引起的共轭电子损失，氧化石墨烯颜色比石墨要轻得多。氧化石墨烯表面及边缘含有大量的环氧基、羟基、羧基等含氧基团，因此可以在水溶液及其他极性溶剂中稳定存在，并且能够增强原始石墨烯对某些重金属离子及放射性核素的吸附能力，这也是氧化石墨烯广泛用于去除污染物的基础。此外，与石墨烯相比，氧化石墨烯的合成、功能化和化学组装更容易实现，这也使氧化石墨烯的应用范围更广。

氧化石墨烯是将原始石墨化学氧化后再进行剥离所得。氧化过程主要有三种经典方法：布罗迪（Brodie）法、施陶登迈尔（Staudenmaier）法、赫默斯（Hummers）法。Brodie法利用发烟硝酸处理片状石墨粉并加入氯酸钾来制备氧化石墨烯，在制备过程中需要反复氧化以提高石墨的氧化程度。Staudenmaier 法改进了 Brodie 法，使用浓硫酸与浓硝酸提高反应的酸度，并将氯酸钾分多次加入以提高原始石墨氧化的程度，由此可以得到氧化程度较高的氧化石墨烯（Bunyaev et al.，2020；Peng et al.，2017；Singh et al.，2016）。Hummers 法利用浓硫酸、浓硝酸和高锰酸钾对石墨粉进行氧化，再经超声和剧烈搅拌克服石墨薄层之间的范德瓦耳斯力，最后得到片层较少的氧化石墨烯薄片（Mcallister et al.，2007）。目前在氧化石墨烯制备领域应用较多的是改进 Hummers 法（Farjadian et al.，2020；Mcallister et al.，2007）。上述方法都对石墨进行了不同程度的化学氧化，由于含氧官能团的插入，氧化石墨的层间距从 0.34 nm 增大到 0.8～1.0 nm（Ganguly et al.，2011）。相对于 Brodie 法和 Staudenmaier 法，改进 Hummers 法具有良好的时效性和较高的安全性。近年来科学家还研究出了一些新的制备氧化石墨烯方法，如电化学氧化法、基于 K_2FeO_4 的化学法（Yu et al.，2016）等。

2. 还原石墨烯

还原石墨烯是通过一系列化学方法将氧化石墨烯还原，彻底去除氧化石墨烯上附带的含氧基团，它的结构稳定，不易发生化学反应变质。其中具有缺陷的氧化石墨烯被还原后得到的也是具有缺陷的石墨烯；而近乎完美的人工氧化石墨烯可以还原为几乎完整的石墨烯（Eigler et al.，2014）。各种无机和有机还原剂，如苯肼（Pham et al.，2010）、水合肼（Stankovich et al.，2007）、抗坏血酸（Zhang et al.，2010）、氢醌（Zhou et al.，2011）等均可用于化学还原过程。还原石墨烯具有较高的导热系数，制备工艺简单，制备成本较低，具有与石墨烯相似的二维平面结构和较大的比表面积，表面残留的含氧基团极大地提高了它与相变材料的界面相容性，降低了复合相变材料的界面热阻（Sudhindra et al.，2021）。

目前，制备还原石墨烯常用的还原方法有热还原、溶剂热还原、碱还原和化学还原等。氧化石墨烯表面的含氧官能团对温度敏感，Linghu 等（2017）指出将氧化石墨烯置于稀有气体保护下，升温速度足够快、温度足够高时，氧化石墨烯才能被热还原成石墨烯结构，否则产物往往是石墨结构。氧化石墨烯在 H_2 氛围下可以得到质量更好的还原石墨烯。与热还原法相比，在溶剂中还原石墨烯所需温度相对较低。Duo 等（2015）将氧化石墨烯分散在二甲基乙酰胺与水的混合溶剂中，在常压 N_2 的保护下加热得到还原石墨烯。该团队还改进了研究方法，利用微波对氧化石墨烯的悬浮液进行加热，把反应时间缩短到 10 min。Cheng 等（2020）发现溶剂极性对氧化石墨烯还原效果有影响，即溶剂极性越大，越容易还原。溶剂热还原方法所需的加热温度已经远远低于含氧官能团脱落所需的温度，其还原机理与碱还原机理类似。碱还原的方法最初由 Stankovich 团队提出，使用的还原剂为水合肼，并在溶剂中加入一定量的表面活性剂防止生成的石墨烯团聚，如此可得到稳定的石墨烯水相分散液（Chen et al.，2020）。Yan 等（2016）在碱性条件下原位还原石墨烯制备了均匀分散的还原石墨烯，他们发现不同温度（25～80 ℃）下，氧化石墨烯可以在碱性地质聚合物溶液中原位还原 3 h，且还原度随着反应温度的升高而升高。Harima 等（2011）利用电化学的方法研究了氧化石墨烯在有机溶剂中的还原，用该方法制备的石墨烯纯度高、缺陷少，可以用于电极的制备。二甲基甲酰胺（Kim et al.，2016）、N-甲基吡咯烷酮（Kurkina et al.，2018）、维生素 C（Ucar et al.，2018）、乙二胺（Kim et al.，2013）等有机溶剂均可用来还原石墨烯，其中维生素 C 无毒无害，在制备石墨烯方面有着广阔的应用前景。但值得注意的是，通过任何一种还原方法得到的还原石墨烯都是有缺陷的，其表面都含有一定的活性基团。这些结构和缺陷一方面有损石墨烯的性能，但另一方面也有助于提高还原石墨烯与相变材料的界面结合能（Ucar et al.，2018）。

6.2.3　碳纳米管

自从 Kroto 等在 1985 年发现足球结构的 C_{60} 之后，Iijima（1991）报道了一种具有特殊结构（径向尺寸为纳米量级，轴向尺寸为微米量级，管两端基本都封口）的一维量子材料，并将其命名为碳纳米管。碳纳米管具有中空的一维管状结构，由呈六边形排列的碳原子构成数层到数十层的同轴圆管，直径一般为 2～20 nm，层与层之间保持固定的距离（约 0.34 nm）。碳纳米管作为一维纳米材料，重量轻，六边形结构连接完美，具有许多优异的力学、电学和化学性能（Park et al.，2007）。它在几何层面上可以看作由若干层石墨片沿同一轴线卷绕形成的空心管状结构，根据片层数可以分为单壁碳纳米管和多壁碳纳米管（Liu et al.，2014a；Zhao et al.，2009）（图 6.3）。多壁碳纳米管在开始形成的时候，层与层之间很容易成为陷阱中心，因而多壁碳纳米管的管壁上通常布满小洞样的缺陷。与多壁碳纳米管相比，单壁碳纳米管直径大小的分布范围小，缺陷少，具有更高的一致性。单壁碳纳米管典型直径在 0.6～2.0 nm，多壁碳纳米管最内层为 0.4 nm，最外层可达数百纳米，但典型管径为 2～100 nm。根据石墨片卷曲角度的不同，单壁碳纳米管的分子模型又可以分为扶手型、锯齿型和手性构象型（图 6.4）。

制备碳纳米管的常规方法主要有电弧放电法、激光烧蚀法、化学气相沉积法。

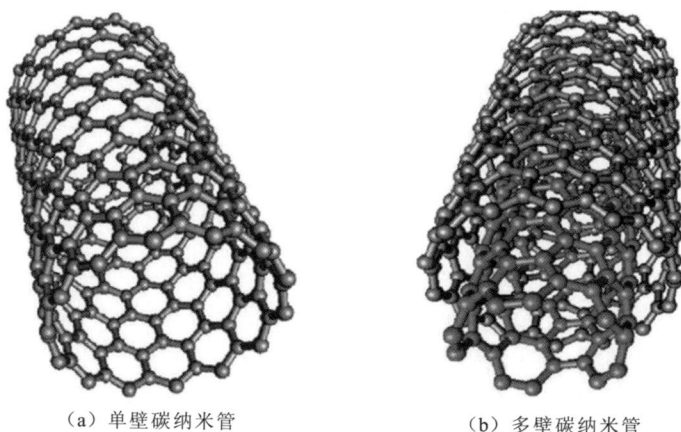

（a）单壁碳纳米管　　　　　　　　　（b）多壁碳纳米管

图 6.3　碳纳米管结构示意图

引自 Zhao 等（2009）

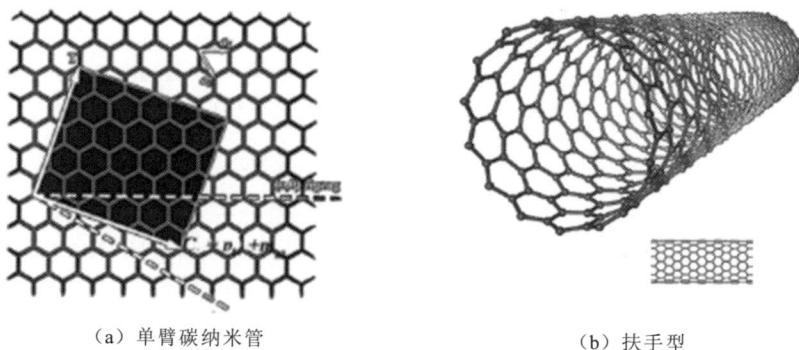

（a）单臂碳纳米管　　　　　　　　　（b）扶手型

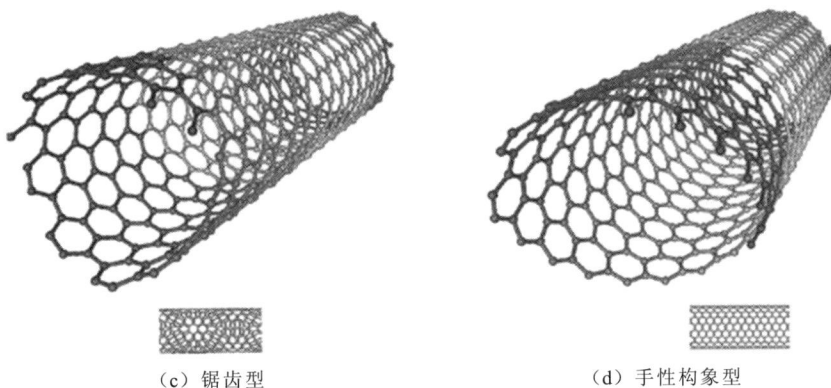

（c）锯齿型　　　　　　　　　　　　　（d）手性构象型

图 6.4　单壁碳纳米管及其分子模型

引自 Kondratyuk 等（2007）

电弧放电法［图 6.5（a）］是生产碳纳米管最简单和最常用的方法，在连接电源的两个石墨电极之间充满氦气，接通电源在氦气间产生热等离子体放电来形成碳纳米管（Popov，2004）。根据 Ebbesen 和 Ajayan 的研究，随着腔室中氦气的压力升高到一定值，碳纳米管的产率也会升高（Cui et al.，2004）。但在到达极值之后，氦气压力的进一步升高会导致碳纳米管产率的下降，使用 N₂、CF₄ 等气体代替氦气可以适当提高碳纳米管的产量（Yokomichi，1998）。Shimotani 等（2001）在有机分子气氛下使用直流电弧放电法合成了多壁碳纳米管，这种方法比使用普通的电弧放电法合成的碳纳米管产量高了约 5 倍。为了研究压力和磁场对碳纳米管结构的影响，Keidar 等（2008）在直流电弧放电装置内通入 100 Pa 的 H_2，在外加磁场的作用下合成了碳纳米管。该研究表明，外加磁场能够显著提高碳纳米管的产量，H_2 的引入能有效降低碳纳米管的相互交联与缠绕，提高产物的石墨化程度。Yao 等（2005）以 Co/Ni 合金粉末为催化剂，在真空环境中通入 H_2，外加一个安装有 6 个电极的可转动阳极轮，电弧放电过程中碳纳米管的产量可达 6.5 g/h。

激光烧蚀法［图 6.5（b）］是在碳源（一般为石墨）上掺杂少量金属催化剂（如 Co、Ni），在稀有气体 Ar 的存在下，施加高温高压［1 200 ℃、500 Torr（1 Torr＝1.333 22×10² Pa）］，当激光束照射石墨时，它开始蒸发并在温度相对较低的另一端冷凝。1995 年 Smalley 等率先使用这种方法合成单壁碳纳米管（Mittal et al.，2015；Journet et al.，1998）。Thess 等（1996）使用双脉冲激光来加速石墨的蒸发，这也将单壁碳纳米管的产量大大提高。Moon 等（2019）研究发现，双金属催化剂可以提高碳在金属粒子表面和内部的迁移率，加速碳纳米管在金属粒子上的沉积。这种方法中产物碳纳米管的直径和产率也受温度的影响。随着温度从 780 ℃ 升高到 1 050 ℃，产物的直径从 0.81 nm 增大到 1.51 nm，并且在 850 ℃ 下可以得到最大产率。Monea 等（2019）研究发现，室温下碳纳米管的产率只有 30%～40%，较高温度下才能实现最佳的产率（60%）。随着温度的升高，产率也逐渐升高，同时伴随着碳纳米管直径的增大。但是，过高的温度反而会使金属催化剂的活性降低，不利于碳纳米管的生长；过低反应温度会导致生成的碳纳米管出现大量缺陷（Vo et al.，2017）。

化学气相沉积法［图 6.5（c）］可用于碳纳米管的批量生产和受控生长。这种方法是将烃类或碳氧化合物加入含有催化剂的高温管式炉中经催化分解后形成碳纳米管，与前

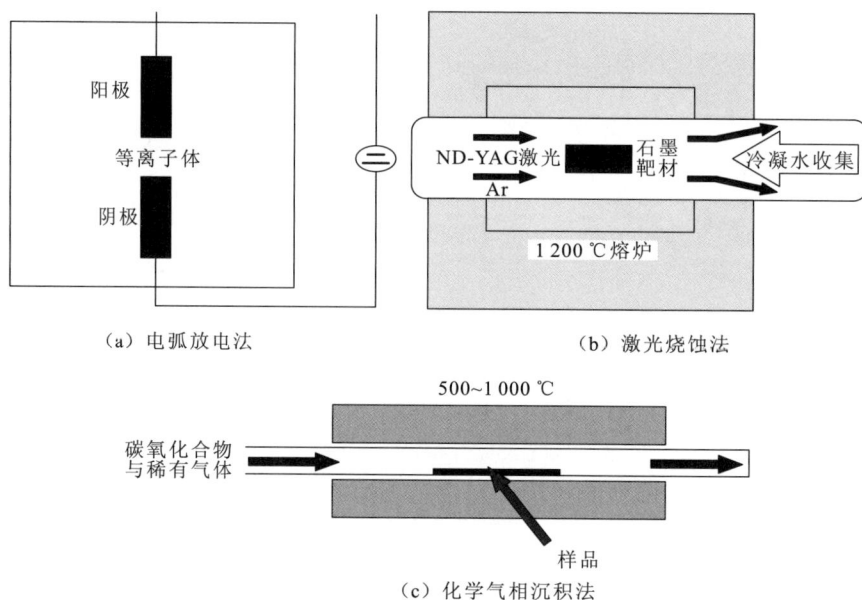

|（a）电弧放电法|（b）激光烧蚀法|

（c）化学气相沉积法

图 6.5　碳纳米管的制备方法

（a）引自 Popov（2004）；（b）引自 Journet 等（1998）；（c）引自 Govindaraj 等（2002）

两种方法相比，气相沉积法所需温度较低（Ren et al.，1998）。在 500～1 000 ℃ 的高温和大气压下，金属纳米颗粒在碳纳米管的生长过程中充当催化剂和成核位点。催化剂的选择（以 Fe、Co、Ni 纳米颗粒为主）和基材的制备决定了产物纳米管的类型和质量（Rathinavel et al.，2021；Flores et al.，2019；Zhao et al.，2011）。He 等（2016）以 CO 为碳源、$FeCl_3$ 为催化剂前驱体合成了直径为 0.7～1.6 nm 的碳纳米管。在相同条件下，以 CH_4 为碳源合成的碳纳米管直径更大（1.0～4.7 nm）（Ozkan et al.，2010）。研究发现，在碳纳米管的生长过程中，不同碳源以不同的速率供给时会影响产物的手性角度。此外，H_2 是形成较大尺寸的碳纳米管的重要因素，因为高浓度的 H_2 加速了金属催化剂的还原，会导致金属颗粒的快速聚集。Zhang 等（2020）发现 H_2 可以降低 CH_4 的热解速率，少量的 H_2 不足以抑制 CH_4 的剧烈热解，这导致大量无定形碳的形成；而过量的 H_2 会降低 CH_4 的热解反应活性，使合成碳纳米管的碳源供不应求。温度影响着催化剂的活性和原料来源，随着温度的升高，催化剂活性也相应地提高。然而过高的温度会使碳源快速分解，并在催化剂表面形成大量的非晶态碳，从而导致催化剂活性降低（Wu et al.，2021）。对于同一种催化剂，温度越高生长的碳纳米管直径越小，在温度变化过程中，直径的变化与初始生长直径密切相关。每个初始直径都有向不同直径变化的趋势，但都低于一定范围的最大值（Ahmad et al.，2019；Li et al.，2017；Lan et al.，2014）。

6.2.4　碳纳米纤维

碳纳米纤维是由多层石墨片卷曲而成的纤维状纳米碳材料，是非连续一维碳的同素异形体，呈圆柱形或圆锥形，是由各种方式排列、堆叠和弯曲的石墨烯片组成。在碳纳米管被发现之前，碳纳米纤维就已经被大量研究报道。它的直径一般在 100～500 nm，长径比超过 100，具有较高的结晶取向度及优良的导电导热性能。目前已经得到了多种不同内部结构的碳纳米纤维（Kim et al.，2020；Arshad et al.，2011；Ozkan et al.，2010）。根据构成碳纳米纤维的石墨烯层的排列角度，碳纳米纤维可以呈现不同的形状（图6.6），除板状和管状外，还有石墨烯层在主轴和垂直轴之间的角度下取向的鱼骨状碳纳米纤维。

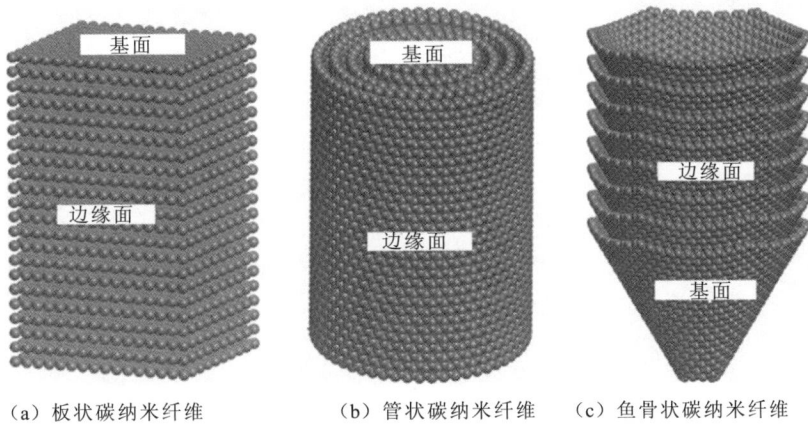

（a）板状碳纳米纤维　　　（b）管状碳纳米纤维　　　（c）鱼骨状碳纳米纤维

图6.6　具有不同基底边缘面积比的三种碳纳米纤维示意图

引自 Cheng 等（2012）

合成碳纳米纤维采用的技术方法与制备碳纳米管类似，主要有气相化学沉积法、静电纺丝法、模板法等，不同途径制备的碳纳米纤维具有不同的碳结构和形态（Shi et al.，2019）。气相化学沉积法是以碳氢化合物为前驱物，利用催化生长工艺制备。将超细的过渡金属颗粒，如直径小于10 nm 的 Fe/Ni 颗粒，分散在陶瓷基板上，并在1 100 ℃的高温下引入碳氢化合物（常用 H₂ 稀释过的苯）。图6.7是在 Fe-Co-Ni 合金衬底上生长碳纳米纤维的扫描图像，厚度约为5 μm 的 NiO 纳米墙相互连接构成碳纳米纤维生长的催化基底[图6.7（a）和（b）]。碳氢化合物的分解就发生在催化基底上，催化剂颗粒吸收碳元素后以管状细丝颗粒将碳连续输出，这样碳纳米纤维就在 NiO 基底上均匀生长，最终将合金衬底随机定向覆盖，所生长的碳纳米纤维层厚度可达6 μm[图6.7（c）和（d）]。这种方法成本相对较高，生产的碳纤维相对较短，这些纤维难以对齐、组装和加工。化学沉积法可以控制生长的碳纳米纤维的结构，特别是在制备过程中可以控制每根碳基纤维的位置、排列、形状和尺寸，纤维的厚度可以通过金属催化剂颗粒的尺寸进行调节，石墨平面的取向可以通过生长温度或金属的性质来控制，比如 Fe 催化剂存在时倾向于产生平行纤维，而 Ni 存在时通常会生成鱼骨形纤维（Liu et al.，2021b；Hasanzadeh et al.，2020）。

静电纺丝法可以有效生产高聚纳米纤维，生产的碳纤维直径范围从亚微米到纳米级别。在静电纺丝过程中，可以设计纤维的形态、化学成分、纤维结构和功能等性质，聚合物溶液在高电压下被拉伸成细丝，这些细丝随机沉积在电极集电器上，形成随机取向的纳米纤维网（Chen et al.，2019；Wu et al.，2018）。典型的静电纺丝装置由金属喷丝板、注射泵、高压直流电源和接地收集器组成（图6.8）。聚合物溶液、聚合物溶胶或凝胶会以恒定速率连续通过喷丝头，同时在喷丝头尖端和收集器基板之间施加高压梯度（Inagaki et al.，2012）。溶剂连续快速蒸发，同时喷射流受到静电斥力的作用，在接地的收集器上形成固化的连续纳米纤维（直径为50～500 nm）。改进的静电纺丝技术已经能够生产整齐的纳米纤维阵列，并能够大规模生产纳米纤维。

(a) NiO横截面SEM图像　　(b) NiO横截面的高分辨率SEM图像　　(c) NiO横截面上碳纳米纤维的SEM图像

(d) 金属催化剂的TEM图像　　(e) 碳纳米纤维的TEM图像　　(f) NiO的高分辨率TEM图像

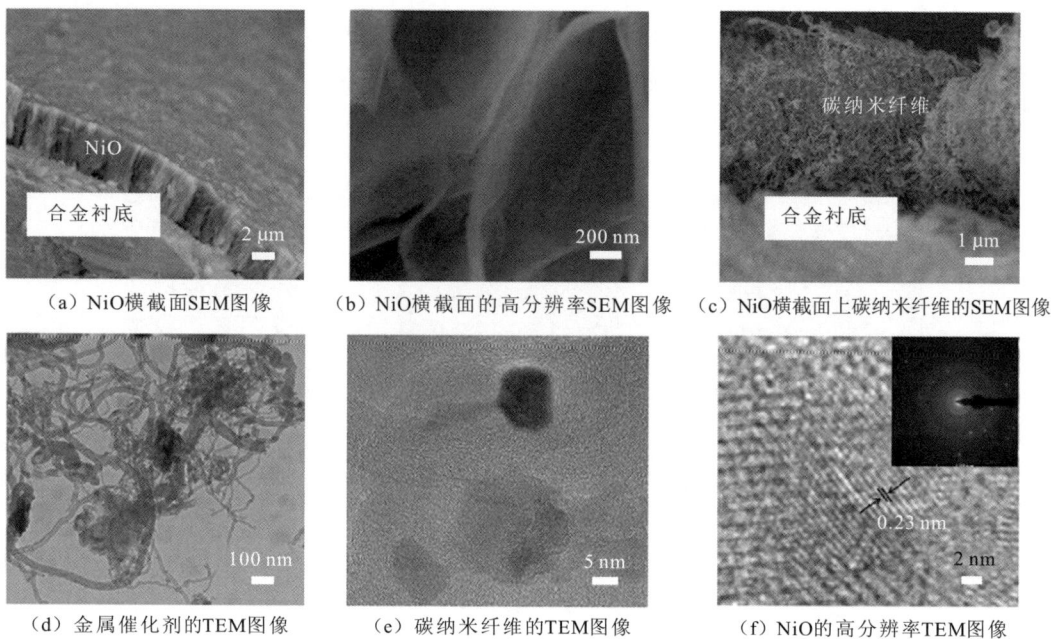

图 6.7　Fe-Co-Ni 合金衬底上碳纳米纤维的生长过程 SEM、TEM 图像

引自 Zhu 等（2014）

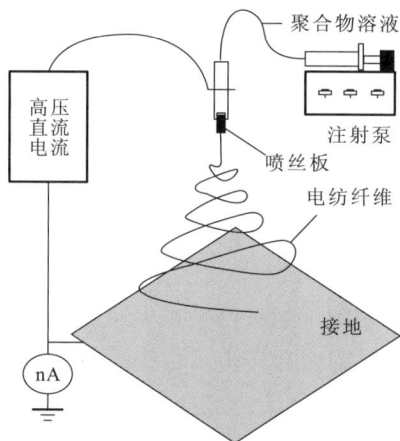

图 6.8　静电纺丝装置示意图

引自 Inagaki 等（2012）

除以上两种传统方法外，近年来研究较多的是利用多孔基材和纳米线模板复合制备碳纳米纤维。Xing 等（2014）以阳极氧化铝（anodic aluminum oxide，AAO）膜和二氧化硅纳米粒子（SiO_2-NPs）作为共模板，首先将 SiO_2-NPs 结合到 AAO 膜的内壁形成 SiO_2@AAO，然后将酚醛树脂（碳源）加入双模板中利用模板法合成碳纳米管（图 6.9），在 973 K 的 N_2 气氛中碳化形成 Si-C@AAO 基板；最后，用碱性溶液蚀刻具有介孔结构的独立碳纳米管。Simon 等（2015）通过使用管状多孔的 Al_2O_3 基材生产出了具有均匀结构的碳纳米管。他们在平均直径约为 25 nm 的 AAO 模板通道内，通过蒸发诱导自组装法制备了含有线性介孔阵列的碳纳米纤维，纤维材料的介孔结构形状细长，孔径达18 nm。现阶段，放电等离子体烧结工艺已被广泛用于制造碳纳米纤维-铝基体材料。铝

粉和碳纳米纤维在天然橡胶介质中混合，这样碳纳米纤维可以均匀地分散在铝基体上，研究发现碳纳米纤维位于每个晶界上，并与铝-碳纳米纤维块状材料的挤压方向对齐（Wang et al.，2017）。碳纳米纤维和 Al_4C_3 的形成对提高铝-碳纳米纤维块体材料的力学性能起着重要作用。

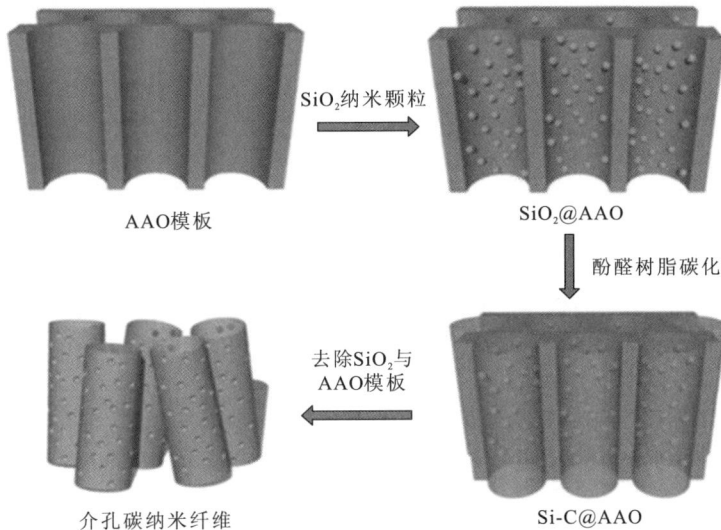

图 6.9　模板法合成碳纳米管示意图

引自 Xing 等（2014）

石墨烯层的独特排列取决于金属纳米颗粒催化剂的性质和在合成过程中引入的气态碳原料。研究发现不同的石墨烯接触区域在碳纳米管的物理和化学行为中起着不同的作用（Stephen et al.，2011）。一般来说，由化学气相沉积法或静电纺丝纳米纤维碳化得到的碳纳米纤维显示出不发达或无孔结构且性能较差。这些方法抑制了其在吸附/分离、催化剂载体和电子材料领域的有效应用。在吸附领域，化学活化、增强孔结构和接枝聚合物和金属氧化物是提高其潜力的有效方法（Khosravi et al.，2021）。

6.3　碳基纳米材料对放射性核素的去除应用

日本福岛核事故后，^{90}Sr、^{137}Cs、^{235}U、^{121}I 等放射性核素的泄漏引起了世界的恐慌。核电发展过程中，核素不可避免地释放到环境中，进入食物链最终危害人类健康。对核能安全生产和人类自身的健康而言，快速高效地去除核废水中长半衰期的放射性核素是科学研究的重中之重（Yin et al.，2021；Bharath et al.，2017）。

具有较大比表面积的碳基纳米材料一直是最有效的环境处理材料之一，近年来发展迅猛。这些碳基纳米材料具有比表面积大、易回收等优良特性，可用于去除水体中的放射性核素。碳基纳米材料作为吸附剂或电极等，处理核素的成本较低，并且仅使用无机酸溶液便可使材料保留一定的吸附能力，达到循环再生的效果。除这些特性之外，碳基纳米材料可以很容易地与其他纳米材料杂化，或被有机无机官能团修饰，形成多功能的碳基纳米材料（Khannanov et al.，2017）。碳基纳米材料作为绿色吸附剂，与生物体和自然环境具有高度的相容性。综合统计近年来相关领域的研究成果数量可以发现，氧化石墨烯及其衍生物作为吸附剂的应用频率高于其他碳基纳米材料（图 6.10）。这是因为氧化石墨烯表面易于修饰与功能化。此外，活性炭因其原料成本低，制备容易也备受关注。碳纳米管和碳纳米纤维通常作为模板与其他材料复合以提高对特定离子的吸附性能（Wang et al.，2014）。

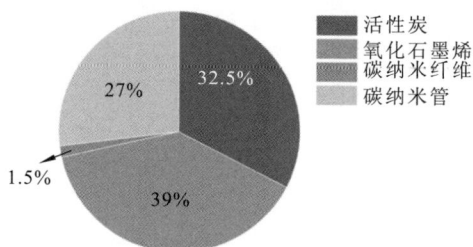

图 6.10 不同类型碳基纳米材料的利用率

　　本节基于放射性废水处理的重要性和碳基纳米材料在其中表现出的良好应用前景，主要总结几类典型的碳基纳米材料作为吸附剂对放射性核素的处理性能、应用研究进展与碳基纳米材料处理放射性废水的重点发展方向（Guo et al.，2016）。通过动力学分析、热力学分析、光谱技术分析、表面络合模型分析、理论计算等方法可对碳基纳米材料处理放射性废水的原理进行研究，此外碳基纳米材料作为分离膜材料、再生电极与光催化剂在核素去除方面也有广泛的应用，这主要依赖核素与碳材料在固液界面发生相互作用的过程。纳米材料处理放射性废水的机理因纳米材料种类、放射性核素种类、反应条件等不同而存在差异（Li et al.，2021；Ambashta et al.，2012）。例如作为吸附剂的碳材料与核素的反应机理又可分为外层表面络合、内层表面络合、表面共沉淀、氧化还原反应等，而利用膜法处理放射性废水，除基于膜吸附外，还有筛分作用和电荷排斥作用，对废水中核素实现选择性分离，处理效果主要取决于纳米材料与放射性核素表面的电荷情况，包括性质、密度和分布等（Cai et al.，2019；Song et al.，2018）。

6.3.1　活性炭基纳米材料的去除应用

　　活性炭是从液相中去除放射性核素的重要吸附剂，可以去除水体中的各种有机、无机污染物。活性炭因其发达的内部孔隙结构、极高的比表面积（500～1 500 m^2/g）、丰富的表面官能团（羧基、羰基、苯酚、醌、内酯等其他结合在碳基边缘的基团）及充足的原料来源而被广泛应用于废水处理，制备活性炭的原料常常是廉价易得可再生的农副产品（Yi et al.，2014）。Yi 等（2014）利用活性棕榈核壳为原料成功制备了活性棕榈核壳碳用于吸附放射性核素 U(VI)，研究发现 1 g/L 的吸附剂在 2 h 内对 U(VI)的去除率高达 93%，最大吸附容量为 51.81 mg/g。Belgacem 等（2014）利用废旧轮胎制备了活性炭用于去除 U(VI)，得到的最大吸附容量达 158.73 mg/g。Hamed 等（2016）成功利用一种在热带生长的植物 Doum 制备了活性炭粉末，并作为吸附剂从水溶液中去除放射性核 Eu(III)，他们使用叶洛维奇（Elovich）模型和韦伯-莫里斯（Weber-Morris）粒子内扩散模型研究了 Eu(III)在活性炭粉末上的吸附机理，包括三个连续步骤：①薄膜扩散；②颗粒内扩散（内扩散）；③吸附（图 6.11）。他们发现吸附过程受到粒子内扩散的控制。

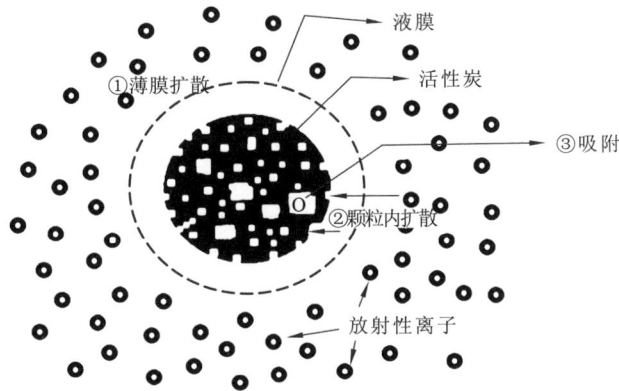

图 6.11　吸附机理步骤示意图

引自 Hamed 等（2016）

活性炭还可用于从水溶液中去除 Sr(II)、Cs(I)、Th(IV)等放射性核素（Kiener et al., 2019；Kawatake et al.，2012；Feng et al.，2010）。Moloukhia 等（2016）以椰子壳为原料，利用 H_2O_2 和 HNO_3 氧化制备了一种特殊的椰壳活性炭，同时比较其对放射性核素 Eu(III)、Sr(II)、Ce(III)、Cs(I)的吸附性能。结果表明椰壳活性炭对 4 种离子的吸附在 5 h 内均可达到平衡[图 6.12（a）]，去除率分别为 93.5%、87.5%、37.0%和 35.7%。他们还研究了不同离子的分布分数与 pH 的关系[图 6.12（b）]，与核素离子半径相比，椰壳活性炭的孔径更大（椰壳活性炭的粒径是用 100～500 μm 的网筛确定的），这有助于离子

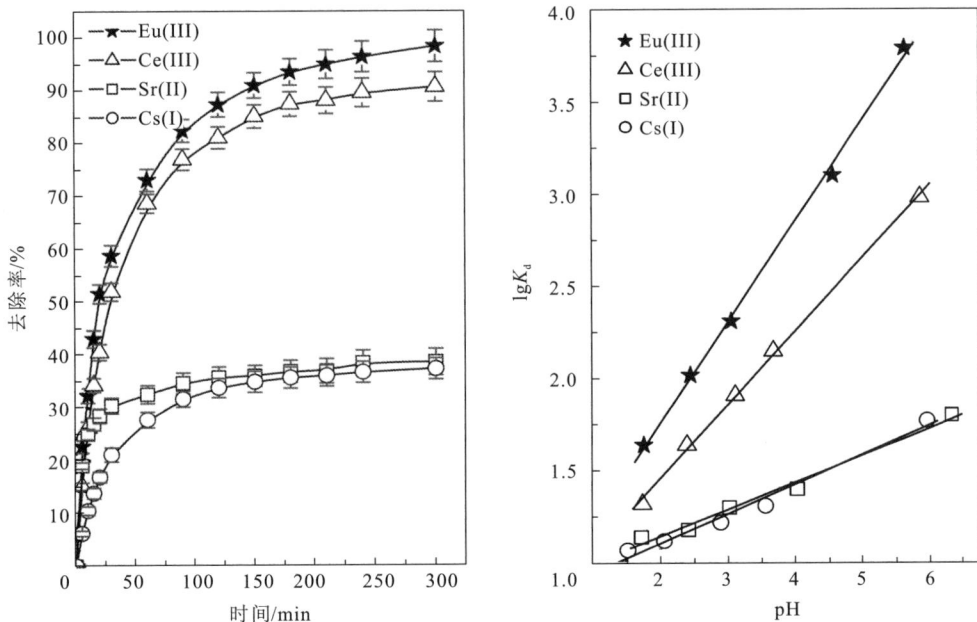

（a）反应时间对Eu(III)、Sr(II)、Ce(III)、Cs(I)吸附效率的影响

（b）溶液pH对各离子分布分数的影响

图 6.12　反应时间对吸附效率的影响及溶液 pH 对各离子分布分数的影响

引自 Moloukhia 等（2016）

穿透材料孔隙。所有阳离子的亲和顺序与吸附金属离子的离子半径一致，离子半径较小的离子比离子半径较大的离子容易吸附且移动得更快。在相同条件下，这4种离子对椰壳活性炭的亲和性顺序为：Eu(III)>Ce(III)>Sr(II)>Cs(I)。

实际上，活性炭的表面基团在活性炭的表面化学性质研究中占有重要地位，表面基团的性质很大程度上影响活性炭去除放射性核素的效率。活性炭也可以很容易被功能化，三巯基三嗪、硫代碳酸盐、二硫代氨基甲酸盐等螯合剂均已被用于修饰碳基材料以提高对放射性核素的分离性能（Ghaedi et al.，2016）。此外，许多有机官能团，如胺肟（Liu et al.，2020）、苯甲酰硫脲（Zhao et al.，2010）、聚乙烯亚胺（Saleh et al.，2017）等也可以通过不同的技术对活性炭进行改性。Liu 等（2020）的实验表明，引入了胺肟基的活性炭对 U(VI)有很高的去除量（14.16 mg/g），远高于原始的活性炭对 U(VI)的去除量。通过与含 N、O、P 的化学试剂反应或用含这些元素的前体物活化来引入官能团，可以提高活性炭的吸附性能。

生物炭跟一般的木炭一样是生物质能原料经热裂解之后的产物，近年来成为工业活性炭的高效替代品，对放射性 U(VI)有很强的亲和力（Li et al.，2017；Hadjittofi et al.，2015）。利用扩展 X 射线精细结构（EXAFS）光谱经傅里叶变换（Fourier transform，FT）等处理后可以得到 U 周围第一、第二甚至第三配位壳层内配位原子的种类、配位数等信息，还可以区分结合在吸附剂表面的 U 是外层配位还是内层配位：外层配位的谱图与 UO_2^{2+} 类似，而内层表面配位络合物的 EXAFS 谱图中，赤道氧壳层（equatorial oxygen，O_{eq}）的信号往往会被劈裂，这有助于预测可信度更高的吸附模型。Alam 等（2018）综合考虑了天然水域的离子背景，使用表面络合模型来模拟生物炭对 U(VI)的吸附行为[图 6.13（a）]，结果表明 U(VI)主要通过—COOH 和—OH 官能团吸附在生物炭上，形成内外层复合物，且生物炭能吸附 U(VI)的任何形态。由图 6.13（b）可知，U-L_{III} 边 EXAFS 谱图在 $k>7$ Å^{-1} 处信号较弱，这是实验条件下 U(VI)浓度相对较低的缘故。距中心铀原子 1.3～1.8 Å（$R+\Delta R$）处出现了两个轴向氧（axial oxygen，O_{ax}）特征峰，在距离约 1.9 Å 处

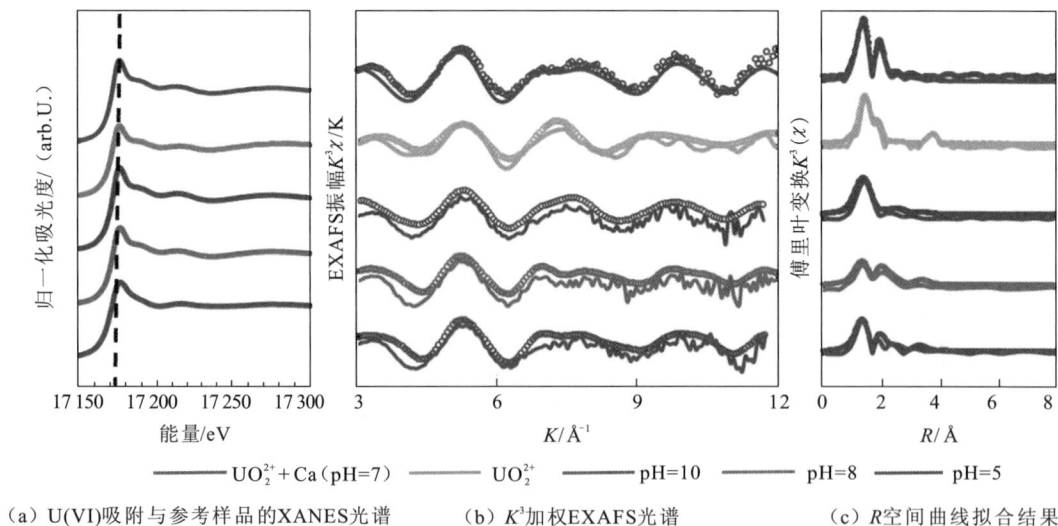

（a）U(VI)吸附与参考样品的XANES光谱　　（b）K^3加权EXAFS光谱　　（c）R空间曲线拟合结果

图 6.13　生物炭吸附 U(VI)的 XANES 和 EXAFS 光谱

引自 Alam 等（2018）

出现了 U—O$_{eq}$ 配位峰，这也证明了铀酰离子 O=U=O 的结构。U—O$_{eq}$ 壳层本身的分裂可以证明内层配合物的存在，生物炭在 pH=5 和 pH=8 处的 EXAFS 谱与 UO$_2^{2+}$ 相似，表明在 pH=5 和 pH=8 处均形成了外层表面络合物[图 6.13（c）]。

实际上，尽管生物炭是经济环保的吸附剂之一，但未改性的生物炭在实际净化过程中吸附能力较弱。研究表明，化学接枝羧基可以将生物炭对 U(VI)的吸附能力提高到未处理的 10 倍以上（Jin et al.，2018）。但与其他功能性纳米材料相比，由于活性官能团有限，生物炭的吸附能力相对较低（U(VI)质量分数为 8~35 mg/g），而且生物炭对高浓度污染物的处理能力直线下降，这不能满足在离子条件复杂的实际废水中选择性去除污染物的需要。针对这个问题，基于生物炭的复合材料在废水处理中应用得更广泛。复合材料由于结合了外来材料与生物炭的优点，通常在高浓度废水的处理中具有更好的性能（Li et al.，2019；Alam et al.，2018）。Wang 等（2020b）利用酸/碱处理聚乙烯亚胺复合的毛竹生物炭（polyethyleneimine-acid/alkali-biochar，PEI-acid/alkali-BC）来富集水体中的 U(VI)，实验结果表明 PEI-acid-BC 对 U(VI)的最大吸附容量为 185.6 mg/g，PEI-alkali-BC 对 U(VI)的最大吸附容量为 212.7 mg/g（图 6.14），这几乎是原始生物炭（20.1 mg/g）的 9~10 倍。U(VI)在 PEI-acid/alkali-BC 上的吸附可以用粒子内扩散模型拟合，吸附过程分为三个阶段：第一阶段，传质动力较高，U(VI)通过表面扩散迅速扩散到吸附剂的表面；第二阶段，PEI-acid/alkali-BC 的吸附位点逐渐消耗，传质动力减弱，吸附过程变慢，吸附过程受表

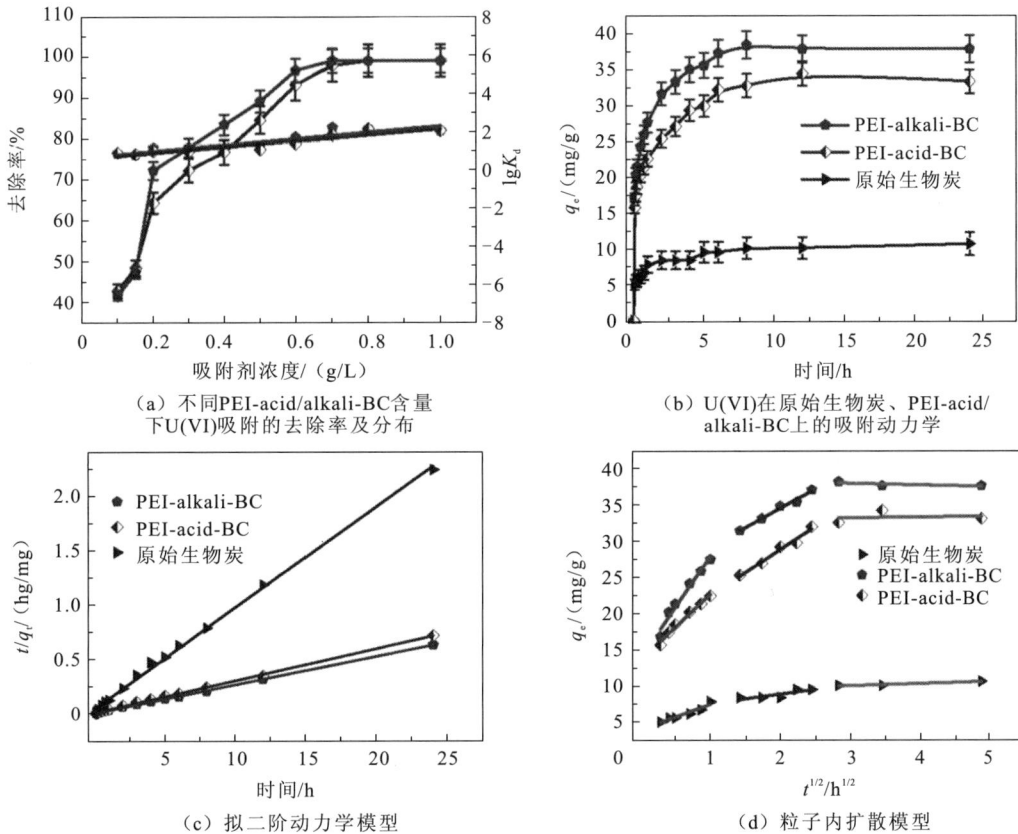

（a）不同PEI-acid/alkali-BC含量下U(VI)吸附的去除率及分布

（b）U(VI)在原始生物炭、PEI-acid/alkali-BC上的吸附动力学

（c）拟二阶动力学模型

（d）粒子内扩散模型

图 6.14　U(VI)在原始生物炭、PEI-acid/alkali-BC 上的吸附性能

引自 Wang 等（2020b）

面扩散和颗粒内扩散的控制；吸附在第三阶段达到平衡，即 PEI-acid/alkali-BC 吸附位点耗尽。扩散步骤受许多因素的控制，粒子内扩散并不是唯一的限速步骤[图 6.14（d）]。Pang 等（2018）使用聚乙烯亚胺修饰废弃粉煤灰（fly ash@polyethyleneimine，FA@PEI），引入了更多的表面官能团，对 U(VI)有强选择性吸附。U(VI)的去除受 pH 影响显著，但不受离子强度的影响，说明吸附的主要机制是内层表面络合。与其他材料相比，FA@PEI 材料有较快的吸附速率（1.5 h 达到吸附平衡）和相对较高的吸附能力（pH=5、T=298 K 时为 70.3 mg/g）。

6.3.2 石墨烯基纳米材料的去除应用

由于氧化石墨烯在其基面和边缘上具有许多以环氧基、羟基和羧基形式存在的含氧官能团，它比还原石墨烯更具亲水性，可以与许多污染物形成稳定的复合物，并在溶液中稳定存在。在石墨烯基材料对放射性废水处理的研究中，大多数研究集中于氧化石墨烯及其衍生物。氧化石墨烯层的离域 π 电子可以作为路易斯碱，与作为典型路易斯酸的放射性核素形成电子供体-受体复合物，这是氧化石墨烯高吸附能力的来源。

对于 U(VI)的吸附，Zhao 等（2019）用改进的 Hummers 法制备了仅有几层的氧化石墨烯，获得了对 U(VI)的最大吸附容量 97.5 mg/g。Li 等（2012）制备了单层氧化石墨烯纳米片来吸附 U(VI)，最大吸附容量可达 299 mg/g。为了研究 U(VI)在氧化石墨烯上的局部原子结构，他们用 EXAFS 光谱法分析了 U(VI)与氧化石墨烯之间的相互作用（图6.15），图 6.15（b）是 UO_2^{2+} 的两个 O_{ax} 的散射（峰值在 1.3 Å），以 1.9 Å 为中心的傅里叶变换峰归因于 UO_2^{2+} 的 O_{eq} 后向散射。当 pH 从 3.9 变化到 6.1 再到 7.6，这些峰逐渐向较高的径向空间移动，表明 U(VI)吸附在氧化石墨烯上的结构逐渐转变。通过拟合 pH 为 3.9 的谱线，可以估计出赤道平面上 U(VI)的配位数约为 5。UO_2^{2+} 是一种典型的路易斯酸，对含

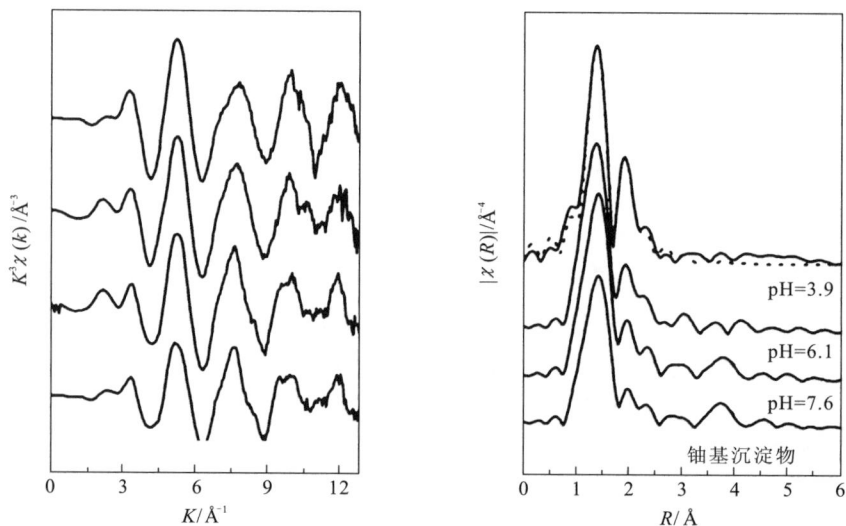

（a）K^3加权的U-L$_{III}$边EXAFS谱图   （b）pH为3.9、6.1和7.6时吸附在氧化石墨烯片层上的U(VI)的傅里叶变换径向分布函数

图 6.15 EXAFS 谱图与氧化石墨烯片层上 U(VI)的傅里叶变换径向分布函数

引自 Li 等（2012）

氧供体有很强的亲和力，因此，氧化石墨烯的表面与 UO_2^{2+} 可以形成稳定的内层复合物。pH 为 7.6 的谱线类似于 U(VI)的沉淀物，表明 pH 为 7.6 时 U(VI)在氧化石墨烯表面发生了沉淀。pH 为 6.1 时的谱图可以看作 pH 为 3.9 和 7.6 时的过渡态，这是内层络合与表面沉淀的叠加。

表面络合模型可以准确描述固液界面上的吸附过程，然而只用简单的内层表面配合物（$SOUO_2^+$）不能完整描述放射性核素在氧化石墨烯上的吸附模型（Wu et al.，2014）。Hu 等（2016）利用三种表面络合模型：恒定电容模型（constant capacitance model，CCM）、扩散层模型（diffusion layer model，DLM）和三层模型（three-layers model，TLM）拟合了 U(VI)在氧化石墨烯上的吸附行为，研究表明，在 pH<5 和 pH>6 处，U(VI)在氧化石墨烯上的吸附包括：单齿状和单核内层表面配合物（$SOUO_2^{2+}$）的吸附及双齿状和双核内层表面配合物（$(SO)_2UO_2(OH)_2^{2-}$）的吸附，且使用 TLM 得到的拟合结果明显优于 CCM 和 DLM，这是由于 TLM 中使用的参数更多。Duster 等（2017）利用 DLM 模拟了 pH 为 4～5 时氧化石墨烯对 U(VI)的吸附，也得到了相同的结果。氧化石墨烯表面丰富的含氧官能团能够与 Th(IV)形成稳定的复合物；Xu 等（2016）研究了氧化石墨烯对 Th(IV)的吸附，发现整个吸附过程与 pH 有关，而与离子强度无关，这表明表面络合是离子交换的主要吸附机制（与离子强度有关的吸附机理一般为离子交换）。他们预测 Th(IV)在氧化石墨烯上可能发生的反应为

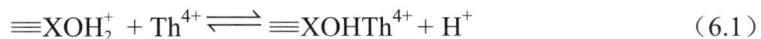

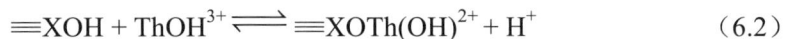

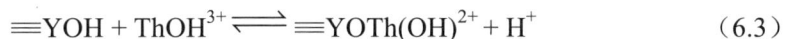

$$\equiv XOH_2^+ + Th^{4+} \rightleftharpoons \equiv XOHTh^{4+} + H^+ \qquad (6.1)$$

$$\equiv XOH + ThOH^{3+} \rightleftharpoons \equiv XOTh(OH)^{2+} + H^+ \qquad (6.2)$$

$$\equiv YOH + ThOH^{3+} \rightleftharpoons \equiv YOTh(OH)^{2+} + H^+ \qquad (6.3)$$

式中：$\equiv XOH$ 为强酸性基团；$\equiv YOH$ 为弱酸性基团；$\equiv XOHTh^{4+}$ 和 $XOTh(OH)^{2+}$ 分别为低 pH 和高 pH 条件下 Th(IV)在水体中的优势形态。$\equiv YOTh(OH)^{2+}$ 形态在反应过程中始终处于相对较低的水平，表明强酸性基团 $\equiv XOH$ 对 Th(IV)的吸附起主导作用。

Ai 等（2018）研究了多种氧化石墨烯衍生物与 U(VI)形成的配合物的键合结构与吸附能，发现氧化石墨烯上的主要吸附位点是环氧基团（—O—）、羧基（—COOH）、羟基（—OH）、双羟基（—OH—OH）等含氧官能团。他们优化了多种功能化的氧化石墨烯与 U(VI)相互作用的几何模型，图 6.16 所示为不同 pH 条件下，含有羟基或羧基的氧化石墨烯与 U(VI)的相互作用：在碱性条件下，羟基和羧基的去质子化模型分别可以表示为 $[GO—O\cdots UO_2]^{2+}$ 与 $[GO—COO\cdots UO_2]^+$；在酸性条件下分别表示为 $[GO—OH\cdots UO_2]^{3+}$ 与 $[GO—COOH_2\cdots UO_2]^{3+}$；在中性条件下分别表示为 $[GO—OH\cdots UO_2]^{3+}$ 与 $[GO—COOH\cdots UO_2]^{2+}$。已知 $[UO_2(H_2O)_5]^{2+}$ 中的 $U—O_{ax}$ 化学键键长约为 1.732/1.733Å，而在含有羟基的氧化石墨烯与 U(VI)构成的体系中，$[GO—O\cdots UO_2]^{2+}$ 与 $[GO—OH\cdots UO_2]^{3+}$ 中的 $U—O_{ax}$ 键键长分别为 1.733/1.735 Å 与 1.757/1.759 Å，即随着酸度升高，键长变长，含有羧基的氧化石墨烯与 U(VI)的络合体系也有相同的变化趋势。

用氧化石墨烯负载纳米零价铁不仅可以减少纳米零价铁的链状堆积，提高它在溶液中的稳定性和分散性，还兼具氧化石墨烯高吸附容量与纳米零价铁强还原性的优势，在对 U(VI)等高价态放射性核素的去除方面表现出极高的反应活性（Hua et al.，2021；Tang et al.，2021a）。此外，石墨烯与金属氧化物或层状双金属氢氧化物复合去除放射性核素

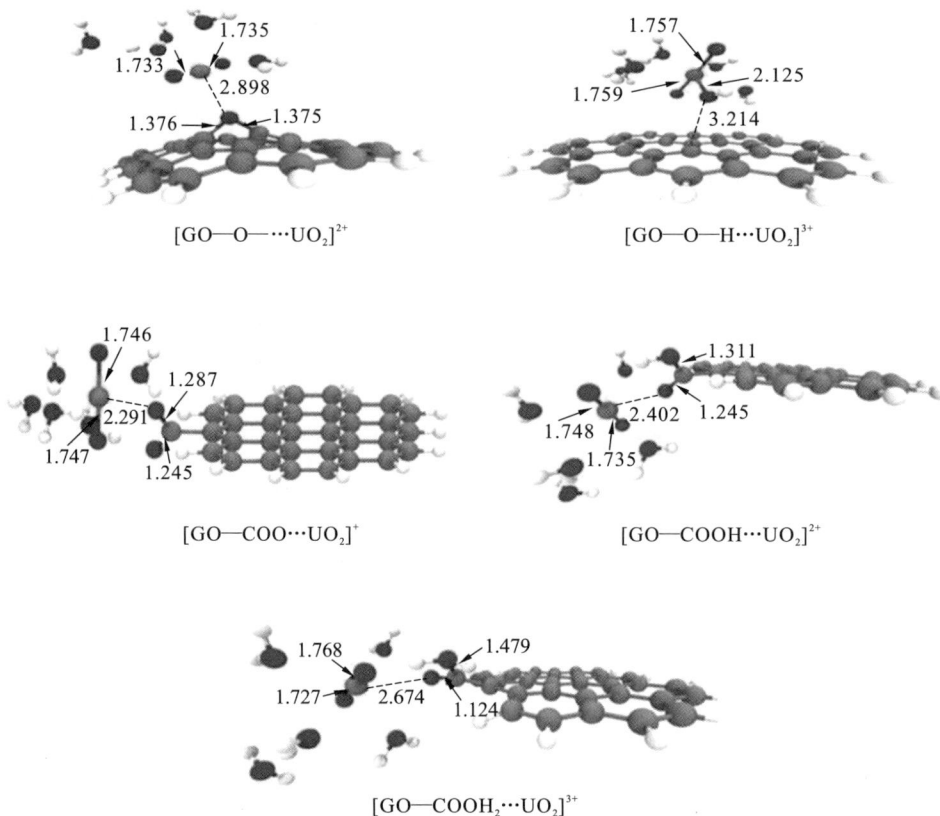

图 6.16　不同 pH 条件下，含羟基/羧基的氧化石墨烯与 U(VI)构成的吸附体系结构建模

图中数值单位均为 Å；蓝色、红色、白色、绿色小球分别代表 C、O、H、U 原子；引自 Ai 等（2018）

的研究也有很多，王祥科课题组综合运用动力学分析、热力学分析、络合模型、理论计算等方法设计了多种氧化石墨烯基纳米材料并用于吸附水体系中放射性核素（Pang et al.，2019；Guo et al.，2017；Zou et al.，2017）。

　　氧化石墨烯在水体中也很容易发生不可逆的聚集或分散，这会降低它的吸附能力。因此，将聚丙烯酰胺（Ashraful et al.，2017）、聚乙醇胺（Duan et al.，2017）等聚合物复合到氧化石墨烯基底上可以有效增强它在溶液中的分散性，同时在氧化石墨烯的表面和边缘引入氨基等功能化基团可以提高对放射性核素的吸附能力。Zhang 等（2016）得到了放射性核素 Rb(I)、Sr(II)和 Nd(III)在氧化石墨烯支撑的聚硫代杯芳烃纳米复合材料（GO-TC4A）上的最大吸附容量分别为 164.47 mg/g、101.11 mg/g、337.84 mg/g。Zhao 等（2015）在氧化石墨烯基面上引入多巴胺并使其发生自聚制备了聚多巴胺/氧化石墨烯（polydopamine/graphene oxide，PD/GO）复合材料，用 X 射线光电子能谱（XPS）对 PD/GO 复合材料吸附 U(VI)前后进行了表征（图 6.17），可以明显观察到 PD/GO 复合材料在 284.8 eV 处的 C 1s 峰，在 532.8 eV 处的 O 1s 峰及在 401.7 eV 处有较弱的 N 1s 峰。图 6.17（d）为 C 1s 峰的高分辨率 XPS 谱图，它是 C—C/C=C（284.8 eV）、C—O（286.8 eV）、C=O（288.1 eV）、O—C=O（289.2 eV）和 C—N（285.4 eV）5 个特殊峰的叠加。其中，C—N 峰来源于聚多巴胺，这也说明了聚多巴胺与氧化石墨烯复合成功。由图 6.17（b）可知，U(VI)吸附后材料 O 1s 与 N 1s 的峰面积减小，且出现了新的 U 4f 峰，这表明 PD/GO 复合材料与 U(VI)通过化学键结合。吸附实验表明，PD/GO 复合材料对 U(VI)的最大吸附容量为 145.39 mg/g，这远高于纯的聚多巴胺（34.21 mg/g）和氧化石墨烯（75.71 mg/g）。

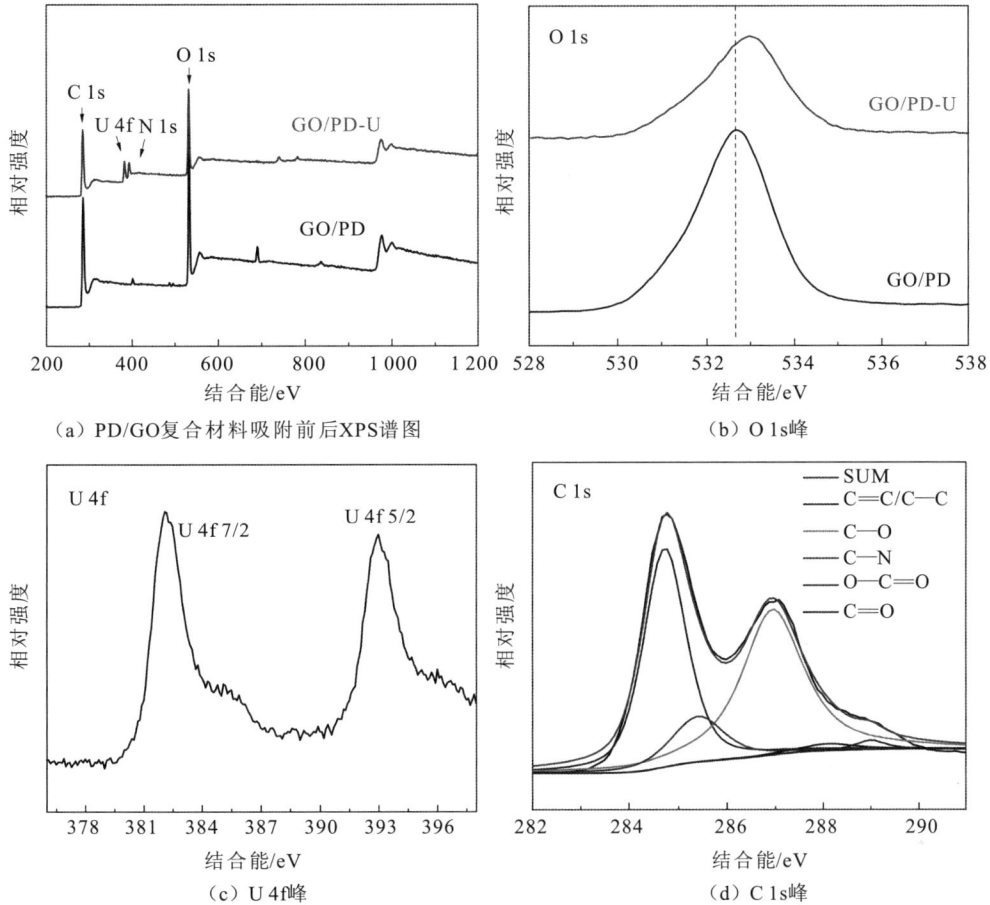

（a）PD/GO复合材料吸附前后XPS谱图　　　　（b）O 1s峰

（c）U 4f峰　　　　　　　（d）C 1s峰

图 6.17　PD/GO 复合材料 XPS 谱图

引自 Zhao 等（2015）

6.3.3　碳纳米管基纳米材料的去除应用

碳纳米管具有很大的比表面积（150～1 500 m²/g），它的直径可以从一纳米到几纳米。单壁碳纳米管由单个圆柱层组成，与污染物的接触面积比多壁碳纳米管大，但它的合成成本更高，因而在吸附领域的应用少于多壁碳纳米管，目前对碳纳米管作为吸附剂从水溶液中去除放射性核素的应用较为广泛（Chen et al.，2008，2007；Wang et al.，2005）。不同的实验条件如 pH 和离子浓度等，都会影响碳纳米管的吸附特性。Wang 等（2005）研究了未封端的多壁碳纳米管对放射性核素 Am(III)的吸附，在反应 4 天后，85%的 Am(III)被吸附到多壁碳纳米管上，反应 1 个月后，超过 95%的 Am(III)被吸附。他们利用螯合树脂研究了解吸动力学。在不添加多壁碳纳米管的情况下，超过 99%的 Am(III)与螯合树脂形成强络合；当多壁碳纳米管存在时，溶液中游离的 Am(III)与树脂螯合，因此 Am(III)浓度迅速下降到初始浓度的 96%，然后缓慢下降。当 Am(III)的初始浓度为 5×10^{-7}～

5×10^{-6} mol/L 时，碳纳米管对 Am(III)的吸附等温线呈非线性，表明吸附仍然不饱和。通过对多种烷烃在碳纳米管上的升温脱附研究可知碳纳米管束中存在 4 个不同的吸附位点，分别是：单个碳纳米管的中空位置、内层碳纳米管管束之间的间质通道、最外层纳米管管束之间的凹槽及最外层单个纳米管束外的曲面。对于封端的碳纳米管，吸附主要发生在凹槽、外表面位置与由管束缺陷堆积形成的间质通道上。Ulbricht 等（2002）通过化学切割打开碳纳米管的末端，利用热解吸光谱对多壁碳纳米管束的解吸动力学进行了研究，发现未封端的碳纳米管吸附速率与吸附饱和能力远大于封端的碳纳米管。

碳纳米管的含氧量会影响其最大吸附能力。—OH、—CO 和—COOH 等含氧官能团可以利用各种酸、O_3、等离子体氧化引入（Shao et al., 2019；Yang et al., 2015；Chen et al., 2012）。Chen 等（2009）用微波激发的表面波等离子体氧化多壁碳纳米管，很大程度上改变了碳纳米管的结构性质，使其表面有了更多缺陷，从而改善了碳纳米管在水溶液中难分散的问题。Shao 等（2009）将羧甲基纤维素接枝到多壁碳纳米管上制备了复合材料 MWCNT-g-CMC（multiwalled carbon nanotubes grafted carboxymethyl cellulose）并研究了它对 U(VI)的吸附能力，根据 Langmuir 模型拟合的 MWCNT-g-CMC 对 U(VI)的最大吸附容量为 6.0×10^{-5} mol/g。此外，利用与对 U(VI)有选择性的磷酸、丙烯酸等酸性基团或三辛胺等有机物接枝碳纳米管，也能显著提高吸附性能（Huan et al., 2020；Jia et al., 2020）。羟基磷灰石、层状双金属氢氧化物、磁性金属材料等由碳纳米管制备的纳米复合材料已成功应用于去除 U(VI)、Eu(III)和 Th(IV)等水体中的放射性离子，改性碳纳米管的吸附效率比原始碳纳米管高出很多倍（Song et al., 2016；Liu et al., 2014b；Chen et al., 2009）。与其他材料的复合也是近年来研究的热点，Chen 等（2018a）利用共沉淀法和水热法制备了水滑石碳纳米管复合材料（Ca/Al layered double hydroxide@carbon nanotube，Ca/Al-LDH@CNTs），他们通过实验研究了 pH 和离子强度对 U(VI)吸附的影响[图 6.18（a）和（b）]，并总结了 U(VI)吸附在 Ca/Al-LDH@CNTs 上的相互作用机制，吸附过程可由两个过程组成：①吸附随着 pH 的升高而迅速增强（pH<6）；②吸附随着 pH 的升高而下降（pH>6）。过程①是由于 U(VI)和 Ca/Al-LDH@CNTs 表面的含氧官能团发生络合反应。过程②是由于阴离子 U(VI)与碳纳米管和 Ca/Al-LlDH@CNTs 表面负电荷之间的静电排斥相互作用。Ca/Al-LDH@CNTs 对 U(VI)的吸附性能显著增强，可能是因为 U(VI)与 Ca/Al-LDH@CNTs 丰富的表面活性位点（Ca-O、Al-O 基团）的配合。图 6.18（c）和（d）为碳纳米管和 Ca/Al-LDH@CNTs 对 U(VI)吸附的等温线，材料的吸附能力随着温度的升高而明显增强，当温度为 298.15 K 时，Ca/Al-LDH@CNTs 的最大吸附容量为 137.8 mg/g。Chen 等（2018b）利用水热法合成了磁性 Fe/Zn 层状双氧化物碳纳米管复合材料（magnetic Fe/Zn layered double oxide@carbon nanotube，M-Fe/Zn-LDO@CNTs），吸附实验表明 M-Fe/Zn-LDO@CNTs 由于强静电力和表面络合作用对锕系元素（如 U(VI)和 Am(III)）有很高的去除效率，其中对 U(VI)的最大吸附容量达到 380.8 mg/g，是纯碳纳米管（140.8 mg/g）的近 3 倍。他们还模拟了自然水域中阴离子 CO_3^{2-}、Cl^-、Br^-、SO_4^{2-}、NO_3^- 和阳离子 Mg^{2+}、Ca^{2+}、Na^+、K^+ 存在下 U(VI)的竞争吸附，当阴离子浓度从 0.001 mol/L 升至 0.1 mol/L 时，CO_3^{2-} 吸附容量的影响最大[图 6.19（a）]，这是因为 CO_3^{2-} 会影响 M-Fe/Zn-LDO@CNTs 的表面电荷分布，进而影响 M-Fe/Zn-LDO@CNTs 与 U(VI)之间的静电相互作用。另外，当溶液中 CO_3^{2-} 的离子浓度为 0.1 mol/L 时，溶液 pH 较高，溶液中 U(VI)的主要存在形态为 UO_2CO_3 和 $UO_2(CO_3)_2^{2-}$，此时 U(VI)在吸附剂上的吸附行为受到自由基中间体的抑制和来自 CO_3^{2-} 的空间位阻。当阳离子浓度升高时，U(VI)吸附受到的影响也增大[图 6.19（b）]，这是因为二者存在吸附竞争，阳离子占据吸附位点导致 U(VI)的吸附减弱。

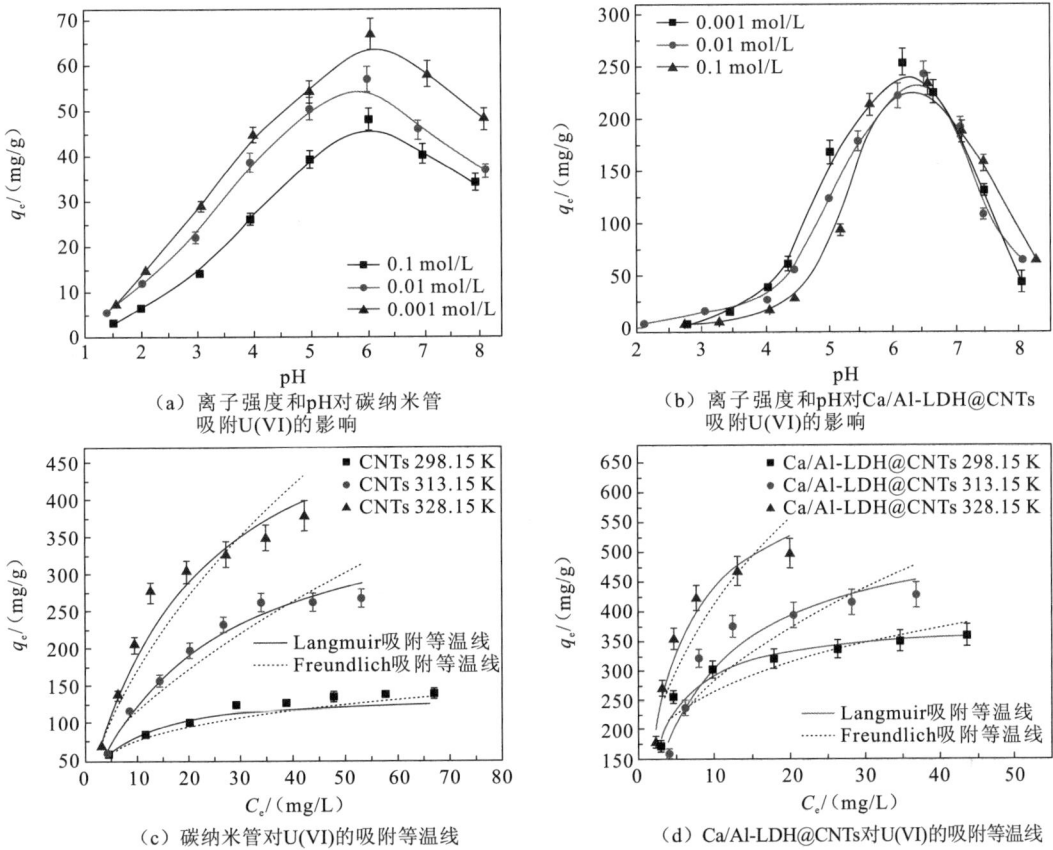

（a）离子强度和pH对碳纳米管
吸附U(VI)的影响

（b）离子强度和pH对Ca/Al-LDH@CNTs
吸附U(VI)的影响

（c）碳纳米管对U(VI)的吸附等温线

（d）Ca/Al-LDH@CNTs对U(VI)的吸附等温线

图 6.18　Ca/Al-LDH@CNTs 吸附性能与吸附等温线图

引自 Chen 等（2018a）

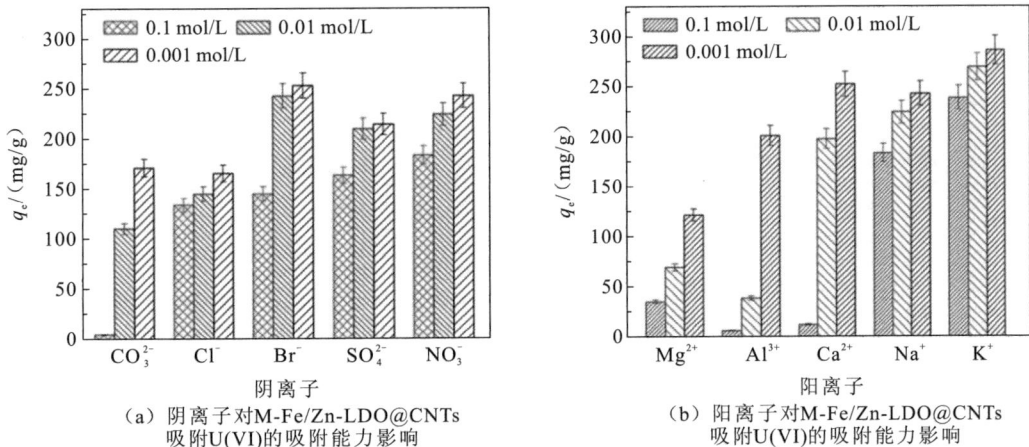

（a）阴离子对M-Fe/Zn-LDO@CNTs
吸附U(VI)的吸附能力影响

（b）阳离子对M-Fe/Zn-LDO@CNTs
吸附U(VI)的吸附能力影响

图 6.19　共存离子对 M-Fe/Zn-LDO@CNTs 吸附 U(VI)的吸附能力影响

引自 Chen 等（2018b）

密度泛函理论（DFT）是一种用来研究多电子体系结构的方法，在分子和凝聚态物质性质的预测方面有广泛应用。Deb 等（2017）制备酰胺功能化碳纳米管（amido-amine functionalized carbon nanotube，CNT-AA）用于去除放射性核素 U(VI)、Am(III)和 Eu(III)，通过 DFT 计算，CNT-AA 可以与核素离子以物质的量比为 1∶1 络合，络合反应的通式为

$$M^{n+} + nNO_3^- + CNT\text{-}AA \longrightarrow M(NO_3)_n CNT\text{-}AA \tag{6.4}$$

在 CNT-AA 的优化结构[图 6.20（a）]中，酰胺单元向外投射，与碳纳米管边缘碳原子相连的酰胺基团向外延伸。图 6.20（b）和（c）分别为在 NO_3^- 存在下，U(VI)、Am(III)与 CNT-AA 配位的优化结构图。由于 NO_3^- 比 H_2O 配位能力更强，在核素离子的第一配位壳层中只考虑 NO_3^-。酰胺基团中存在的羰基 O 和氨基中的 N 可以与 U(VI)配位，距离最近的两个 NO_3^- 构成中心 U(VI)的双齿配体，形成一个八配位络合体。对于 Am(III)，三个 NO_3^- 的双齿配位和酰胺也构成了 Am(III)的八配位环境。优化结构的金属中心与供体原子（O 和 N）之间的键长见表 6.1。对于这两种配合物，M—O（C=O）的键长都比M—O（NO_3^-）小，说明酰胺基团中的羰基氧比硝酸盐配位能力更强。同样对于这两种配合物，金属中心与羰基氧[M—O（C=O）]的距离比与氮的[M—N（—NH₂）]距离更小，这表明羰基氧比氨氮具有更强的配位能力。与 Am(III)相比，U(VI)的 M—O（C=O）键长更小，这表明 CNT-AA 与 U(VI)的结合能力更强。

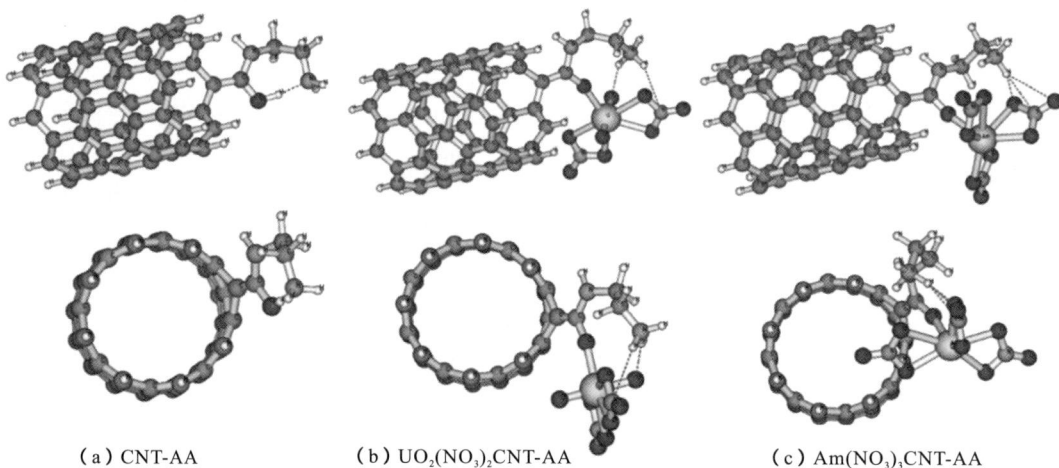

（a）CNT-AA   （b）UO₂(NO₃)₂CNT-AA   （c）Am(NO₃)₃CNT-AA

图 6.20　几种配合物的几何优化分子构型（两个不同角度）

绿色、红色、橙色小球分别代表 C、N、O 元素，黄色大球表示金属中心；引自 Deb 等（2017）

表 6.1　在 NO_3^- 存在下，优化结构的金属中心与供体原子（O 和 N）之间的键合距离 （单位：Å）

配位键/共价键	CNT-AA	UO₂(NO₃)₂CNT-AA	Am(NO₃)₃CNT-AA
M—O（C=O）	—	2.378	2.399
M—N（—NH₂）	—	2.689	2.615
M—O（NO_3^-）	—	2.503	2.474
C=O（酰胺）	1.230	1.267	1.260
C—N（酰胺）	1.454	1.468	1.475

注：引自 Deb 等（2017）

6.3.4 碳纳米纤维基纳米材料的去除应用

碳纳米纤维具有大比表面积、良好的机械稳定性、高纵横比，这决定了其在吸附领域的发展潜力。由于独特的物理性质，碳纳米纤维可以制成不同的形状和长度，同时利用化学接枝、辐射诱导接枝、静电纺丝等方法可以制备不同的碳纳米纤维材料以满足不同工艺的要求，用于提高对放射性核素的吸附能力与选择性（Wang et al., 2018；Li et al., 2016；Zhao et al., 2016）。继粉末活性炭、颗粒状活性炭之后，活性炭纤维成为第三代净水材料，这类材料具有优异的化学稳定性、环境友好性及更高的耐辐射和耐热性等物理优点，其表面含有少量的羟基和羧基，疏水的内表面可以更充分接枝更多的子官能团从而使其易于吸附污染物。Lu 等（2017）利用化学接枝将腈引入碳纤维表面得到改性活性炭纤维材料，然后用盐酸羟胺处理，制备了胺肟化的活性炭纤维（amidoxime-grafted activated carbon fibers，ACFs-AO）。碳纤维和 ACFs-AO 在表面形态学上存在明显差异。ACFs 中单个纤维的表面是光滑的，而胺肟化的 ACFs-AO 表面粗糙、不均匀，有许多结节和涂层覆盖在纤维的表面。利用三种活性炭纤维的 XPS 谱图中 C、O、N 峰面积的比值可以计算三种活性炭纤维表面这三种元素的含量，根据 N 含量的变化可以得出胺肟化程度。图 6.21（a）为 ACFs-AO 吸附 U(VI)前后的 XPS 谱图，可以清楚地观察到吸附后的 U 4f 吸收峰。图 6.21（b）对应 N 1s 的特征峰，吸附前后对比可以发现—C—NH$_2$ 和—C≡N 对应的两个峰转移到结合能更高的峰位，这表明 N 的电子密度降低，说明 U(VI)可以同时与—NH$_2$ 和—C≡NOH 基团相互作用。ACFs-AO-U(VI)末端的—OH 峰出现了相同的变化，峰位转向了更高的结合能，而其他峰几乎保持不变，说明 U(VI)也可以与—OH 相互作用。通过比较 ACFs-AO 在 U(VI)吸附前后的 XPS 光谱可知，U(VI)可以同时与胺肟基团上的胺基和羟基络合而吸附在 ACFs-AO 上。

Qian 等（2006）开发了一种以超长碲纳米线为模板，利用葡萄糖合成水热碳质纳米纤维的新方法。合成的碳纳米纤维表面高度功能化，通过改变水热碳化的时间即可控制纤维的尺寸。与碳纳米管和水热碳化衍生的碳球相比，碳纳米纤维最大的优点是它们可以通过一种溶剂蒸发诱导自组装工艺的简单方式制造自支撑膜（Liang et al., 2011），该工艺制备的吸附剂可以承受一定的外在压力且材料具有柔韧性。Zhang 等（2015）研究发现，利用水热碳法在没有模板导向物质的情况下，合成的是碳纳米球。因此碲纳米线是制备高纵横比碳纳米纤维的关键模板，它的存在使制备独立的二维膜成为可能。Zhang 等（2015）利用该方法合成了碳纳米纤维并描述了材料在不同 pH 下的吸附行为。在温度为 298 K 下对碳纳米纤维进行电位酸碱滴定，滴定过程中消耗的质子总浓度如图 6.22 所示，≡SOH 用于表示强酸性基团（如羧基），≡XOH 用于表示弱基团（如羟基）。考虑到碳基和环氧基也是重要的表面官能团，使用≡YO 将它们区别于强酸性基团。因此碳纳米纤维的酸碱化学性质（S、X 和 Y 代表表面）可以用以下 4 个反应来表示：

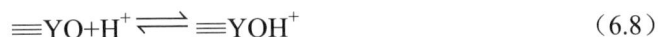

$$\equiv SOH + H^+ \rightleftharpoons \ \equiv SOH_2^+ \tag{6.5}$$

$$\equiv SOH \rightleftharpoons \ \equiv SO^- + H^+ \tag{6.6}$$

$$\equiv XOH \rightleftharpoons \ \equiv XO^- + H^+ \tag{6.7}$$

$$\equiv YO + H^+ \rightleftharpoons \ \equiv YOH^+ \tag{6.8}$$

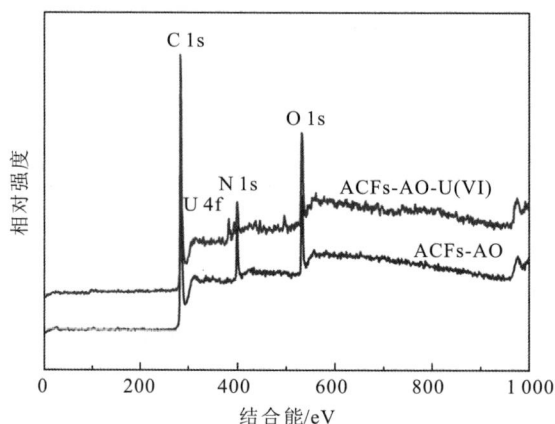

（a）ACFs-AO吸附U(VI)前后的XPS谱图

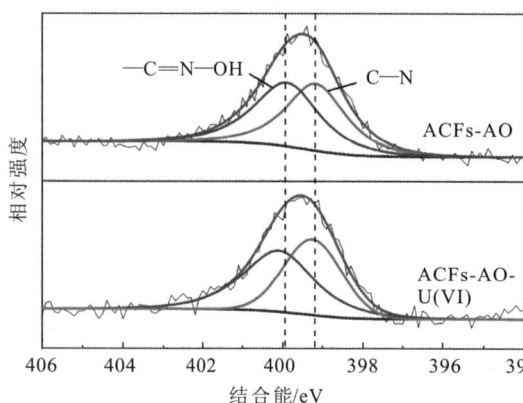

（b）吸附U(VI)前后N 1s的高分辨率谱图

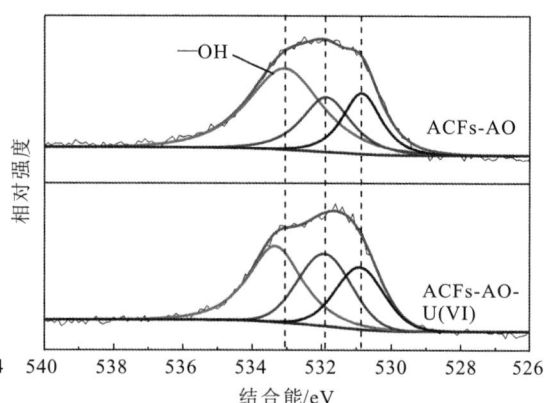

（c）吸附U(VI)前后O 1s的高分辨率谱图

图 6.21　ACFs-AO 的 XPS 谱图

引自 Lu 等（2017）

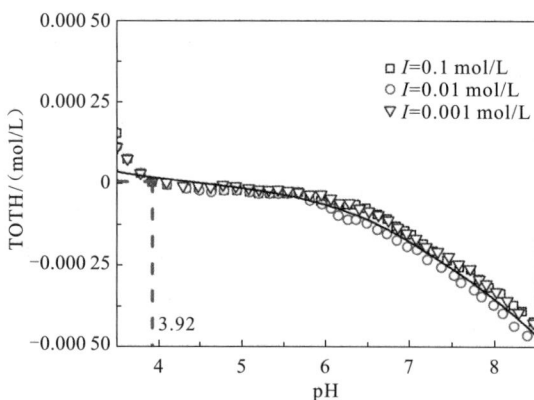

（a）碳纳米纤维消耗的质子
总浓度与pH的关系

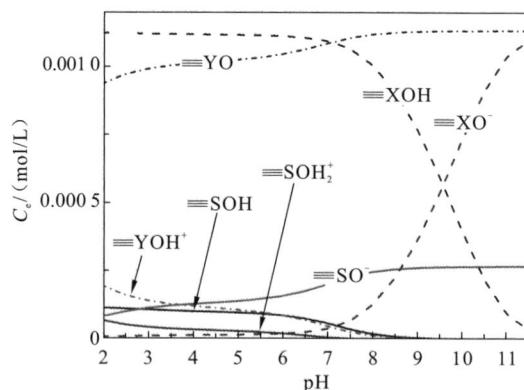

（b）由双层模型模拟的碳纳米纤维的
表面位点密度与pH的关系

图 6.22　质子总浓度与 pH 的关系及表面位点密度与 pH 的关系图

引自 Zhang 等（2015）

　　基于双层模型的表面位点分布与 pH 的关系如图 6.22（a）所示。假设的模型可以很好地描述实验滴定数据。图 6.22（b）为主要的功能位点与 pH 的关系，在低 pH 条件下，主要位点为≡SOH、≡XOH 和≡YO，而在高 pH 条件下，以去质子化的≡SO⁻和≡XO⁻为主。

零电荷点（pH_{pzc}）是材料表面 ζ 电势为 0 的点，此时满足条件$[SOH_2^+]+[YOH^+]=[XO^-]+[SO^-]$。该碳纳米纤维材料的 $pH_{pzc}=3.92$，这意味着当 $pH<3.92$ 时，材料表面总电荷数为正，当 $pH>3.92$ 时，表面总电荷数为负，因此碳纳米纤维在不同的 pH 下会表现出不同的吸附行为。

Park 等（2020）利用电沉积法在直径为 100 nm 的碳纳米纤维芯上生长了直径为 50 nm 的普鲁士蓝（Prussian blue，PB）纳米颗粒，合成了具有核-壳结构的普鲁士蓝碳纳米纤维复合材料（carbon nanofiber-Prussian blue，PB-CNF）。以碳纳米纤维为支撑材料，有效解决了单独使用 PB 作为吸附剂难以去除的问题。他们采用电化学方法研究了 PB-CNF 对 Cs^+ 的吸附和解吸性能，设计了一种以 PB-CNF 为工作电极、Pt 为辅助电极、Ag/AgC 为参考电极的三电极光电化学电池，采用时间电流法分析了电解质溶液中 Cs^+ 的吸附和解吸。当在 PB-CNF 电极施加负电位时，Fe^{3+} 被还原为 Fe^{2+}，PB 被氧化为普鲁士白（Prussian white，PW），Cs^+ 在静电作用下迁移到 PB-CNF 电极并由电化学能被吸附到 PB 晶格中，而不是靠静电作用被简单吸附到电极表面，这在透射电镜图像（图 6.23）中可以看出。当在 PB 吸附 Cs^+ 的电极上施加一个与吸附电位相反的正电位，此时电极失去电荷，并迅速分离附着的 Cs^+，实现电极再生。由于电极的透明度，通过颜色的变化可以清楚地观察到 PB 的氧化和还原[图 6.23（c）～（f）]。

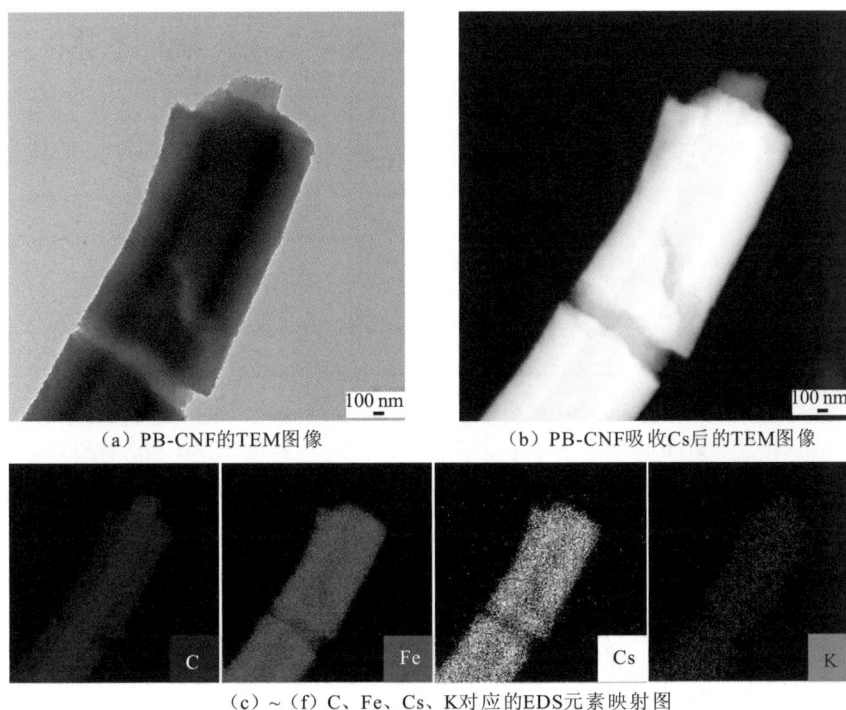

（a）PB-CNF的TEM图像　　　　　　（b）PB-CNF吸收Cs后的TEM图像

（c）～（f）C、Fe、Cs、K对应的EDS元素映射图

图 6.23　PB-CNF 反应前后的 TEM 图像与 EDS 元素映射图

引自 Park 等（2020）

根据实验前后电解质溶液中 ^{137}Cs 的活性浓度可以计算 ^{137}Cs 的去除率。实验结果表明，合成的 PB-CNF 对放射性核素 ^{137}Cs 表现出优良的吸附性能。在经过 5 个吸附-解吸循环后，电解质溶液中 Cs^+ 初始浓度从 868 μmol/L 降至 590 μmol/L，降低了约 32%。且吸附的 Cs^+ 可以在特定溶液中积累。由于 PB-CNF 电极可再生，吸附可以持续进行。与现有的商业电极、商业碳布相比，PB-CNF 电极能更有效地去除 ^{137}Cs。

与用于吸附的其他碳基材料类似，将磁性基团引入碳纳米纤维有利于吸附剂的分离和回收过程。Yu 等（2019）设计制备了用于吸附 U(VI)的三维碳质纳米纤维/镍铝层状双氢氧化物纳米复合材料，其表面具有丰富的官能团，如金属氧表面键合位点（Ni—O、Al—O）及自由金属表面键合位点（C—O、C—O—C、O—C=O）等。研究表明该复合材料对 U(VI)的最大吸附量达 0.7 mmol/g，吸附机制以内层表面络合为主。空心管状碳纳米纤维（hollow tubular nanofibers，HTnFs）材料独特的结构使其有利于离子运输，较大的比表面积、丰富的表面官能团对从废水中吸附放射性核素 U(VI)具有重要的意义（Han et al.，2019）。Ahmad 等（2020）使用强酸（H_2SO_4 与 HNO_3）对 HTnFs 进行修饰制备了磺基和羧基功能化的复合材料 HTnF-SO_3H 和 HTnF-COOH。功能化后的 HTnF-SO_3H 和 HTnF-COOH 在 pH=8 的条件下对 U(VI)的吸附容量达到 1 827.57 mg/g 和 1 928.59 mg/g。他们模拟了 U(VI)质量浓度为 3～100 μg/L 的海水，从图 6.24 的结果来看，在低 U(VI)浓度（3 μg/L）下，HTnF-SO_3H 和 HTnF-COOH 的吸附率分别为 90%±0.5%和 95%±0.5%，而在高 U(VI)浓度（100 μg/L）下，短时间内二者的吸附率可达 99.1%±0.5% 与 99.9%±0.5%。在经过 5 个循环的吸附-解吸实验后，两种材料的吸附率都不低于 85%±0.5%。

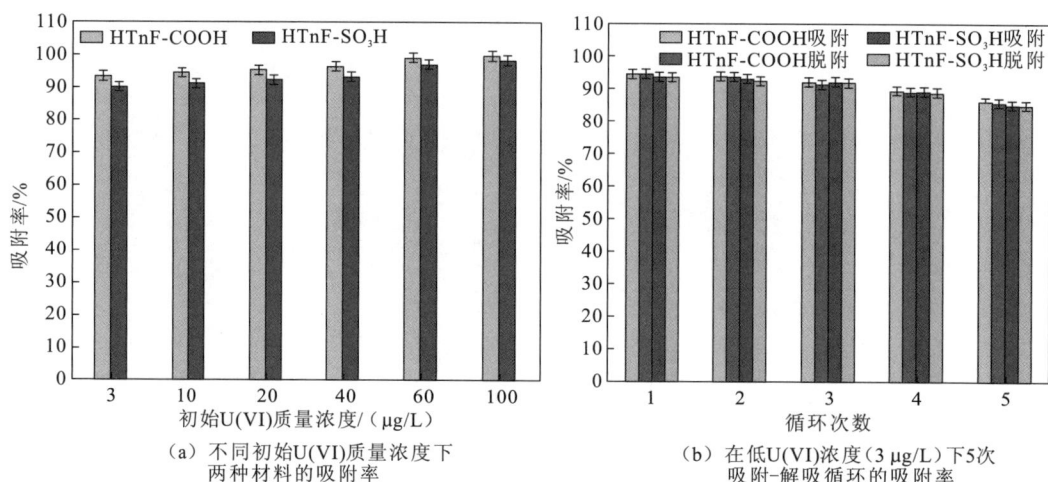

（a）不同初始U(VI)质量浓度下
两种材料的吸附率

（b）在低U(VI)浓度（3 μg/L）下5次
吸附-解吸循环的吸附率

图 6.24　不同 U(VI)浓度对吸附的影响与循环实验图
引自 Ahmad 等（2020）

碳纳米纤维的活化还可以有效地打开原始材料中的封闭孔并产生新的孔，比表面积和孔体积的增大使其吸附能力增强了 2～3 倍。目前的研究中，碳纳米纤维对放射性核素的吸附能力还很有限，需要针对不同异质结构、孔隙率和对不同污染物的吸附进行进一步研究。环保且具有经济效益的纤维材料将为探索去除水污染物提供新的方向和途径。

6.3.5　其他碳材料吸附剂及应用

1. 其他碳材料吸附剂

碳基纳米材料对放射性核素的吸附性能主要依赖其表面功能和多孔内部结构，除典型的石墨烯、活性炭、碳纳米管及碳纤维外，碳微球、纳米金刚石、碳量子点等具有碳基微结构或纳米结构的碳基材料对放射性核素也有很强的吸附能力（Abd Rani et al.，2020；Liu et al.，2017；Wen et al.，2017）。已知纳米金刚石在水体净化方面很有发展潜力，它在宏观尺度上具有与金刚石类似的优异性能，如抗辐射性和相对较高的热稳定性，同时又兼具纳米尺度上高度发达的孔隙结构，也可以通过简单的表面改性提高吸附性能。Buchatskaya 等（2015）使用单臂和双臂苯甲酰硫脲作为配体修饰纳米金刚石用于吸附 U(VI)，研究表明单臂纳米结构对 U(VI)的吸附性能比双臂纳米结构更优良。Matsumoto 等（2018）利用纳米金刚石作为普鲁士蓝的载体（Cu-Prussian blue@nanodiamond，Cu-PB@DND）来模拟对污水中 Cs(I)的吸附。使用空气处理的纳米金刚石 Zeta 电位为负，而 NaOH 处理后则为正值。由于表面负电荷和大比表面积，Cu-PB@DND 对带正电荷的 Cs(I)的吸附容量高达 759 mg/g。碳量子点（carbon quantum dots，CQD）是继碳纳米管、纳米金刚石和石墨烯之后又一种新型碳纳米功能材料，Xu 等（2004）发现了利用电弧放电来制备单壁碳纳米管的方法后，在电泳法纯化产物的过程中首次发现了可以放出明亮荧光的碳量子点。其粒径一般小于 10 nm，且表面经过有机物钝化处理后具有与传统半导体量子点相媲美的荧光特性，是一种性能优良的有机-无机杂化材料。放射性离子与碳量子点之间的相互作用机制往往是物理吸附、离子交换、静电相互作用、络合作用和氢键的组合。Wang 等（2017）合成了一种发光介孔硅碳量子点复合材料（luminescent mesoporous silica-carbon dots，CDs/SBA-NH$_2$）用于吸附 U(VI)，并选择在 pH 为 3 的条件下研究 CDs/SBA-NH$_2$ 对 U(VI)的荧光反应与吸附行为之间的关系，因为在 pH 为 3 的条件下，CDs/SBA-NH$_2$ 的吸附能力主要归因于碳量子点。图 6.25（a）表明随着吸附的进行，CDs/SBA-NH$_2$ 的荧光强度迅速下降，由图 6.25（b）可知，CDs/SBA-NH$_2$ 对 U(VI)的吸附满足拟二阶动力学方程，吸附速率受材料表面活性位点数量的影响。图 6.25（c）表明随着 U(VI)初始质量浓度升高，CDs/SBA-NH$_2$ 的吸附能力增强，并伴随着荧光强度的降低，U(VI)初始质量浓度为 40 mg/L 时吸附容量接近饱和。由此证明碳量子点复合材料的荧光强度可以作为监测吸附进程的指标。

过去的十九年中，具有特殊结构的碳基材料得到了飞跃的发展，在合成、表征及应用等方面都取得了丰硕的成果，但材料本身尚存在一定的缺陷，如纳米金刚石的制作和分离成本过高，在很大程度上限制了它的大规模生产。相对来说，碳量子点的应用与研究更为广泛，作为一种结构特殊的碳基零维材料，在环境监测、水处理等多个领域表现出巨大的潜在应用价值。未来研究的重点应是对碳量子点组成、表面性质及负载成分的精确调控。国家重点研究发展计划将纳米研究和量子调控作为重大科研计划；《中国制造2025》也指出，将高度关注颠覆性新材料对传统材料的影响。针对不同环境的应用需求，制备期望较高的碳基材料，理解材料结构与应用性能之间的构效关系是推动碳量子点结构调整与纳米材料整体发展的动力，也是这一领域的一大挑战（Zou et al.，2020；Wang et al.，2020c）。

2. 其他应用

除吸附法处理放射性废水外，针对不同的水质条件、核素类别等，膜分离法、离子交换法、光催化技术、电化学法等也有较广泛的应用。以膜分离法为例，碳材料的性能提高了膜的除垢效果、亲水性和渗透质量，近年来已经利用碳基材料制得了种类繁多、

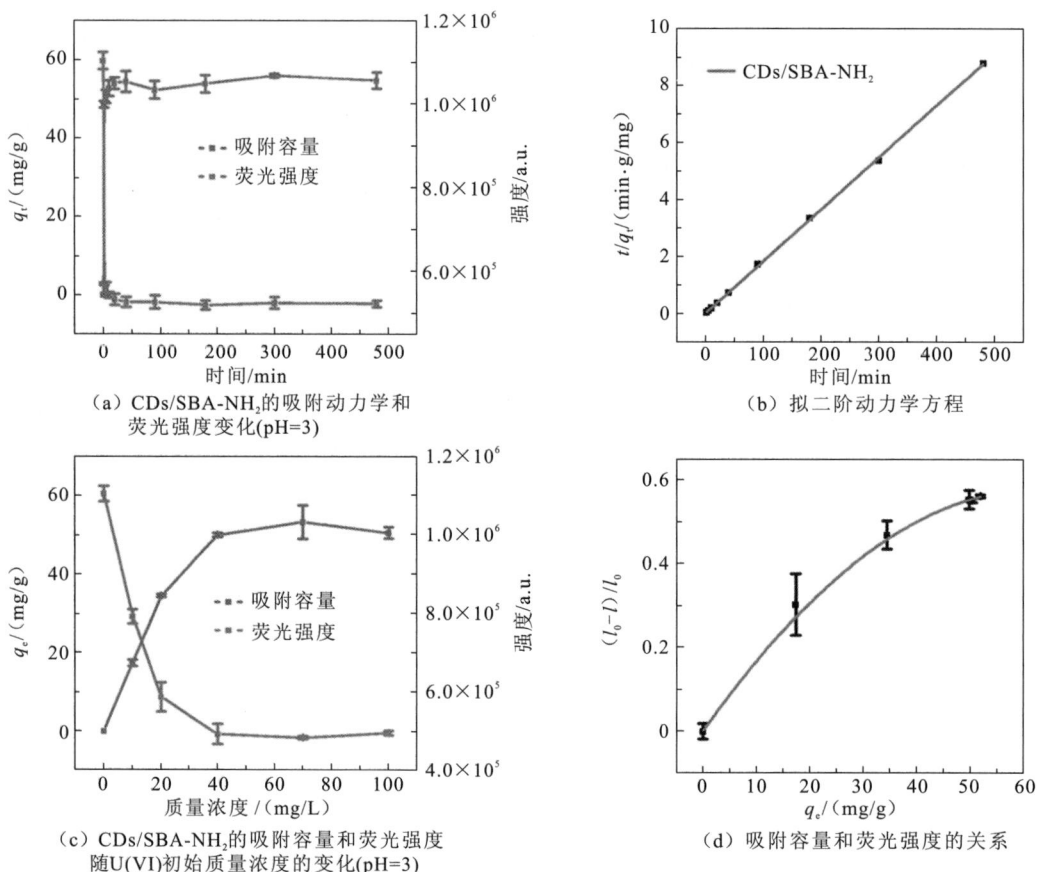

（a）CDs/SBA-NH$_2$的吸附动力学和
荧光强度变化(pH=3)

（b）拟二阶动力学方程

（c）CDs/SBA-NH$_2$的吸附容量和荧光强度
随U(VI)初始质量浓度的变化(pH=3)

（d）吸附容量和荧光强度的关系

图6.25　吸附性能与荧光强度关系图

引自 Wang 等（2017）

功能多样的碳膜（Ali et al.，2020；Ahmed et al.，2013；Ahn et al.，2012）。例如利用碳纳米管超高的水通量，仅根据碳纳米管水通特性的不同就可以得到4种不同的碳纳米管膜：将碳纳米管垂直排列，使废水沿纳米管管壁平行穿过而制备的是阵列式碳纳米管膜（Lee et al.，2010）；将碳纳米管排列在聚合物支撑层上使废水随机通过得到的是水平排列的碳纳米管膜（Cui et al.，2017）；将碳纳米管通过界面聚合或相位反转直接掺杂到聚合物膜得到的是混合基质碳纳米管膜（Sun et al.，2017）；将碳纳米管制备成阳极过滤器可得电化学碳纳米管膜（图6.26）（Duan et al.，2017）。

Ali 等（2020）将碳纳米管掺杂到聚氯乙烯中制备了混合基质碳纳米管膜，并根据电荷差异研究了碳纳米管膜对 Cs(I)和 Sr(II)的选择性去除能力。尽管水质成分复杂，碳纳米管膜对 Sr(II)始终表现出较高的选择性，而对 Cs(I)等低价态阳离子的选择性较低，这是由静电相互作用决定的。氧化石墨烯具有无限延伸的层状结构，既可以作为碳纳米管的支撑层，也可以单独成膜。Hu 等（2019）研究了不同碳纳米管掺杂量的改性氧化石墨烯膜对 U(VI)的截留性能，随着碳纳米管掺杂量的增加，对 U(VI)的截留率逐渐降低。这是由于掺杂的无序性与随机性，随着碳纳米管含量的逐渐升高，膜的层间距逐渐增大，使 U(VI)更容易渗透通过膜层。溶液的酸度同样影响膜对 U(VI)的截留性能，酸度增大，溶液中 H$^+$浓度远大于 U(VI)的浓度，而 H$^+$的水合离子半径较小会优先通过渗透膜，导致

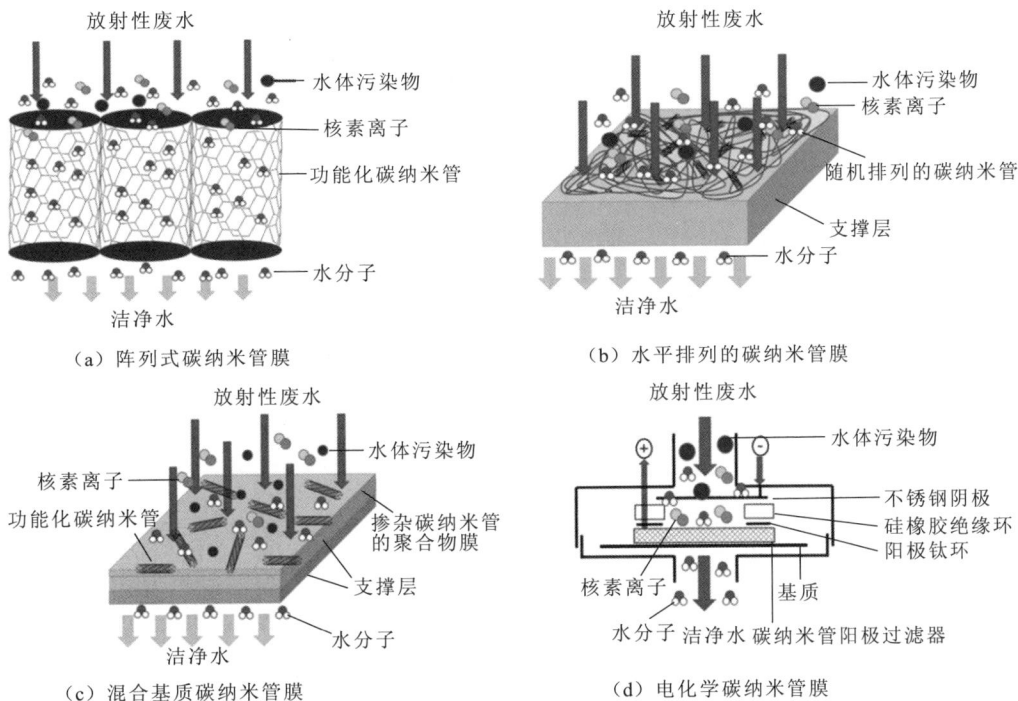

（a）阵列式碳纳米管膜 （b）水平排列的碳纳米管膜

（c）混合基质碳纳米管膜 （d）电化学碳纳米管膜

图 6.26 不同水通特性的碳纳米管膜

（a）引自 Lee 等（2010）；（b）引自 Cui 等（2017）；（c）引自 Sun 等（2017）；（d）引自 Duan 等（2017）

U(VI)的截留率升高（Huang et al.，2019）。总体而言，碳纳米管膜由于成本高昂，在膜法处理核素方面的研究与应用远不如石墨烯基膜广泛。然而纯的石墨烯膜不稳定且通量低，实验研究中通常选择一些结构稳定的交联剂作为石墨烯纳米片的共价修饰，如异氟酮二异氰酸酯（Zhang et al.，2017）、聚壳糖（Hu et al.，2020）、硫醇（Kabiri et al.，2016）等。Narayanam 等（2019）使用不同层数与不同尺寸的石墨烯纳米片制备了氧化石墨烯膜过滤器，并通过 Eu(III)水溶液的渗透性质来检测石墨烯膜对 Eu(III)的去除能力。图 6.27（a）表明随着石墨烯纳米片尺寸的增大，对 Eu(III)的过滤效率也随之提高，这是因为石墨烯层数增加，形成了不间断的多个过滤层，增强了滤膜对 Eu(III)的截留作用。图 6.27（b）所示为利用电感耦合等离子体发射光谱（inductively coupled plasma-optical emission spectroscopy，ICP-OES）和光致发光光谱（photoluminescence，PL）测量计算出的多层石墨烯滤膜对 Eu(III)的去除能力，与 5～11 层石墨烯滤膜相比，层数较少的滤膜对 Eu(III)的去除能力更强，这是因为少层石墨烯膜比表面积更大。

亲水性聚合物与碳材料的掺入可以提高活性炭在复合电极中的亲水性和分散性，从而大大提高电吸附性能。近年来开发用于电吸附的碳/聚合物复合材料受到了广泛的关注。Tang 等（2021b）利用壳聚糖和柚子壳生物炭制备了活性炭复合膜（chitosan/biomass-derived carbon，记作 CS/BC）用于对 U(VI)的电吸附，并根据电吸附性能对壳聚糖与生物炭的质量比进行了优化，选择吸附效果最好的 CS/BC-2 作为电极（阴极），在溶液中对 U(VI)进行电吸附。当施加在电极上的电压较小时，此时电解质溶液与 CS/BC-2 电极的带电表面会形成双电层，U(VI)被 CS/BC-2 电极的负电位吸引，通过静电相互作用被吸引到双电层中。如图 6.28 所示，电极电压增大，同时 U(VI)进入 CS/BC-2 内部相互

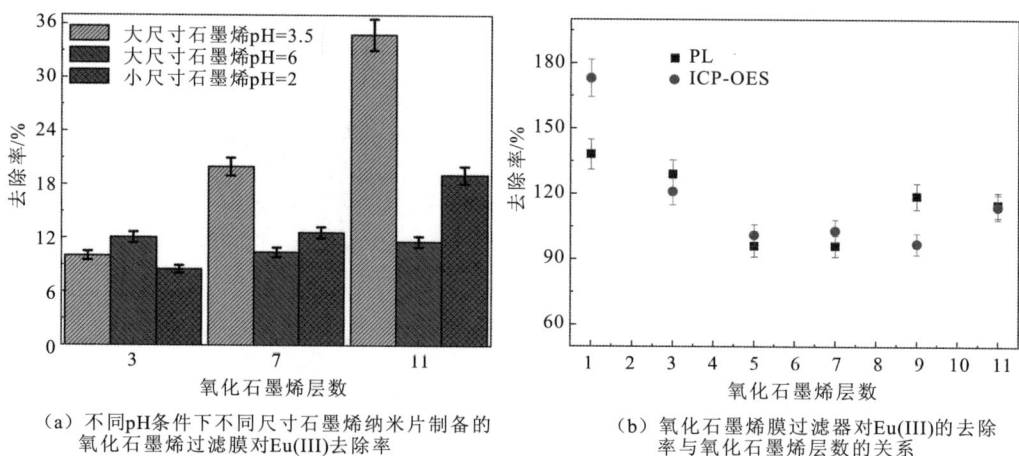

（a）不同pH条件下不同尺寸石墨烯纳米片制备的
氧化石墨烯过滤膜对Eu(III)去除率

（b）氧化石墨烯膜过滤器对Eu(III)的去除
率与氧化石墨烯层数的关系

图 6.27　不同氧化石墨烯滤膜与 Eu(III)去除率关系图

引自 Narayanam 等（2019）

连通的多孔结构，大孔可以作为载体，为 U(VI)附着空间，CS/BC-2 材料表面的介孔促进 U(VI)的快速运转，同时在 CS/BC-2 表面均匀分布的众多官能团可以通过离子交换作为结合 U(VI)的活性位点，电极表面出现沉淀，此时发生电化学反应。除静电作用和离子交换机制外，U(VI)与 CS/BC-2 电极之间还存在表面络合作用与物理吸附，这里不再详述。

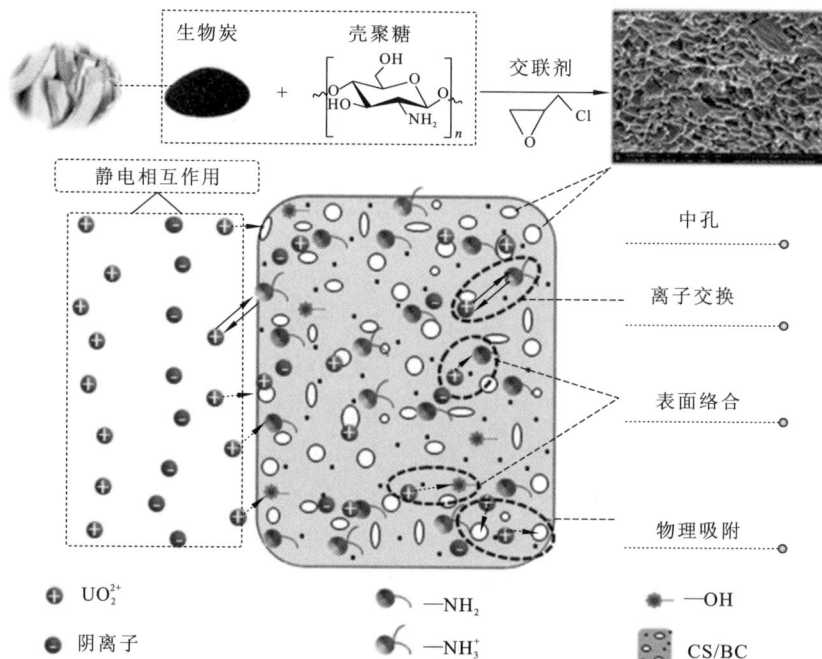

图 6.28　CS/BC-2 电极去除 U(VI)的电吸附机理

引自 Tang 等（2021b）

　　光催化技术在去除污染物、净化水体方面的应用也很广泛，但是由于光催化法涉及光生电子对污染物的氧化作用，而放射性核素多为价态不可变的金属离子，这大大限制了光催化技术在放射性核素去除方面的应用。铀的价态是多变的，且天然环境中 U(VI)与 U(IV)可以稳定存在，U(IV)存在于还原环境中并且相对不溶，而 U(VI)具有高度溶解性。理论上根据 U(VI) 的还原电位 $E(UO_2^{2+}/UO_2) = 0.411\ V$，$E(UO_2^{2+}/U^{4+}) = 0.327\ V$，只要光催化剂的导带位置比其更负，光催化就有一定的可行性（Kumar et al.，2021；Wang et al.，2020a）。由于光催化剂的催化性能还会受到各种环境因素的影响，如酸性或碱性条件会抑制光还原，目前只有少数有限的碳基材料对 U(VI) 有良好的反应性（Kim et al.，2016）。通过元素掺杂来调节可见光的带隙和吸收强度可以提高半导体材料的光催化活性。如 Lu 等（2016）将硼掺杂到石墨相氮化碳（g-C₃N₄）中构建高效的光催化剂来还原 U(VI)。掺杂后的 B-g-C₃N₄ 带隙缩小，随着 B-g-C₃N₄ 形成 N—B—C 键的增强，可见光的吸收强度增强，这与 B-g-C₃N₄ 的光催化性能的变化趋势一致。图 6.29 是 B-g-C₃N₄ 在可见光照射下光催化机理，由于 B 的掺杂，g-C₃N₄ 带隙变窄，B-g-C₃N₄ 在可见光照射下很容易被激发，产生电子-空穴对，具有类石墨烯结构的 B-g-C₃N₄ 也可以作为光催化反应体系中的电子受体和电子传递通路，从而抑制光生电子空穴对的重组。同时，B-g-C₃N₄ 留下的光生空穴可以直接将甲醇氧化为 CO_2 和 H_2O。

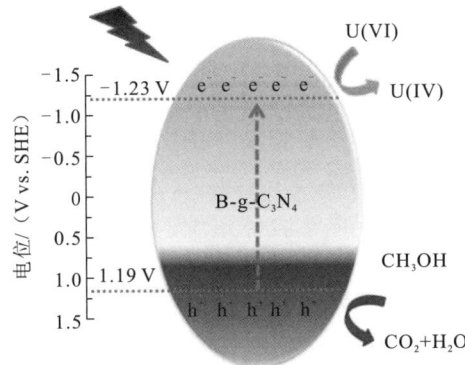

图 6.29　C₃N₄ 光催化剂在可见光照射下的光催化还原反应和电荷转移机理图
引自 Lu 等（2016）

用于放射性核素 U(VI) 去除的光催化剂以 g-C₃N₄ 及其掺杂修饰为主。这类光催化剂的设计还有很多（Lyulyukin et al.，2021；Liang et al.，2020），例如：Liu 等（2021a）报道的三嗪基氮化碳，将原始氮化碳的光催化活性提高了 10 倍以上；Gong 等（2021）通过掺杂噻吩制备的氮化碳基共轭共聚物也将 U(VI) 的光催化还原效率提高了 1.83 倍。然而在光催化技术去除放射性核素的研究中，光催化剂的再生和经济可行性缺乏系统的研究，这必然是未来光催化领域亟须解决的问题（Li et al.，2021）。

6.4　碳基胶体颗粒与核素的相互作用及其环境行为

碳纳米材料通常具有很大的比表面积、可控的孔径分配及可修饰的表面化学特征，这些性能在很大程度上克服了许多传统吸附剂的缺陷，因此碳纳米材料已成为具有广阔应用前景的吸附材料。与此同时，碳纳米材料对污染物的高亲和性及选择性吸附也会在很大程度上影响环境中污染物的迁移归趋。碳纳米材料具有较快的吸附速率及较高的吸附能力，环境中有毒有害物质一旦被碳纳米材料吸附，在环境介质中会随碳纳米材料一起迁移，污染物的环境行为因此可能发生改变。研究发现，多孔介质中胶体颗粒的存在会促进污染物的转运，如无机胶体（黏土矿物、氧化物等）及腐殖质胶体颗粒会促进放射性元素（如 ^{137}Cs、^{239}Pu 等）的转运。这种胶体促进污染物转运的作用，也同样适用于碳基胶体颗粒。研究碳基材料作为吸附剂在放射性核素存在下的聚集和转运行为即确定它们的性质如何随时间变化，尤其是在释放到环境中之后，这对准确预测其环境行为和迁移性、评估环境风险具有深远意义。

6.4.1 胶体系统的性质

纳米粒子的聚沉一直是困扰纳米材料制备和应用的关键问题，用临界聚沉浓度（critical coagulation concentration，CCC）可以评估纳米粒子在水相中的稳定性大小。舒尔策-哈代（Schulze-Hardy）规则是不同价态的电解质聚沉憎液溶胶的经验规则，常用于预测使胶体快速凝固所需的最小离子浓度，根据 Schulze-Hardy 规则，CCC 与离子的化合价成正比（Tang et al.，2017）。固体表面常因表面基团的解离或自溶液中选择性地吸附某种离子而带电，带电表面附近的液体中必有与固体表面电荷数量相等但符号相反的多余的反离子，带电表面和反离子共同构成了双电层（double electrode layer，DEL）。由于离子和表面之间的静电力和分子间相互作用，相邻胶粒的双电层彼此相互作用。

DLVO（Derjaguin-Landau-Verwey-Overbeek）理论结合了范德瓦耳斯力和双反离子层引起的静电斥力的效应，可用于描述胶体系统的稳定性，是带电胶体溶液理论的经典解释（Mahmoud et al.，2020）。胶体体系在一定条件下是稳定存在还是聚沉，取决于胶粒间能垒的大小，粒子间要发生聚沉，必须越过这一能垒才能进一步靠近。当胶粒间排斥能占优势，能垒足够大，颗粒的布朗运动不足以克服它，胶体颗粒处于动力学上的稳定状态，即粒子不能聚结，胶体保持相对稳定；当加入一定量的电解质，胶粒双电层中反离子被部分中和，表面电势降低，胶粒间排斥能垒很小或者消失，胶粒间吸引势能占优势，此时胶粒通过扩散运动发生团聚。即使当胶粒间排斥势能占优势时，给体系一个很强的剪切能以克服这种斥力能垒，胶体也发生团聚。因此胶体分散体的稳定是有条件的、相对的，通过改变条件，胶粒将失去稳定性而发生团聚，且团聚的结构与团聚条件及团聚动力学有关。Chen 等（2006）总结了扩展的 DLVO 模型与胶体粒子之间相关的单一作用力，这有助于更准确地预测胶体的聚集/分散行为。

6.4.2 负载核素的碳基材料在环境中的迁移

碳基纳米材料的胶体性质在其应用、反应性、行为、迁移、生物利用和毒性等方面起主导作用，其稳定性和胶体性质受水体 pH、离子强度、阳离子类型和天然有机物等溶液化学性质的影响。因此，全面了解碳基纳米材料的胶体性质对促进其作为新型吸附剂的应用，以及准确评价其环境行为、迁移和风险具有重要意义。密度泛函理论是描述和预测碳基材料与阳离子结合后化学和物理性质变化的有力工具，为了评估氧化石墨烯作为吸附剂用于放射性核素污染去除后的安全性问题，Gao 等（2018）首先使用密度泛函理论研究了氧化石墨烯在 Cs^+、Sr^{2+}、UO_2^{2+}、Eu^{3+}、Th^{4+} 存在下的团聚机理，图 6.30（a）直观地展示了放置 24 h 后氧化石墨烯随着放射性核素浓度和价态变化的聚集现象，当核

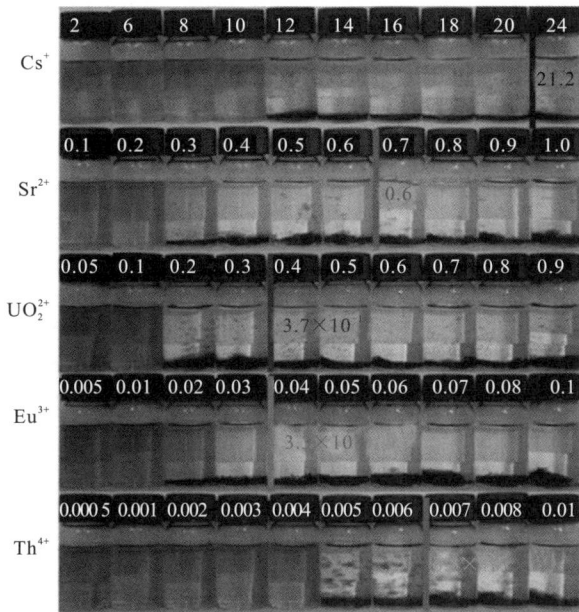

（a）不同价态放射性核素对氧化石墨烯团聚现象的影响　　（c）不同浓度PAA对氧化石墨烯在不同价态核素存在下的团聚稳定因子的影响

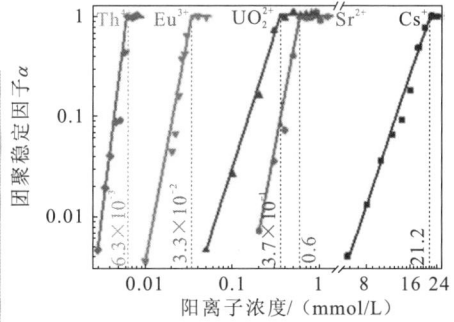

（b）氧化石墨烯在不同价态放射性核素存在下的团聚稳定因子随浓度的变化

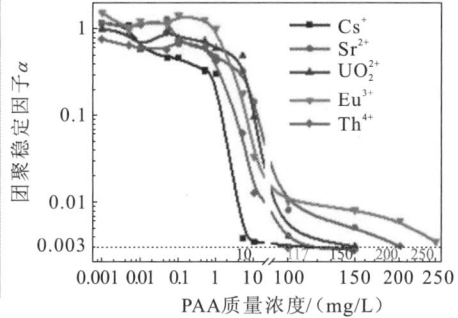

图6.30　不同价态放射性核素与氧化石墨烯胶体相互作用

（a）中数值为放置时间，单位为h；引自 Gao 等（2018）

素离子浓度较低时，氧化石墨烯在水中的分散性较好，当核素离子的浓度达到临界值时，如 12 mmol/L 的 Cs^+、0.3 mmol/L 的 Sr^{2+}、0.2 mmol/L 的 UO_2^{2+}、2.0×10^{-2} 的 Eu^{3+} 和 5.0×10^{-3} mmol/L 的 Th^{4+}，就会出现可见的团聚体。图 6.30（b）所示为团聚稳定因子（α）和 CCC 随放射性核素阳离子浓度的变化。在反应限制区域，α值随着放射性核素阳离子浓度的升高快速地从 10^{-3} 升至 1。在扩散限制区域，α值不受放射性核素阳离子浓度的影响，氧化石墨烯之间的静电斥力被完全抑制，团聚速率达到最大。一旦放射性核素阳离子浓度达到 CCC，扩散过程是氧化石墨烯团聚的主要因素，而不是能量势垒排斥。Cs^+、Sr^{2+}、UO_2^{2+}、Eu^{3+}、Th^{4+} 诱导氧化石墨烯聚集的 CCC 分别为 21.2 mmol/L、0.6 mmol/L、3.7×10^{-1} mmol/L、3.3×10^{-2} mmol/L 和 6.3×10^{-3} mmol/L（表 6.2）。

表 6.2　氧化石墨烯在不同价态阳离子诱导下的 CCC

价态	普通阳离子CCC/（mmol/L）	放射性核素CCC/（mmol/L）	归一化CCC$_{Cs}$
+1	Na^+：36.0/44.0、K^+：28.0 Ag^+：19.0	Cs^+：21.2	1
+2	Ca^{2+}：1.3/0.9、Cu^{2+}：0.7 Pb^{2+}：0.3、Mg^{2+}：1.5/1.3	Sr^{2+}：0.6 UO_2^{2+}：3.7×10^{-1}	$2^{-5.142}$ $2^{-5.841}$
+3	Cr^{3+}：8.5×10^{-2}	Eu^{3+}：3.3×10^{-2}	$3^{-5.885}$
+4	—	Th^{4+}：6.3×10^{-3}	$4^{-5.858}$

注：引自 Gao 等（2018）；Chowdhury 等（2013）；Yang 等（2016）

理论上等价的放射性元素应该具有相似的电荷屏蔽效应，并具有相似的去稳定性能力，但是研究表明氧化石墨烯在 Sr^{2+} 和 UO_2^{2+} 存在下的 CCC 是不一样的。UO_2^{2+} 比 Sr^{2+} 有效地破坏氧化石墨烯的稳定性，这表明氧化石墨烯在等价的放射性元素中的团聚行为不仅涉及电荷屏蔽，还涉及其他机制，例如不同放射性元素与氧化石墨烯的含氧官能团的结合能不同。

已知聚丙烯酸（polyacrylic acid，PAA）可以与碳基纳米材料竞争金属离子的结合，夺取/解吸碳基纳米材料表面吸附的金属离子，因此 PAA 经常被用作分散剂来研究对碳基纳米材料聚集和再分散的影响。图 6.30（c）是 PAA 质量浓度对 α 值的影响，随着 PAA 质量浓度的升高，α 值减少。由于 PAA 与放射性元素有特定的相互作用，可以与氧化石墨烯竞争放射性离子，所以 PAA 质量浓度升高会降低放射性元素对氧化石墨烯的去稳定性能力，使氧化石墨烯在对应放射性核素 Cs^+、Sr^{2+}、UO_2^{2+}、Eu^{3+}、Th^{4+} 下的 α 值降低，PAA 对放射性元素去稳定性能力的影响依次递减，即：$Cs^+>Th^{4+}>UO_2^{2+}>Sr^{2+}>Eu^{3+}$（Gao et al.，2018）。

碳基材料有较高的吸附能力，而且具有纳米材料的分散性和大比表面积等优良特性，因此在水处理领域广泛使用。碳基材料接触金属离子时，会发生聚集和沉淀，使材料很容易从溶液中分离出来。成为金属离子载体后，碳基材料的迁移率显著降低，因此了解其环境行为和潜在风险至关重要。然而目前关于镧系、锕系和其他裂变产物等放射性核素阳离子影响胶体性质的研究有限，碳基材料在含有各种放射性元素溶液中的聚集机理和形态仍然是未来研究需要关注的重点。

6.5 本 章 小 结

碳基纳米材料作为放射性核素的主要吸附剂之一，在多次使用和回收后也可能残留在环境中，对环境造成意想不到的危害。然而目前人们关注的始终是如何提高吸附剂的吸附能力，对其环境过程及环境生态效应方面的认识还远远滞后于材料的研发速度。为了提升对碳基纳米材料应用安全性的认识，还需要探究碳基纳米材料进入环境后的生态效应，确定会带来什么样的生态问题及提出切实可行的解决措施，这将是未来科学研究的另一重点方向。

碳材料用于吸附领域最关键的性能之一是循环再生，包括吸附剂的再生和再活化过程。再生过程涉及从碳材料中去除污染物而不对其造成任何破坏，再活化过程要求重新开发碳内的孔隙结构，以增强其继续使用的能力。尽管碳基材料的化学成分和结构多种多样，但存在功能有限、抗干扰能力弱等缺陷，再生和再活化过程难度较大，导致其在环境污染治理中的应用受到限制。

此外，监测碳基纳米粒子在环境中的分布与迁移对建立碳基纳米材料的传输模型至关重要。研究碳基纳米材料在环境领域的应用不仅要研究碳基材料的聚集，还包括材料的后处理，这要求进一步探索现有模型并进行计算模拟，系统地验证它们的有效性和准确性，以预测纳米粒子最终停留在环境中的位置、时间和形式，尽管目前一些研究提供了关于离子强度、pH 和温度等条件的影响，但仍需要进一步研究来探索其他影响因素并更好地分析负载放射性核素的碳基材料在水体中的传输和归宿，这对传统胶体科学而言又是一个巨大的挑战。

参 考 文 献

Abd Rani U, Yong L, Yin C, et al., 2020. A review of carbon quantum dots and their applications in wastewater treatment. Advanface in Colloid and Interface Science, 278: 102124.

Ahmad M, Anguita J, Ducati C, et al., 2019. Protected catalyst growth of graphene and carbon nanotubes. Carbon, 149: 71-85.

Ahmad M, Yang K, Li L, et al., 2020. Modified tubular carbon nanofibers for adsorption of uranium(VI) from water. ACS Applied Nano Materials, 3(7): 6394-6405.

Ahmed F, Santos C M, Mangadlao J, et al., 2013. Antimicrobial PVK: SWNT nanocomposite coated membrane for water purification: Performance and toxicity testing. Water Research, 47(12): 3966-3975.

Ahn C H, Baek Y, Lee C, et al., 2012. Carbon nanotube-based membranes: Fabrication and application to desalination. Journal of Industrial and Engineering Chemistry, 18(5): 1551-1559.

Ai Y, Liu Y, Lan W, et al., 2018. The effect of pH on the U(VI) sorption on graphene oxide (GO): A theoretical study. Chemical Engineering Journal, 343: 460-466.

Alam M S, Gorman-Lewis D, Chen N, et al., 2018. Mechanisms of the removal of U(VI) from aqueous solution using biochar: A combined spectroscopic and modeling approach. Environmental Science & Technology, 52(22): 13057-13067.

Ali S, Shah I A, Huang H, 2020. Selectivity of Ar/O$_2$ plasma-treated carbon nanotube membranes for Sr(II) and Cs(I) in water and wastewater: Fit-for-purpose water treatment. Separation and Purification Technology, 237: 116352.

Ambashta R D, Sillanpää M E T, 2012. Membrane purification in radioactive waste management: A short review. Journal of Environmental Radioactivity, 105: 76-84.

Arena N, Lee J, Clift R, 2016. Life Cycle Assessment of activated carbon production from coconut shells. Journal of Cleaner Production, 125: 68-77.

Arshad S N, Naraghi M, Chasiotis I, 2011. Strong carbon nanofibers from electrospun polyacrylonitrile. Carbon, 49(5): 1710-1719.

Ashraful A, Kuan H, Zhao Z, et al., 2017. Novel polyacrylamide hydrogels by highly conductive, water-processable graphene. Composites Part A: Applied Science and Manufacturing, 93: 1-9.

Belgacem A, Rebiai R, Hadoun H, et al., 2014. The removal of uranium(VI) from aqueous solutions onto activated carbon developed from grinded used tire. Environmental Science and Pollution Research, 21(1): 684-694.

Benhamed I, Barthe L, Kessas R, et al., 2016. Effect of transition metal impregnation on oxidative regeneration of activated carbon by catalytic wet air oxidation. Applied Catalysis B: Environmental, 187: 228-237.

Bharath G, Alhseinat E, Ponpandian N, et al., 2017. Development of adsorption and electrosorption techniques for removal of organic and inorganic pollutants from wastewater using novel magnetite/porous graphene-based nanocomposites. Separation and Purification Technology, 188: 206-218.

Bhatnagar A, Hogland W, Marques M, et al., 2013. An overview of the modification methods of activated carbon for its water treatment applications. Chemical Engineering Journal, 219: 499-511.

Bradley R H, Pendleton P, 2013. Structure, chemistry and energy of carbon surfaces. Adsorption Science & Technology, 31(2-3): 113-133.

Buchatskaya Y, Romanchuk A, Yakovlev R, et al., 2015. Sorption of actinides onto nanodiamonds. Radiochimica Acta, 103(3): 205-211.

Bunyaev V A, Chernysheva M G, Popov A G, et al., 2020. Comparison analysis of graphene oxide reduction methods. Fullerenes, Nanotubes, and Carbon Nanostructures, 28(3): 191-195.

Cai Y, Wang X, Feng J, et al., 2019. Fully phosphorylated 3D graphene oxide foam for the significantly enhanced U(VI) sequestration. Environmental Pollution, 249: 434-442.

Chen C, Wang X, Nagatsu M, 2009. Europium adsorption on multiwall carbon nanotube/iron oxide magnetic composite in the presence of polyacrylic acid. Environmental Science & Technology, 43(7): 2362-2367.

Chen C, Hu J, Xu D, et al., 2008. Surface complexation modeling of Sr(II) and Eu(III) adsorption onto oxidized multiwall carbon nanotubes. Journal of Colloid and Interface Science, 323(1): 33-41.

Chen C, Li X, Zhao D, et al., 2007. Adsorption kinetic, thermodynamic and desorption studies of Th(IV) on oxidized multi-wall carbon nanotubes. Colloids and Surfaces A: Physicochemical and Engineering Aspects, 302(1-3): 449-454.

Chen H, Chen Z, Zhao G, et al., 2018a. Enhanced adsorption of U(VI) and [241]Am(III) from wastewater using Ca/Al layered double hydroxide@carbon nanotube composites. Journal of Hazardous Materials, 347: 67-77.

Chen H, Ding L, Zhang K, et al., 2020. Preparation of chemically reduced graphene using hydrazine hydrate as the reduction agent and its NO_2 sensitivity at room temperature. International Journal of Electrochemical Science, 15: 10231-10242.

Chen H, Li J, Shao D, et al., 2012. Poly(acrylic acid) grafted multiwall carbon nanotubes by plasma techniques for Co(II) removal from aqueous solution. Chemical Engineering Journal, 210: 475-481.

Chen H, Zhang Z, Wang X, et al., 2018b. Fabrication of magnetic Fe/Zn layered double oxide@carbon nanotube composites and their application for U(VI) and [241]Am(III) removal. ACS Applied Nano Materials, 1(5): 2386-2396.

Chen K L, Elimelech M, 2006. Aggregation and deposition kinetics of fullerene(C_{60}) nanoparticles. Langmuir, 22(26): 10994-11001.

Chen W, Meng X, WANG H, et al., 2019. A feasible way to produce carbon nanofiber by electrospinning from sugarcane bagasse. Polymers, 11(12): 1968.

Cheng H, Lin J, Su Y, et al., 2020. Green synthesis of soluble graphene in organic solvent via simultaneous functionalization and reduction of graphene oxide with urushiol. Materials Today Communications, 23: 100938.

Cheng H, Zhu Y, Sui Z, et al., 2012. Modeling of fishbone-type carbon nanofibers with cone-helix structures.

Carbon, 50(12): 4359-4372.

Chowdhury I, Duch M C, Mansukhani N D, et al., 2013. Colloidal properties and stability of graphene oxide nanomaterials in the aquatic environment. Environmental Science & Technology, 47(12): 6288-6296.

Cui R, Zhao X, Li R, et al., 2017. Preparation of horizontally aligned single-walled carbon nanotubes with floating catalyst. Science China Chemistry, 60(4): 516-520.

Cui S, Scharff P, Siegmund C, et al., 2004. Investigation on preparation of multiwalled carbon nanotubes by DC arc discharge under N_2 atmosphere. Carbon, 42(5-6): 931-939.

Deb A K S, Pahan S, Dasgupta S, et al., 2017. Carbon nano tubes functionalized with novel functional group-amido-amine for sorption of actinides. Journal of Hazardous Materials, 345: 63-75.

Duan W, Chen G, Chen C, et al., 2017. Electrochemical removal of hexavalent chromium using electrically conducting carbon nanotube/polymer composite ultrafiltration membranes. Journal of Membrane Science, 531: 160-171.

Duo J, Liu L, Pan N, et al., 2015. The separation of Th(IV)/U(VI) via selective complexation with graphene oxide. Chemical Engineering Journal, 271: 147-154.

Duster T A, Szymanowski J E S, Fein J B, 2017. Experimental measurements and surface complexation modeling of U(VI) adsorption onto multilayered graphene oxide: The importance of adsorbate-adsorbent ratios. Environmental Science & Technology, 51(15): 8510-8518.

Eigler S, Hirsch A, 2014. Chemistry with graphene and graphene oxide: Challenges for synthetic chemists. Angewandte Chemie International Edition, 53(30): 7720-7738.

Farjadian F, Abbaspour S, Sadatlu M A A, et al., 2020. Recent developments in graphene and graphene oxide: Properties, synthesis, and modifications: A review. ChemistrySelect, 5(33): 10200-10219.

Feng M, Wang L, Zhao Y, et al., 2010. Synthesis and characterization of a new activated carbon supported ammonium molybdophosphate composite and its cesium-selective adsorption properties. Radiochimica Acta, 98(1): 39-44.

Feng P, Li J, Wang H, et al., 2020. Biomass-based activated carbon and activators: Preparation of activated carbon from corncob by chemical activation with biomass pyrolysis liquids. ACS Omega, 5(37): 24064-24072.

Flores C, Zholobenko V L, Gu B, et al., 2019. Versatile roles of metal species in carbon nanotube templates for the synthesis of metal-zeolite nanocomposite catalysts. ACS Applied Nano Materials, 2(7): 4507-4517.

Fronczak M, Fazekas P, Károly Z, et al., 2017. Continuous and catalyst free synthesis of graphene sheets in thermal plasma jet. Chemical Engineering Journal, 322: 385-396.

Ganguly A, Sharma S, Papakonstantinou P, et al., 2011. Probing the thermal deoxygenation of graphene oxide using high-resolution in situ X-ray-based spectroscopies. The Journal of Physical Chemistry C, 115(34): 17009-17019.

Gao L, Dong F, Dai Q, et al., 2016. Coal tar residues based activated carbon: Preparation and characterization. Journal of the Taiwan Institute of Chemical Engineers, 63: 166-169.

Gao Y, Chen K, Ren X, et al., 2018. Exploring the aggregation mechanism of graphene oxide in the presence of radioactive elements: Experimental and theoretical studies. Environmental Science & Technology, 52(21): 12208-12215.

Ge Y, Li Z, 2018. Application of lignin and its derivatives in adsorption of heavy metal ions in water: A review. ACS Sustainable Chemistry & Engineering, 6(5): 7181-7192.

Ghaedi M, Noormohamadi H, Asfaram A, et al., 2016. Modification of platinum nanoparticles loaded on activated carbon and activated carbon with a new chelating agent for solid phase extraction of some metal ions. Journal of Molecular Liquids, 221: 748-754.

Gong J, Xie Z, Wang B, et al., 2021. Fabrication of g-C_3N_4-based conjugated copolymers for efficient photocatalytic reduction of U(VI). Journal of Environmental Chemical Engineering, 9(1): 104638.

Govindaraj A, Rao C N R, 2002. Organometallic precursor route to carbon nanotubes. Pure and Applied Chemistry, 74: 1572-1580.

Gu P, Zhang S, Li X, et al., 2018. Recent advances in layered double hydroxide-based nanomaterials for the removal of radionuclides from aqueous solution. Environmental Pollution, 240: 493-505.

Gu X, Zhao Y, Sun K, et al., 2019. Method of ultrasound-assisted liquid-phase exfoliation to prepare graphene. Ultrasonics Sonochemistry, 58: 104630.

Guo K, Han F X, Kingery W, et al., 2016. Development of novel nanomaterials for remediation of heavy metals and radionuclides in contaminated water. Nanotechnology for Environmental Engineering, 1(1): 7.

Guo Y, Guoy Y, Wang X et al., 2017. Enhanced photocatalytic reduction activity of uranium(VI) from aqueous solution using the Fe_2O_3-graphene oxide nanocomposite. Dalton Transactions, 46(43): 14762-14770.

Hadjittofi L, Pashalidis I, 2015. Uranium sorption from aqueous solutions by activated biochar fibres investigated by FTIR spectroscopy and batch experiments. Journal of Radioanalytical and Nuclear Chemistry, 304(2): 897-904.

Hamed M M, Ali M M S, Holiel M, 2016. Preparation of activated carbon from doum stone and its application on adsorption of ^{60}Co and $^{152+154}$Eu: Equilibrium, kinetic and thermodynamic studies. Journal of Environmental Radioactivity, 164: 113-124.

Han H, Chen X, Qian J, et al., 2019. Hollow carbon nanofibers as high-performance anode materials for sodium-ion batteries. Nanoscale, 11(45): 21999-22005.

Harima Y, Setodoi S, Imae I, et al., 2011. Electrochemical reduction of graphene oxide in organic solvents. Electrochimica Acta, 56(15): 5363-5368.

Hasanzadeh I, Jafari Eskandari M, 2020. Direct growth of multiwall carbon nanotube on metal catalyst by chemical vapor deposition: In situ nucleation. Surface and Coatings Technology, 381: 125109.

He M, Fedotov P V, Chernov A, et al., 2016. Chiral-selective growth of single-walled carbon nanotubes on Fe-based catalysts using CO as carbon source. Carbon, 108: 521-528.

Heidarinejad Z, Dehghani M H, Heidari M, et al., 2020. Methods for preparation and activation of activated carbon: A review. Environmental Chemistry Letters, 18(2): 393-415.

Hu P, Huang B, Miao Q, et al., 2019. Ion transport behavior through thermally reduced graphene oxide membrane for precise ion separation. Crystals, 9(4): 214.

Hu T, Ding S, Deng H, 2016. Application of three surface complexation models on U(VI) adsorption onto graphene oxide. Chemical Engineering Journal, 289: 270-276.

Hu X, Wang Y, Yang J O, et al., 2020. Synthesis of graphene oxide nanoribbons/chitosan composite membranes for the removal of uranium from aqueous solutions. Frontiers of Chemical Science and Engineering, 14(6): 1029-1038.

Hua Y, Wang W, Hu N, et al., 2021. Enrichment of uranium from wastewater with nanoscale zero-valent iron (nZVI). Environmental Science: Nano, 8(3): 666-674.

Huan Y, Wang G, Li C, et al., 2020. Acrylic acid grafted-multi-walled carbon nanotubes and their high-efficiency adsorption of methylene blue. Journal of Materials Science, 55(11): 4656-4670.

Huang H, Sheng J, Qian F, et al., 2019. Effects of graphene oxide incorporation on the mat structure and performance of carbon nanotube composite membranes. Research On Chemical Intermediates, 45(2): 533-548.

Iijima S, 1991. Helical microtubles of graphitic carbon. Nature, 354: 56-58.

Inagaki M, Yang Y, Kang F, 2012. Carbon nanofibers prepared via electrospinning. Advanced Materials, 24(19): 2547-2566.

Januszewicz K, Kazimierski P, Klein M, et al., 2020. Activated carbon produced by pyrolysis of waste wood and straw for potential wastewater adsorption. Materials, 13(9): 2047.

Jia Z, Yin P, Yang Z, et al., 2020. Triphosphonic acid modified multi-walled carbon nanotubes for gold ions adsorption. Phosphorus, Sulfur, and Silicon and the Related Elements, 196(2): 106-118.

Jin J, Li S, Peng X, et al., 2018. HNO_3 modified biochars for uranium(VI) removal from aqueous solution. Bioresource Technology, 256: 247-253.

Journet C, Bernier P, 1998. Production of carbon nanotubes. Applied Physics A, 67: 1-9.

Kabiri S, Tran D, Cole M, 2016. Functionalized three-dimensional (3D) graphene composite for high efficiency removal of mercury. Environmental Science: Water Research & Technology, 2(2): 390-402.

Kawatake K, Shigemoto N, 2012. Preparation of potassium iron(III) hexacyanoferrate(II) supported on activated carbon and Cs uptake performance of the adsorbent. Journal of Nuclear Science and Technology, 49(11): 1048-1056.

Keidar M, Levchenko I, Arbel T, et al., 2008. Increasing the length of single-wall carbon nanotubes in a magnetically enhanced arc discharge. Applied Physics Letters, 92(4): 43129.

Khannanov A, Nekljudov V V, Gareev B, et al., 2017. Oxidatively modified carbon as efficient material for removing radionuclides from water. Carbon, 115: 394-401.

Khosravi M, Maddah A S, Mehrdadi N, et al., 2021. Synthesis of TiO_2/ZnO electrospun nanofibers coated-sewage sludge carbon for adsorption of Ni(II), Cu(II), and COD from aqueous solutions and industrial wastewaters. Journal of Dispersion Science and Technology, 42(6): 802-812.

Kiener J, Limousy L, Jeguirim M, et al., 2019. Activated carbon/transition metal (Ni, In, Cu) hexacyanoferrate nanocomposites for cesium adsorption. Materials, 12(8): 1253.

Kim N H, Kuila T, Lee J, 2013. Simultaneous reduction, functionalization and stitching of graphene oxide with ethylenediamine for composites application. Journal of Materials Chemistry A, 1(4): 1349-1358.

Kim S, Choi K, Park S, 2016. Solvothermal reduction of graphene oxide in dimethylformamide. Solid State Sciences, 61: 40-43.

Kim S G, Jun J, Kim Y K, et al., 2020. Facile synthesis of Co_3O_4-incorporated multichannel carbon nanofibers for electrochemical applications. ACS Applied Materials & Interfaces, 12(18): 20613-20622.

Kondratyuk P, Yates J T, 2007. Molecular views of physical adsorption inside and outside of single-wall carbon nanotubes. Accounts of Chemical Research, 40(10): 995-1004.

Kroto H W, Heath J R, Brien S C, et al., 1985. C_{60}: Buckminsterfullerene. Nature, 318: 162-163.

Kumar V, Singh V, Kim K, et al., 2021. Metal-organic frameworks for photocatalytic detoxification of chromium and uranium in water. Coordination Chemistry Reviews, 447: 214148.

Kuptajit P, Sano N, 2019. Application of microwave-induced plasma for extremely fast synthesis of large surface area activated carbon. Applied Physics Express, 12(8): 86001.

Kurkina I I, Vasileva F D, 2018. Comparing structural and electrical properties of fluorinated graphene, graphene oxide, and graphene films functionalized with N-methylpyrrolidone. Journal of Structural Chemistry, 59(4): 815-822.

Laginhas C, Nabais J, Titirici M, et al., 2016. Activated carbons with high nitrogen content by a combination of hydrothermal carbonization with activation. Microporous and Mesoporous Materials, 226: 125-132.

Lan M, Fan G, Chen Q, et al., 2014. Synthesis of multi-walled carbon nanotubes over tungsten-doped cobalt-based catalyst derived from a layered double hydroxide precursor. Journal of Industrial and Engineering Chemistry (Seoul, Korea), 20(4): 1523-1531.

Leder L B, Suddeth J A, 1960. Characteristic energy losses of electrons in carbon. Journal of Applied Physics, 31(8): 1422-1426.

Lee C, Baik S, 2010. Vertically-aligned carbon nano-tube membrane filters with superhydrophobicity and superoleophilicity. Carbon, 48(8): 2192-2197.

Li C, Yang J, Zhang L, et al., 2021. Carbon-based membrane materials and applications in water and wastewater treatment: A review. Environmental Chemistry Letters, 19(2): 1457-1475.

Li H, Dong X, Da Silva E B, et al., 2017. Mechanisms of metal sorption by biochars: Biochar characteristics and modifications. Chemosphere, 178: 466-478.

Li M, Liu H, Chen T, et al., 2019. Synthesis of magnetic biochar composites for enhanced uranium(VI) adsorption. Science of the Total Environment, 651: 1020-1028.

Li S, Jia Z, Li Z, et al., 2016. Synthesis and characterization of mesoporous carbon nanofibers and its adsorption for dye in wastewater. Advanced Powder Technology, 27(2): 591-598.

Li Z, Chen F, Yuan L, et al., 2012. Uranium(VI) adsorption on graphene oxide nanosheets from aqueous solutions. Chemical Engineering Journal, 210: 539-546.

Liang H, Zhang W, MA Y, et al., 2011. Highly active carbonaceous nanofibers: A versatile scaffold for constructing multifunctional free-standing membranes. ACS Nano, 5(10): 8148-8161.

Liang P, Yuan L, Deng H, et al., 2020. Photocatalytic reduction of uranium(VI) by magnetic $ZnFe_2O_4$ under visible light. Applied Catalysis B: Environmental, 267: 118688.

Linghu W, Yang H, Sun Y, et al., 2017. One-pot synthesis of LDH/GO composites as high effective adsorbent for the decontamination of U(VI). ACS Sustainable Chemistry & Engineering, 5(6): 5608-5616.

Liu D, Li J, Dong J, et al., 2019. Effect of ammonia activation and chemical vapor deposition on the physicochemical structure of activated carbons for CO_2 adsorption. Processes, 7(11): 801.

Liu L, Tan S J, Horikawa T, et al., 2017. Water adsorption on carbon: A review. Advances in Colloid and Interface Science, 250: 64-78.

Liu P, Qi W, Du Y, et al., 2014a. Adsorption of thorium(IV) on magnetic multi-walled carbon nanotubes. Science China Chemistry, 57(11): 1483-1490.

Liu P, Yu Q, Xue Y, et al., 2020. Adsorption performance of U(VI) by amidoxime-based activated carbon. Journal of Radioanalytical and Nuclear Chemistry, 324(2): 813-822.

Liu S, Wang Z, Lu Y, et al., 2021a. Sunlight-induced uranium extraction with triazine-based carbon nitride as both photocatalyst and adsorbent. Applied Catalysis B: Environmental, 282: 119523.

Liu W, Wang J, Cai N, et al., 2021b. Porous carbon nanofibers loaded with copper-cobalt bimetallic particles for heterogeneously catalyzing peroxymonosulfate to degrade organic dyes. Journal of Environmental Chemical Engineering, 9(5): 106003.

Liu Y, Kumar S, 2014b. Polymer/carbon nanotube nano composite fibers: A review. ACS Applied Materials & Interfaces, 6(9): 6069-6087.

Lu C, Chen R, Wu X, et al., 2016. Boron doped g-C_3N_4 with enhanced photocatalytic UO_2^{2+} reduction performance. Applied Surface Science, 360: 1016-1022.

Lu X, Zhang D, Tesfay REDA A, et al., 2017. Synthesis of amidoxime-grafted activated carbon fibers for efficient recovery of uranium(VI) from aqueous solution. Industrial & Engineering Chemistry Research, 56(41): 11936-11947.

Luo B, Gao E, Geng D, et al., 2017. Etching-controlled growth of graphene by chemical vapor deposition. Chemistry of Materials, 29(3): 1022-1027.

Lyulyukin M, Filippov T, Cherepanova S, et al., 2021. Synthesis, characterization and visible-light photocatalytic activity of solid and TiO_2-supported uranium oxycompounds. Nanomaterials, 11(4): 1036.

Macdermid-Watts K, Pradhan R, Dutta A, 2021. Catalytic hydrothermal carbonization treatment of biomass for enhanced activated carbon: A review. Waste and Biomass Valorization, 12(5): 2171-2186.

Mahmoud M E, Fekry N A, Abdelfattah A M, 2020. Removal of uranium(VI) from water by the action of microwave-rapid green synthesized carbon quantum dots from starch-water system and supported onto polymeric matrix. Journal of Hazardous Materials, 397: 122770.

Martin E T, Mcguire C M, Mubarak M S, et al., 2016. Electroreductive remediation of halogenated environmental pollutants. Chemical Reviews, 116(24): 15198-15234.

Matsumoto K, Yamato H, Kakimoto S, et al., 2018. A highly efficient adsorbent Cu-Perusian Blue@nanodiamond for Cesium in diluted artificial seawater and soil-treated wastewater. Scientific Reports, 8(1): 5807.

Mcallister M J, Li J, Adamson D H, et al., 2007. Single sheet functionalized graphene by oxidation and thermal expansion of graphite. Chemistry of Materials, 19(18): 4396-4404.

Mikušová V, Lukačovičová O, Havránek E, et al., 2014. Radionuclide X-ray fluorescence analysis of selected elements in drug samples with 8-hydroxyquinoline preconcentration. Journal of Radioanalytical and Nuclear Chemistry, 299(3): 1645-1652.

Mittal G, Dhand V, Rhee K Y, et al., 2015. A review on carbon nanotubes and graphene as fillers in reinforced polymer nanocomposites. Journal of Industrial and Engineering Chemistry, 21: 11-25.

Mkhoyan K A, Contryman A W, Silcox J, et al., 2009. Atomic and electronic structure of graphene-oxide. Nano Letters, 9(3): 1058-1063.

Molaei M J, 2021. Magnetic graphene, synthesis, and applications: A review. Materials Science and Engineering: B, 272: 115325.

Moloukhia H, Hegazy W S, Abdel-Galil E A, et al., 2016. Removal of Eu^{3+}, Ce^{3+}, Sr^{2+}, and Cs^+ ions from radioactive waste solutions by modified activated carbon prepared from coconut shells. Chemistry in Ecology, 32(4): 324-345.

Monea B F, Ionete E I, Spiridon S I, et al., 2019. Carbon nanotubes and carbon nanotube structures used for temperature measurement. Sensors, 19(11): 2464.

Montes-Morán M A, Suárez D, Menéndez J A, et al., 2004. On the nature of basic sites on carbon surfaces: An overview. Carbon, 42(7): 1219-1225.

Moon S, Kim W, 2019. The synergistic effect of a bimetallic catalyst for the synthesis of carbon nanotube aerogels and their predominant chirality. Chemistry-A European Journal, 25(59): 13635-13639.

Narayanam P K, Sankaran K, 2019. Separation of europium using graphene oxide supported membranes. Colloids and Surfaces A: Physicochemical and Engineering Aspects, 583: 123942.

Ozkan T, Naraghi M, Chasiotis I, 2010. Mechanical properties of vapor grown carbon nanofibers. Carbon, 48(1): 239-244.

Pang H, Huang S, Wu Y, et al., 2018. Efficient elimination of U(VI) by polyethyleneimine decorated fly ash. Inorganic Chemistry Frontiers, 5(10): 2399-2407.

Pang H, Wu Y, Wang X, et al., 2019. Recent advances in composites of graphene and layered double hydroxides for water remediation: A review. Chemistry: An Asian Journal, 14(15): 2542-2552.

Park J, Heo H Y, Lee S C, et al., 2007. Dispersion of single-walled carbon nanotubes in water with polyphosphazene polyelectrolyte. Journal of Inorganic and Organometallic Polymers and Materials, 16(4): 359-364.

Park J, Kim H, Kim M, et al., 2020. Sequential removal of radioactive Cs by electrochemical adsorption and desorption reaction using core-shell structured carbon nanofiber-Prussian blue composites. Chemical Engineering Journal, 399: 125817.

Pels J R, Kapteijn F, Moulijn J A, et al., 1995. Evolution of nitrogen functionalities in carbonaceous materials during pyrolysis. Carbon (New York), 33(11): 1641-1653.

Peng W, Li H, Liu Y et al., 2017. A review on heavy metal ions adsorption from water by graphene oxide and its composites. Journal of Molecular Liquids, 230: 496-504.

Pereira M F R, Soares S F, Órfão J J M, et al., 2003. Adsorption of dyes on activated carbons: Influence of surface chemical groups. Carbon, 41(4): 811-821.

Pham V H, Cuong T V, Nguyen-Phan T, et al., 2010. One-step synthesis of superior dispersion of chemically converted graphene in organic solvents. Chemical Communications, 46(24): 4375.

Popov V, 2004. Carbon nanotubes: Properties and application. Springer Briefs in Applied Sciences and Technolog, 43(3): 61-102.

Qian H, Yu S, Luo L, et al., 2006. Synthesis of uniform Te@Carbon-rich composite nanocables with photoluminescence properties and carbonaceous nanofibers by the hydrothermal carbonization of glucose. Chemistry of Materials, 18(8): 2102-2108.

Rathinavel S, Priyadharshini K, Panda D, 2021. A review on carbon nanotube: An overview of synthesis, properties, functionalization, characterization, and the application. Materials Science and Engineering: B, 268: 115095.

Ren Z F, 1998. Synthesis of large arrays of well-aligned carbon nanotubes on glass. Science, 282(5391): 1105-1107.

Rówiński E, 2009. Assignment of quantum number for plasmon energies in carbon layer systems. Applied Surface Science, 255(11): 5881-5884.

Sakemi D, Serpone N, Horikoshi S, 2021. Search for the microwave nonthermal effect in microwave chemistry: Synthesis of the heptyl butanoate ester with microwave selective heating of a sulfonated activated carbon catalyst activated carbon catalyst. Catalysts, 11(4): 466.

Saleh T A, Naeemullah, Tuzen M, et al., 2017. Polyethylenimine modified activated carbon as novel magnetic adsorbent for the removal of uranium from aqueous solution. Microporous and Mesoporous Materials, 117: 218-227.

Shao D, Hu J, Wang X, 2019. Corrigendum on: Plasma induced grafting multiwalled carbon nanotube with Chitosan and its application for removal of UO_2^{2+}, Cu^{2+}, and Pb^{2+} from aqueous solutions. Plasma Processes and Polymers, 16(12): 1900208.

Shao D, Jiang Z, Wang X, et al., 2009. Plasma induced grafting carboxymethyl cellulose on multiwalled carbon nanotubes for the removal of UO_2^{2+} from aqueous solution. Journal of Physical Chemistry B, 113(4): 860-864.

Shen Y, Fang Q, Chen B, 2015. Environmental applications of three-dimensional graphene-based macrostructures: Adsorption, transformation, and detection. Environmental Science & Technology, 49(1): 67-84.

Shi G, Liu C, Wang G, et al., 2019. Preparation and electrochemical performance of electrospun biomass-based activated carbon nanofibers. Ionics, 25(4): 1805-1812.

Shimotani K, Anazawa K, Watanabe H, et al., 2001. New synthesis of multi-walled carbon nanotubes using an arc discharge technique under organic molecular atmospheres. Applied Physics A, 73(4): 451-454.

Si J, Sun C, 2017. On the optical performance of composite structures of graphene and photonic crystals at infrared wavelengths. Journal of Applied Physics, 122(13): 133104.

Simon A, Seyring M, Kämnitz S, et al., 2015. Carbon nanotubes and carbon nanofibers fabricated on tubular porous Al_2O_3 substrates. Carbon, 90: 25-33.

Singh R K, Kumar R, Singh D, 2016. Graphene oxide: Strategies for synthesis, reduction and frontier applications. RSC Advances, 6(69): 64993-65011.

Song N, Gao X, Ma Z, et al., 2018. A review of graphene-based separation membrane: Materials, characteristics, preparation and applications. Desalination, 437: 59-72.

Song Y, Ye G, Lu Y, et al., 2016. Surface-initiated ARGET ATRP of poly(glycidyl methacrylate) from carbon nanotubes via bioinspired catechol chemistry for efficient adsorption of uranium ions. ACS Macro Letters, 5(3): 382-386.

Stankovich S, Dikin D A, Piner R D, et al., 2007. Synthesis of graphene-based nanosheets via chemical reduction of exfoliated graphite oxide. Carbon, 45(7): 1558-1565.

Stephen M, Catherine N, Brenda M, et al., 2011. Oxolane-2, 5-dione modified electrospun cellulose nanofibers for heavy metals adsorption. Journal of Hazardous Materials, 192(2): 922-927.

Sudhindra S, Kargar F, Balandin A A, 2021. Noncured graphene thermal interface materials for high-power electronics: Minimizing the thermal contact resistance. Nanomaterials, 11(7): 1699.

Sun J, Wu L, Li Y, 2017. Removal of lead ions from polyether sulfone/Pb(II)-imprinted multi-walled carbon nanotubes mixed matrix membrane. Journal of the Taiwan Institute of Chemical Engineers, 78: 219-229.

Tang H, Cheng W, Yi Y, et al., 2021a. Nano zero valent iron encapsulated in graphene oxide for reducing uranium. Chemosphere, 278: 130229.

Tang H, Zhao Y, Yang X, et al., 2017. New insight into the aggregation of graphene oxide using molecular dynamics simulations and extended Derjaguin-Landau-Verwey-Overbeek theory. Environmental Science & Technology, 51(17): 9674-9682.

Tang X, Zhou L, Xi J, et al., 2021b. Porous chitosan/biocarbon composite membrane as the electrode material for the electrosorption of uranium from aqueous solution. Separation and Purification Technology, 274: 119005.

Thess A, Lee R, Nikolaev P, et al., 1996. Crystalline ropes of metallic carbon nanotubes. Science, 273(5274): 483-487.

Thomson A, Chatterjee S, Sachdev S, et al., 2018. Triangular antiferromagnetism on the honeycomb lattice of twisted bilayer graphene. Physical Review B, 98(7): 075109.

Tung T T, Yoo J, Alotaibi F K, et al., 2016. Graphene oxide-assisted liquid phase exfoliation of graphite into graphene for highly conductive film and electromechanical sensors. ACS Applied Materials & Interfaces, 8(25): 16521-16532.

Ucar N, Gokceli G, Yuksek I O, et al., 2018. Graphene oxide and graphene fiber produced by different nozzle size, feed rate and reduction time with vitamin C. Journal of Industrial Textiles, 48(1): 292-303.

Ulbricht H, Kriebel J, Moos G, et al., 2002. Desorption kinetics and interaction of Xe with single-wall carbon nanotube bundles. Chemical Physics Letters, 363(3): 252-260.

Upadhyay R K, Soin N, ROY S S, 2014. Role of graphene/metal oxide composites as photocatalysts, adsorbents and disinfectants in water treatment: A review. RSC Advances, 4(8): 3823-3851.

Vahedein Y S, Schrlau, 2018. Carbon deposition mechanisms governing template-based synthesis of carbon nanotubes. Carbon, 137: 395-404.

Van Tran T, Bui Q T P, Nguyen T D, et al., 2016. A comparative study on the removal efficiency of metal ions (Cu^{2+}, Ni^{2+}, and Pb^{2+}) using sugarcane bagasse-derived $ZnCl_2$ -activated carbon by the response surface methodology. Adsorption Science & Technology, 35(1-2): 72-85.

Vo M D, Papavassiliou D V, 2017. Effects of temperature and shear on the adsorption of surfactants on carbon nanotubes. The Journal of Physical Chemistry C, 121(26): 14339-14348.

Wang J, Zhang Z, Zhang Q, et al., 2018. Preparation and adsorption application of carbon nanofibers with large specific surface area. Journal of Materials Science, 53(24): 16466-16475.

Wang L, Li W, Yin L, et al., 2020a. Full-color fluorescent carbon quantum dots. Science Advances, 6(40): eabb6772.

Wang X, Chen C, Hu W, et al., 2005. Sorption of [243]Am(III) to multiwall carbon nanotubes. Environmental Science & Technology, 39(8): 2856-2860.

Wang X, Feng J, Cai Y, et al., 2020b. Porous biochar modified with polyethyleneimine (PEI) for effective enrichment of U(VI) in aqueous solution. Science of the Total Environment, 708: 134575.

Wang Y, Gu Z, Yang J, et al., 2014. Amidoxime-grafted multiwalled carbon nanotubes by plasma techniques for efficient removal of uranium(VI). Applied Surface Science, 320: 10-20.

Wang Y, Wang J, Wang J, et al., 2020c. Efficient recovery of uranium from saline lake brine through photocatalytic reduction. Journal of Molecular Liquids, 308: 113007.

Wang Z, Xu C, Lu Y, et al., 2017. Visualization of adsorption: Luminescent mesoporous silica-carbon dots composite for rapid and selective removal of U(VI) and in situ monitoring the adsorption behavior. ACS Applied Materials & Interfaces, 9(8): 7392-7398.

Weerasinghe A, Ramasubramaniam A, Maroudas D, 2017. Thermal conductivity of electron-irradiated graphene. Applied Physics Letters, 111(16): 163101.

Wen T, Wang J, Yu S, et al., 2017. Magnetic porous carbonaceous material produced from tea waste for efficient removal of As(V), Cr(VI), humic acid, and dyes. ACS Sustainable Chemistry & Engineering, 5(5): 4371-4380.

Wong C H A, Pumera M, 2016. Electrochemical delamination and chemical etching of chemical vapor deposition graphene: Contrasting properties. The Journal of Physical Chemistry C, 120(8): 4682-4690.

Wu F, Dong R, Bai Y, et al., 2018. Phosphorus-doped hard carbon nanofibers prepared by electrospinning as an anode in sodium-ion batteries. ACS Applied Materials & Interfaces, 10(25): 21335-21342.

Wu Q, Lan J, Wang C, et al., 2014. Understanding the bonding nature of uranyl ion and functionalized graphene: A theoretical study. The Journal of Physical Chemistry A, 118(11): 2149-2158.

Wu Q, Zhang H, Ma C, et al., 2021. SiO_2-promoted growth of single-walled carbon nanotubes on an alumina supported catalyst. Carbon, 176: 367-373.

Xing Y, Wang Y, Zhou C, et al., 2014. Simple synthesis of mesoporous carbon nanofibers with hierarchical nanostructure for ultrahigh lithium storage. ACS Applied Materials & Interfaces, 6(4): 2561-2567.

Xu H, Li G, Li J, et al., 2016. Interaction of Th(IV) with graphene oxides: Batch experiments, XPS investigation, and modeling. Journal of Molecular Liquids, 213: 58-68.

Xu X, Ray R, Gu Y, et al., 2004. Electrophoretic analysis and purification of fluorescent single-walled carbon nanotube fragments. Journal of the American Chemical Society, 126(40): 12736-12737.

Yadav S, Saleem H, Ibrar I, et al., 2020. Recent developments in forward osmosis membranes using carbon-based nanomaterials. Desalination, 482: 114375.

Yan S, He P, Jia D, et al., 2016. Effects of treatment temperature on the reduction of GO under alkaline solution during the preparation of graphene/geopolymer composites. Ceramics International, 42(16): 18181-18188.

Yang K, Chen B, Zhu X, et al., 2016. Aggregation, adsorption, and morphological transformation of graphene oxide in aqueous solutions containing different metal cations. Environmental Science & Technology, 50(20): 11066-11075.

Yang S, Shao D, Wang X, et al., 2015. Design of chitosan-grafted carbon nanotubes: Evaluation of how the —OH functional group affects Cs^+ adsorption. Marine Drugs, 13(5): 3116-3131.

Yano K, Tatsuda N, Masuda T, et al., 2017. Incorporation of silicon into monodispersed starburst carbon spheres with LVD method. Microporous and Mesoporous Materials, 247: 46-51.

Yao M, Liu B, Zou Y, et al., 2005. Synthesis of single-wall carbon nanotubes and long nanotube ribbons with Ho/Ni as catalyst by arc discharge. Carbon, 43(14): 2894-2901.

Yap P L, Auyoong Y L, Hassan K, et al., 2020. Multithiol functionalized graphene bio-sponge via photoinitiated thiol-ene click chemistry for efficient heavy metal ions adsorption. Chemical Engineering Journal, 395: 124965.

Yi Z, Yao J, Xu J, et al., 2014. Removal of uranium from aqueous solution by using activated palm kernel shell carbon: Adsorption equilibrium and kinetics. Journal of Radioanalytical and Nuclear Chemistry, 301(3): 695-701.

Yin F, Yue W, Li Y, et al., 2021. Carbon-based nanomaterials for the detection of volatile organic compounds: A review. Carbon, 180: 274-297.

Yokomichi H, Matoba M, Sakima H, et al., 1998. Synthesis of carbon nanotubes by arc discharge in CF_4 gas atmosphere. Japanese Journal of Applied Physics, 37: 6492-6496.

Yoshida N, Kanda J, 2012. Tracking the fukushima radionuclides. Science, 336(6085): 1115-1116.

Yu H, Zhang B, Bulin C, et al., 2016. High-efficient synthesis of graphene oxide based on improved hummers method. Scientific Reports, 6(1): 36143.

Yu S, Wang X, Ning S, et al., 2019. Highly efficient carbonaceous nanofiber/layered double hydroxide nanocomposites for removal of U(VI) from aqueous solutions. Radiochimica Acta, 107(4): 299-309.

Zbair M, Ainassaari K, Drif A, et al., 2018. Toward new benchmark adsorbents: Preparation and characterization of activated carbon from argan nut shell for bisphenol A removal. Environmental Science and Pollution Research, 25(2): 1869-1882.

Zhang F, Sun J, Zheng Y, et al., 2020. The importance of H_2 in the controlled growth of semiconducting single-wall carbon nanotubes. Journal of Materials Science & Technology, 54: 105-111.

Zhang J, Yang H, Shen G, et al., 2010. Reduction of graphene oxide vial L-ascorbic acid. Chemical Communications, 46(7): 1112-1114.

Zhang P, Gong J, Zeng G, et al., 2017. Cross-linking to prepare composite graphene oxide-framework membranes with high-flux for dyes and heavy metal ions removal. Chemical Engineering Journal, 322: 657-666.

Zhang P, Wang Y, Zhang D, 2016. Removal of Nd(III), Sr(II), and Rb(I) ions from aqueous solution by thiacalixarene-functionalized graphene oxide composite as an adsorbent. Journal of Chemical & Engineering Data, 61(10): 3679-3691.

Zhang R, Chen C, Li J, et al., 2015. Investigation of interaction between U(VI) and carbonaceous nanofibers by batch experiments and modeling study. Journal of Colloid and Interface Science, 460: 237-246.

Zhao G, Wen T, Yang X, et al., 2019. Preconcentration of U(VI) ions on few-layered graphene oxide nanosheets from aqueous solutions. Dalton Transactions, 48(19): 6645.

Zhao J, Wang Z, White J C, et al., 2014. Graphene in the aquatic environment: Adsorption, dispersion, toxicity and transformation. Environmental Science & Technology, 48(17): 9995-10009.

Zhao P, Guo C, Zhang Y, et al., 2016. Macroscopic and modeling evidence for competitive adsorption of Co(II) and Th(IV) on carbon nanofibers. Journal of Molecular Liquids, 224: 1305-1310.

Zhao Q, Jiang T, Li C, et al., 2011. Synthesis of multi-wall carbon nanotubes by Ni-substituted (loading) MCM-41 mesoporous molecular sieve catalyzed pyrolysis of ethanol. Journal of Industrial and Engineering Chemistry, 17(2): 218-222.

Zhao Y, Liu C, Feng M, et al., 2010. Solid phase extraction of uranium(VI) onto benzoylthiourea-anchored activated carbon. Journal of Hazardous Materials, 176(1-3): 119-124.

Zhao Y, Stoddart J F, 2009. Noncovalent functionalization of single-walled carbon nanotubes. Accounts of Chemical Research, 42(8): 1161-1171.

Zhao Z, Li J, Wen T, et al., 2015. Surface functionalization graphene oxide by polydopamine for high affinity of radionuclides. Colloids and Surfaces A: Physicochemical and Engineering Aspects, 482: 258-266.

Zhong T, Li J, Zhang K, 2019. A molecular dynamics study of Young's modulus of multilayer graphene. Journal of Applied Physics, 125(17): 175110.

Zhou X, Zhang J, Wu H, et al., 2011. Reducing graphene oxide via hydroxylamine: A simple and efficient route to graphene. The Journal of Physical Chemistry C, 115(24): 11957-11961.

Zhu G, Chen J, Zhang Z, et al., 2016. NiO nanowall-assisted growth of thick carbon nanofiber layers on metal wires for fiber supercapacitors. Chemical Communications, 52(13): 2721-2724.

Zou W, Ma X, Zheng P, 2020. Preparation and functional study of cellulose/carbon quantum dot composites. Cellulose, 27(4): 2099-2113.

Zou Y, Liu Y, Wang X, et al., 2017. Glycerol-modified binary layered double hydroxide nanocomposites for uranium immobilization via exafs technique and dft theoretical calculation. ACS Sustainable Chemistry & Engineering, 5(4): 3583-3595.

第7章　生物质基吸附材料及其
对放射性核素的去除

7.1　概　　述

核电厂运行、核燃料生产、核设施清洗等环节都将产生大量放射性废液，包括大量锶、铯、铀、钚、碘和超铀等放射性核素，其长期储存对人类健康及生态环境构成了极大的威胁。这些放射性核素一方面是废液中主要的污染物，另一方面又是核工业的主要原料。因此，对放射性废液中的放射性核素进行分离富集，不但可以解决放射性废液污染环境的问题，还可缓解核资源短缺等问题。目前，针对放射性废液中核素的富集与分离，主要有离子交换、催化还原、吸附等方法。其中，吸附法具有处理效率高、成本低廉、二次废物易处理等优点，是一种实用的放射性核素处理手段。

在众多的吸附材料中，生物质材料由于来源广泛、成本低廉，被认为是极具潜力的吸附剂材料。生物质材料中大量的活性官能团都是理想的核素吸附位点。同时，生物质材料具有结构参数可调的优势，可通过生物生长复合、接枝改性、表面复合、空间结构调控、碳化及掺杂改性等方式调控结构，从而制备出高附加值的生物质吸附剂，用于放射性废液中核素的富集分离。此外，生物质吸附剂富集分离核素后易解吸，易生物降解，可实现污染物的自然减容。基于上述优势，生物质基吸附材料在去除放射性废液中核素方面有着广阔的应用前景。

7.2　生物质基吸附材料的分类

生物质吸附剂是具有吸附重金属及去除其他污染物的能力的生物质材料。目前，按照来源，生物质基吸附材料主要分为4种（图7.1）：①细菌、藻类、真菌等广泛存在的微生物材料；②纤维素、壳聚糖、淀粉、海藻酸钠等通过物理化学等手段从生物中分离提取出的天然生物高分子材料；③树皮、秸秆、玉米芯、蔗渣和果壳等从自然环境和人类活动中产生的多种生物质废弃物，以及动物毛皮和粪便等从动物身上或排泄物中产生的生物高分子及废弃物；④上述生物质材料经过裂解或者不完全燃烧制备得到的木炭、水热炭、焦炭、黑炭、活性炭等生物质炭。

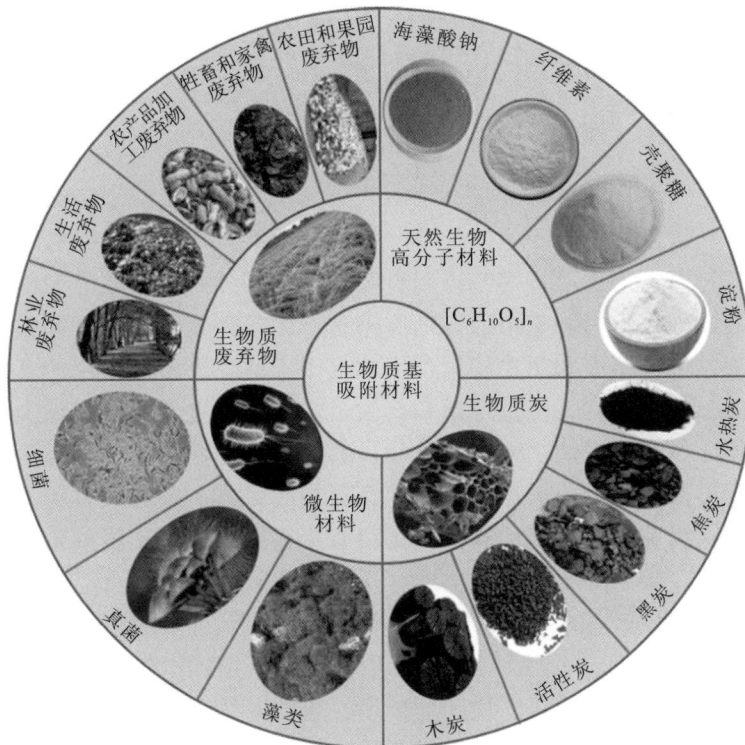

图 7.1　生物质基吸附材料的分类

7.2.1　微生物材料

在生态系统中，微生物的数量和类别相比于其他生物最为庞大，且微生物材料作为吸附剂已广泛应用于铀、铯、锶等核素的吸附，这些微生物材料主要包括细菌、藻类和真菌。研究人员通过探索微生物材料与核素金属离子之间的富集机理发现，吸附行为主要发生在微生物的细胞壁或细胞外，多糖、脂多糖或糖蛋白等含丰富基团的糖类上。这主要是由于其表面富含能够与金属离子发生共价结合、络合等复杂物理化学反应的功能性基团，如羧基、羟基、磷酸基及氨基等。同时，微生物材料利用其较大的比表面积和种类繁多的官能团协同作用于核素金属离子，从而产生较好的吸附效果。此外，对于变价核素金属的吸附，微生物材料的代谢过程还可对其进行氧化还原作用，从而达到高效富集的效果。因此，利用微生物材料对放射性核素有效富集分离的特点，可实现对放射性核素废物减量化的处理，为核素的提取回收或者相关地质资源的处理创造有益的条件。

1. 细菌

细菌是一种结构简单的重要微生物资源，形貌多样，尺寸不一（0.3～0.7 μm），具有繁殖速率快、分布范围广及种类繁多等特点，其表面有许多的活性基团可作为吸附位点，如羧基、羟基、磷酸基团、氨基等，这些吸附位点可以与核素离子结合，达到将核素从废水中去除的目的。细菌吸附核素的机理还包括离子交换、络合作用和生命活动等。目前多见的细菌类生物质吸附剂有：芽孢杆菌属、假单胞菌、重组菌、奇球菌、链霉菌属和微球菌属等。细菌在环境中普遍存在，且在复杂及极端的环境中具有极强的环境适应性，个体尺寸较小但具有较高的相对表面积。基于以上特点，细菌有望成为一类潜在的可塑性较强的吸附材料。

2. 真菌

真菌是一种真核微生物，广泛存在于自然界中。真菌具有生长条件简单、容易繁殖、培养周期短、产量高及形态可控等特点。真菌对核素的吸附主要依靠细胞壁的官能团与核素离子之间的物理作用力，也可通过细胞壁官能团与核素形成化学键或细胞内酶促作用进行生物转运、生物沉淀和生物积累，但此仅限于活体真菌。常用的真菌有单细胞的酵母菌（Wang et al.，2006）、小型霉菌和产生子实体的大型真菌。多细胞真菌由菌丝和孢子组成，菌丝分枝交织成团，形成菌丝体，其体积比细菌大几倍甚至几十倍。丝状真菌的根霉菌、青霉菌和曲霉菌等在食品产业及药品的生产制备中具有较为重要的地位，因此通过二次利用相关行业产出的真菌类废料有望在很大程度上降低生物质吸附剂的制备要求及使用成本。酿酒酵母菌是目前已广泛应用在酿酒行业及食品制造行业的一种菌种，它可以从这些行业产生的废料中进行提取分离。另外，酿酒酵母可进行规模化培养，从而较大幅度地提高效益、降低吸附成本。研究人员发现曲霉菌和根霉菌（Naeimi et al.，2018）的细胞壁中含有大量的几丁质和葡萄糖，它们对核素金属有较好的吸附能力。真菌对不同金属离子的富集及分离机制是复杂的，这主要归因于其细胞壁成分及微观结构的复杂性，而不同种类的菌种及不同核素离子有对应的富集机理。

3. 藻类

藻类是一种根、茎和叶基本没有分化的自养型原植体植物，能够通过光合作用将无机物转化合成为有机物，生成自身所需的营养物质。藻类在自然环境中随处可见，如潮湿的土壤中、湿润的岩石和墙壁上，但其主要的生存环境是自然界的水体，正是这些不同的生存环境导致其形状大小存在差异。根据个体形态、光合色素种类、生殖方式、细胞结构等可将藻类分为10门，分别为：金藻门、硅藻门、绿藻门、甲藻门、红藻门、蓝藻门、褐藻门、轮藻门、黄藻门及裸藻门。藻类对核素吸附能力较强、吸附容量大、去除效率高，适合处理含低浓度核素离子的水体，且不产生二次污染，还具有良好的选择性。藻类对核素离子强的吸收和富集作用主要归因于其独特的结构。相关研究已表明，藻类的细胞壁主要由多糖、脂肪和蛋白质组成。这些组成成分带有一定的负电荷，能够形成具有较大比表面积的特殊网状结构，同时具有黏性等特性。同时，这些高分子物质还可以提供丰富的官能团（氨基、羰基、羟基等），从而促进与核素离子的结合。此外，细胞中的细胞膜是一种高度选择性的半透膜。基于上述结构特征，藻类对核素金属离子表现出良好的吸附性和选择性。藻类对核素离子的富集机制与其他单纯的吸附、沉积或者离子交换并不相同，其富集机制是相对复杂的协同过程。

7.2.2 生物质废弃物

生物质废弃物是农业废弃物和林业废弃物的总称，主要来源于农林业生产和农林产品加工过程。其中农业废弃物包括农业生产过程产生的残渣、副产品,畜禽养殖过程中产生的动物粪便和农村居民生活区的排放物。农业废弃物往往具有疏松的多孔结构,并且含有羟基和羧基等官能团,故可作为生物吸附材料用于富集环境污染中的放射性核素。林业废弃物是森林生态系统演变过程和与森林植物有关的各种行业生产加工过程产生的废弃物总和,其主要成分为木质素、半纤维素和纤维素。这些成分含有活性基团,易于接枝、表面改性、复合等处理,可作为基材制备高效富集分离放射性核素的生物质吸附剂。生物质废弃物又可以根据产生地分为果园和农田废弃物,根据产生废弃物的畜禽种类分为牲畜和家禽废弃物,根据废弃物产生途径可以分为农产品加工废弃物、生活废弃物及林业废弃物。不同种类的废弃物具有不同的结构特征,可依据其本身的理化性质制备有效的生物吸附材料。

1. 农田和果园废弃物

农田和果园废弃物是指在收获农产品和果实的农田和果园中所有物质及在果蔬等农产品加工过程中产生的过剩物的总和。其中田间剩余物质主要包括田间作物和其他生物的有机组成,如玉米和水稻的秸秆、剩余作物的叶片;另外园艺作物中的蔬菜和瓜果收获主产品之后的剩余物主要包括蔬菜和瓜果的茎和叶、培养菌类产生的废弃培养料(如菌棒)及残余菌体。农田和果园废弃物往往具有独特的纤维或层状结构,可通过接枝活性基团,如磷酸和偕胺肟基团等,选择性吸附放射性核素。此外,农田和果园废弃物由于其独特的结构特征,可作为载体负载活性材料,制备生物质复合材料用于富集分离环境污染中的放射性核素。

2. 牲畜和家禽废弃物

牲畜和家禽废弃物是指畜禽动物养殖过程及后续产品生产加工过程中产生的各类废弃物。该类废弃物以畜禽粪和尿为主,也包含混合在其中的圈舍垫料、散落的饲料和羽毛等废弃物,还有动物养殖、运输和屠宰场的各类非正常屠宰死亡的废弃动物尸体,以及动物在屠宰过程中因为生理反应产生的排泄粪便和尿等废物。在牲畜和家禽废弃物中,最有望用于放射性核素富集分离的应当是畜禽粪,主要归因于畜禽粪中含有大量羟基和羧基等活性基团及疏松的多孔结构。因此,将畜禽粪高温碳化形成具有高孔隙率、大比表面积、高表面活性的生物质衍生炭是吸附放射性核素的有效策略。

3. 农产品加工废弃物

农产品加工废弃物包括农产作物和果蔬第一次加工过程产生的有机质,如魔芋渣、甜菜渣、玉米芯、菜籽壳和甘蔗秸秆等,但不包括麦麸和谷糠等其他精细加工的副产物,以及蔬菜瓜果加工产生的果皮、果渣和废弃的蔬菜瓜果等。农产品加工废弃物来源广泛且数量大,还具有可生物降解和环境友好等特点,由于具有疏松的孔道结构、丰富的元素组成,碳化后得到的生物质炭材料具有大的比表面积和较多的活性基团,这些都有利于核素的吸附。

4. 生活废弃物

生活废弃物包括：居民生活和各类办公环境产生的餐厨垃圾、市政下水道排污及其他有机废弃物；学校、企业、事业机构的食堂及各地餐馆产生的食品类废弃物，包括剩饭剩菜、厨房加工产生的废弃物及原料储存过程中产生的损坏或腐烂的瓜果蔬菜等；居民日常生活产生的生活垃圾如废弃纸屑、瓜果蔬皮等；家庭和办公生产的废纸、废弃纺织物及城乡市场废弃农产品等。由于生活废弃物的种类和结构复杂，可根据不同结构特征进行分类收集。例如，纤维结构的废纸及废弃纺织物、富含大量活性基团的瓜果蔬菜等，根据其特性结合改性技术，可增强对核素的富集。

5. 林业废弃物

林业废弃物是森林生态系统演变过程和与森林植物有关的各种行业的生产加工过程产生的废弃物总和，包括在森林幼苗培育种植和成年树木管理过程中产生的零散的树木、残留的枝叶和木渣等，木材采伐和加工运输过程中产生的零碎枝丫、锯末和刨花及城镇行道树、公路绿化带、公园植物及草坪修剪过程中产生的修剪物及各种杂草等植物类废弃生物质。研究表明，植物类生物质废弃物中通常含有大量富含 K、Ga、Mg 等大量元素的有机物，对一些微生物而言，它们养分含量高、有害成分低及利用方便，是很不错的能量来源。生物质废弃物的组成主要包括纤维素、蛋白质、木质素及其他有机和无机组分。这些废弃物都存在一定的比表面积，而且其分子结构都存在一些孔隙，有些还含有活性基团或物质（如羟基和羧基）。基于这一特性可以用这些废弃物制备吸附材料用于去除水中核素。此外，通过一些生物、物理、化学的方法对制备的废弃物吸附材料进行改性处理，可以降低材料在水中的溶解度，使材料具备良好的机械性能、亲水性和耐腐蚀性等。该工艺流程操作简单，成本低廉，而且不会引起二次污染。目前，利用生物质废弃物制备吸附材料的技术越来越成熟，应用领域也越来越广泛，这也成为生物质废弃物资源循环利用的重要途径。

7.2.3　天然生物高分子材料

天然生物高分子材料是指利用可再生生物体（包括人类在内）产生的或自然界生物体内的高分子材料，在自然界动植物组成中，其存在形式主要为多糖，还包括多肽、蛋白质、酶等。多糖是由单糖分子缩合而成的一类结构复杂但规整的天然高聚物。多糖具备优异的吸附性能，这主要是因为：①每个单糖上都含有若干个羟基，大量亲水基团的存在导致整个大分子表现出良好的亲水性；②除羟基外，还有大量其他官能团如酰胺基、氨基、羧基等，金属离子可以与之络合；③一些官能团具备很高的化学反应活性，因此很容易修饰和改性；④高分子链结构灵活，可根据需要制备成各种形状的吸附剂。目前常用的天然多糖主要有淀粉、纤维素、壳聚糖、魔芋葡甘聚糖和海藻酸钠。

1. 淀粉

淀粉是绿色植物、蓝藻等能进行光合作用的生物在光照下以葡萄糖为单体缩合而成的天然高分子化合物。由于含有大量的羟基基团，易于与核素发生络合作用，可实现对核素的富集。淀粉是亲水性的，但不溶于冷水，可溶于热水中形成黏稠的溶液。根据其碳长链是否发生分支分为直链淀粉和支链淀粉，其中直链淀粉碳长链没有分支且聚合度较支链淀粉大，二者的结构都是 D-吡喃葡萄糖基，其结构如图 7.2 所示。因为葡萄糖为多羟基化合物，合成淀粉过程中羟基未完全消耗，使得淀粉分子富含羟基，可以参与很多羟基的反应，如羟基的氧化和酯化反应等。利用羟基的上述特性，可以以羟基的反应多样化为基础设计改性方案来改变淀粉的理化性质，从而提高淀粉改性材料的吸附性能。

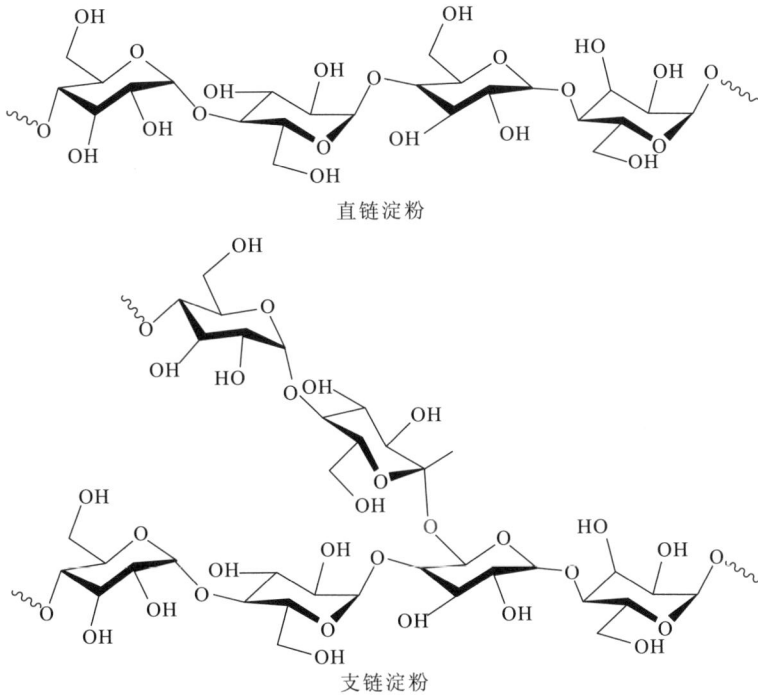

图 7.2　直链淀粉与支链淀粉的结构式

2. 纤维素

纤维素是一种线性聚合的生物大分子，是构成植物细胞壁和细胞碳骨架的重要组成成分，在植物细胞的生长发育过程中起着不可代替的作用。天然纤维素存在于各种植物中，有些植物纤维素含量占植株生物量的 90% 以上，如棉花和亚麻。木材和作物秸秆中纤维素含量也非常丰富，有些海洋生物也能作为天然纤维素的来源。纤维素可以天然合成，也可以人工合成，两条途径产生的纤维素都是可生物降解的，也是地球上最丰富的可再生资源之一。纤维素是由 D-脱水吡喃葡萄糖单元（AUG）经 β-1, 4 糖苷键组成的线性多糖聚合物，结构如图 7.3 所示。分子式为 $(C_6H_{10}O_5)_n$，从其结构式可以看出，正是与每个单体的碳环碳原子连接的 —OH 和 —H 位置的不同造成了纤维素理化性质的不同。由于含有大量的羟基，纤维素对核素表现出一定的吸附能力。但纤维素存在吸湿性高和断裂伸长率较低等问题，不利于吸附性能的提高。因此，可通过生物、物理和化学改性引入官能团及杂元素，改善其高吸水性和耐磨损性，赋予其优异的核素吸附性能。

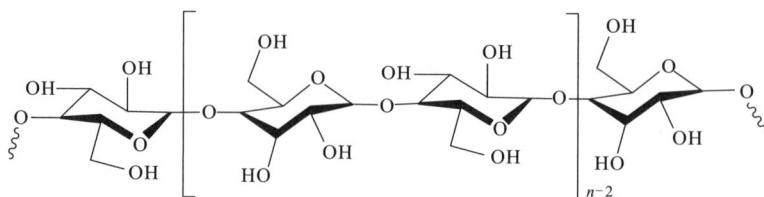

图 7.3　纤维素的结构式

3. 壳聚糖

壳聚糖是一种含量丰富、无毒无害、可生物降解的生物聚合物，主要通过对甲壳类动物的壳类废弃物加工衍生得到。壳聚糖又称甲壳胺或脱乙酰甲壳素，其化学名称为(1,4)-2-氨基-2-脱氧-β-D-葡聚糖，结构式见图 7.4。基于壳聚糖的多羟基结构和丰富的含量，壳聚糖已经被应用于制备生物大分子吸附剂。与其他生物聚合物相比，壳聚糖分子中存在羟基、氨基和其他基团，导致其具有较高的核素离子吸附能力。壳聚糖可与一些核素（铀、铯、锶等）、有色物质或染料形成稳定的螯合物，因此壳聚糖对溶液中的有害物质有着很强的吸附能力。对壳聚糖制备的吸附剂材料的改性主要是对其分子链上与吸附性能有关的官能团（如—NH$_2$、—OH 等）进行化学修饰，如在—N 位和—O 位对吸附材料进行酰基化、羧甲基化和硫酸酯化等处理，也可以通过加入含特定性质官能团的有机试剂，通过物理和化学的手段将官能团引入材料中，改变其理化性质，从而提高壳聚糖对包括重金属在内的有害物质的吸附效果。

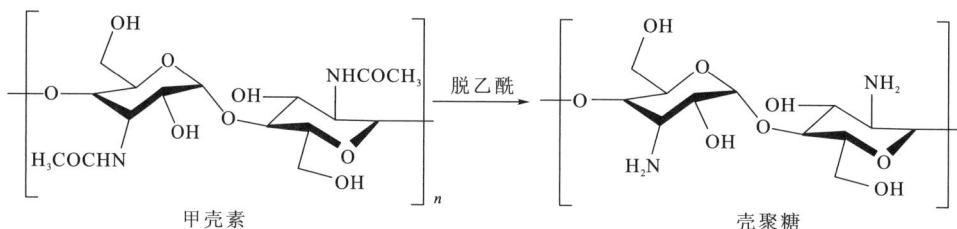

图 7.4　甲壳素、壳聚糖的结构式

4. 魔芋葡甘聚糖

魔芋葡甘聚糖（konjac glucomannan，KGM）是魔芋的主要成分，其质量分数为 50%以上，是第四大可再生天然生物质资源，产量低于木质素、淀粉及纤维素。KGM 作为一种天然高分子，它的分子结构可以分为近程结构和远程结构。近程结构包括化学结构和立体结构，其中化学结构是指分子中原子种类、原子排列、取代基和端基的种类及单体单元的链接方式、支链的类型和长度等。立体结构又称构型，是指组成高分子的所有原子或取代基的空间排列，包括立体异构和几何异构，它反映了分子中原子（取代基）与原子（取代基）之间的相对位置。如图 7.5 所示，KGM 主链是由 D-甘露糖（M）和 D-葡萄糖（G）两种结构单元按一定比例缩聚，并通过 β-D-1-4 糖苷键连接而成的。KGM 作为一种天然多糖，具有丰富的资源，含有大量的乙酰基和羟基，因能对其进行化学修饰改性，从而能得到多种 KGM 衍生物，而且得到的以 KGM 为基材的功能材料可被广泛应用于废水处理、造纸、农业、日化及保健品等行业。因此，KGM 是一种具有代表性的环境友好型材料，以 KGM 为基材的复合材料通常具有制备工艺简单、性能优良与易于改性等优点，是成为功能化生物质吸附剂的理想材料之一。

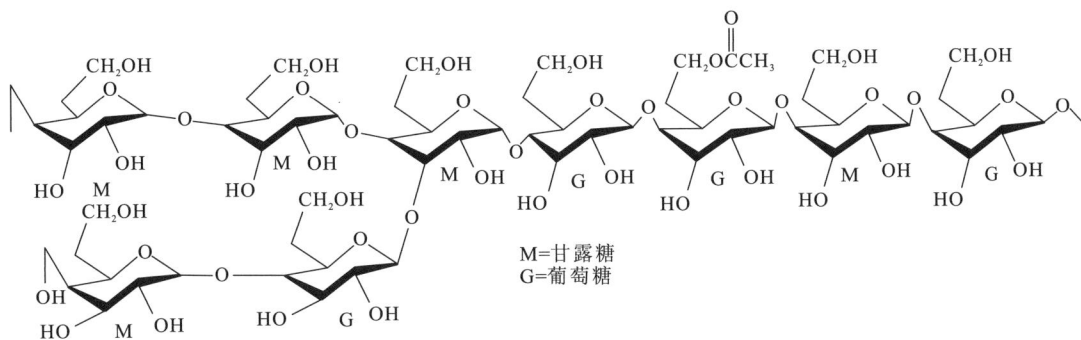

图 7.5　魔芋葡甘聚糖的结构式

5. 海藻酸钠

海藻酸钠又称褐藻酸钠，是一种天然高分子多糖化合物，来源于褐藻（海带或马尾藻）提取碘和甘露醇之后的副产物，结构式如图 7.6 所示，分子式为$(C_6H_7NaO_6)_n$，是构成褐藻细胞壁和细胞质的主要成分。海藻酸钠通常为白色或浅黄色粉末，几乎无臭无味，相对分子质量为 32 000～250 000 Da，结构单元分子量平均值为 222 Da，理论值为 198.11 Da。海藻酸钠分子是由 β-D-甘露糖醛酸（β-D-mannuronic）和 α-L-古洛糖醛酸（α-L-guluronic）按（1→4）键连接而成的聚合物。由海藻酸钠的分子结构可知其分子链上含有大量—COOH 和—OH 等活性基团，这些活性基团可通过配位、静电力吸附、离子交换、螯合等物理作用对核素进行吸附。此外，这些基团可与二价及以上金属阳离子发生交联聚合反应，进而由单元连接形成三维网络结构的凝胶球，使海藻酸链间的分子间作用力更大，结合得更加的紧密，协同作用也变得更加强烈，该凝胶可作为与其他吸附剂复合的理想骨架，这更有利于对水溶液中核素的去除。

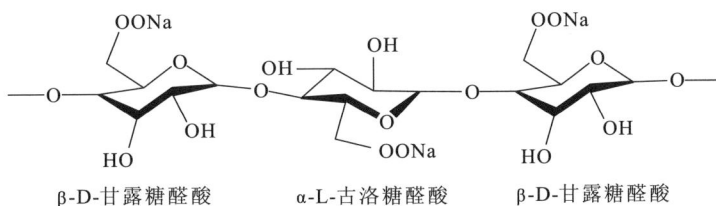

β-D-甘露糖醛酸　　　α-L-古洛糖醛酸　　　β-D-甘露糖醛酸

图 7.6　海藻酸钠的结构式

7.2.4　生物质炭

生物质炭是指生物质在没有氧或缺少氧的情况下经过高温裂解产生的孔隙多且含大量碳元素的固体颗粒物质。生物质炭具有原料来源广泛、成本低、孔隙结构发达、比表面积大和可用表面官能团修饰等优势，对吸附放射性核素表现出独特的优势。很多材料都可以作为制作吸附核素的生物质炭炭源，在农业和林业方面会生产出附带的产物，附带产物可以用来制备生物质炭，例如橄榄核、咖啡豆荚、松针、玉米秸秆、水稻秸秆和木薯皮等。生物质炭按照不同的碳化程度和类型可分为木炭、水热炭、焦炭、黑炭、活性炭5类。

正常情况下，不同材料在不同条件下得到的生物质炭理化性质不同，但也拥有很多共同的特性：C元素在生物质炭构成成分中质量分数最高，且生物质炭中N、P、K、Ca、Mg元素含量较高。生物质炭的pH一般为5~12，多数大于7，且制备时随着温度升高，pH也会升高。生物质炭中的矿物成分造成了碳酸盐的生成，且是生物质炭pH大于7的主要存在物质，而另一种则是炭表面大量的含氧官能团。生物质炭有着复杂的孔隙结构，且形状不一致。值得注意的是，孔隙的占比控制着表面积比例大小。在特定的温度范围内，使用更高温度处理得到的生物质炭孔隙的比例也会更高。生物质炭拥有特定的持水特性，但随着分解温度的升高，生物质炭的持水特质会下降。造成这种现象的主要原因是热解温度越高，外部极性官能团含量会减少，外部对水的疏散性也会随之增强。正是上述生物质炭的物理化学性质使其拥有较好的污染物去除能力。

1. 木炭

木炭是木料等生物质在少氧或无氧情况下，随着温度升高发生裂解或未充分燃烧生成的颜色比较深、孔隙较多的固体燃料。木炭的元素组成丰富，部分元素由最后炭化温度决定，与树种等因素的关系不大，碳元素是木炭的主要成分，且灰分很低。木炭有大量的微孔和过渡孔，从而具有较大的比表面积，当多孔结构中的油性物质被清除后木炭会对核素产生很好的吸附能力。

2. 水热炭

水热炭是生物质或其组分为原料的材料通过水热反应而获得的具有大量含氧官能团（羧基、羟基、羰基等）的黑色固体产物，具有比表面积大、稳定性好、孔隙度高等优点，被广泛应用于放射性废水的处理。水热炭通常具有较高的氢碳比和较低的芳香度，且具有很少或没有融合的芳香环结构。通过水热反应炭化得到的生物质炭有很多优势，如形貌规则、理化性质稳定等。因此，水热炭材料可在水体、土壤等多个环境领域进行修复或其他应用。

3. 焦炭

焦炭是指在惰性氛围下，生物质材料通过高温致使挥发分析出、固体残留物积累等过程得到的固相产物，或在自然和人为火灾中发生不完全燃烧产生的物质。焦炭表面呈金属颜色，质地坚固且存在大量的孔，有不同粗细裂纹，是一种比表面积大且对核素吸附能力强的吸附剂。

4. 黑炭

生物质在没有充分燃烧的情况下，产生的含有C元素的颗粒物质为黑炭，C为其主要成分，其次为H、O、N、S，俗称软炭，又称土窑炭。以芳香族为骨架的环状结构黑炭较为稳定，也有黑炭是以脂肪族链状结构存在的。黑炭根据树的种类可分为竹炭、枝炭和茶道炭。此外，生物质黑炭是土壤中稳定的有机库，在全球生物地球化学循环中起着重要的作用，且对土壤中包括核素在内的污染物有着很强的吸附及解吸作用，并可以产生迟滞作用，是影响土壤吸附污染物作用大小及污染物生物有效性及迁移转归的重要组分之一。

5. 活性炭

活性炭是一种拥有类石墨微晶结构的炭原料，是利用高含碳生物质原料（蔗渣废料、玉米芯、咖啡渣等）通过蒸汽或添加化学品活化后得到的产品。活性炭类似于海绵状的内部孔结构赋予其较大的微孔体积、孔隙率和优异的表面性质。活性炭的理化性质不容易紊乱，对核素铀、铯、锶等有较好的吸附效果。活性炭的表面含有丰富的官能团，官能团中的杂原子对其化学性质起到决定性的作用，主要的杂原子有氮、氢、氧、硫、磷及卤族原子等，其中氧原子的存在形式多样，这些官能团也赋予了活性炭优异的核素吸附性能。活性炭拥有很多优点，例如可制备的材料多且能够再次生长、成本低等，在农业、环境、化工、能源等众多领域有着广泛的应用。

7.3 生物质基吸附材料的结构与性能调控策略

生物质吸附剂具有诸多优点，如来源广泛，种类繁多，成本低廉，可再生等。同时生物质吸附剂与生物体的相容性较好，一般情况下还具有无毒无害，易于生物降解的特点。此外，在微观层面上，生物质吸附剂往往含有自发生长的羧基、氨基、羟基等多种表现为负电位的活性官能团。因此，生物质吸附剂可直接与重金属离子产生化学吸附，或对其进行接枝改性，进一步提升其吸附性能或赋予某些特定的吸附功能。生物质吸附剂是一类具有广阔应用前景的低成本绿色吸附材料。

与此同时，需要注意的是，虽然生物质材料具备以上诸多优点，但也存在大量亟待解决的问题，如：①淀粉、壳聚糖、羧甲基壳聚糖及海藻酸钠等生物质材料在水体环境中具有一定的溶解度，易发生溶胀现象，不能直接用作水体吸附剂，需要进一步疏水改性；②与沸石、黏土类矿物质基材料相比，大部分生物质吸附材料机械性能有待提高，不利于工业化应用；③天然生物质虽然拥有丰富的官能团，但就单一品类的生物质材料而言，其官能团种类相对单一，进而导致其对目标核素的选择性和吸附容量均不理想。因此，解决上述问题是生物质基吸附材料得到实际应用的关键。

由于天然生物质材料具有结构参数可调的优势，可通过结构参数调控来实现生物质功能材料的制备，以提高对核素的吸附效果和选择性。结构参数调控后的生物质材料综合性能优于单一的生物质材料，可以满足多种核素吸附要求。目前，生物质基吸附材料结构调控方法主要包括生物生长复合、接枝改性、表面复合、空间结构调控、碳化和掺杂改性。

7.3.1 生物生长复合

生物质材料是生物体通过生命活动形成的自身拥有特殊结构和性质的材料。因此，它经常被用作组装纳米结构材料的基本单元。由于生物的多样性，生物体具有多级次跨尺寸分布的特点，既有直径约 20 nm 的病毒类生物体，也有直径 5 mm 甚至更大尺度的原核生物。依照生物体的不同生物学特性，生物质基吸附材料的生物生长复合策略可分为原位生物生长复合与非原位生物生长复合两大类。

原位生物生长复合是指在合成生物质材料的过程中加入具有功能性的纳米材料，在合成生物质材料的同时合成生物质组装材料。原位生物生长复合用到的原料主要包括微生物和生物大分子材料，其中以微生物为主。例如，在微生物（如细菌或真菌）生长的培养基中加入特定的纳米材料，随着真菌菌丝（fungal hyphae，FH）和细菌纤维素的形成，真菌菌丝和细菌纤维素与培养基中的纳米粒子发生相互作用并出现原位结合的现象，使纳米材料直接进入真菌菌丝和细菌纤维素的生物网状结构中。纳米材料参与真菌菌丝和细菌纤维素的生长与分裂繁殖过程，这种生物质材料与纳米材料间的相互作用在宏观尺度上便构成了可控组装三维宏观材料，进而实现纳米材料的有序组装，最终合成具有特定结构与功能结合的生物复合材料。在纳米材料的复合过程中，真菌菌丝作为材料生长模板，其主要的结合位点在细胞的细胞壁表层。细菌纤维素在生长过程中，其表面会产生大量的羟基官能团，为纳米材料的附着提供优异的先天条件，因此可以通过特定的改性手段来实现纳米粒子的组装。原位生物生长复合能使真菌菌丝或细菌纤维素与不同的纳米材料进行复合生长，这些材料包括但不仅限于金属、半导体材料及部分导电聚合物等，一般情况下原位生长材料的目标附着物在材料中分布均匀，粒子粒径较为统一，且由于生物质材料结构为纤维状，较易得到具有大比表面积的功能材料。

然而，并非所有的纳米材料均可通过原位生长方式进行生物复合，如具有较高生物毒性或呈电中性的 Ag、ZnO、TiO$_2$ 等。因此，可采用非原位法解决此类问题。非原位法是将生物质材料以浸取的方式与目标物质溶液混合，利用生物质材料的纤维/网状结构，使较难直接反应的目标物质通过物理捕获的手段固定于生物质材料结构中，再经过特定的后续处理，得到表面附着纳米颗粒的生物质基功能材料。

在生物生长复合方面，竹文坤等根据原位生物生长复合制备了多功能菌丝纳米球[图 7.7（a）]和魔芋葡甘聚糖多功能三维海绵（Li et al.，2018）。首先在真菌菌丝生长的过程中加入碳纳米管（CNTs）、金纳米颗粒（Au NPs）、四氧化三铁纳米颗粒（Fe$_3$O$_4$ NPs）及石墨烯（GO）等纳米单元材料，这些纳米单元材料沉积在 FH 的细胞壁上，制备出球形的 FH 组装体材料[图 7.7（b）和（c）]，其中 FH/CNTs、FH/Fe$_3$O$_4$ NPs 和 FH/GO 组装体材料可作为放射性废液中核素富集分离的多功能吸附剂。此外，他们还通过非共价相互作用和共价交联（如氢键和共轭）使 KGM 与 GO 紧密结合，在合成 KGM 海绵的同时通过静电自组装技术制备了 KGM/GO 海绵，用于高效选择富集废水中的铀等放射性核素（Chen et al.，2018a）。此外，俞书宏课题组利用木醋杆菌原位实时程序化制备纳米单元气溶胶，实现了纳米纤维素与不同纳米单元的原位生长复合，成功制备了一系列可控、形状规则的宏观尺度细菌纤维素纳米组装体材料（Guan et al.，2018）。相较于传统的浆料法，该原位生物生长复合法完整地保留了细菌纤维素的三维纳米网络结构。实验结果表明，所制备的组装体块材不仅具有纳米尺度材料才具有的优异反应活性，还具备极高的力学强度，使其具有初步的工程应用价值。此外，该方法还可用于不同的生物质-纳米材料组装体的制备，包括零维纳米单元（炭黑颗粒、SiO$_2$ 纳米球、Fe$_3$O$_4$ 微球等），一维纳米单元（CNTs、CaSiO$_3$纳米线、SiC线等）和二维纳米单元[氮化硼（boron nitride，BN）纳米片、GO、纳米黏土片（montmorillonite，MTM）等]，因此具有极高的通用价值。研究结果表明，通过调节反应参数，纳米单元材料的质量分数可在0%～85%进行调控，且可保证目标纳米单元材料在生物质中均匀分布。

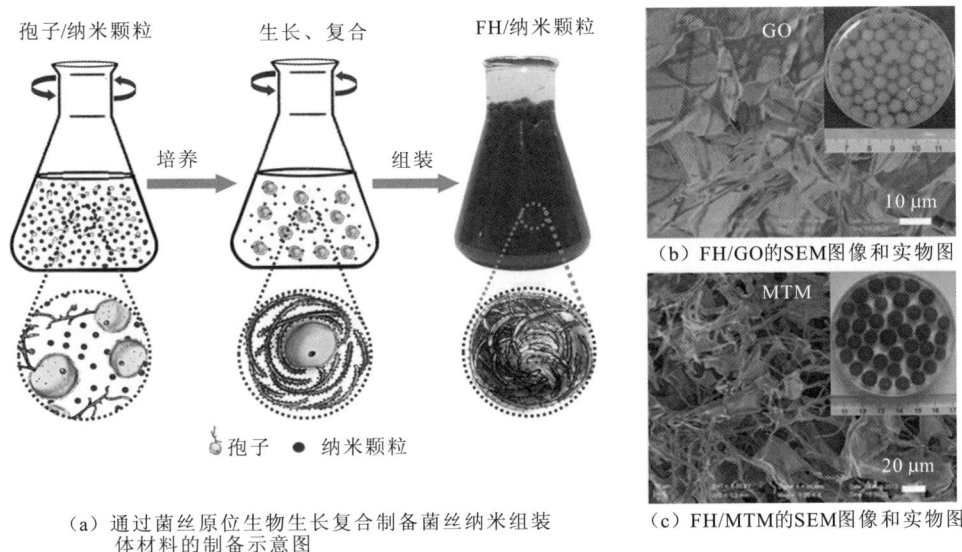

（a）通过菌丝原位生物生长复合制备菌丝纳米组装
体材料的制备示意图

（b）FH/GO的SEM图像和实物图

（c）FH/MTM的SEM图像和实物图

图7.7　多功能菌丝纳米球的制备与表征

引自Zhu等（2018a）

7.3.2　接枝改性

接枝改性是通过聚合反应将反应性的官能团接枝到生物质的分子链上，从而达到生物质材料改性的目的，包括链转移、化学和辐射接枝。此外，通过调控反应环境，聚合物的种类、聚合度、聚合物主链、侧链的多分散性、接枝密度（侧链的平均距离）和接枝分布（接枝均匀性）可以制备出各种高性能、高价值的生物质功能材料。常用于吸附核素的可接枝官能团包括氨基（Bai et al.，2020）、偕胺肟基（Wang et al.，2020b）、磷酸基（Tian et al.，2021）、酚羟基（Yu et al.，2018）等（图7.8）。肟基中的氧原子和氨基中的氮原子含有未成键的孤电子对，因此，偕胺肟基可以与UO$_2^{2+}$形成配合物，从而实现UO$_2^{2+}$的选择性提取。杨梅单宁（bayberry tannin，BT）苯环上的邻位酚羟基的电离使负氧离子作为配体与UO$_2^{2+}$发生络合反应，进而实现UO$_2^{2+}$的固定。此外，酚羟基具有较强的螯合性能，能对放射性碘气体产生较强的识别吸附，反应主要过程为酚羟基上氧的孤对电子转移到碘分子上，进而导致碘分子发生极化现象，因此其与周围碘结合形成碘聚合物而被固定吸附在生物质基材料表面（Zhu et al.，2022a）。UO$_2^{2+}$则是与磷酸基团上的两个氧进行配位络合。目前，利用聚合引发剂或催化剂为接枝共聚提供活性物种，在生物质材料上构筑活性位点，已有诸多研究。Bayramoglu等（2016）以真菌、戊二醛、二氨基马来腈和羟胺为原料，采用序贯反应法制备了偕胺肟改性的曲霉微球。He等（2020）制备了双偕胺肟基螯状功能化海洋真菌材料ZZF51-GPTS-DCDA-AM，改性真菌材料对U(VI)的吸附能力增强主要是由于偕胺肟基与U(VI)的强螯合作用。Zhou等

（2015a）以磷酸盐改性松木锯末合成磷酸基团接枝的松木锯末，它对 U(VI)的吸附主要是通过磷酸基团和羧基作用而发生的。Yu 等（2018）将杨梅单宁接枝在牛血清白蛋白纳米微球（bovine serum albumin nanospheres，BSA-NSs）和纳米胶原纤维（nano collagen fibers，NCFs）上。杨梅单宁进一步与戊二醛结合，分别在 BSA-NSs 与 NCFs 之间形成亚甲基桥，制备的材料含有众多的酚羟基官能团，通过螯合作用，对海水中铀和铯具有较好的吸附作用。此外，Zhu 等（2022b）还以胶原纤维为基质制备成气凝胶，并在表面接枝单宁类物质，实现了对放射性气态碘的高效吸附。Luo 等（2019）以戊二醛为交联剂，共价接枝单宁在聚酰胺微孔膜上设计了一种基于坚固金属酚网络界面的生物质衍生微孔膜，利用酚羟基的螯合吸附作用进行海水提铀。这种膜在处理大量低浓度铀海水时表现出了优异的亲水性、溶胀能力和机械强度等特性。

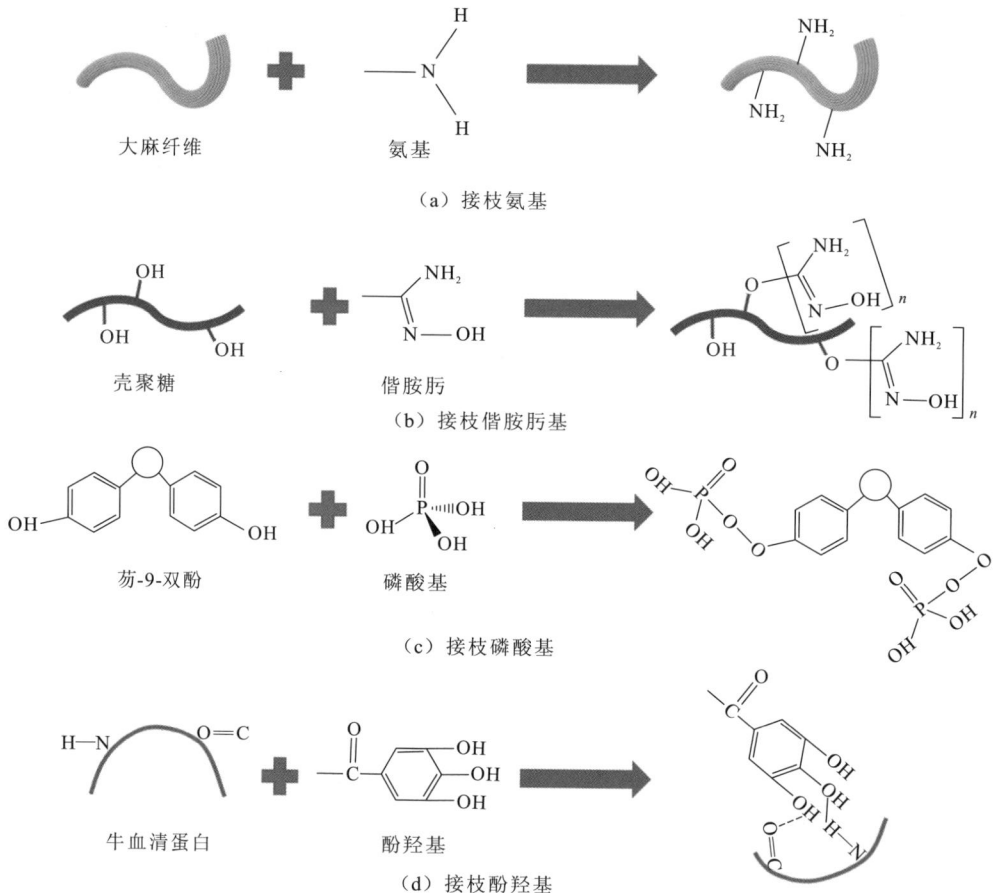

（a）接枝氨基

（b）接枝偕胺肟基

（c）接枝磷酸基

（d）接枝酚羟基

图 7.8　生物质接枝不同官能团的合成示意图

（a）引自 Bai 等（2020）；（b）引自 Wang 等（2020b）；（c）引自 Tian 等（2021）；（d）引自 Yu 等（2018）

7.3.3　表面复合

生物质材料表面呈惰性，通过表面复合具有活性位点的纳米材料可提高其综合性能。这是因为纳米材料具有大的比表面积，对核素具有很好的富集效果。另外，纳米材料的表面还提供羟基和羧基等官能团，这些官能团可作为吸附位点增强对核素的分离富集能力。因此，将纳米材料和生物质进行表面复合，有望增强生物质的性能。例如，竹文坤课题组将真菌菌丝与纳米材料进行表面复合，获得了一系列真菌菌丝多功能材料，并提高了生物质吸附性能（Li et al.，2018）。

利用浸蘸法、水热法、化学浴法、气相沉积法和溶胶-凝胶法等方法，可将不同尺寸与尺度的纳米颗粒引入生物质材料中，如氧化铝、纳米二氧化硅、氧化铜、纳米零价铁、碳纳米管（CNTs）、氧化石墨烯（GO）、四氧化三铁（Fe_3O_4）、金纳米颗粒（Au NPs）、银纳米颗粒（Ag NPs）、黏土、氧化锌、蒙脱土、碳酸钙等。对生物质炭与纳米材料的表面复合而言，大部分利用浸蘸法来实现。首先把生物质直接浸泡在含纳米材料的溶液中，通过搅拌使其充分浸泡，然后过滤烘干，最后热解得到生物质炭复合材料。生物质炭复合材料不仅热稳定性好，还具有酸性官能团、较多的表面电荷和较大的比表面积。例如，竹文坤等在 FH 培养过程中添加 GO 和 CNTs，经干燥高温热解后合成了 FH 生物质炭/GO 和 FH 生物质炭/CNTs 复合材料（Li et al.，2019c）。此外，Zhang 等（2019b）将干木耳浸泡在乙酸锰溶液中，经真空干燥后在氮气气氛中热解得到高 MnO 含量且分布均匀的氧化锰/生物质多孔碳复合材料，其制备流程如图 7.9 所示。此外，生物质炭复合材料的合成也可先制备生物质炭，然后与纳米材料表面复合制备生物质炭复合材料。例如，Chen 等（2021a）以木质纤维素为碳源，合成木质素衍生碳（lignin derived carbon，LDC），然后通过水热法将 MoS_2 复合到木质素衍生碳表面，合成得到 MoS_2/LDC 复合材料。张飞飞（2019）利用废弃橘子皮作为原料制备生物质炭，再通过多巴胺的还原与自聚，将 Ag NPs 均匀负载到生物质炭的表面，最终合成了 Ag NPs 负载的生物质炭复合材料。

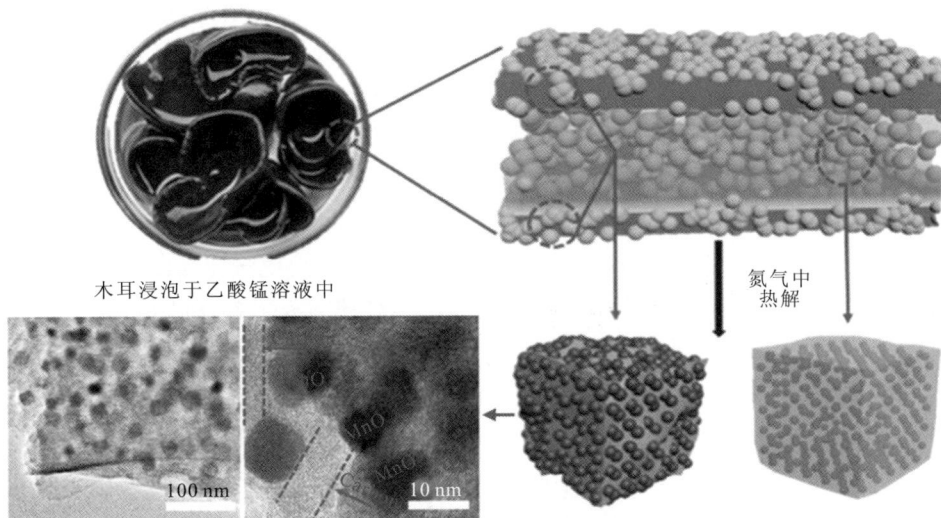

图 7.9　氧化锰/生物质多孔碳复合材料的制备流程示意图

引自 Zhang 等（2019b）

7.3.4　空间结构调控

生物质材料具有独特的天然孔道结构、可调节的物理和化学特性、环境友好性和低成本，使其在性能上优于人工材料。除上述方法外，制备高效生物质吸附材料的方法还有空间结构调控。通过调整所制备材料的空间结构，可以达到理想的吸附效果，改善材料的自身空间结构缺陷。目前常用的空间结构调控方法有成分变换法、膨化法和模板法等。

成分变换法是指通过改变生物质材料的成分来调节材料的孔道结构。纤维素、半纤维素和木质素这三种最基础的成分组成了生物质。纤维素和半纤维素有利于形成三维互通的多孔结构，而木质素则倾向于向纳米片转变（Deng et al., 2016）。Chen 等（2021b）将玉米秸秆木质纤维素分解成纤维素、半纤维素和木质素，制备出性能增强的多孔炭材料。Zhang 等（2019c）研究发现，去除木质素后生物质具有较好的微孔。Kaur 等（2021）从杂草秸秆中开发出纤维素生物吸附剂，改性后的纤维素对核素具有较高的吸附能力。Tellería-Narvaez 等（2020）发现去除木质素的功能化纤维素能更有效地从海水中回收放射性核素。

膨化法是通过强碱、强酸、氯化锌、碳酸钠等化学试剂对生物质材料进行膨化结构改性，使其暴露出大量的活性基团。生物质经膨化后具有疏松的表面孔隙结构。此外，生物质含有大量吸附官能团，通过膨化改性，其化学官能团数量和种类进一步增加，吸附能力提高。罗学刚课题组采用膨化法制得稻壳吸附材料，该材料表面结构疏松、层层多变、结构粗糙，对 Cu^{2+}-Pb^{2+} 二元溶液体系具有较好的吸附能力（张永德 等，2017；罗学刚，2004）。张永德 等（2016）对废弃稻壳进行膨化和改性，开发了一种新型吸附剂。稻壳经膨化和改造后，孔结构改变，孔隙度升高。该材料对核素铀和重金属铅具有一定的选择性及较好的吸附效果。当 pH 为 3 时，40 min 后该材料对铀和铅的去除率分别高达 89.10%和 96.58%。

模板法是指将原材料与具有特定空间结构的模板混合，然后以精确的方式移除或保留模板，以生成具有特定空间结构的生物材料。模板法的主要优点是可制备大比表面积生物质材料而不需要物理或化学活化剂。Zhao 等（2017）通过模板法制备了一种新型的大比表面积介孔碳吸附剂，该材料对放射性核素具有良好的吸附能力。Chen 等（2020b）利用自制的聚二甲基硅氧烷模具通过冰模板法改变定向冷冻的方向来调节生物质材料的空间结构，再通过碳化得到具有随机、薄层状和矿物桥结构的 RGO-KGM 碳气凝胶（图 7.10）。此外，Chen 等（2018b）还通过冰模板法成功制备了魔芋葡甘聚糖/氧化石墨烯（KGM/GO）三维网络结构海绵，其对铀的吸附容量高到 266.97 mg/g。

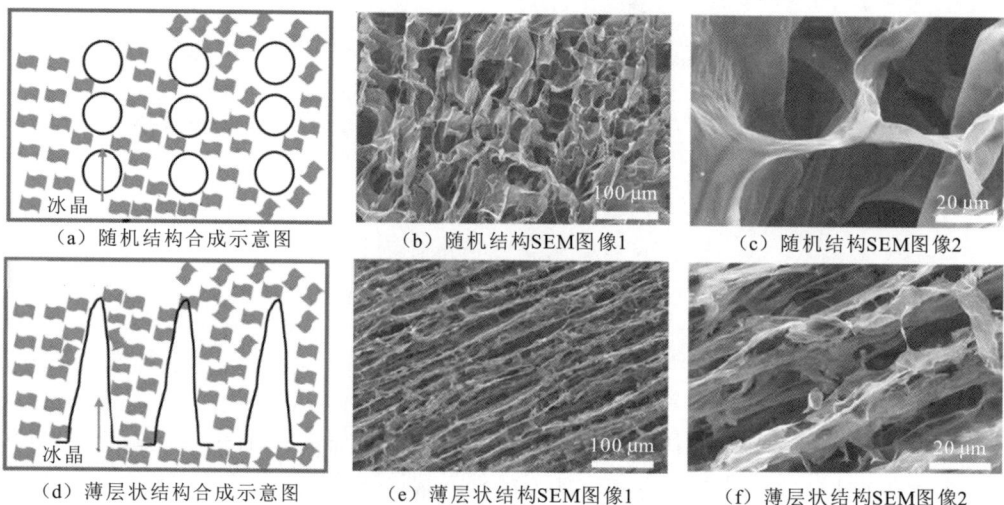

（a）随机结构合成示意图　　（b）随机结构SEM图像1　　（c）随机结构SEM图像2

（d）薄层状结构合成示意图　　（e）薄层状结构SEM图像1　　（f）薄层状结构SEM图像2

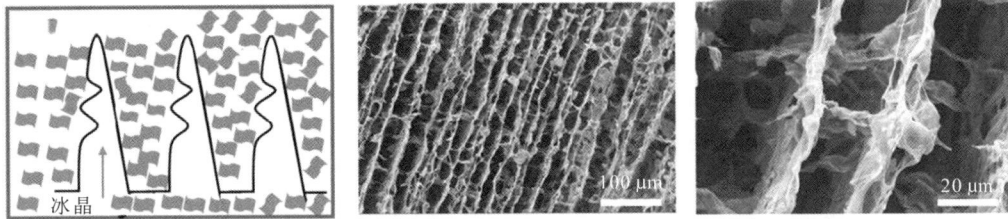

（g）矿物桥结构合成示意图　　（h）矿物桥结构SEM图像1　　（i）矿物桥结构SEM图像2

图 7.10　三种结构 RGO-KGM 碳气凝胶的合成示意图及 SEM 图像

7.3.5　炭化

生物质是制备多孔活性炭的重要原料，因为它含有大量的挥发性物质。当生物质经高温炭化时，大量的挥发性物质挥发，从而形成多孔结构。生物质炭目前的合成方法有高温直接热解炭化法、水热炭化法［图 7.11（a）］和微波炭化法［图 7.11（b）］。

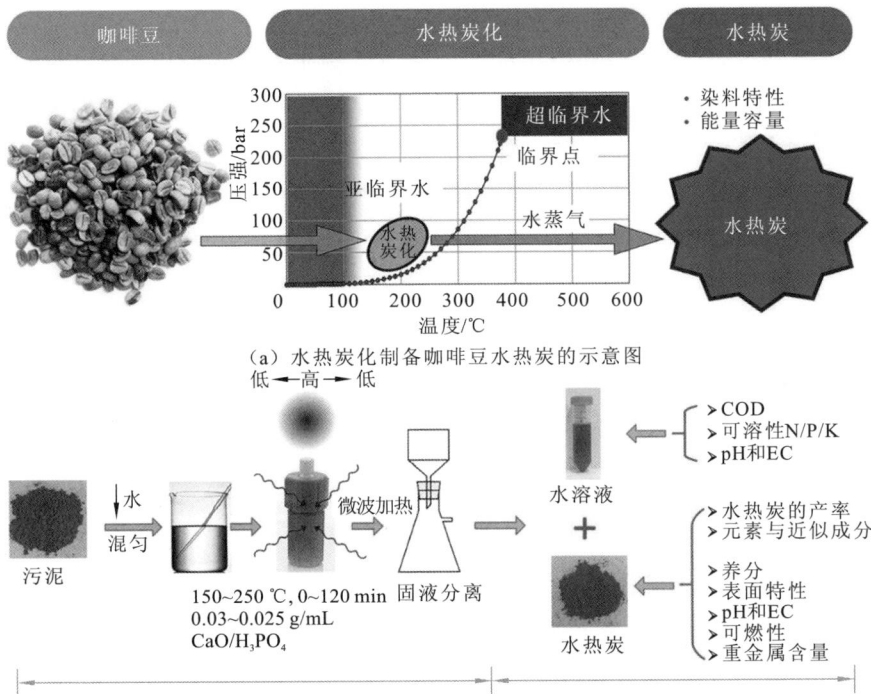

（a）水热炭化制备咖啡豆水热炭的示意图

（b）微波辅助水热炭化将污泥高效转化为水热炭的示意图

图 7.11　水热炭化法制备生物质炭示意图

（a）引自 Santos Santana 等（2020）；（b）引自 Wang 等（2022）

高温直接热解炭化是指生物质材料在高温和限氧条件下，大量有机物质分解挥发，剩下生物质炭的过程。直接热解炭化法适合大规模合成生物质炭，该方法更环保、更经济。活化剂、炭化时间和炭化温度等都可直接影响生物质炭的性能。其中最重要的步骤是活化。活化也是制备具有更大比表面积和更均匀孔径分布的生物质炭的常用方法。KOH、NaOH、$ZnCl_3$、K_2CO_3、H_3PO_4、CO_2、O_2 和水蒸气都是常见的活化剂。

水热炭化一般是指以水为介质，通过在密闭环境下对介质进行加热，产生高压，利用高温高压对生物质进行炭化。该方法操作简单，反应能耗低，无毒环保，产物形态可控。但该方法制备的多孔炭大多数存在比表面积小、气孔数量少、石墨化程度低、重复性和分散性差等缺点。另外，后续结合活化法可以有效地增大生物质炭的比表面积和提高孔隙率。此外，在水热反应中，可以通过添加模板、催化剂或杂原子掺杂来调节产物的形貌和尺寸及提高产物的性能。Lai 等（2016）合成了用于吸附铀的功能性水热炭，铀的最大吸附容量为 272 mg/g。

微波炭化是指利用微波能量增加分子间运动，增加分子间的摩擦，从而产生大量热量，进而炭化生物质材料。微波加热具有加热效率高、加热速度快、加热均匀等优点。生物质炭的空间结构与微波功率、活化剂和微波持续时间密切相关，其空间结构也会影响生物质炭的吸附效率。Sun 等（2012）以磷酸为活化剂，应用微波炭化得到的生物质炭的比表面积为 1 463 m^2/g。

7.3.6　掺杂改性

杂原子的引入能使生物质炭的电荷分布和电子性质发生变化，这主要是因为其他原子的电负性及尺寸与 C 不同。杂原子掺杂可调节生物质炭的物理化学性质，如导电性、电子密度及亲水性等。此外，杂原子掺杂可以调节材料的比表面积和孔的大小，也可在碳基体中产生活性位点和缺陷。生物质炭以 B、F、P、N 和 S 等元素掺杂为主，其中 S 与 N（图 7.12）最多。对 N 掺杂而言，在生物质炭中引入 N 元素能增加生物质炭材料中

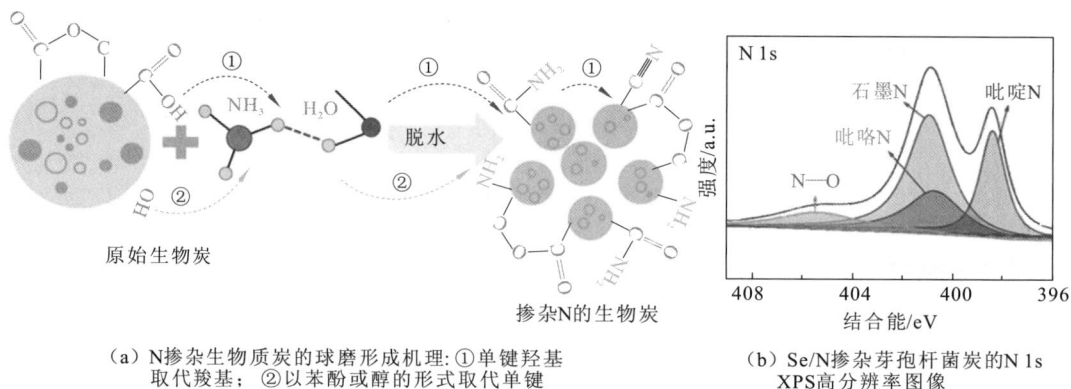

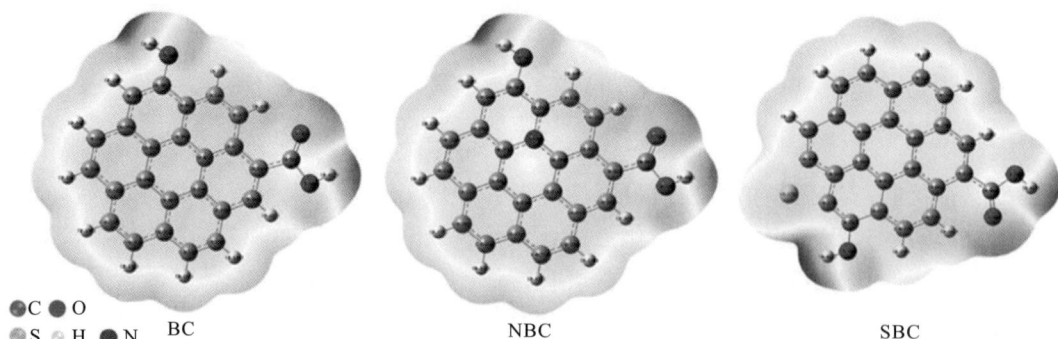

（a）N掺杂生物质炭的球磨形成机理：①单键羟基取代羧基；②以苯酚或醇的形式取代单键

（b）Se/N掺杂芽孢杆菌炭的N 1s XPS高分辨率图像

（c）不同元素掺杂稻秆生物炭的静电位

图 7.12　N 元素掺杂多种生物质炭的机理与表征

（a）引自 Xu 等（2019）；（b）引自 Zhang 等（2021）；（c）引自 Ding 等（2020）

的含氮官能团，如氧化型氮官能团、吡啶型氮官能团、吡咯型氮官能团和石墨型氮官能团。含氮官能团的引入能增加生物质炭材料的活性位点数量（Zhou et al.，2015b），从而提高对放射性核素的吸附能力（Zhang et al.，2017）。

生物质炭材料的掺杂改性从单掺杂开始，如 P、S、N、F 和 B 等（阳梅，2016；赵秋萍，2016）。例如，Li 等（2019a）以玉米秸秆为原料、尿素为氮源、$NaHCO_3$ 为活化剂，通过热解合成了 N 掺杂分级多孔结构的生物炭，其对污染物的吸附主要以微孔填充为主，吸附量与石墨 N 含量呈正相关。然而，单元素掺杂的生物质炭对核素的吸附效果往往有待进一步提升。基于此，二元掺杂（如 N、S，N、B，N、P 等）及三元掺杂（如 N、P、S，P、B、N 等）被开发出来。与单掺杂相比，多元素掺杂除提升放射性核素吸附性能外，还显示出多功能的"协同耦合效应"。例如，Li 等（2020）对 $(NH_4)_3PO_4$ 预处理的咖啡壳进行热解制备了一种农业残渣衍生 N/P 共掺杂生物炭，其分级多孔结构与氧、氮、磷相关基团的协同作用促进了对污染物的吸附和还原。

7.4 生物质基吸附材料与放射性核素的作用机理

吸附是研究最广泛、最常用、最有效的核素处理方法。生物质基吸附材料与放射性核素的相互作用已被广泛研究，生物质基吸附材料由于具有丰富的官能团、复杂的孔道结构，对核素的吸附机理表现出多样性，生物质基吸附材料与核素相互作用主要包括表面络合、离子交换、生物还原、生物矿化和生物积累等。

7.4.1 表面络合

生物质材料具有大量的羟基、酚羟基、羧基、氨基等官能团，易与金属离子形成络合物。这些官能团上的氮、氧、硫、磷和其他原子有孤对电子，可以与空 d 轨道或空 f 轨道的金属离子配位复合。表面络合法可能最适合处理低浓度或中浓度核污染水，因为它与生物细胞壁结合的速度比被细胞吸收的速度快，而且更容易从细胞表面去除结合的核素，使生物吸附剂再生。铀是研究最多的放射性核素，最常见的形式是 UO_2^{2+}。UO_2^{2+} 具有线性结构，接受来自配体的孤对电子，并形成垂直于轴的配位键。肟氧原子和氨基氮原子上的孤对电子可以进入铀的空位轨道，形成配位键，生成稳定的五元环络合物，如 UO_2^{2+} 与酰胺肟官能团的配位。每个 UO_2^{2+} 分子可与两个酰胺肟官能团结合，形成五元环络合物。Yu 等（2018）研究表明 UO_2^{2+} 与单宁之间的吸附主要归因于 UO_2^{2+} 与相邻酚羟基之间的络合（图 7.13）。Qiu 等（2019）研究表明表面络合是酿酒酵母对锶表面吸附的主要机制之一。Hu 等（2018）研究表明生物吸附剂与 Sr(II) 之间的相互作用涉及键的络合。

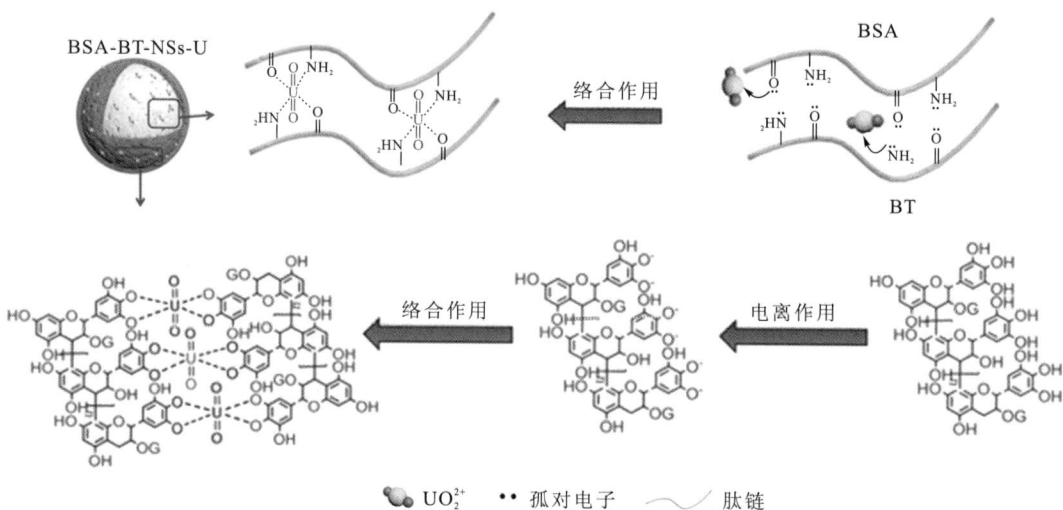

图 7.13　UO$_2^{2+}$与杨梅单宁相邻酚羟基之间的络合机制

改自 Yu 等（2018）

7.4.2　离子交换

离子交换是指生物质材料体内的阳离子与溶液中的核素金属离子发生交换，即在生物质材料吸附金属离子的同时，细胞表面发生 H$^+$、K$^+$、Na$^+$、Mg^{2+}或 Ca^{2+}等离子的释放。这个过程促使核素金属离子被生物质材料富集运输或者结合到生物质材料的细胞上，最后达到去除或者提取溶液中核素金属离子的目的。pH 会影响生物质材料细胞壁的化学特性，因此离子交换过程常受到溶液 pH 的影响。两种交换离子的浓度差通常是促使其发生交换作用的推动力。例如，Gong 等（2021）采用自交联法制备了豆腐柴叶（*Premna microphylla* Turcz leaves，PMTL）微球吸附铀，吸附机理倾向于 PMTL 微球中 Ca^{2+}、Mg^{2+}等金属离子与溶液中 UO$_2^{2+}$发生离子交换（图 7.14）。

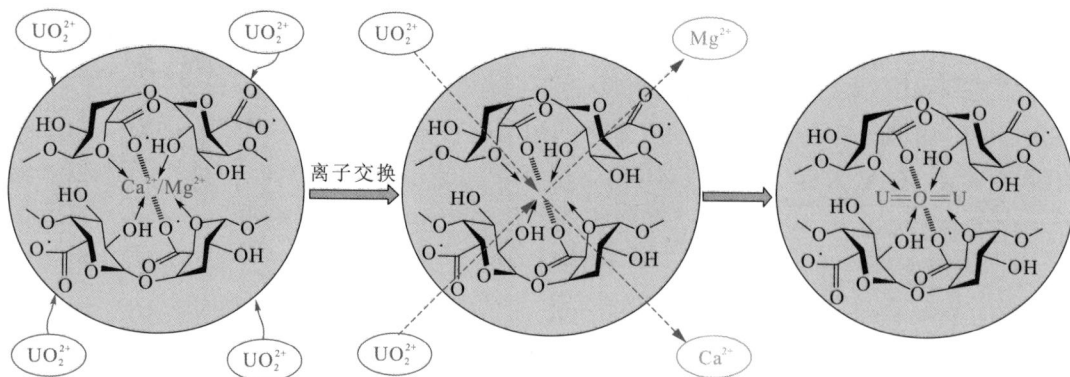

图 7.14　PMTL 微球离子交换回收铀机制

引自 Gong 等（2021）

此外，核素的离子交换多采用螯合离子树脂法，其离子交换作用是通过化学键对特定离子进行选择性吸附，而不是通过范德瓦耳斯力静电吸附。Jung 等（2011）等使用多孔活性炭纤维在电场的作用下去除高浓度含铀废水，可以去除99%以上的铀，且铀在多孔活性炭纤维电极上的电吸附归因于铀离子与碳电极表面酸性基团之间的离子交换。Foster 等（2020）证明了磷酸离子交换树脂可以从复杂废水中选择性去除铀。Chen 等（2016）合成了一种强碱二氧化硅基阴离子交换树脂，可分离硝酸溶液中的钍和铀，钍和铀在 9 mol/L 硝酸中的分离系数约为 10。Petrovic 等（2014）将有序中孔碳（ordered mesoporous carbon，OMC）作为吸附剂去除高锝酸盐（TcO_4^-），结果表明吸附是通过离子交换机制来实现的，TcO_4^- 通过离子交换机制置换 OH^-，从而与 OMC 表面的羧基官能团相互作用。

7.4.3 生物还原

在厌氧条件下，微生物已被充分证实可以降低高价的锕系元素含量。就生物还原而言，到目前为止，铀是研究得最多的高价锕系元素。铀的生物还原已被提议作为一种生物修复技术，通过添加电子供体促进铀酰离子酶促还原为不溶性四价铀（Beazley et al.，2009）。希瓦氏菌属、脱硫弧菌属和地杆菌属等细菌可在厌氧条件下直接酶促还原铀酰，将 U(VI)生物还原为不溶性 U(IV)。金属还原微生物，如奥奈达希瓦氏菌 MR-1，将高溶解态 U(VI)还原为流动性较小的 U(IV)化合物（Molinas et al.，2021）。脱硫弧菌和纤维单胞可以将高度可溶的 U(VI)转换成相对不溶的 U(IV)，形成四价铀矿物，如 $CaU(PO_4)_2H_2O$ 和 UO_2。此外，高价钚比铀更容易被还原，钚生物还原的最终结果可能是形成 Pu(III)，而不是 Pu(IV)。

此外，生物质炭化后的生物质炭可作为电子受体用于光催化还原铀。生物炭含有高度芳香的结构，因此表面具有高度稠密的 π 电子云结构。由于共轭 π 键和石墨状片状结构的存在，生物炭可以实现电子从电子给体到电子受体的直接转移。在光催化过程中，生物炭可以作为电子受体，以及时传递生成的光电子，增加光生载流子的寿命，加强光生载流子的分离，最终达到提高光催化效率的目的。生物质炭是提高半导体载流子分离效率的理想载体和电子受体。因此，生物质炭可以作为骨架材料制备高效的光催化半导体材料。例如，通过整合肖特基结和硫空位（S-空位），竹文坤等开发了细菌纤维素炭/缺陷二硫化钼（BC-MoS$_{2-x}$）异质结用于选择性去除 U(VI)（图 7.15）（Chen et al.，2021c）。MoS$_2$ 纳米颗粒的光电子被转移到炭化 BC 中。因此，在炭化 BC 上积累的光电子可以有效地将 U(VI)还原为 U(IV)。此外，单宁酸（tannic acid，TA）作为空穴捕获剂，提高了反应体系中 BC-MoS$_{2-x}$ 异质结对 U(VI)的还原效率。

7.4.4 生物矿化

生物矿化，又称生物沉淀，指微生物通过细胞表面局部碱化作用使核素沉淀生成碳酸盐或氢氧化物，或核素与微生物酶促作用生成的配位体如磷酸盐、草酸盐等共沉淀生成稳定的配合物。80%的微生物如芽孢杆菌属、土著苏云金芽孢杆菌、*Idiomarina loihiensis* MAH1 菌株等及各种真菌可以通过体内磷酸酶活性将大分子含磷类化合物（植酸、磷灰石）分解为正磷酸盐，再与环境中的核素结合生成不易被氧化的磷酸盐沉淀。以铀的生

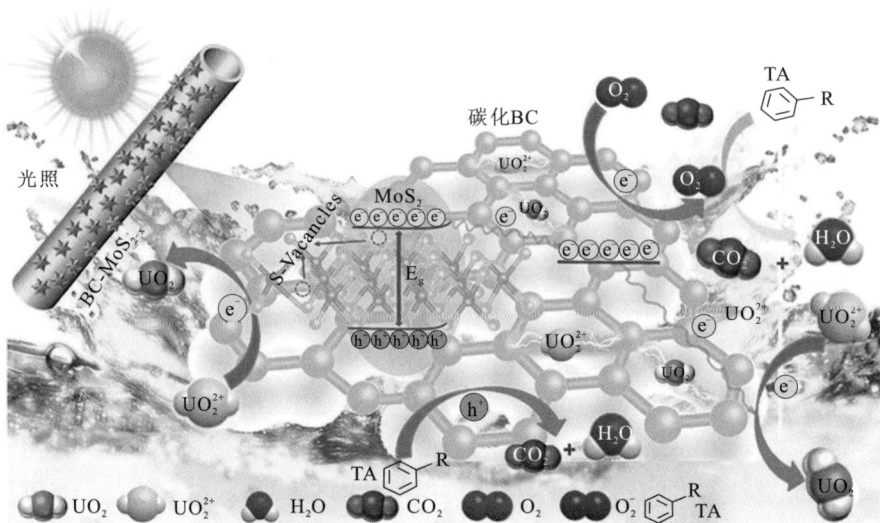

图 7.15 BC-MoS$_{2-x}$ 异质结光催化还原 U(VI) 的机理

引自 Chen 等（2021c）

物矿化为例，微生物对铀的磷酸盐生物矿化可能是通过两种途径（图 7.16）：①从外界添加的有机磷酸盐供体利用磷酸酶活性释放无机磷酸盐来沉淀铀；②微生物细胞内的多磷酸盐颗粒水解或降解，从而磷酸盐释放或外排与铀结合形成磷酸铀酰沉淀，因此在细胞表面及溶液中都发现了磷酸铀酰沉淀的存在。相比于生物还原，生物矿化能在更宽的 pH 范围内、较高的氧气和硝酸盐浓度下修复铀污染。同时生成的磷酸铀酰矿物在较宽的 pH 范围内溶解度低，能长期保持稳定。当微生物与有机磷酸一起存在时，细胞磷酸酶分解有机磷酸盐以释放无机磷酸盐，无机磷酸盐与 U(VI) 一起在细胞外沉淀，形成细磷酸氢铀矿物[HUO$_2$PO$_4$]。耐辐射奇异球菌酵母菌可以利用有机磷底物或磷酸、羧基、氨基等官能团，将 U(VI) 矿化成 U(VI)-磷酸盐矿物，从而有效降低铀的迁移率。

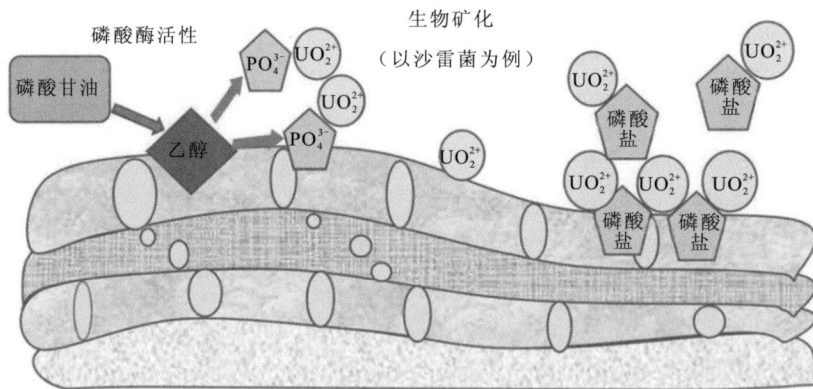

图 7.16 铀的生物矿化作用机制

引自 Newsome 等（2014）

7.4.5 生物积累

植物、微生物还能够通过"积累"机制积累核素离子（图 7.17）。某些核素可能会被机体意外吸收，因为吸收的核素类似于细胞的必需元素，所以会被主动吸收到细胞中。但是铀没有已知的生物学功能，目前也没有找到可将其转运到细胞中的转运蛋白。然而，当细胞膜处于重金属或其他压力条件下时，由于细胞膜的渗透性升高，铀可能会在细胞内积累。此外，细胞内的磷酸盐与铀的络合是一种解毒机制。例如，冬青节杆菌（*Arthrobacter ilicis*）在细胞内积累的铀主要是通过与多磷酸盐形成相关的沉淀物（Suzuki et al.，2004）。Gerber 等（2018）发现圆红冬孢酵母菌（*Rhodosporidium toruloides*）能对铀生物积累，其中细胞内的铀被检测为含磷针状结构。

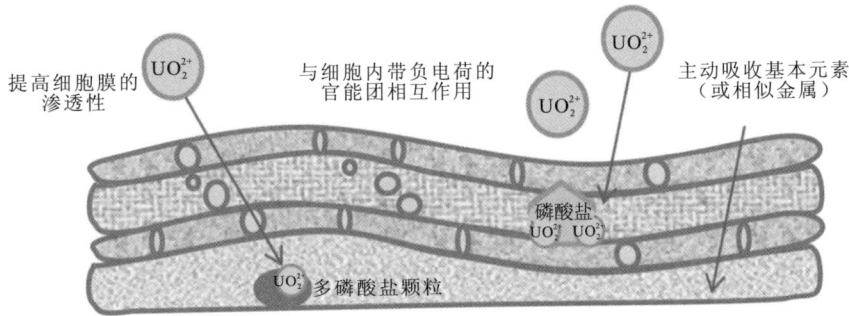

图 7.17　铀的生物积累作用机制

引自 Newsome 等（2014）

7.5　影响生物质基材料吸附性能的因素

目前，诸多研究人员开展了大量关于生物质基材料对放射性核素的吸附研究，并取得相应成果。然而，pH、离子强度、反应时间、温度和有机物等实验条件对生物质基材料的吸附能力有很大影响。研究结果表明，通过调控生物质基材料所在的外部环境因素，使其处于适当的条件下，材料对放射性核素的吸附能力会显著增强。基于此，将从以下几个方面分别讨论环境因素对生物质基材料吸附能力的影响。

7.5.1　pH

在吸附放射性核素的过程中，待处理溶液的 pH 会改变吸附剂活性位点的化学状态和放射性核素在溶液中的赋存形态，从而影响生物质基材料对放射性核素的吸附效果（Abney et al.，2017）。大量研究表明，当 pH 为 2~4 时，大多数吸附剂对以阳离子为主要存在形式的放射性核素（如 Sr(II)、Cs(I)、U(VI)）的吸附能力较差。例如，当 pH<4 时，铀以游离的 UO_2^{2+} 形式存在，当 pH 接近 8.5 时得到 $UO_2(CO_3)_3^{4-}$。当 pH 为 6~8 时，随着铀浓度的升高，多核 $(UO_2)_3CO_3(OH)_3^-$ 的形成增强。因此，由于离子存在形式不一样，酸性条件（pH 为 5 时）通常有利于铀的去除。此外，溶液的 pH 不仅影响铀的存在形式，还会改变不同官能团和生物质材料对铀的去除率。Bai 等（2020）制备了一种新型三维网状防污绿色吸附材料，该材料利用共价接枝的方法将聚乙烯亚胺和胍乙酸接枝到大麻

纤维表面。随着 pH 升高，吸附剂的负载能力缓慢降低。这种现象归因于吸附剂表面的氨基在较低的 pH 下更倾向于质子化并使材料表面带正电。同时，UO_2^{2+} 和吸附剂也会在溶液中产生静电排斥作用。

7.5.2 干扰离子

干扰离子是影响材料吸附性能的关键因素之一。在实际应用中，溶液中大多数离子以多种形式存在，包括金属离子 Na^+、Ca^{2+}、Mg^{2+}、Cu^{2+} 等和阴离子 Cl^-、NO_3^-、HCO_3^- 等，因此有必要考虑共存离子的干扰。由于静电效应的存在，吸附剂表层与吸附质之间会在微观层面形成呈扩散态的双电层结构。当目标溶液中的离子强度上升时，分布于吸附剂表面的电荷被逐渐中和，扩散态的双电层尺度被逐步压缩，促使吸附质易与吸附剂发生相互作用。干扰离子强度的升高会降低小粒径吸附剂之间的静电斥力（如碳基或硅基吸附剂），从而导致其出现一定的团聚现象，使吸附位点减少，最终使材料的吸附性能降低。此外，当离子强度升高时，金属离子会使一些多孔生物质吸附剂的孔隙收缩，孔径减小，使吸附质不能顺利进入孔隙，大大减少了可用的吸附位点，导致吸附效率下降。

干扰离子的初始浓度决定了液相中离子与固相吸附剂材料间克服传质阻力的驱动力大小。因此，放射性核素的去除率在很大程度上取决于初始离子浓度与吸附剂表面有效结合位点的数量。邵大冬等（2008）研究了在不同 pH 条件下 0.01 mol/L 硝酸锂（$LiNO_3$）、0.01 mol/L 硝酸钠（$NaNO_3$）和 0.01 mol/L 硝酸钾（KNO_3）对黏土吸附金属离子的影响。结果表明，由于不同阳离子的存在，金属离子在黏土材料上的吸附性能出现一定的变化。当 pH 低于 7 时，在相同 pH 条件下，黏土对金属离子去除率大小为 $Li^+>Na^+>K^+$，这表明体系中保证离子强度的阳离子会在不同程度上改变黏土材料的表面化学性质，进而使黏土材料对不同的金属离子表现出吸附能力的差异性。Gao 等（2020）通过紫外聚合合成了仿生纤维素聚偕胺肟复合水凝胶，并测试了材料在模拟海水中的离子吸附选择性。海水中大部分竞争元素 Fe、Ni、Co、Cu、Zn 的吸附能力远低于铀，但钒的吸附能力略高。

7.5.3 反应时间

反应时间对材料吸附性能的影响也是至关重要的。生物质基吸附材料要有足够的反应时间才能达到吸附平衡。吸附平衡时间取决于吸附动力学，吸附动力学越高，吸附平衡时间越短。Yi 等（2018）制备了真菌菌丝/氧化石墨烯气凝胶（fungus hypha/graphene oxide aerogel，FH/GOA）用于 U(VI)的去除。U(VI)的吸附平衡曲线表明，在前 10 min 吸附材料对 U(VI)有极高的去除速率，随后逐步减缓，当达到 30 min 后，U(VI)的吸附容量没有出现显著变化。分析表明，该类现象主要归因于在初始状态 FH/GOA 表面负载了较多的负电荷及 FH/GOA 独特的物理结构提供了丰富的活性位点。Aljarrah 等（2018）通过原位手段制备了一种基于季铵盐的新型表面功能层，并将其用于 U(VI)的吸附。实验结果表明，该生物质基吸附材料仅在 120 min 就可达到最大吸附容量（87 mg/g）。通过不同 U(VI)初始浓度（25 mg/L、50 mg/L、75 mg/L 和 100 mg/L）得到了达到最大吸附能力的平衡时间。实验表明：材料对 U(VI)的捕获过程非常迅速，在低初始浓度条件下吸附行为在 2 min 后即趋于平衡；在较高的初始浓度（75 mg/L 和 100 mg/L）条件下，20 min 即达到材料最大吸附容量的 90%左右。但反应时长达到 120 min 时吸附剂材料的吸附行为也没有达到平衡状态，这归因于溶液体系中纳米颗粒的团聚现象逐步减弱，促使 U(VI)在颗粒内部结构中出现缓慢扩散。

7.5.4 温度

温度是影响物理反应和化学反应的常规参数之一，对放射性核素的吸附效率有显著影响。一般来说，较高的温度会降低离子传质阻力并加速离子的扩散行为。温度的升高不仅会提高材料表面位点的反应活性，还能有效地降低吸附反应边界层的厚度和传质阻力。由于吸热作用，U(VI)在 FH/CNTs 上的吸附能力从 20 ℃时的 71.27 mg/g 升高到 40 ℃时的 190.10 mg/g（Zhu et al.，2018a）。周涵（2013）将胶原纤维固化单宁吸附材料作为吸附柱填料，研究了 Th^{4+}、U^{6+}、Sr^{2+}、Cs^+ 4 种核素离子吸附特性。实验结果表明，该吸附材料对 Th^{4+} 和 U^{6+} 的去除率随温度升高而出现上升的趋势，且该吸附行为是自发进行的过程，吸附过程表现为显著的吸热反应，且 Langmuir 单分子层吸附模型能很好地对其吸附行为进行描述。与之相反的是，Sr^{2+} 和 Cs^+ 的去除率随温度变化影响较小，且是放热反应，在高温时为非自发进行，因此并未出现显著的去除率变化。Abney 等（2017）发现通过提高温度可以促进反应，这说明如果可以在暖空气流中提取铀，效率会更高。在实验室条件下，通过明智地选择部署地点和日期，很容易实现温度控制，使其成为最容易解决的难题之一。此外，虽然温度会产生一些影响，但灵敏度不会太显著。在室温温和变化情况下，实验室条件下进行的吸附不会发生显著变化。

7.5.5 有机物

放射性废水体系中含有多种可溶性有机物，包括单宁酸、草酸、柠檬酸、乙二胺四乙酸、氨基磺酸盐等，其中以腐殖酸和黄腐酸为代表，其含量为天然水体有机物的 60%甚至更高，腐殖酸含有丰富的羧基、酚基和醇基等功能基团。这些有机物会与放射性废水中的核素离子发生络合反应，提高核素离子的处理难度。此外，有机物的存在还会大量占据吸附剂的活性位点，从而降低吸附剂的吸附效率（韩宝华，2007）。Semião 等（2010）研究了有机物对 pH 在 3～11 内通过超滤去除铀机制的影响。以腐殖酸、褐藻酸和单宁酸为有机质，在腐殖酸存在下，由于络合作用，铀吸附率在酸性范围内升高，尤其是在 pH 为 3 时，去除率从 11%升至 74%。海藻酸的结构不利于与铀的络合，因此对其在超滤中的行为没有显著影响。例外情况是在 pH 为 3 时，吸附率从 11%升至 52%。在该 pH 下，铀与褐藻酸之间不发生电荷排斥，且有利于络合。在 pH 为 10 和 11 且在单宁酸存在条件下，铀的吸附效果最好，吸附率从 20%升高到 100%。

7.5.6 其他影响因素

吸附剂物料比和初始浓度等因素对吸附过程也存在较大影响。

吸附剂物料比对放射性核素去除率也有一定的影响。吸附材料的物料比升高会在一定程度上提高目标离子的去除率,但与此同时,吸附容量则会出现部分降低,一般情况下,吸附剂材料此时处于过量的状态。王淑娟等(2019)研究了未修饰炭和氨基修饰生物质炭的添加量对 U(VI)去除效果的影响。结果表明,随着生物质炭添加量的增加,U(VI)的去除率出现一定的上升,然后达到平衡水平,而吸附容量则出现一定的降低,随后保持稳定的水平。当溶液中 U(VI)初始浓度一定时,增加吸附剂的用量(提升物料比)直接增加了吸附 U(VI)的活性位点,使 U(VI)具有更多的反应机会,因而 U(VI)的去除率出现一定的上升。

初始浓度的变化也会直接影响吸附剂的吸附容量和吸附效率。当吸附剂材料用量一定时,随着溶液核素离子初始浓度的提高,吸附剂容量一般先快速升高,然后吸附速率逐步降低,最终达到吸附饱和。与之相对应,此时一般尚未达到吸附平衡,溶液中离子浓度不再降低的原因主要是吸附材料已经无法容纳更多的离子。核素离子初始浓度升高,会提高与吸附剂活性位点发生反应的概率,同时溶液与吸附剂中较大的浓度差会产生较大的驱动力,能够促进核素在吸附剂中的扩散,从而达到传质增强的效果。Wang 等(2020a)研究了生物质炭改性膨润土对 Eu(III)的吸附特性,材料的吸附率随着 Eu(III)初始浓度升高而逐步下降,主要原因是 Eu(III)初始浓度升高,已超过材料的饱和吸附量,此时材料的吸附位点已经饱和,后续增加的 Eu(III)离子无法有效地与已经出现饱和的吸附剂材料进一步反应,从而导致吸附率逐步降低。

7.6 生物质基吸附材料对放射性核素的去除

7.6.1 对铀的吸附去除

1. 微生物材料

微生物材料包括细菌、真菌和藻类等,常被用于铀的高效富集分离。因为微生物不仅含有羰基、氨基、羧基和磷酸基等官能团,能很好地对铀进行物理吸附、表面络合、氧化还原、离子交换和无机微沉淀等,还可以利用生物吸附、生物沉淀和生物积累转化等过程富集铀。马佳林等(2015)开展了枯草芽孢杆菌(细菌)、酵母菌(真菌)和小球藻(藻类)对水体中铀的吸附性能研究。实验结果表明,这三类微生物均对 U(VI)有着较高的吸附容量,分别可达 512.50 mg/g、341.20 mg/g 和 356.50 mg/g。

细胞和藻类固定化是一种提高微生物吸附剂稳定性和机械强度的方法。Chen 等(2020a)利用海藻酸钙与硼酸交联,固定化酿酒酵母制备了微球吸附剂,在凝胶珠加入量为 4.60 g/L、U(VI)初始质量浓度为 127 mg/L 的溶液中,微球吸附剂对铀的吸附量在 5 天后达到 30.6 mg/g。进一步的机理研究表明,微球吸附剂的含氧基团将 U(VI)牢牢吸附在其表面和内部，并且微球吸附剂表面存在 U(VI)和 U(IV)的混合物，说明部分 U(VI)被微生物还原。Jiang 等（2020）通过冷冻干燥法，构建了一种新型的以小球藻（CP）为"砖"和壳聚糖（CTS）为"泥"的复合气凝胶（CP/CTS）。吸附实验表明，CP/CTS 对 U(VI)的最大吸附容量高达 571 mg/g［图 7.18（a）～（c）］。

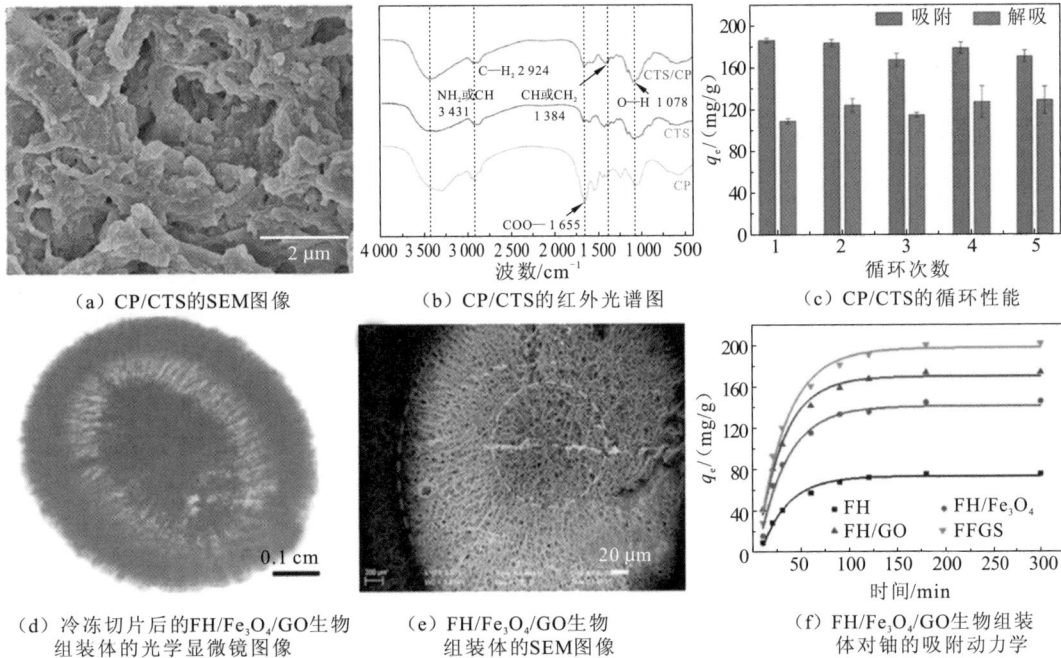

（a）CP/CTS的SEM图像　　（b）CP/CTS的红外光谱图　　（c）CP/CTS的循环性能

（d）冷冻切片后的FH/Fe₃O₄/GO生物　　（e）FH/Fe₃O₄/GO生物　　（f）FH/Fe₃O₄/GO生物组装
　　组装体的光学显微镜图像　　　　　　组装体的SEM图像　　　　　体对铀的吸附动力学

图 7.18　以微生物为基底吸附材料的表征及对 U(VI)的去除性能研究

（a）～（c）引自 Jiang 等（2020）；（d）～（f）引自 Zhu 等（2019）

此外，真菌菌丝细胞延伸生长并缠绕能够形成具有空间结构的宏观尺度生物体。Zhu 等（2016）利用这种现象，在真菌生长过程中加入纳米单元，使纳米单元在细胞表面自组装形成纳米结构杂化界面，最终得到真菌菌丝（FH）纳米单元复合材料。具体而言，他们利用这种策略合成了具有三维网络结构的 FH/GO 和具有核壳结构的 FH/Fe₃O₄/GO 生物组装体吸附材料（Zhu et al.，2019）［图 7.18（d）～（f）］，实验结果表明，这两种材料对 U(VI)的吸附容量分别可达 199.37 mg/g 和 219.71 mg/g，并且材料具有良好的重复利用率。此外，Li 等（2019b）还在包覆 GO 的 FH 框架上生长了具有光催化降解特性的 MoS₂，制备了 FH-GO-MoS₂ 材料，其在含 TA 的铀废水中对铀的吸附量为 275 mg/g。包覆 GO 的 FH 框架是吸附位点，沉积的 MoS₂ 纳米片是光降解材料，它可以催化降解 TA 释放活性吸附位点，防止铀去除能力的损失。此外，MoS₂ 在光的激发下可以产生光电子来还原固定 U(VI)，进而提高对 U(VI)的富集能力。

2. 生物质废弃物

作为典型的生物质材料，生物质废弃物不仅具有价格低廉、环境友好、机械强度高等优点，并且生物质废弃物吸附剂的开发还可以实现废物的再利用。早期的研究主要集中在廉价易得、产量大、来源广的农业废弃物，主要有玉米芯、花生壳、蔗渣、水稻壳、秸秆、谷壳、稻草等。到目前为止，许多林业废弃物也被用于 U(VI)的富集分离，如木屑、树叶、椰壳、树皮等。农林废弃物具有较大的比表面积及多孔结构，有利于吸附 U(VI) 的传质和物理吸附。而且这些生物质材料的表面富含官能团，如酚羟基、羧基、氨基、羟基等可作为 U(VI) 的吸附位点，也使其具有进一步表面修饰和化学改性的能力。Parab 等（2005）用间歇平衡法研究了废弃椰壳纤维吸附 U(VI) 的基本情况，系统地考察了不同铀浓度、吸附时间、吸附剂用量、溶液 pH 和吸附温度等实验参数对吸附的影响。结果表明，当废弃椰壳纤维的加入量为 20 g/L、溶液 U(VI) 初始质量浓度为 800 mg/L、pH 为 4.3 时，振荡 2 h 后，最大吸附量达到 250 mg/g。Su 等（2018）以废弃丝瓜（*Luffa cylindrical*，LC）络为原料，用聚乙烯亚胺（PEI）/丙烯酸（AA）对其进行改性，制备了丝瓜络基吸附剂（LCPAA-PEI）[图 7.19（a）～（c）]。LCPAA-PEI 具有独特的三维多孔结构，具有良好的机械性能，聚丙烯酸、聚乙烯亚胺则提高了其对 U(VI) 的吸附性能和选择性。LCPAA-PEI 最大吸附量高达 444.40 mg/g，并且在加标模拟海水中也表现出了优异的性能，最大吸附量可达 25 mg/g。Wang 等（2020c）在木材基体中简单还原三氯化铁溶液合成了一种新型天然木材/Fe@FeO 纳米复合材料用于吸附废水中的 U(VI)。pH 为 4 时吸附容量为 2.08 g/g[图 7.19（d）～（f）]。此外，FeO 壳层和 Fe 核层将 U(VI) 还原为固定在纳米颗粒中心的 UO_2。并且，天然木材/Fe@FeO 纳米复合材料还能够漂浮在废水表面，便于分离和再利用，具有广阔的应用前景。

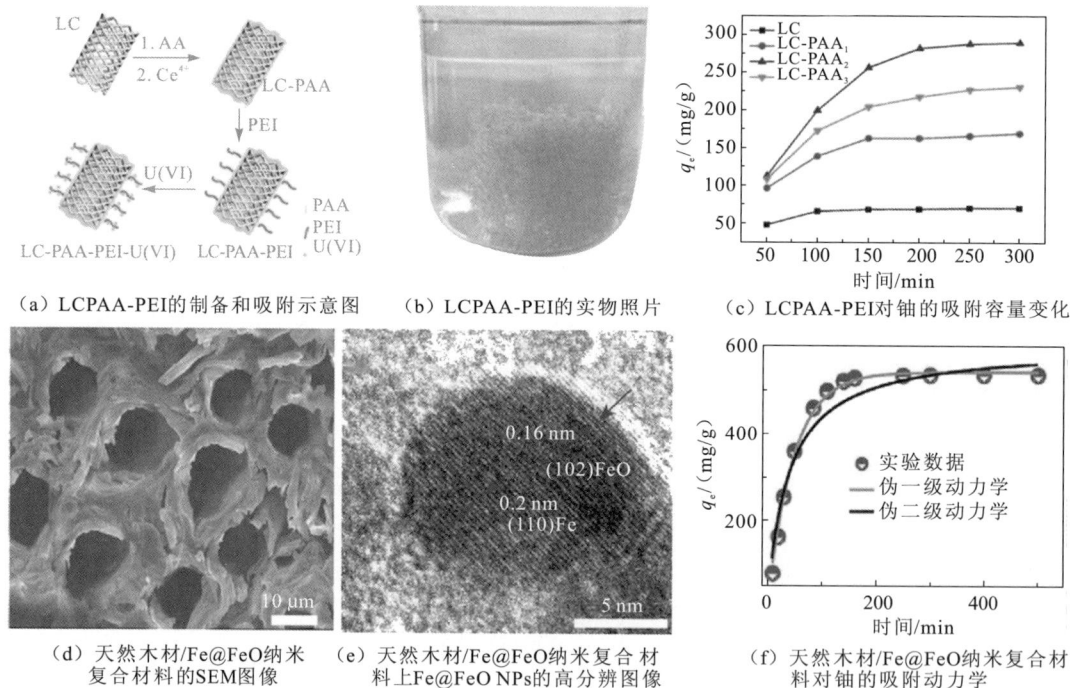

（a）LCPAA-PEI的制备和吸附示意图　　（b）LCPAA-PEI的实物照片　　（c）LCPAA-PEI对铀的吸附容量变化

（d）天然木材/Fe@FeO纳米　　（e）天然木材/Fe@FeO纳米复合材　　（f）天然木材/Fe@FeO纳米复合材
复合材料的SEM图像　　　　料上Fe@FeO NPs的高分辨图像　　　料对铀的吸附动力学

图 7.19　以生物质废弃物为基底吸附材料的制备、表征及对 U(VI) 的去除性能研究

（a）～（c）引自 Su 等（2018）；（d）～（f）引自 Wang 等（2020c）

3. 天然生物高分子

天然生物高分子含有丰富的羧基、氨基和羟基等吸附位点，是良好的铀吸附材料。常用的天然生物高分子材料包括壳聚糖、葡甘聚糖、纤维素和植物酚醛等。王哲等（2015）

将木质纤维用于 U(VI) 的吸附，当溶液初始 pH 为 3 时，在 4 h 后木质纤维对 U(VI) 的吸附达到平衡。此外，木质纤维的粒径越小，用量越大，环境温度越高，最终吸附平衡时的 U(VI) 去除率越高。并且，王哲等（2015）发现木质纤维对 U(VI) 的吸附机理是以表面络合和离子交换为主、物理吸附为辅的混合吸附过程。谢志英等（2010）以壳聚糖（chitosan，CTS）为原料，在碱性条件下用环氧氯丙烷对 CTS 进行化学改性，得到交联的壳聚糖（crosslinked chitosan，CCTS）凝胶作为 U(VI) 吸附剂。吸附实验结果表明，CCTS 对铀的吸附能用准二级速率方程对吸附动力学进行描述，并符合 Langmuir 吸附等温模型，对铀的去除率为 98%以上。陈小松等（2015）将三聚磷酸钠交联磁性壳聚糖树脂（tripolyphosphate-crosslinked magnetic chitosan resins，TPP-MCR）用于吸附 U(VI)，其中磷酸基团作为 U(VI) 的吸附位点，最高吸附量可达 166.70 mg/g。

与粉末材料相比，三维块体天然生物高分子材料具有比表面积大、通透性好、不易流失、易回收等优势，是 U(VI) 吸附剂的发展趋势。Chen 等（2018a）利用定向冷冻技术制备了 KGM 介导 GO 组装的三维多孔有序 KGM/GO 海绵作为 U(VI) 吸附剂。该海绵的三维有序多孔结构使其在水中具有良好的稳定性和机械特性，避免了传统粉末状吸附剂不易回收的缺点[图 7.20（a）～（c）]。并且该海绵具有大比表面积、丰富的官能团等优点，对 U(VI) 的最大吸附量可达 225 mg/g。石碧院士团队将植物多酚交联到尼龙膜表面，制备了金属酚醛网络（metal-phenolic network membranes，MPNS）自组装材料(Luo et al.，2019)。经多酚改性后的尼龙膜具有高的水通量，相对于其他功能材料具有良好的亲水性、溶胀性和力学性能。研究结果表明，经多酚改性后的尼龙膜对 U(VI) 的最大吸附量可达 140 mg/g，并且在天然海水中的吸附量可达 27.81 μg/g[图 7.20（d）～（f）]。

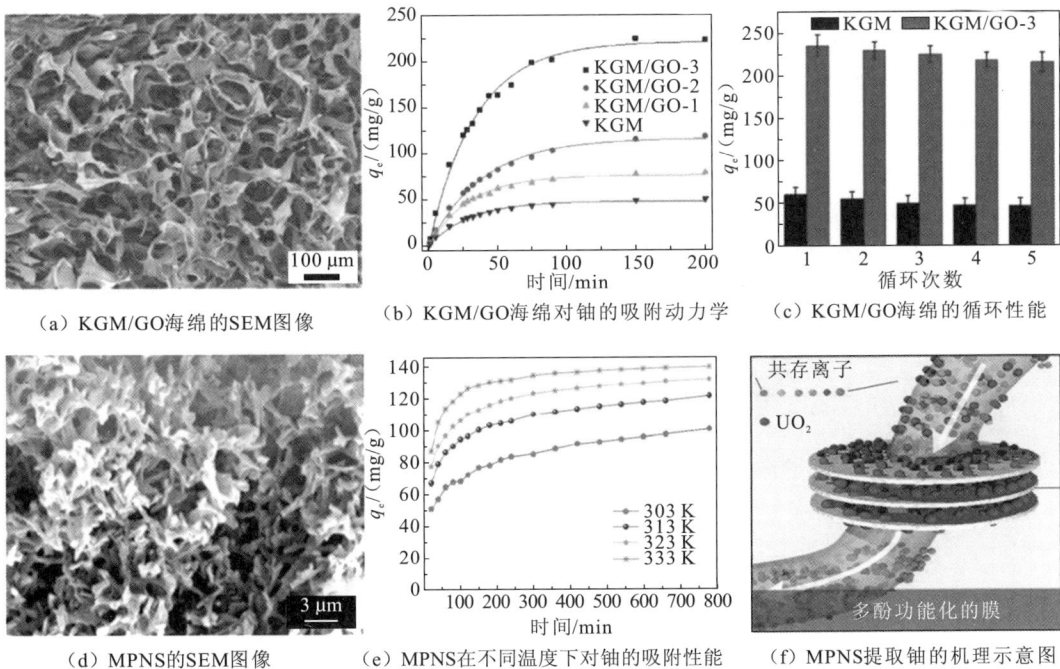

（a）KGM/GO海绵的SEM图像　　（b）KGM/GO海绵对铀的吸附动力学　　（c）KGM/GO海绵的循环性能

（d）MPNS的SEM图像　　（e）MPNS在不同温度下对铀的吸附性能　　（f）MPNS提取铀的机理示意图

图 7.20　以三维块体天然生物高分子为基底吸附材料的表征及对 U(VI) 的去除性能研究

（a）～（c）引自 Chen 等（2018a）；（d）～（f）引自 Luo 等（2019）

4. 生物质炭

生物质炭中的甲氧基、羧基、酚羟基、醇羟基等官能团为 U(VI)的吸附提供了活性位点。一般认为，未改性的生物质炭主要是物理吸附，也有部分的化学吸附，吸附能力直接与比表面积及孔结构相关。Pu 等（2019）以废香烟滤嘴为原料制备了活性炭，对 U(VI)进行吸附处理。批量吸附实验表明，香烟滤嘴衍生的活性炭对 U(VI)的吸附容量为 106 mg/g，选择性非常突出。Sun 等（2016）以葡萄糖为碳源，以碲纳米线为模板水热炭化合成了碳纳米纤维（CNFs），当 pH 为 4.5 时对 U(VI)的吸附容量为 125 mg/g，碳材料表面丰富的含氧官能团利于 U(VI)的吸附。当 pH 为 4.5 时，随着初始浓度的升高，CNFs 对 U(VI)的吸附机制由球内表面络合转为球外表面络合。当 pH 为 7 时，吸附主要是通过表面共沉淀进行的。Chen 等（2019）受高强度的天然珍珠母层启发，利用定向冷冻-冷冻干燥-炭化的三步法合成了具有优异机械强度的仿生结构超轻魔芋葡甘聚糖/氧化石墨烯复合碳气凝胶（konjac glucomannan/graphene oxide composite aerogel，KGCA），如图 7.21（a）所示，并将其用于 U(VI)的提取，考察了高盐、低浓度和辐射等极端条件下 KGCA 的吸附性能。结果表明，KGCA 对 U(VI)表现出高的吸附能力（513.4 mg/g），尤其是在低浓度、高盐条件及在 10～350 kGy 辐照作用下仍能保持结构稳定和对 U(VI)的高效选择性富集[图 7.21（b）～（c）]。

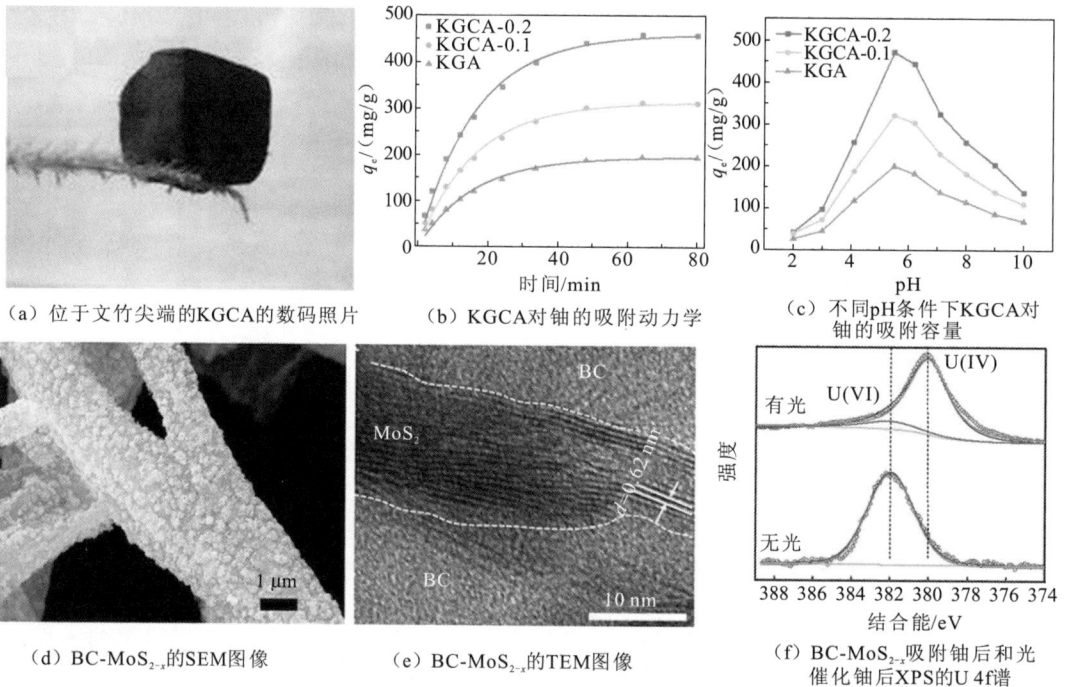

（a）位于文竹尖端的KGCA的数码照片　　（b）KGCA对铀的吸附动力学　　（c）不同pH条件下KGCA对铀的吸附容量

（d）BC-MoS$_{2-x}$的SEM图像　　（e）BC-MoS$_{2-x}$的TEM图像　　（f）BC-MoS$_{2-x}$吸附铀后和光催化铀后XPS的U 4f谱

图 7.21　以生物质炭为基底吸附材料的表征及对 U(VI)的去除性能研究

KGA：konjac glucomannan carbon @ aerogel，魔芋葡甘聚糖碳气溶胶；（a）～（c）引自 Chen 等（2019）；（d）～（f）引自 Chen 等（2021c）

除生物质直接炭化外，还可以将生物质炭进行改性，增强对铀的吸附容量和选择性。改性后以化学吸附为主时，孔道结构不再是决定因素，但也是不可忽略的重要因素。刘云海课题组以氢氧化钾为活化剂、农林废弃物花生壳为原料，利用微波法制备了花生壳活性炭作为 U(VI)吸附剂。吸附实验结果表明，当花生壳活性炭加入量为 0.5 g/L、U(VI)的初始质量浓度为 30 mg/L、溶液 pH 为 5.5 时，花生壳活性炭在 150 min 后对 U(VI)的去除率为 93.94%，吸附容量为 56.37 mg/g（李小燕 等，2013）。Yakout 等（2013）以水稻秸秆为原料，采用水蒸气热解法和 KOH 活化法得到改性稻秆活性炭用于 U(VI)的吸附，吸附容量为 100 mg/g。Liatsou 等（2017）以丝瓜络为碳源制备生物质炭，再用硝酸进行可控的表面改性，通过改变酸浓度或反应时间来控制氧化程度。结果表明，即使在强酸条件下，生物质炭纤维对 U(VI)的相对吸附率也在 80%以上，pH 为 3 时生物质炭纤维对 U(VI)的吸附容量为 92 mg/g。为了进一步提升 U(VI)吸附容量，他们又将丝瓜络活性炭进行改性（Liatsou et al.，2018），改性后材料在酸性条件下的 U(VI)吸附容量有极大提升。当 pH 为 3 时，吸附容量达 714 mg/g；当 pH 为 5.5 时，吸附容量达 833 mg/g。Zhang 等（2016）则以接枝丙烯腈的淀粉为碳源，水热合成了偕胺肟基碳球，U(VI)的饱和吸附容量为 724.6 mg/g，且对 U(VI)具有良好的选择性。

除活化改性外，还可以用生物质炭作为基底与其他功能材料复合来增加吸附位点，制备新型功能化生物质炭复合材料，提高 U(VI)的吸附容量、加快吸附速率、赋予防污性能等，以获得性能更突出的 U(VI)吸附材料。例如，Zhu 等（2020）以多巴胺为碳源，高温热解合成了零价铁负载的磁性多孔的氮掺杂碳微球（Fe_0/N-C），对 U(VI)的最大吸附容量为 232.54 mg/g，掺杂的氮不仅参与了配位，还对 U(VI)有还原作用。此外，零价铁对 U(VI)也具有还原作用，增强了 Fe_0/N-C 对铀的富集性能。Zhang 等（2019a）以橘子皮为碳源，制备了磁性生物质炭（magnetic activated carbons，MACs），再利用多巴胺在表面负载具有抗菌性的银纳米粒子，得到抗生物污损的三维多孔 MACs/PDA-Ag 碳复合材料，对 U(VI)的最大吸附容量为 657.89 mg/g。含 N 或 O 的多个基团在 U(VI)吸附中均发挥了重要作用，并且吸附剂在低 pH 下有良好的吸附性能、循环稳定性和较高的选择性，在模拟海水中对 U(VI)的去除率可达 90%，且抗生物污损性能良好，更适配于海洋环境。此外，Chen 等（2021c）还在细菌纤维素衍生炭（bacterial cellulose，BC）上原位构筑了缺陷二硫化钼（MoS_{2-x}），形成 BC 和 MoS_{2-x} 的异质结（BC-MoS_{2-x}）[（图 7.21（d）～（e）]。耦合 BC 吸附铀的能力和 MoS_{2-x} 光催化氧化还原的能力，实现了高效的吸附-光催化富集 U(VI)，在富集 U(VI)后的 BC-MoS_{2-x} 上可以明显发现 U(VI)被还原为 U(IV)[（图 7.21（f）]。

7.6.2 对铯的吸附去除

[137]Cs 是一个强的伽马发射器，它经历高衰变并发射高能伽马辐射。放射性废水中的铯元素主要存在形式为 Cs^+，与同族元素 K^+ 的行为相似，过量的 Cs^+ 可以取代细胞内的 K^+，细胞内代谢过程中 K^+ 起关键作用的组分失去活性会影响生长代谢，因此表现出对植物的毒性作用。上述原因使得从环境中去除 [137]Cs 成为公共卫生和放射性废物安全管理的一个关键问题。从放射性废水中分离富集放射性 Cs^+ 可以通过沉淀、离子交换、吸附和膜分离等几种方法进行。其中吸附法具有高效、低成本的优点，避免了其他方法的成本高、耗时长、吸附选择性差等缺点，而逐渐成为从废水中去除 Cs^+ 的主要方法。但是高效吸附性能的关键在于从众多吸附剂中寻找对 Cs^+ 具有高效去除率及低成本的吸附材

料。微生物材料、生物质废弃物和其他生物质材料具有来源广、成本低的优势，已成为当前吸附 Cs$^+$研究的热点。

1. 微生物材料

铯与其他金属/放射性核素的区别在于，铯与微生物之间具有相互作用，利用微生物去除铯污染是具有发展前景的技术。通常情况下，稳定的 Cs 具有极弱的配位能力，不会破坏细胞膜的完整性，且生物毒性很小。此外，Cs$^+$在生物系统与非生物系统之间具有高运动性，这对利用微生物吸附 Cs$^+$是有利的。

微生物对 Cs$^+$的吸收与其他材料吸附去除铯的区别在于，微生物去除 Cs$^+$是通过能量/代谢的依赖性转移。因此，去除 Cs$^+$利用的微生物吸附剂通常是活体微生物。De Rome 等（1991）利用真菌去除环境中的 Cs$^+$。研究结果表明，当存在葡萄糖时，固定在海藻酸钙颗粒内的酿酒酵母（*S. cerevisiae*）细胞比少根根霉（*R. arrhizus*）和产黄青霉（*Penicillium chrysogenum*）形成的菌丝体小球对 Cs$^+$的吸附更好。*S. cerevisiae* 细胞的固定化（76%）和游离（0）表现出的差异归因于在固定化细胞体系中 Cs$^+$与海藻酸钙载体结合，但是对 *C. salina* 而言，固定化细胞与游离细胞吸收 Cs$^+$的量几乎相同（均为 50%）。Plato 等（1974）测定了在不同浓度 K$^+$存在条件下培养的 *Chlorella* 细胞对 Cs$^+$的去除效率，当 50 μmol/L$< C_{K^+} <$375 μmol/L 时，Cs$^+$的去除率为 83.88%。当 K$^+$浓度小于 50 μmol/L 时，*Chlorella* 细胞的生长会受到限制。当 K$^+$浓度大于 375 μmol/L 时，K$^+$会与 Cs$^+$产生竞争。在 $C_{K^+} <$50 μmol/L 和 $C_{K^+} >$375 μmol/L 这两种情况下，*Chlorella* 细胞对 Cs$^+$的去除率均低于 20%。研究发现 *Chlorella* 细胞对 K$^+$的亲合力优先于 Cs$^+$。Sivaperumal 等（2018）研究了海洋放线菌诺卡氏菌对铯的吸附，它从含有 10 mmol/L CsCl$_2$ 的测试溶液中能去除 88.6%±0.72% 的 Cs$^+$[图 7.22（a）～（c）]。Ohnuki 等（2015）研究了酿酒酵母单细胞真菌在矿物质存在下对 Cs$^+$的积累，以阐明微生物对环境中放射性 Cs$^+$迁移的作用[图 7.22（d）～（e）]。

2. 生物质废弃物

生物质废料如椰子壳等可用于制备具有高吸附性能的改性活性炭材料。Moloukhia 等（2016）分别用过氧化氢和硝酸氧化法对制备的活性炭表面进行化学修饰。通过化学改性，增加了椰子壳活性炭的表面积和孔隙体积，并提高了对 Cs$^+$的去除性能，其对 Cs$^+$的最大吸附容量为 60 mg/g[图 7.23（a）～（c）]。Hasan 等（2021）将红树林木炭改性吸附剂用于去除污染水中的铯，红树林木炭通过硝化氧化引入不同的含氧羧基、羰基和羟基官能团。由于硝化作用引入了官能团，其比表面积和孔隙率急剧下降，形成微孔结构，当 pH 为 2～12 时能有效去除 Cs$^+$。此外，由于与化学吸附的强静电相互作用，改性吸附剂对 Cs$^+$的最大吸附容量为 133.54 mg/g。其特点是动力学性能较慢，但选择性趋势较高，即使在大量的 Na$^+$和 K$^+$存在的情况下，低浓度的 Cs$^+$也被高度吸附。冯媛（2011）研究了农业废弃物稻壳对 Cs$^+$的吸附性能，包括稻壳的粒度、吸附剂的用量、含 Cs$^+$溶液环境的酸碱度、Cs$^+$的初始浓度、吸附时间及吸附的环境温度对稻壳去除 Cs$^+$的影响。结果表明，稻壳吸附去除 Cs$^+$的平衡时间仅为 10 min，最佳 pH 为 5，最佳去除率达到 41.38%。在实验温度范围内，体系温度越高，稻壳吸附剂对 Cs$^+$的去除率越小；随着溶液 Cs$^+$初始浓度的升高，Cs$^+$

（a）菌株在YM琼脂培养
基上培养13 h

（b）培养菌株13 h在10 mmol/L氯化铯的
YM琼脂平板上的扫描电镜图像（吸附）

（c）不同浓度条件下
EPS对Cs⁺的吸附

（d）用酵母细胞培养3天后的琼脂
培养基薄片的AR图像

（e）酵母细胞在含有¹³⁷CsCl和每种矿物为1%的YPD肉
汤琼脂培养基中培养后的放射性

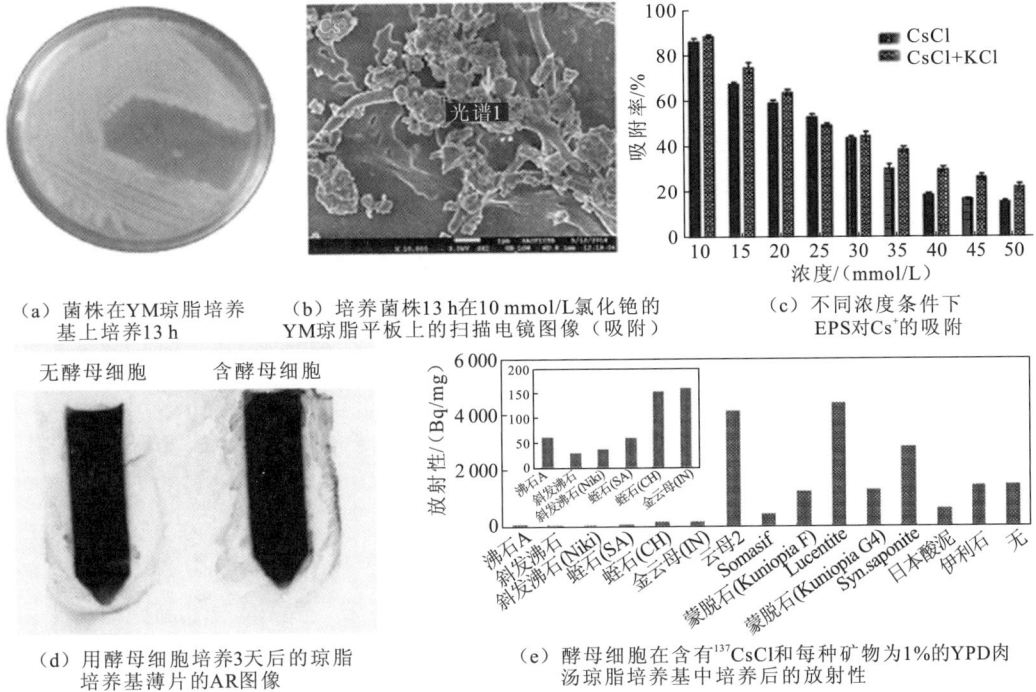

图 7.22　以微生物为基底吸附材料的表征及对 Cs⁺ 的去除性能研究

YM：yeast malt，酵母麦芽；AR：auto radiography，放射自显影；YPD：yeast peptone dextrose，酵母膏胨葡萄糖；（a）～
（c）引自 Sivaperumal 等（2018）和 Wu 等（2018）；（d）～（e）引自 Ohnuki 等（2015）

（a）椰子壳的SEM图像

（b）椰子壳对Cs⁺的吸附动力学

（c）pH对椰子壳吸附Cs⁺的影响

（d）NiHCF-WS的SEM图像

（e）pH对NiHCF-WS吸附Cs⁺效率的影响

（f）接触时间对Cs⁺吸附的影响

图 7.23　以生物质废弃物为基底吸附材料的表征及对 Cs⁺ 的去除性能研究

（a）～（c）引自 Moloukhia 等（2016）；（d）～（f）引自 Ding 等（2014）

的去除率降低。Ding 等（2014）将铁氰酸镍功能化核桃壳（nickel hexacyanoferrate functionalized agricultural residue-walnut shell，NiHCF-WS）用于选择性去除溶液中的 Cs^+，在 2 h 内可达到饱和吸附容量 0.52 mg/g。此外，与其他吸附剂相比，NiHCF-WS 在酸性条件下对 Cs^+ 的去除率更高，表明该材料特别适合于处理酸性放射性废液[图 7.23（d）~（f）]。

3. 其他生物质材料

除上述生物质废弃物外，魔芋葡甘聚糖、裙带菜、松果等生物质材料经一定方式处理后或直接应用于对 Cs^+ 的吸附去除也具有显著的效果。乔丹（2018）利用魔芋葡甘聚糖（KGM）与亚铁氰化镍钾（KNiFC）合成了球形的亚铁氰化镍钾/羧甲基魔芋复合凝胶吸附材料（KNiFC/CKGM），如图 7.24（a）和（b）所示。KNiFC/CKGM 对 Cs^+ 的去除效率高且对 Cs^+ 的选择性强。此外，在纯净无竞争离子的条件下，KNiFC/CKGM 对 Cs^+ 的去除效率为 94.8%。当 200 mg/L 的 K^+ 干扰离子存在时，其对 Cs^+ 去除效率仍保持在 88.6%。Hu 等（2020）直接利用裙带菜干藻吸附 Cs^+，其吸附量为 1.1 mmol/g，这是由于多糖和氨基酸在藻细胞壁中富集，羧基、硫酸盐、胺和酰胺是吸附 Cs^+ 的有效官能团[图 7.24（c）~（e）]。Ofomaja 等（2015）采用甲苯-乙醇混合溶剂处理松果，提取植物成分，用铁酸六氰络合物对松果进行改性。结果表明，Cs^+ 与六氰铁酸配合物之间的离子交换使改性吸附剂的吸附容量达 8.74 mg/g。Khandaker 等（2021）以日本杉木为原料，通过浓硝酸改性制备出具有经济效益的纤维素生物质活性炭，用于吸附水中的 Cs^+。实验结果表明，经硝酸改性后的活性炭比表面积明显减小，但是在表面引入一些含氧酸性官能团（—COOH、—C＝O）后，对 Cs^+ 最大吸附容量为 35.46 mg/g。

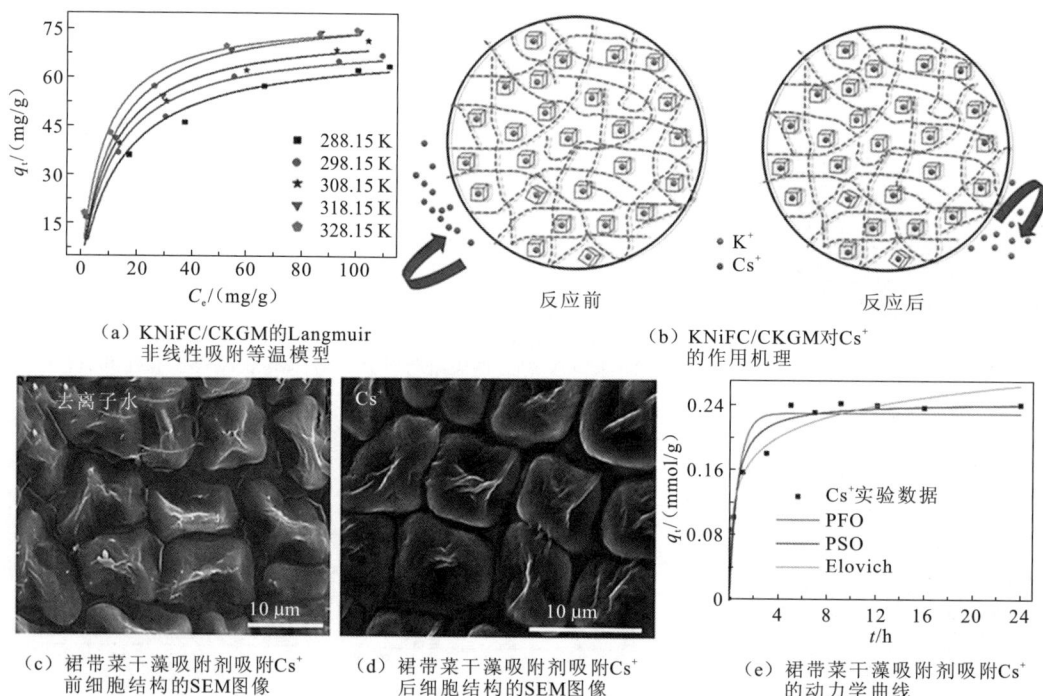

（a）KNiFC/CKGM的Langmuir 非线性吸附等温模型

（b）KNiFC/CKGM对Cs^+ 的作用机理

（c）裙带菜干藻吸附剂吸附Cs^+ 前细胞结构的SEM图像

（d）裙带菜干藻吸附剂吸附Cs^+ 后细胞结构的SEM图像

（e）裙带菜干藻吸附剂吸附Cs^+ 的动力学曲线

图 7.24 以其他生物质为基底吸附材料的表征及对 Cs^+ 的去除性能研究

PFO: pseudo-first-order kinetics，拟一阶动力学；PSO: pseudo-second-order kinetics，拟二阶动力学；Elovich: Elovich kinetics，埃洛维奇动力学；（c）（d）引自乔丹（2018）；（e）引自 Hu 等（2020）

7.6.3 对锶的吸附去除

^{90}Sr 是 ^{235}U 和 ^{239}Pu 的裂变产物，具有一定的放射性，广泛存在于放射性废水中。日本福岛发生核泄漏事故后，福岛和宫城两县以外的多个地区的大气中检测出了放射性物质 ^{90}Sr。^{90}Sr 半衰期长，并以释放 β 射线为主，对人体损伤大，即使在微量水平上也具有毒性，且不可生物降解。锶的化学性质活泼，容易被氧化为 Sr^{2+}，以 $SrCO_3$、$SrSO_4$ 两种主要形式存在于矿石中。经过风化后，矿石中的 $SrCO_3$ 和 $SrSO_4$ 化合物会溶解到自然水体中以 Sr^{2+} 的形式存在。Sr^{2+} 化学性质与存在于人体各组织中的 Ca^{2+} 类似，均属于亲骨核素，与蛋白质结合存在于如骨、神经、肌肉和血液等处并参与人体各项新陈代谢，聚集在人体骨骼内难以排出，对人体造成永久性伤害。利用吸附技术去除废液中的 Sr^{2+} 是非常具有前景的技术之一。其中生物质材料成本低，可将其作为吸附剂用于去除水中的锶。对 Sr^{2+} 的吸附过程包括物理化学吸附、离子交换和微沉淀等一系列的物理化学机制。目前，多种生物吸附剂（生物质废弃物、天然生物高分子和生物质炭）对 Sr^{2+} 表现出良好的去除潜力。

1. 微生物材料

李威（2016）利用杨梅单宁与菌丝间的氢键作用制备了具有空间网络结构的菌丝/杨梅单宁复合材料[图 7.25（a）]，并研究其对 Sr^{2+} 的吸附性能。菌丝/杨梅单宁的表面有大量的活性基团（如羟基、羧基、酰胺等），能够增强与金属离子间的相互作用[图 7.25（b）]，其最大理论吸附容量为 36.26 mg/g，且经 5 次循环后仍能保持高的去除效率（80.8%）。

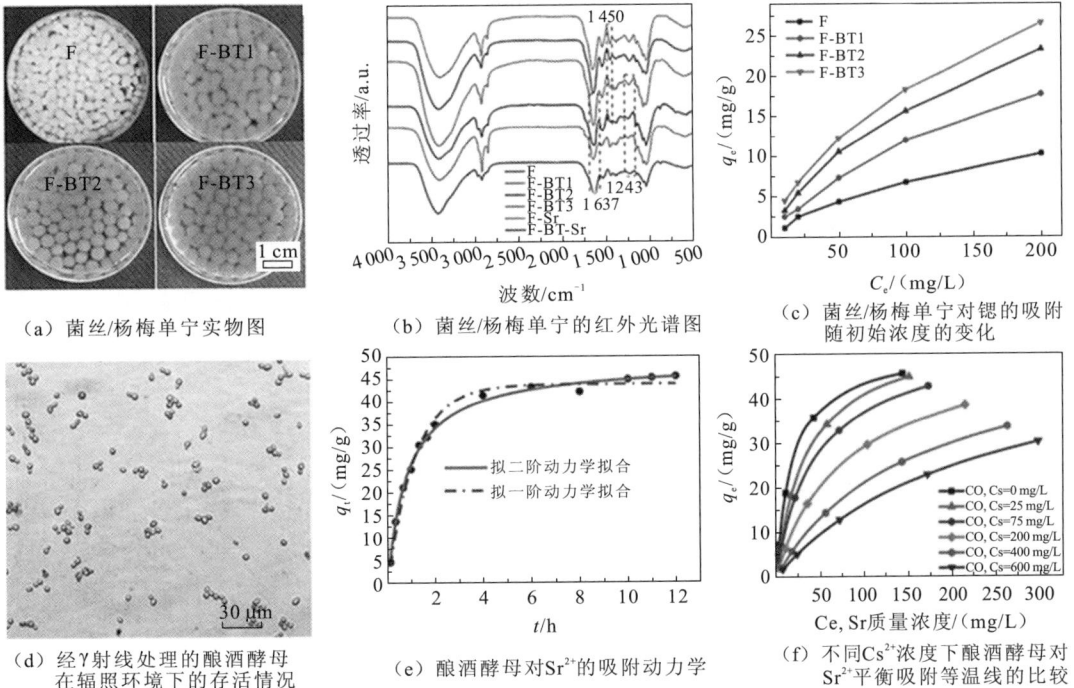

（a）菌丝/杨梅单宁实物图
（b）菌丝/杨梅单宁的红外光谱图
（c）菌丝/杨梅单宁对锶的吸附随初始浓度的变化
（d）经 γ 射线处理的酿酒酵母在辐照环境下的存活情况
（e）酿酒酵母对 Sr^{2+} 的吸附动力学
（f）不同 Cs^{2+} 浓度下酿酒酵母对 Sr^{2+} 平衡吸附等温线的比较

图 7.25 以微生物为基底吸附材料的表征及对 Sr^{2+} 的去除性能研究

（a）～（c）引自 Li 等（2016）；（d）～（f）引自 Tan 等（2017）

此外，研究还发现，该复合材料对 Sr^{2+} 的吸附性能受 pH、温度、Na^+ 和 Sr^{2+} 初始浓度等环境因素影响[图 7.25（c）]。黄小军（2012）利用面包酵母菌和枯草芽孢杆菌两种微生物吸附去除 Sr^{2+}，面包酵母菌对 Sr^{2+} 平衡吸附容量为 3.56 mg/g，微波预处理后变为 4.69 mg/g；枯草芽孢杆菌为 48.08 mg/g；混合菌群为 40.92 mg/g。

Tan 等（2017）对比研究了 γ 射线辐照下酿酒酵母的存活情况，仅 4 h 达到吸附动力学平衡且最大吸附量为 45.2 mg/g，在最大含 600 mg/L 的 Cs^+ 存在条件下酿酒酵母对 Sr^{2+} 的吸附量仍大于 30 mg/g[图 7.25（d）～（f）]。此外，刘明学（2011）通过脉冲 X 射线辐照和诱导方式驯化出具有高耐锶特性的酵母菌株，系统研究了酵母菌株与 Sr^{2+} 之间的相互作用。研究结果显示，酿酒酵母细胞在培养条件下对高浓度 Sr^{2+}（>200 mg/L）的生物去除效率>90%，酿酒酵母除在细胞壁上吸附 90% 的锶离子外，在细胞质中生物积累了大约 10% 的锶离子。此外，低初始浓度 Sr^{2+}（≤100 mg/L）经过 3 个循环后生物去除率几乎达到 100%。

2. 生物质废弃物

Shin 等（2021）利用废咖啡渣生物炭（spent coffee grounds，SCG）和粉末活性炭（powdered activated carbon，PAC）吸附去除溶液中的 Sr^{2+}[图 7.26（a）～（c）]。尽管 SCG 具有更低的比表面积（$S_{SCG}=11.0$ m^2/g、$S_{PAC}=957.6$ m^2/g）和孔体积（$V_{SCG}=0.009$ cm^3/g、$V_{PAC}=0.676$ cm^3/g），但由于 SCG 对 Sr^{2+} 的吸附受吸附剂中含氧官能团丰度的强烈影响，其理论最大吸附容量（51.81 mg/g）远大于 PAC 的理论最大吸附容量（32.79 mg/g）。值得注意的是，在酸性条件（pH=1～3）下，存在静电排斥力，影响了 SCG 和 PAC 对 Sr^{2+} 的去除效果。Rae 等（2019）对比研究了蟹壳和酒糟吸附剂在工业相关浓度（低 mg/L）下去除 Sr^{2+} 的性能[图 7.26（d）～（f）]。生物吸附剂的去除率为 20%～70%，而商业

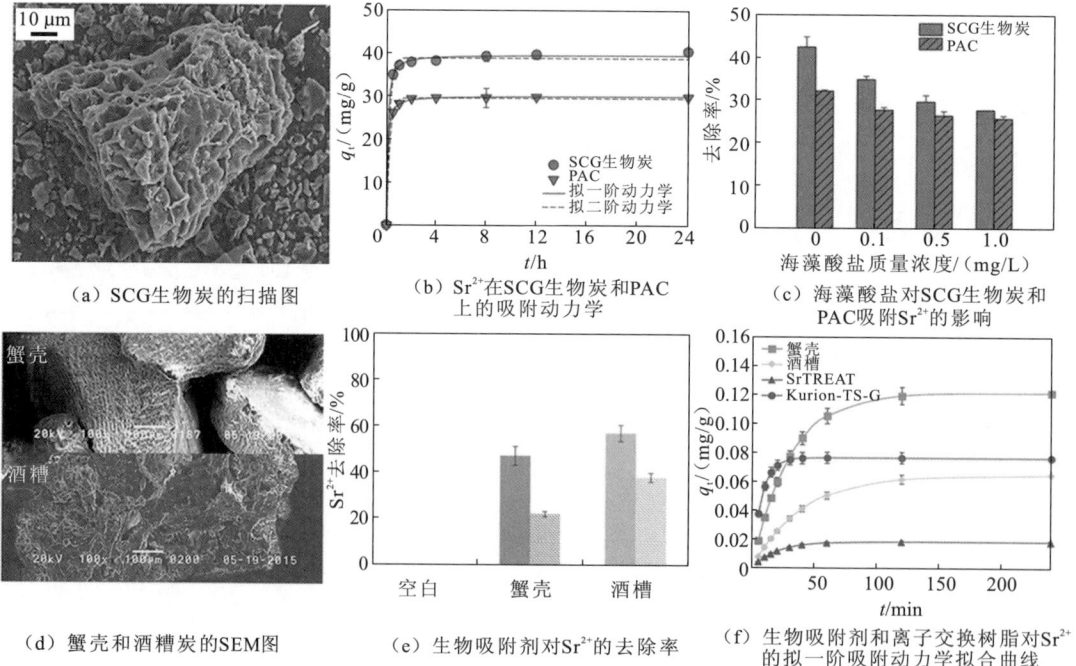

（a）SCG生物炭的扫描图

（b）Sr^{2+}在SCG生物炭和PAC上的吸附动力学

（c）海藻酸盐对SCG生物炭和PAC吸附Sr^{2+}的影响

（d）蟹壳和酒糟炭的SEM图

（e）生物吸附剂对Sr^{2+}的去除率

（f）生物吸附剂和离子交换树脂对Sr^{2+}的拟一阶吸附动力学拟合曲线

图 7.26 以生物质废弃物为基底吸附材料的表征及对 Sr^{2+} 的去除性能研究
（a）～（c）引自 Zhu 等（2018b）；（d）～（f）引自 Jang 等（2018）

材料的去除率为 55%～95%。结果表明吸附主要通过均匀位点上的单层覆盖，并且可以使用拟二阶动力学模型来描述。对模拟液的研究表明，由于位点的离子竞争，Sr^{2+} 的吸附减少了 10%～40%。Sr^{2+} 吸附前后生物吸附剂的表征表明外球络合和离子交换是主要的 Sr^{2+} 去除机制。蟹壳在工业相关浓度下从水介质中去除 Sr^{2+} 的效率（吸附容量为 3.92 mg/g），以及机械稳定性、实施和处置成本，使其成为与其他生物吸附剂和商业材料相比更具竞争力的选择。

3. 生物质炭材料

Moloukhia 等（2016）以椰子壳为原料制备了改性活性炭，分别用过氧化氢和硝酸氧化法对制备的活性炭进行表面化学修饰。化学改性增大了椰子壳活性炭的表面积和孔隙体积，并提高了对 Sr^{2+} 的去除效果，其最大吸附容量为 69.85 mg/g。艾莲（2014）分别以向日葵的秆、茎、叶和花盘作为原料制备了不同生物质炭去除溶液中的 Sr^{2+}。研究结果表明，当 Sr^{2+} 的初始质量浓度为 20 mg/L 时，固液比分别为 10.0 g/L、8.0 g/L、6.0 g/L、4.0 g/L 和 2.0 g/L 条件下的去除率分别为 88.2%、83.79%、41.95%、92.91% 和 34.52%。Li 等（2016）以石墨、杨梅单宁和淀粉为前驱体制备了具有大比表面积、表面富含含氧官能团的新型生物质炭材料用于去除放射性核素 Sr^{2+}，其表面含有大量的含氧官能团利于对锶的吸附，最大吸附容量为 67.98 mg/g。Gogda 等（2016）利用椰子壳木炭和商业木炭去除溶液中的 Sr^{2+}，Sr^{2+} 在盐基质中椰子壳炭和商业炭的吸附能力分别为 18.4 mg/g 和 22.2 mg/g。Zhu 等（2018b）利用棉花碳气凝胶去除水溶液中的 Sr^{2+}，在 pH=6、T=30 ℃的条件下对水溶液中 Sr^{2+} 的最大去除率为 60.16%[图 7.27（a）～（c）]。Jang 等（2018）采用稻秆生物质炭微球（rice straw-based biochar，RSBC）在间歇和连续固定床柱系统中去除水溶液中的 Sr^{2+}，在 T=35 ℃、pH=7 条件下，RSBC 对 Sr^{2+} 的最大吸附容量为 175.95 mg/g[图 7.27（d）～（e）]。

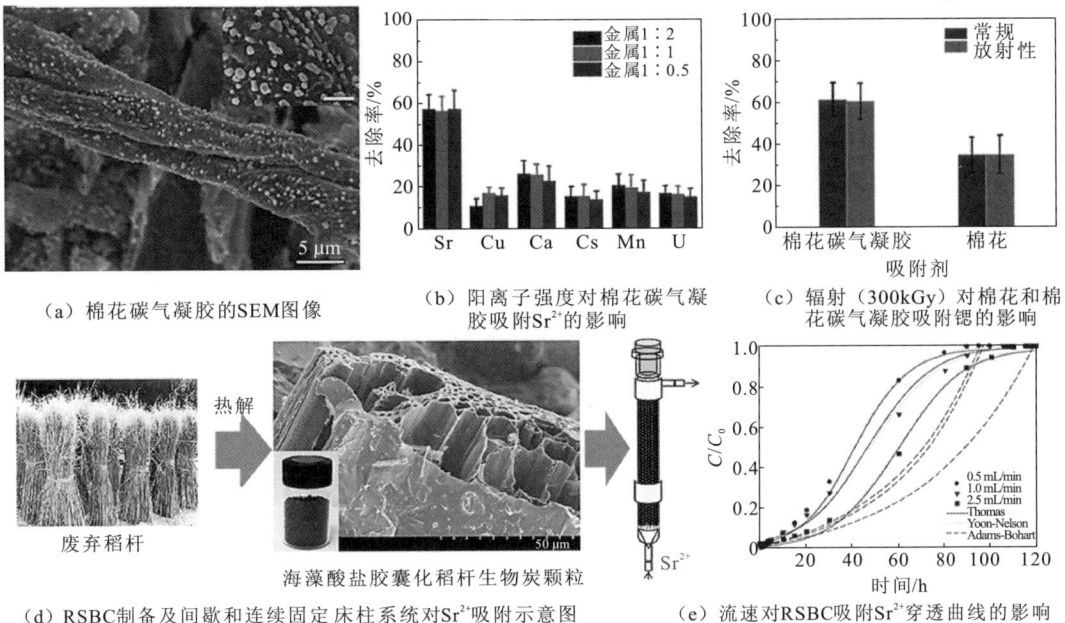

（a）棉花碳气凝胶的SEM图像　（b）阳离子强度对棉花碳气凝胶吸附Sr^{2+}的影响　（c）辐射（300kGy）对棉花和棉花碳气凝胶吸附锶的影响

（d）RSBC制备及间歇和连续固定床柱系统对Sr^{2+}吸附示意图　（e）流速对RSBC吸附Sr^{2+}穿透曲线的影响

图 7.27　棉花碳气凝胶的表征及对 Sr^{2+} 的去除性能研究

（a）～（c）引自 Zhu 等（2018b）；（d）～（e）引自 Jang 等（2018）

7.6.4　对其他放射性核素的吸附去除

1. 对碘的吸附去除

I作为一种放射性同位素，由 ^{235}U 核裂变产生，^{131}I 半衰期为 8 天，^{129}I 半衰期为 $1.6×10^7$ 年。碘放射性同位素具有放射性高、半衰期长和有毒的特点，严重危害人类健康，可造成永久性的环境污染。此外，碘很容易升华，主要存在于核电站的烟气中，如 I_2、次磺酸和有机碘。因此，开发用于有效捕获和固定 ^{129}I/^{131}I 的新技术和材料是非常可取的。生物质作为一种制备方法简单、成本低、环境友好、基团含量丰富、捕获性能高的材料，是高效吸附剂的优良选择。

Zhu 等（2022b）制备了具有超高孔隙率、高含量片状结构、良好的通道效应和亲和力的儿茶素固定三维水解胶原气凝胶（儿茶素@3DCF 气凝胶）[图 7.28（a）] 用于吸附碘。其中酚羟基对碘具有显著的亲和力并促进吸附。此外，由于儿茶素的固定、醛的交联和自由基捕获酚羟基，平衡吸附容量达到 222.67%[图 7.28（b）]。所制备的吸附剂在 60 ℃、γ射线辐照总剂量为 10～350 kGy 条件下具有优异的稳定性[图 7.28（c）]。Wang 等（2021）借助天然椴木材料的多孔特性[图 7.28（d）] 将碘吸附剂 ZIF-8 负载到椴木木材的孔道中，形成的复合吸附材料（ZIF-8@wood）对碘的最大吸附量为 1 145 mg/g[图 7.28（e）～（f）]。姜筝等（2014）利用水溶液中面包酵母菌和大肠杆菌在成长过程中的微生物新陈代谢作用对 I 进行吸附。面包酵母菌对碘离子的吸附过程同时存在物理作用和化学作用，吸附能力远大于仅存在物理吸附过程的大肠杆菌，在 20 min 和 60 min 时即可达到吸附平衡（0.120 7 mmol/g 和 0.037 2 mmol/g）。

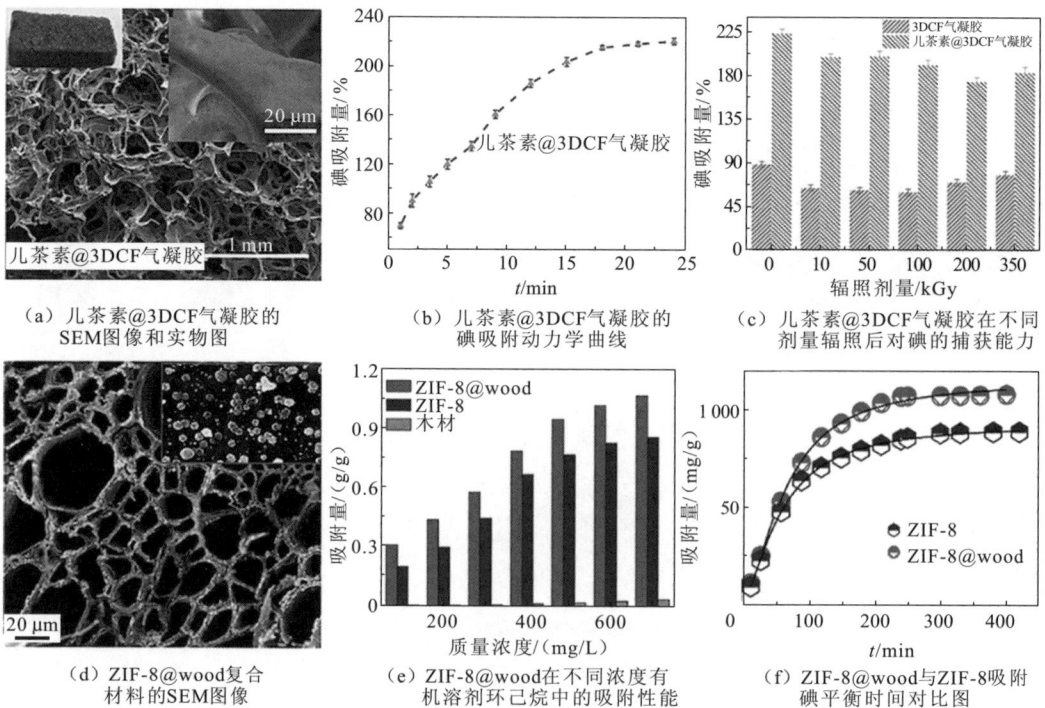

（a）儿茶素@3DCF气凝胶的 SEM图像和实物图

（b）儿茶素@3DCF气凝胶的碘吸附动力学曲线

（c）儿茶素@3DCF气凝胶在不同剂量辐照后对碘的捕获能力

（d）ZIF-8@wood复合材料的SEM图像

（e）ZIF-8@wood在不同浓度有机溶剂环己烷中的吸附性能

（f）ZIF-8@wood与ZIF-8吸附碘平衡时间对比图

图 7.28　生物质基吸附材料的表征及对碘的去除性能研究

（a）～（c）引自 Zhu 等（2022b）；（d）～（f）引自 Wang 等（2021）

2. 对钍的吸附去除

铀矿和稀土矿常伴有 Th(IV) 的矿化，在铀矿的开采和冶炼过程中残留尾矿会产生大量含钍废水。钍的工业价值低，且钍存在化学毒性与放射性毒性，研究和开发高效去除含钍废水中钍的吸附材料非常重要。李利等（2006）研究了微生物少根根霉对 Th(IV) 的吸附性能。当 $T=303$ K、初始 pH=4 时，未改性处理的少根根霉对 Th(IV) 的最大吸附容量为 198.7 mg/g，用 NaOH 改性处理后对 Th(IV) 的最大吸附容量提高至 265 mg/g。Gok Cem（2010）研究表明马尾藻在 3 h 内达到吸附平衡时对 Th(IV) 的最大吸附容量为 0.6 mg/g。Liao 等（2004）将分别固化杨梅单宁和落叶松单宁的胶原纤维作为吸附剂，在 $T=323$ K 条件下的最大吸附容量分别为 73.67 mg/g 和 18.19 mg/g。Ding 等（2019）采用海藻酸钙交联法制备了固定化非活性黑曲霉生物吸附剂（alginate-immobilized *Aspergillus niger* microspheres，AAMs）[图 7.29（a）和（b）]，Th(IV) 与 AAMs 之间可能的生物吸附机制是络合和离子交换，因为 Th(IV) 首先迅速与 O—H、O＝C—O、C—O 等基团结合，然后 AAMs 表面的 —NH— 和 —NH$_2$ 基团通过螯合机制快速诱导 Th(IV) 生物吸附。在最佳条件下，AAMs 对钍的最大生物吸附容量为 303.95 mg/g。Picardo 等（2006）以海藻、啤酒酵母及硅胶为原料制备的生物质复合材料作为吸附剂 [图 7.29（c）和（d）]

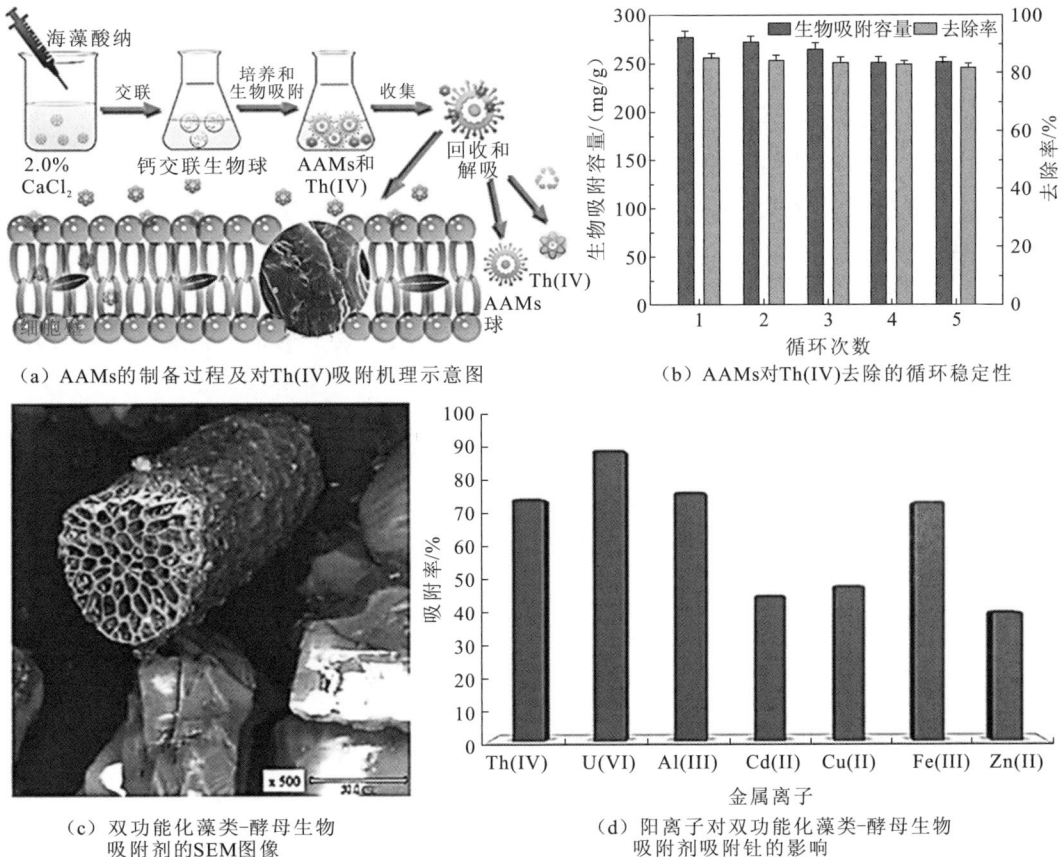

（a）AAMs的制备过程及对Th(IV)吸附机理示意图

（b）AAMs对Th(IV)去除的循环稳定性

（c）双功能化藻类-酵母生物吸附剂的SEM图像

（d）阳离子对双功能化藻类-酵母生物吸附剂吸附钍的影响

图 7.29 生物质基吸附材料的表征及对钍的去除性能研究

引自 Ding 等（2019）

用于 Th(IV) 的去除，这是一个自发且放热的过程，在低温下更有利于 Th(IV) 的吸附，且最大吸附容量达 26.95 mg/g。吴婉滢等（2015）系统研究了丁二酸改性稻草对水溶液中 Th(IV) 的吸附去除。结果表明，改性稻草吸附性能的提高归因于改性处理使稻草暴露了更多的内部多孔结构，增加了羧基、羟基、酯基等基团而有利于吸附。

7.7 本 章 小 结

天然生物质材料具有成本低廉、来源广泛、易生物降解、无毒无害等优势，其表面含有丰富的羟基、羧基等官能团，以及丰富的孔道结构和大的比表面积，是一种极具应用前景的绿色核素吸附材料。目前生物质吸附材料主要包括微生物材料、生物质废弃物、天然生物高分子材料和生物质炭。然而，单一的生物质吸附材料在直接应用时会因官能团单一、难分离回收、力学性能差等不足而导致核素吸附性能较差。因此，可通过生物组装、接枝改性、表面复合、空间结构调控、碳化和掺杂改性等策略增加生物质材料的孔结构、官能团含量及种类、比表面积、活性位点及改变其表面性质，从而提高对核素的吸附性能。结构参数调控后的生物质基吸附材料在放射性核素铀、锶、铯、碘、钍等的吸附上表现出良好的性能。此外，生物质丰富的官能团、复杂的孔道结构使其对核素的吸附机理表现出多样性，主要包括表面络合、离子交换、生物矿化、生物还原和生物积累等。同时，生物质材料对核素的吸附还受 pH、离子强度、反应时间、反应温度和有机物等条件的影响。总体而言，利用生物质材料富集分离核素具有很多优势，且生物质基吸附材料在放射性废液中核素的富集分离领域有着广阔的应用前景。

目前，生物质基核素吸附材料还存在诸多不足，从长远的发展来看，建议从以下几个方面进行相关研究工作。

（1）将模型模拟、理论计算等与实验技术相结合，将微观的光谱技术与宏观的批量实验相结合，深入研究生物质基吸附材料对核素的吸附行为，揭示生物质基吸附材料与核素的作用机制。

（2）将生物质材料与新型材料相结合，将各领域的材料巧妙地结合起来，设计高性能的三维新型复合材料。

（3）关于生物质材料脱附回收核素的研究报道较少，应系统研究脱附剂种类、温度、初始核素浓度和离子强度等对脱附的影响并探讨脱附机制，加强核素回收技术的研究，为生物质吸附核素材料的重复利用提供理论基础。

（4）研究大规模经济高效的生物质材料复合的结构参数调控方法，开展深入的动态连续吸附处理研究，开展生物质吸附核素材料从实验室研发到工业实际操作的应用推广工作。

参 考 文 献

艾莲, 2014. 向日葵基生物质材料对放射性核素铀和锶的吸附性能研究. 绵阳: 西南科技大学.

陈小松, 周利民, 刘峙嵘, 2015. 三聚磷酸钠交联磁性壳聚糖树脂对铀酰离子的吸附特性. 原子能科学技术, 49(6): 972-978.

冯媛, 2011. 几种生物质材料对锶, 铯, 铀吸附性能的研究. 绵阳: 西南科技大学.

韩宝华, 2007. 放射性去污废液中的有机物及其处理技术. 辐射防护通讯, 1: 36-41.

黄小军, 2012. 好氧型微生物对锶, 铯的吸附研究. 绵阳: 西南科技大学.

姜筝, 丰俊东, 2014. 微生物对溶液中碘离子的吸附行为和机理探究. 水处理技术, 9: 34-38.

李利, 叶勤, 梁贵春, 等, 2006. 改性少根根霉对钍(IV)的吸附研究. 四川环境, 25(6): 9-12.

李威, 2016. 菌丝复合材料的制备及其吸附性能研究. 绵阳: 西南科技大学.

李小燕, 张明, 刘义保, 等, 2013. 花生壳活性炭吸附溶液中的铀. 化工环保, 33(3): 202-205.

刘明学, 2011. 微生物与锶铀相互作用及其机理研究. 成都: 电子科技大学.

罗学刚, 2004. 植物(秸秆)改性纤维资源化利用. 中国工程科学, 6: 91-94.

马佳林, 聂小琴, 董发勤, 等, 2015. 三种微生物对铀的吸附行为研究. 中国环境科学, 35(3): 825-832.

乔丹, 2018. 魔芋基吸附材料的制备及其对铯的吸附性能研究. 绵阳: 西南科技大学.

邵大冬, 许笛, 王所伟, 等, 2008. pH和离子强度对放射性核素镍在MX-80黏土上的吸附影响和模型研究. 中国科学(B辑: 化学), 11: 1025-1034.

王淑娟, 郭伟, 史江红, 等, 2019. 氨基修饰稻壳生物炭对水溶液中铀的吸附动力学特性. 环境科学研究, 32(2): 347-355.

王哲, 易发成, 冯媛, 2015. 铀在木纤维上的吸附行为及机理分析. 原子能科学技术, 49(2): 263-272.

吴婉滢, 姚广超, 张晓文, 等, 2015. 改性稻草对钍的吸附行为. 核技术, 38(4): 18-24.

谢志英, 肖化云, 王光辉. 2010. 交联壳聚糖对铀的吸附研究. 环境工程学报, 4(8): 1749-1752.

阳梅, 2016. 氮掺杂碳材料的制备及其氧还原电催化性能研究. 湘潭: 湘潭大学.

张飞飞, 2019. 多孔生物质炭及其复合物的制备与铀吸附性能研究. 哈尔滨: 哈尔滨工程大学.

张永德, 黄松涛, 罗学刚, 等, 2016. 膨化稻壳对铀及伴生重金属离子的吸附机理. 化工进展, 35(9): 2707-2714.

张永德, 梁宣, 周建, 等, 2017. 膨化稻壳对 Cu^{2+}-Pb^{2+}二元离子溶液体系的吸附行为研究. 化工新型材料, 45(8): 234-236, 239.

赵秋萍, 2016. 氮掺杂碳纳米片的制备及其在酸碱介质中氧还原催化性能. 兰州: 兰州理工大学.

周涵, 2013. 胶原纤维固化单宁对钍, 铀, 锶和铯等核素的吸附研究. 绵阳: 西南科技大学.

Abney C W, Mayes R T, Saito T, et al., 2017. Materials for the recovery of uranium from seawater. Chemical Reviews, 117(23): 13935-14013.

Aljarrah M T, Al-Harahsheh M S, Mayyas M, et al., 2018. In situ synthesis of quaternary ammonium on silica-coated magnetic nanoparticles and it's application for the removal of uranium(VI) from aqueous media. Journal of Environmental Chemical Engineering, 6(5): 5662-5669.

Bai Z, Liu Q, Zhang H, et al., 2020. A novel 3D reticular anti-fouling bio-adsorbent for uranium extraction from seawater: Polyethylenimine and guanidyl functionalized hemp fibers. Chemical Engineering Journal, 382: 122555.

Bayramoglu G, Yakup Arica M, 2016. Amidoxime functionalized *Trametes trogii* pellets for removal of uranium(VI) from aqueous medium. Journal of Radioanalytical and Nuclear Chemistry, 307(1): 373-384.

Beazley M J, Martinez R J, Sobecky P A, et al., 2009. Nonreductive biomineralization of uranium(VI) phosphate via microbial phosphatase activity in anaerobic conditions. Geomicrobiology Journal, 26(7):

431-441.

Chen C, Hu J, Wang J, 2020a. Biosorption of uranium by immobilized saccharomyces cerevisiae. Journal of Environmental Radioactivity, 213: 106158.

Chen H, Zhang Z, Zhong X, et al., 2021a. Constructing MoS_2/Lignin-derived carbon nanocomposites for highly efficient removal of Cr(VI) from aqueous environment. Journal of Hazardous Materials, 408: 124847.

Chen S, Xia Y, Zhang B, et al., 2021b. Disassembly of lignocellulose into cellulose, hemicellulose, and lignin for preparation of porous carbon materials with enhanced performances. Journal of Hazardous Materials, 408: 124956.

Chen T, Li M, Zhou L, et al., 2020b. Bio-inspired biomass-derived carbon aerogels with superior mechanical property for oil-water separation. ACS Sustainable Chemistry & Engineering, 8(16): 6458-6465.

Chen T, Liu B, Li M, et al., 2021c. Efficient uranium reduction of bacterial cellulose-MoS_2 heterojunction via the synergistically effect of Schottky junction and S-vacancies engineering. Chemical Engineering Journal, 406: 126791.

Chen T, Shi P, Zhang J, et al., 2018a. Natural polymer konjac glucomannan mediated assembly of graphene oxide as versatile sponges for water pollution control. Carbohydrate Polymers, 202: 425-433.

Chen T, Zhang J, Li M, et al., 2019. Biomass-derived composite aerogels with novel structure for removal/recovery of uranium from simulated radioactive wastewater. Nanotechnology, 30(45): 455602.

Chen T, Zhang J, Shi P, et al., 2018b. Thalia dealbata inspired anisotropic cellular biomass derived carbonaceous aerogel. ACS Sustainable Chemistry & Engineering, 6(12): 17152-17159.

Chen Y, Wei Y, He L, et al., 2016. Separation of thorium and uranium in nitric acid solution using silica based anion exchange resin. Journal of Chromatography A, 1466: 37-41.

De Rome L, Gadd G M, 1991. Use of pelleted and immobilized yeast and fungal biomass for heavy metal and radionuclide recovery. Journal of Industrial Microbiology, 7(2): 97-104.

Deng J, Xiong T, Wang H, et al., 2016. Effects of cellulose, hemicellulose, and lignin on the structure and morphology of porous carbons. ACS Sustainable Chemistry & Engineering, 4(7): 3750-3756.

Ding D, Lei Z, Yang Y, et al., 2014. Selective removal of cesium from aqueous solutions with nickel(II) hexacyanoferrate(III) functionalized agricultural residue-walnut shell. Journal of Hazardous Materials, 270: 187-195.

Ding D, Yang S, Qian X, et al., 2020. Nitrogen-doping positively whilst sulfur-doping negatively affect the catalytic activity of biochar for the degradation of organic contaminant. Applied Catalysis B: Environmental, 263: 118348.

Ding H, Luo X, Zhang X, et al., 2019. Alginate-immobilized *Aspergillus niger*: Characterization and biosorption removal of thorium ions from radioactive wastewater. Colloids and Surfaces A: Physicochemical and Engineering Aspects, 562: 186-195.

Foster R I, Amphlett J T M, Kim K W, et al., 2020. SOHIO process legacy waste treatment: Uranium recovery using ion exchange. Journal of Industrial and Engineering Chemistry, 81: 144-152.

Gao J, Yuan Y, Yu Q, et al., 2020. Bio-inspired antibacterial cellulose paper-poly(amidoxime) composite hydrogel for highly efficient uranium(VI) capture from seawater. Chemical Communications, 56(28):

3935-3938.

Gerber U, Hübne, R, Rossberg A, et al., 2018. Metabolism-dependent bioaccumulation of uranium by *Rhodosporidium toruloides* isolated from the flooding water of a former uranium mine. Plos One 13(8): e0201903.

Gogda A A, Patidar R, Rebary B, 2016. An adsorption study of Sr^{2+} from saline sources by coconut shell charcoal. Journal of Dispersion Science and Technology, 38(8): 1162-1167.

Gok Cem T, Dogukan Alkim A S, 2010. Removal of Th(IV) ions from aqueous solution using bi-functionalized algae-yeast biosorbent. Journal of Radioanalytical and Nuclear Chemistry, 287(2): 533-541.

Gong H, Lin X, Xie Y, et al., 2021. A novel self-crosslinked gel microspheres of premna microphylla turcz leaves for the absorption of uranium. Journal of Hazardous Materials, 404: 124151.

Guan Q F, Han Z M, Luo T T, et al., 2018. A general aerosol-assisted biosynthesis of functional bulk nanocomposites. National Science Review, 6(1): 64-73.

Gupta V K, Rastogi A, 2008. Sorption and desorption studies of chromium(VI) from nonviable cyanobacterium *Nostoc muscorum* biomass. Journal of Hazardous Materials, 154(1-3): 347-354.

Hasan M N, Shenashen M A, Hasan M M, et al., 2021. Assessing of cesium removal from wastewater using functionalized wood cellulosic adsorbent. Chemosphere, 270: 128668.

He D, Tan N, Luo X, et al., 2020. Preparation, uranium(VI) absorption and reuseability of marine fungus mycelium modified by the bis-amidoxime-based groups. Radiochimica Acta, 108(1): 37-49.

Hu W, Dong F, Yang G, et al., 2018. Synergistic interface behavior of strontium adsorption using mixed microorganisms. Environmental Science and Pollution Research, 25(23): 22368-22377.

Hu Y, Guo X, Wang J, 2020. Biosorption of Sr^{2+} and Cs^+ onto undaria pinnatifida: Isothermal titration calorimetry and molecular dynamics simulation. Journal of Molecular Liquids, 319: 114146.

Jang J, Miran W, Divine S D, et al., 2018. Rice straw-based biochar beads for the removal of radioactive strontium from aqueous solution. Science of the Total Environment, 615: 698-707.

Jiang X, Wang H, Hu E, et al., 2020. Efficient adsorption of uranium from aqueous solutions by microalgae based aerogel. Microporous and Mesoporous Materials, 305: 110383.

Jung C H, Lee H Y, Moon J K, et al., 2011. Electrosorption of uranium ions on activated carbon fibers. Journal of Radioanalytical and Nuclear Chemistry, 287(3): 833-839.

Kaur M, Tewatia P, Rattan G, et al., 2021. Diamidoximated cellulosic bioadsorbents from hemp stalks for elimination of uranium(VI) and textile waste in aqueous systems. Journal of Hazardous Materials, 417: 126060.

Khandaker S, Chowdhury M F, Awual M R, et al., 2021. Efficient cesium encapsulation from contaminated water by cellulosic biomass based activated wood charcoal. Chemosphere, 262: 127801.

Lai Z J, Zhang Z B, Cao X H, et al., 2016. Synthesis of novel functional hydrothermal carbon spheres for removal of uranium from aqueous solution. Journal of Radioanalytical and Nuclear Chemistry, 310(3): 1335-1344.

Li J, He F, Shen X, et al., 2020. Pyrolyzed fabrication of N/P co-doped biochars from $(NH_4)_3PO_4^-$ pretreated coffee shells and appraisement for remedying aqueous Cr(VI) contaminants. Bioresource Technology, 315:

123840.

Li W, Yao W, Zhu W, et al., 2016. In situ preparation of mycelium/bayberry tannin for the removal of strontium from aqueous solution. Journal of Radioanalytical and Nuclear Chemistry, 310(2): 495-504.

Li Y, Li L, Chen T, et al., 2018. Bioassembly of fungal hypha/graphene oxide aerogel as high performance adsorbents for U(VI) removal. Chemical Engineering Journal, 347: 407-414.

Li Y, Xing B, Wang X, et al., 2019a. Nitrogen-doped hierarchical porous biochar derived from corn stalks for phenol-enhanced adsorption. Energy & Fuels, 33(12): 12459-12468.

Li Y, Zou G, Yang S, et al., 2019b. Integration of bio-inspired adsorption and photodegradation for the treatment of organics-containing radioactive wastewater. Chemical Engineering Journal, 364: 139-145.

Li Y, Zou G, Zhang X, et al., 2019c. Bio-inspired and assembled fungal/carbon nanotubes aerogel for water-oil separation. Nanotechnology, 30: 275601.

Liao X, Li L, Shi B, 2004. Adsorption recovery of thorium(IV) by Myrica rubra tannin and larch tannin immobilized onto collagen fibres. Journal of Radioanalytical and Nuclear Chemistry, 260(3): 619-625.

Liatsou I, Michail G, Demetriou M, et al., 2017. Uranium binding by biochar fibres derived from *Luffa cylindrica* after controlled surface oxidation. Journal of Radioanalytical and Nuclear Chemistry, 311(1): 871-875.

Liatsou I, Pashalidis I, Nicolaides A, 2018. Triggering selective uranium separation from aqueous solutions by using salophen-modified biochar fibers. Journal of Radioanalytical and Nuclear Chemistry, 318(3): 2199-2203.

Luo W, Xiao G, Tian F, et al., 2019. Engineering robust metal-phenolic network membranes for uranium extraction from seawater. Energy & Environmental Science, 12(2): 607-614.

Molinas M, Faizova R, Brown A, et al., 2021. Biological reduction of a U(V)-organic ligand complex. Environmental Science & Technology, 55(8): 4753-4761.

Moloukhia H, Hegazy W S, Abdel-Galil E A, et al., 2016. Removal of Eu^{3+}, Ce^{3+}, Sr^{2+}, and Cs^+ ions from radioactive waste solutions by modified activated carbon prepared from coconut shells. Chemistry and Ecology, 32(4): 324-345.

Naeimi B, Foroutan R, Ahmadi B, et al., 2018. Pb(II) and Cd(II) removal from aqueous solution, shipyard wastewater, and landfill leachate by modified rhizopus oryzae biomass. Materials Research Express, 5(4): 045501.

Newsome L, Morris K, Lloyd J R, 2014. The biogeochemistry and bioremediation of uranium and other priority radionuclides. Chemical Geology, 363: 164-184.

Ofomaja A E, Pholosi A, Naidoo E B, 2015. Application of raw and modified pine biomass material for cesium removal from aqueous solution. Ecological Engineering, 82: 258-266.

Ohnuki T, Sakamoto F, Yamasaki S, et al., 2015. Effect of minerals on accumulation of Cs by fungus *Saccaromyces cerevisiae*. Journal of Environmental Radioactivity, 144: 127-133.

Parab H, Joshi S, Shenoy N, et al., 2005. Uranium removal from aqueous solution by coir pith: Equilibrium and kinetic studies. Bioresource Technology, 96(11): 1241-1248.

Petrovic D, Dukic A, Kumric K, et al., 2014. Mechanism of sorption of pertechnetate onto ordered mesoporous carbon. Journal of Radioanalytical and Nuclear Chemistry, 302(1): 217-224.

Picardo M C, De Melo Ferreira A C, Da Costa A C A, 2006. Biosorption of radioactive thorium by Sargassum filipendula. Applied Biochemistry and Biotechnology, 134(3): 193-206.

Plato P, Denovan J T, 1974. The influence of potassium on the removal of ^{137}Cs by live *Chlorella* from low level radioactive wastes. Radiation Botany, 14(1): 37-41.

Pu D, Kou Y, Zhang L, et al., 2019. Waste cigarette filters: Activated carbon as a novel sorbent for uranium removal. Journal of Radioanalytical and Nuclear Chemistry, 320(3): 725-731.

Qiu L, Feng J, Dai Y, et al., 2019. Mechanisms of strontium's adsorption by *Saccharomyces cerevisiae*: Contribution of surface and intracellular uptakes. Chemosphere, 215: 15-24.

Rae I B, Pap S, Svobodova D, et al., 2019. Comparison of sustainable biosorbents and ion-exchange resins to remove Sr^{2+} from simulant nuclear wastewater: Batch, dynamic and mechanism studies. Science of the Total Environment, 650: 2411-2422.

Santos Santana M, Pereira Alves R, Da Silva Borges W M, et al., 2020. Hydrochar production from defective coffee beans by hydrothermal carbonization. Bioresource Technology, 300: 122653.

Semião A J C, Rossiter H M A, Schäfer A I, 2010. Impact of organic matter and speciation on the behaviour of uranium in submerged ultrafiltration. Journal of Membrane Science, 348(1): 174-180.

Shin J, Lee S H, Kim S, et al., 2021. Effects of physicochemical properties of biochar derived from spent coffee grounds and commercial activated carbon on adsorption behavior and mechanisms of strontium ions (Sr^{2+}). Environmental Science and Pollution Research, 28(30): 40623-40632.

Sivaperumal P, Kamala K, Rajaram R, 2018. Adsorption of cesium ion by marine actinobacterium *Nocardiopsis* sp. ^{13}H and their extracellular polymeric substances (EPS) role in bioremediation. Environmental Science and Pollution Research, 25(5): 4254-4267.

Su S, Chen R, Liu Q, et al., 2018. High efficiency extraction of U(VI) from seawater by incorporation of polyethyleneimine, polyacrylic acid hydrogel and *Luffa cylindrical* fibers. Chemical Engineering Journal, 345: 526-535.

Sun Y, Wu Z Y, Wang X, et al., 2016. Macroscopic and microscopic investigation of U(VI) and Eu(III) adsorption on carbonaceous nanofibers. Environmental Science & Technology, 50(8): 4459-4467.

Sun Y, Yue Q, Gao B, et al., 2012. Comparison of activated carbons from arundo donax linn with $H_4P_2O_7$ activation by conventional and microwave heating methods. Chemical Engineering Journal, 192: 308-314.

Suzuki Y, Banfield J F, 2004. Resistance to, and accumulation of, uranium by bacteria from a uranium-contaminated site. Geomicrobiology, 21(2): 113-121.

Tan Y, Feng J, Qiu L, et al., 2017. The adsorption of Sr(II) and Cs(I) ions by irradiated *Saccharomyces cerevisiae*. Journal of Radioanalytical and Nuclear Chemistry, 314(3): 2271-2280.

Tellería-Narvaez A, Talavera-Ramos W, Dos Santos L, et al., 2020. Functionalized natural cellulose fibres for the recovery of uranium from seawater. RSC Advances, 10(11): 6654-6657.

Tian Y, Liu L, Ma F, et al., 2021. Synthesis of phosphorylated hyper-cross-linked polymers and their efficient uranium adsorption in water. Journal of Hazardous Materials, 419: 126538.

Wang F, Wang X, Jiang Y, et al., 2020a. Study of adsorption performance and adsorption mechanism for U(VI) ion on modified polyacrylonitrile fibers. Journal of Radioanalytical and Nuclear Chemistry, 323(1): 365-377.

Wang J, Chen C, 2006. Biosorption of heavy metals by Saccharomyces cerevisiae: A review. Biotechnology Advances, 24(5): 427-451.

Wang Y, Zhang Y, Li Q, et al., 2020b. Amidoximated cellulose fiber membrane for uranium extraction from simulated seawater. Carbohydrate Polymers, 245: 116627.

Wang Y J, Yu Y, Huang H J, et al., 2022. Efficient conversion of sewage sludge into hydrochar by microwave-assisted hydrothermal carbonization. Science of the Total Environment, 803: 149874.

Wang Z, He Y, Zhu L, et al., 2021. Natural porous wood decorated with ZIF-8 for high efficient iodine capture. Materials Chemistry and Physics, 258: 123964.

Wang Z, Wang J, Zhu L, et al., 2020c. Scalable Fe@FeO core-shell nanoparticle-embedded porous wood for high-efficiency uranium(VI) adsorption. Applied Surface Science, 508: 144709.

Wu T, Huang J, Jiang Y, et al., 2018. Formation of hydrogels based on chitosan/alginate for the delivery of lysozyme and their antibacterial activity. Food Chemistry, 240: 361-369.

Xu X, Zheng Y, Gao B, et al., 2019. N-doped biochar synthesized by a facile ball-milling method for enhanced sorption of CO_2 and reactive red. Chemical Engineering Journal, 368: 564-572.

Yakout S M, Metwally S S, El-Zakla T, 2013. Uranium sorption onto activated carbon prepared from rice straw: Competition with humic acids. Applied Surface Science, 280: 745-750.

Yi L, Li L, Tao C, et al., 2018. Bioassembly of fungal hypha/graphene oxide aerogel as high performance adsorbents for U(VI) removal. Chemical Engineering Journal, 347: 407-414.

Yu J, Luo X, Liu B, et al., 2018. Bayberry tannin immobilized bovine serum albumin nanospheres: Characterization, irradiation stability and selective removal of uranyl ions from radioactive wastewater. Journal of Materials Chemistry A, 6(31): 15359-15370.

Zhang F, Zhang H, Chen R, et al., 2019a. Mussel-inspired antifouling magnetic activated carbon for uranium recovery from simulated seawater. Journal of Colloid and Interface Science, 534: 172-182.

Zhang H, Zhang Z, Qi X, et al., 2019b. Manganese monoxide/biomass-inherited porous carbon nanostructure composite based on the high water-absorbent agaric for asymmetric supercapacitor. ACS Sustainable Chemistry & Engineering, 7(4): 4284-4294.

Zhang H W, Lu J M, Yang L, et al., 2017. N, S co-doped porous carbon nanospheres with a high cycling stability for sodium ion batteries. New Carbon Materials, 32(6): 517-526.

Zhang K, Min X, Zhang T, et al., 2021. Selenium and nitrogen co-doped biochar as a new metal-free catalyst for adsorption of phenol and activation of peroxymonosulfate: Elucidating the enhanced catalytic performance and stability. Journal of Hazardous Materials, 413: 125294.

Zhang W, Cheng H, Niu Q, et al., 2019c. Microbial targeted degradation pretreatment: A novel approach to preparation of activated carbon with specific hierarchical porous structures, high surface areas, and satisfactory toluene adsorption performance. Environmental Science & Technology, 53(13): 7632-7640.

Zhang Z, Dong Z, Dai Y, et al., 2016. Amidoxime-functionalized hydrothermal carbon materials for uranium removal from aqueous solution. RSC Advances, 6(104): 102462-102471.

Zhao W, Lin X, Cai H, et al., 2017. Preparation of mesoporous carbon from sodium lignosulfonate by hydrothermal and template method and its adsorption of uranium(VI). Industrial & Engineering Chemistry Research, 56(44): 12745-12754.

Zhou L, Huang Z, Luo T, et al., 2015a. Biosorption of uranium(VI) from aqueous solution using phosphate-modified pine wood sawdust. Journal of Radioanalytical and Nuclear Chemistry, 303(3): 1917-1925.

Zhou R, Jaroniec M, Qiao S Z, 2015b. Nitrogen-doped carbon electrocatalysts decorated with transition metals for the oxygen reduction reaction. ChemCatChem, 7(23): 3808-3817.

Zhu H, Wang B, Zhu W, et al., 2022a. Interface assembly of specific recognition gripper wrapping on activated collagen fiber for synergistic capture effect of iodine. Colloids and Surfaces B: Biointerfaces, 210: 112216.

Zhu H, Yu C, Wang B, et al., 2022b. Sponge-inspired reassembly of 3D hydrolyzed collagen aerogel with polyphenol-functionalization for ultra-capturing iodine from airborne effluents. Chemical Engineering Journal, 428: 131322.

Zhu K, Song G, Ren X, et al., 2020. Solvent-free engineering of Fe^0/Fe_3C nanoparticles encased in nitrogen-doped carbon nanoshell materials for highly efficient removal of uranyl ions from acidic solution. Journal of Colloid and Interface Science, 575: 16-23.

Zhu W, Lei J, Li Y, et al., 2019. Procedural growth of fungal hyphae/Fe_3O_4/graphene oxide as ordered-structure composites for water purification. Chemical Engineering Journal, 355: 777-783.

Zhu W, Li Y, Dai L, et al., 2018a. Bioassembly of fungal hyphae/carbon nanotubes composite as a versatile adsorbent for water pollution control. Chemical Engineering Journal, 339: 214-222.

Zhu W, Li Y, Yu Y, et al., 2018b. Environment-friendly bio-materials based on cotton-carbon aerogel for strontium removal from aqueous solution. Journal of Radioanalytical and Nuclear Chemistry, 316(2): 553-560.

Zhu W K, Cong H P, Guan Q F, et al., 2016. Coupling microbial growth with nanoparticles: A universal strategy to produce functional fungal hyphae macrospheres. ACS Applied Materials & Interfaces, 8(20): 12693-12701.